飞行动力学与飞行控制

王小平　王晓光　陈　勇　李洪波　王　龙　编著

科学出版社

北　京

内 容 简 介

本书以三代以上飞机为研究对象，以飞机飞行控制基本原理、飞行控制系统分析和设计基本方法为主要内容，以典型飞行控制装备的系统形态和功能模态为总体架构进行编写，注重飞行控制理论与系统的协调。全书共分为两部分：第一部分为飞行动力学基础，系统介绍了飞行动力学和飞行力学基础知识、飞机动力学模型的建立和简化、飞机纵向和侧向运动特性分析等内容。第二部分为飞行控制，系统介绍了飞行控制系统的任务和设计目标，飞机的基本飞行性能，飞机电传控制系统改善飞机固有特性、操纵性、机动性、飞行品质及飞行边界控制的基本原理，飞机自动飞行控制系统实现飞机姿态和航迹稳定与控制的基本原理，飞机综合飞行控制，飞行管理系统以及无人机飞行管理系统等内容。

本书可作为飞行控制或相关专业本科生的教材，也可供飞行控制相关领域的技术人员参考。

图书在版编目（CIP）数据

飞行动力学与飞行控制 / 王小平等编著. -- 北京：科学出版社，2025. 3. -- ISBN 978-7-03-081095-3

I. V212; V24

中国国家版本馆 CIP 数据核字第 20252JU501 号

责任编辑：张海娜 纪四稳 / 责任校对：胡小洁
责任印制：肖 兴 / 封面设计：无极书装

科 学 出 版 社 出版

北京东黄城根北街 16 号
邮政编码：100717
http://www.sciencep.com

北京建宏印刷有限公司印刷

科学出版社发行 各地新华书店经销

*

2025 年 3 月第 一 版 开本：720×1000 1/16
2025 年 3 月第一次印刷 印张：26 1/4
字数：526 000
定价：198.00 元
（如有印装质量问题，我社负责调换）

前　言

飞行控制是飞机的灵魂，是执行飞行任务、保证飞行安全的重要保障。飞行控制系统作为飞机的关键系统之一，自 1903 年第一架有动力固定翼飞机诞生之日起，经历了由简单到复杂、由独立到综合、由机械到电传的发展历程。尤其是采用电传控制技术以后，将飞机操纵控制由传统"能量—能量"的传递过程，转变为"能量—信息—能量"的传递过程，而现代信息技术、计算机技术的发展，赋予了现代飞行控制系统强大的信息处理能力，也为先进控制技术的应用，更好、更安全、更智能地控制飞机奠定了基础。

本教材是一部以电传控制为基础，较为全面、系统地讲述三代以上飞机中飞行控制系统的教材，对进一步完善、规范现代飞行控制系统教学内容有一定的借鉴作用，对从事飞行控制技术研究的专业人员也有一定的参考价值。全书共 7 章，其中：第 1 章绪论，介绍航空发展简要历程、飞行操纵系统、飞行控制系统的发展历程等内容；第 2 章飞行动力学，介绍飞机的力学变量、飞机的气动布局与操纵面、飞机力和力矩的产生、飞机动力装置等内容；第 3 章飞机运动方程及特性分析，介绍飞机运动方程的建立、飞机运动方程的线性化、飞机纵向运动和侧向运动的特性分析等内容；第 4 章飞行控制的任务与目标，介绍飞行控制的任务与设计目标、飞行品质与规范、飞行性能等内容；第 5 章飞机电传控制系统，介绍飞机的操纵原理，飞机固有特性、操纵品质、机动性、乘坐品质的改善以及飞行边界控制等内容；第 6 章飞机自动飞行控制系统，介绍飞机姿态角的稳定与控制、飞行航迹的稳定与控制以及飞机变化航迹的控制等内容；第 7 章先进飞行控制系统，介绍综合飞行/火力控制系统、综合飞行/推进控制系统、综合飞行/火力/推进控制、飞行管理系统以及无人机飞机管理系统等内容。本教材编写中，在注意学科基础理论完整性的同时，也注重教材内容与飞行控制装备的紧密结合，有助于为一线航空机务人员提供必要的飞行控制理论与方法的指导。

本教材由王小平负责框架统筹及统稿，王晓光、陈勇、李洪波、王哲和王龙参与编写，其中王晓光和王龙负责第 1 章编写和全书校对工作，王哲参与第 5 章部分章节的编写，陈勇、李洪波负责第 7 章编写，其余章节由王小平编写。

本教材在编写过程中，将所参考的文献和资料统一放在参考文献中，未在正文中一一标注，在此一并表示诚挚的谢意。

限于作者水平，书中存在的疏漏或不足之处敬请读者批评指正。

作 者

2024 年 7 月

目　　录

第1章 绪 论

1.1 航空发展简述

升空飞行是人类最古老、最美好的愿望之一。千百年来,中国及世界上其他国家和地区都流传着许许多多有关飞行的美妙神话和动人传说。受科学技术水平的限制,最初的飞行探索一直处于盲目的冒险和无尽的幻想阶段。直到近代,随着人类对飞行基础理论认识的不断加深,逐渐找到了三种离地飞行的技术途径:

(1) 根据热空气上升原理而发明了轻于空气的飞行器——热气球和飞艇;

(2) 受中国古代竹蜻蜓和昆虫飞行的启迪,发明了靠旋转翼直升飞行的飞行器——直升机;

(3) 受中国风筝和鸟类滑翔飞行的启示,发明了靠固定翼面产生升力的飞行器——滑翔机和固定翼飞机。

时至今日,可在地球大气层内飞行的航空器种类与形式已多到令人眼花缭乱的地步,飞行速度、航程、升限和载重能力令一般人难以置信,更是鸟类、昆虫所无法比拟。纵观人类航空发展的历程,有几个令人激动和振奋的事件需要铭记:

(1) 1783 年 6 月 4 日,法国航空先驱、热气球的发明人 J.M. 蒙哥尔费和 J.E. 蒙哥尔费兄弟,在法国里昂安诺内进行了首次公开表演,他们制作的直径达 10m 的热气球上升到了 457m 的高度,在空中飘荡了 10min 左右。1783 年 11 月 21 日,法国 F.P. 罗齐埃和 M. 达尔朗德乘坐蒙哥尔费兄弟制作的热气球升到 1000m,在巴黎上空飞行了 25min,实现了人类历史上第一次载人空中飞行。

(2) 1903 年 12 月 17 日,是人类航空史上一个意义深远的日子。上午 11 时左右,美国奥维尔·莱特在他们制作的"飞行者一号"固定翼飞机上俯伏就座,发动机启动后,飞机迎着 43.5km/h 的大风快速滑行并成功升空飞行,飞行持续时间虽然只有 12s,但这是人类历史上首次对重于空气的飞行器实现了有动力、载人、持续、稳定、可操纵飞行,它为人类征服天空揭开了新的一页,标志着固定翼飞机时代的来临。

(3) 1947 年 10 月 14 日,由美国贝尔飞机公司设计制造的 X-1 型火箭试验机,在 12800m 的高空上达到了 1078km/h 的飞行速度(相应的马赫数 Ma 为 1.015),首次突破了音障,它标志着人类已进入了超声速飞行的时代。

人类探索天空不过短短 200 多年,航空技术已成为现代文明的重要标志和不可缺少的一部分。随着人类对航空技术不断研究和探索，人类翱翔天空的本领将会更加强大和完美。

1.2 飞机操纵系统

飞机操纵系统，是指传递飞行员或自动驾驶仪的操纵指令，驱动舵面和其他机构以控制飞机飞行的系统，是飞机上极其重要的系统。对于歼击机，飞机操纵系统的性能好坏很大程度上影响着飞机的战术技术性能的发挥。

飞机诞生后的最初 30 多年中，飞机的操纵系统都是简单的机械操纵系统。最早采用的是钢索（软式）操纵，这种操纵系统结构简单，重量又轻，但是由于是软式操纵，它具有严重的操纵延迟现象，不适合用在机动性要求较高的战斗机上。后来出现了以传动杆为主要元件的硬式操纵，这种操纵和软式操纵相比结构复杂而且重量较重，但它极大地减少了操纵延迟现象。这两种操纵都属于人力操纵系统，飞行员操纵驾驶杆和脚蹬的运动直接反映飞机的平尾、副翼和方向舵的舵面转动，这种操纵方式要求飞行员有强健的体魄。

随着飞机飞行速度的提高、飞机尺寸和重量的增加，特别是飞行速度进入跨声速乃至超声速以后，气动舵面上的压力分布发生变化，作用在飞机舵面上的铰链力矩越来越大，靠舵面的气动补偿措施和飞行员的体力已难以操纵舵面的偏转，因此出现了液压助力器，以实现助力操纵，减轻飞行员的负担。助力操纵系统分为可逆助力操纵系统和不可逆助力操纵系统。对于可逆助力操纵系统，飞行员可通过回力杆，真实地感受舵面上气动力矩的变化，通过改变助力器的传动比，得到大小合适的杆力。这种助力操纵系统常用于高亚声速飞机和重型飞机。对于超声速飞机，由于舵面上压力分布的范围变化大，特别是采用全动平尾后，其铰链力矩的变化范围更大，无法取得合适的回力比，因此取消了回力杆，这就是不可逆助力操纵系统。采用不可逆助力操纵系统，飞行员无法从杆力的大小上判断飞机的飞行状态，不利于操纵，为此设置了人工载荷感觉器和调整片效应机构。又由于在不同高度和速度下，舵面的操纵效率不同，又设置了力臂自动调节器。可见，不可逆助力操纵系统是一种非常复杂的机械操纵系统。从简单的人力操纵系统到复杂的不可逆助力操纵系统，飞机的操纵系统变得越来越复杂。这些操纵系统都是机械操纵系统，其中的摩擦、间隙和弹性变形始终无法解决。随着对飞机性能的要求越来越高，机械操纵系统对解决精确、微小的操纵信号越来越无能为力。

20 世纪 70 年代初，出现了电传操纵系统，电传操纵系统采用电信号的传递代替笨重复杂的机械传动机构，极大地提高了飞机的各项性能。电传操纵系统是现代技术发展的综合产物，微电子技术和计算机技术的发展、可靠性理论和余度技术的建立以及控制理论的融入都为电传操纵系统奠定了基础，而电传操纵系统的出现又为随控布局飞机奠定了基础。电传操纵系统具有完善的反馈控制回路，它的出现也使得操纵系统和飞行控制系统结合得更加完善和紧密。

在飞机上用以操纵飞机俯仰、偏航和滚转的操纵系统一般称为飞机的主操纵系统，实际上除了主操纵系统，还有辅助操纵系统。现代飞机的辅助操纵系统主要有各种襟翼（增升襟翼、前缘襟翼、机动襟翼）操纵系统、减速板、配平调整片、水平安定面及变后掠翼操纵系统等。主操纵系统会给飞行员有力和位移的感觉，但辅助操纵系统通常没有。

1.3　飞行控制系统

一百多年来，凭着灵巧的操作、出色的适应能力和强健的体魄，许多飞行员采用人工操纵，安全地驾驶着各类不同的飞机穿梭来往于全球各地。即使是自动化技术日益完善和成熟的今天，仍然有许多飞机（飞行器）完全是用人工操纵的。但是人的能力毕竟是有限的，随着飞机飞行速度和飞行高度的不断提高以及飞行距离的不断延伸，单纯用人工操纵飞机，飞行员已经力不从心，这主要表现在以下几个方面：

（1）反应速度的问题。在低空高速飞行时，飞行员无法及时改变飞机的姿态和飞行路线以躲避障碍。

（2）人的体力问题。长期连续飞行时巨大的精神负担和疲劳已经超过了人的生理极限。

（3）感觉和判断问题。要驾驶飞机必须能判断飞机的状态和所处的位置，但是，处于云中或大海之上时，飞行员往往难以做出准确判断。

总之，要安全顺利地操纵飞机并完成既定任务，仅靠人力是非常困难的。

1912 年美国的 Elmer Ambrose Sperry 和他的儿子 Lawrence Burst Sperry 设计完成了第一台自动驾驶仪，用它可以保持飞机的稳定平飞。第二次世界大战期间，美国首先制造了功能完善的 C-1 型电气式自动驾驶仪。第二次世界大战后，飞机自动驾驶仪逐渐与机上的其他装置耦合以控制航迹（定高或自动下滑等），它既能稳定飞机，又能全面地控制飞机的各个飞行阶段，直至自动着陆。在超声速飞机出现之前，早期的飞行控制系统主要就是自动驾驶仪，它广泛地安装于运输机和轰炸机上。

歼击机突破音障、飞行包线扩大以后，飞机自身的稳定性恶化，飞行员操纵困难，于是飞机上开始安装一种新的用于改善飞机稳定性的飞行控制系统，这就是阻尼和增稳系统。阻尼和增稳系统引入了角速度及过载（或迎角、侧滑角）反馈，来增加飞机的运动阻尼和提高飞机自身的静稳定性。在阻尼和增稳系统的基础上，为了进一步提高飞机的性能，特别是为了解决飞机的稳定性和操纵性之间的矛盾，又发展了一种新的飞行控制系统，即控制增稳系统。控制增稳系统除了用增稳回路来改善飞机的稳定性，还增加了一条与机械操纵系统并行的电气操纵通路，用于改善飞机的操纵性。从安全性考虑，用于操纵飞机的电气操纵链对飞机舵面的操纵权限是有限制的。20 世纪 60 年代，控制增稳系统已经广泛地应用于各种飞机上。随着技术的进步，取消机械操纵，完全用电信号操纵飞机成为可能。在取消了机械操纵通道以后，飞行控制系统取得了对飞机舵面的全部操纵权限，控制增稳系统就发展成为电传操纵系统，这时，飞行自动控制系统与飞机操纵系统完全融合。70 年代，电传操纵系统由模拟式发展成为先进的数字式，它是多余度的高可靠性系统，其安全可靠性甚至高于机械操纵系统。

电传操纵系统的应用，为新型飞行控制系统的发展奠定了基础。20 世纪 60 年代，飞行器设计思想发生了根本性变化，出现了随控布局（control configuration vehicle，CCV）设计思想，取代了以气动布局为中心的设计思想。随控布局的设计思想是：综合考虑气动布局、飞行器结构、推进装置、控制系统四个环节，并以控制为纽带，充分发挥和协调四个环节的功能，从而大大提高整个飞行器的性能。采用随控布局设计思想，一个重要的理论支柱就是主动控制技术（active control technology，ACT）。主动控制可以这样理解：控制系统从过去的从属地位变为飞行器总体设计的四个主要环节之一，从而主动、积极地参与飞行器的总体布局、总体方案和总体设计各个环节。另外也可以理解为：过去控制系统是在飞机设计好了以后，对已有飞机对象进行改造和完善，这属于一种被动、应付的措施。而如果在飞机设计阶段就考虑控制的作用，控制和飞机设计融于一体，同步进行，这样飞机生产出来以后，控制系统已成为飞机的一部分，这就是主动控制的含义。主动控制的出现是飞行控制系统发展中的一个飞跃，目前，主动控制技术已与传统电传操纵系统深度融合。

随着控制理论、航空技术及计算机技术的不断发展，飞行控制系统不断朝着数字化和综合化方向发展。由于对飞行器的要求日益提高，飞机上装了很多系统，如数字式电传控制系统、数字式发动机控制系统、火力控制系统、发动机进气道调节系统、综合航电系统以及先进的测量与传感设备等。到了 20 世纪 70 年代已有把这些系统综合起来发挥更大效能的趋势。80 年代出现了综合飞行/推进/火力控制系统，就是把火力控制系统、推进系统和控制系统综合起来形成的综合控制系统。综合控制系统将各原本独立的系统综合起来，协同工作，可以更高效、更完美地完成各种飞行和作战任务。与此同时，考虑到大量子系统导致的飞机控制系统复杂程度增加、系统间耦合严重、操纵控制负担加大、系统可靠性降低等问题，70 年代英国空军在欧洲战斗机（European fighter aircraft，EFA）先进技术研究计划中首先提出了飞行器管理系统（vehicle management system，VMS）概念，其通过综合控制与管理子系统，实现子系统协调、功能分配、资源共享，使得飞行器可以优化性能、降低能耗、减轻操纵负担、降低维护费用,目前 VMS 已在无人机控制中得到了较为广泛的应用。

思 考 题

1. 三种离地飞行的技术途径分别是什么?
2. 什么是飞机操纵系统?
3. 简述飞机操纵系统的发展。
4. 简述飞行控制系统的发展。
5. 什么是随控布局设计?
6. 什么是主动控制技术?

第 2 章　飞行动力学

飞行动力学是研究飞行器在空中的运动规律及总体性能的科学。所有穿过空气流体介质或者是真空的运动体，统称为飞行器，主要包括航天器、航空器、弹箭、水下兵器等。本章主要研究飞机的运动规律，因此也称为飞机飞行动力学，目的在于从基本原理和性能分析技巧方面为飞机的研制和使用提供理论基础。

2.1　飞机的力学变量

在假设飞机是刚体的基础上，可以将飞机的空间运动分解为飞机质心的空间运动和飞机机体绕质心的转动两部分。为了对这两种运动进行全面准确的描述，首先需要定义一组飞机的运动变量来加以表征，如飞机质心的空间位置、飞行速度、飞行加速度、飞行方向、飞机姿态、飞机转动角速度等，然后根据飞机在空气中飞行所遵循的动力学特性以及牛顿运动学定律，建立飞机的运动学方程，分析其运动特性，进而实现对飞机的飞行控制。

2.1.1　飞机的坐标系

在建立飞行器运动方程时，为了确定相对位置、速度、角速度和外力等各变量的分量，必须引入多种坐标系作为基准，而这些坐标系均为右手直角坐标系。当前常用的坐标系有两种体系，即俄罗斯坐标系和欧美坐标系。它们之间的区别在于在竖轴的方向上，俄罗斯坐标系的竖轴向上，欧美坐标系的竖轴向下。由于竖轴的方向不同，又都符合右手定则，坐标系中三个轴的符号就有所不同，因此在这两个坐标体系中所定义的飞机运动参数的符号和正负号也有所不同。本书使用的坐标系是我国国军标定义的坐标系，与欧美坐标系一致，竖轴为 Oz，横轴为 Oy。

1. 地面坐标系

地面坐标系（earth surface coordinate frame）$S_g\text{-}Ox_gy_gz_g$ 是固定在地球表面的一种坐标系。地面坐标系的原点 O 固连于地面上某一点，Oz_g 轴垂直于水平面并指向地心，Ox_g 轴和 Oy_g 轴均位于水平面内，且相互垂直，Ox_g 轴指向某任意方向（常为正北方向），Ox_g、Oy_g、Oz_g 轴指向满足右手定则，如图 2-1 所示。在飞机的动力学描述中，一般可以忽略地球的自转和地球质心的曲线运动，因此该坐标系可以看成惯性坐标系。飞机所受到的重力一般在地面坐标系中给出，与 Oz_g 轴方向相同。

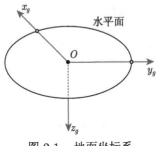

图 2-1　地面坐标系

2. 机体坐标系

机体坐标系（aircraft-body coordinate frame）$S_b\text{-}Ox_by_bz_b$ 是与飞机固连并随飞机运动的一种动坐标系。机体坐标系的原点 O 固连于飞机质心处，Ox_b 轴位于飞机对称平面内平行于机身轴线，指向机头方向，称为纵轴；Oy_b 轴垂直于飞机对称平面，指向飞机右方，称为横轴；Oz_b 轴位于飞机对称平面内，垂直于 Ox_b 轴，指向飞机下方，称为竖轴，如图 2-2 所示。机体坐标系是最常用的坐标系，常简化为 $Oxyz$。飞机发动机推力一般按机体坐标系给出。

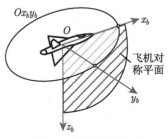

图 2-2　机体坐标系

3. 速度坐标系

速度坐标系（wind coordinate frame）$S_a\text{-}Ox_ay_az_a$ 也称为气流坐标系，该坐标系的原点 O 固连于飞机质心处，Ox_a 轴沿飞行速度（空速 $\boldsymbol{V}_A$）方向，向前为正，称为阻力轴；Oz_a 轴位于飞机对称平面内，且垂直于 Ox_a 轴，指向下方，称为升力轴；Oy_a 轴垂直于 Ox_az_a 平面，向右为正，称为侧力轴，如图 2-3 所示。作用在飞机上的空气动力即升力 L、阻力 D、侧力 Y 一般按速度坐标系给出。

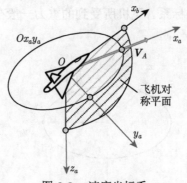

图 2-3　速度坐标系

4. 航迹坐标系

航迹坐标系（path coordinate frame）S_k-$Ox_ky_kz_k$ 的原点 O 固连于飞机质心处，Ox_k 轴沿飞行速度（地速 V_K）方向，向前为正；Oz_k 轴位于包含 Ox_k 轴的铅垂面内，垂直于 Ox_k 轴，向下为正；Oy_k 轴垂直于铅垂平面 Ox_kz_k，向右为正，如图 2-4 所示。采用航迹坐标系可简化飞机的质心运动方程。

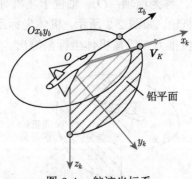

图 2-4　航迹坐标系

2.1.2　坐标系的变换

上述每一种坐标系，可以方便地定义某种不同的飞机运动参数，而描述飞机运动的一般方程往往以某一坐标系作为基准坐标系建立（通常为机体坐标系）。因此，必须知道各坐标系之间的相互投影关系，即坐标系之间的转换矩阵。

1. 平面坐标系之间的转换

设平面上有两个坐标系 Ox_py_p 和 Ox_qy_q，坐标系 Ox_py_p 逆时针转过 α 角后与坐标系 Ox_qy_q 重合（图 2-5）。向量 r 在两个坐标系中分别表示为 (x', y') 和

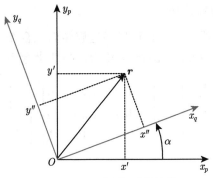

图 2-5　平面坐标系的转换

(x'', y'')，根据坐标的投影关系，可得

$$x'' = x' \cos \alpha + y' \sin \alpha \tag{2-1}$$

$$y'' = -x' \sin \alpha + y' \cos \alpha \tag{2-2}$$

或

$$\begin{bmatrix} x'' \\ y'' \end{bmatrix} = \begin{bmatrix} \cos \alpha & \sin \alpha \\ -\sin \alpha & \cos \alpha \end{bmatrix} \begin{bmatrix} x' \\ y' \end{bmatrix} \tag{2-3}$$

令

$$\boldsymbol{L}_{qp} = \begin{bmatrix} \cos \alpha & \sin \alpha \\ -\sin \alpha & \cos \alpha \end{bmatrix} \tag{2-4}$$

称为坐标系 Ox_py_p 到 Ox_qy_q 的转换矩阵，则有

$$\boldsymbol{r}_q = \boldsymbol{L}_{qp}\boldsymbol{r}_p \tag{2-5}$$

同理，可以得到坐标系 Ox_qy_q 到 Ox_py_p 的转换矩阵为

$$\boldsymbol{L}_{pq} = \begin{bmatrix} \cos \alpha & -\sin \alpha \\ \sin \alpha & \cos \alpha \end{bmatrix} \tag{2-6}$$

$$\boldsymbol{r}_p = \boldsymbol{L}_{pq}\boldsymbol{r}_q \tag{2-7}$$

综合式 (2-4)~式 (2-7) 可得

$$\boldsymbol{L}_{pq} = \boldsymbol{L}_{qp}^{-1} = \boldsymbol{L}_{qp}^{\mathrm{T}} \tag{2-8}$$

式 (2-8) 表明，两个坐标之间的相互转换矩阵，均为单位正交矩阵，互逆且互为转置矩阵。

2. 三维坐标系之间的转换

原点重合的两个三维坐标系也可以通过旋转而重合在一起。如图 2-6(a) 所示，原始坐标系 $Ox_p y_p z_p$ 绕 Oz_p 轴旋转 α 角后，与新坐标系 $Ox_q y_q z_q$ 重合，则有

$$
\begin{bmatrix} x'' \\ y'' \\ z'' \end{bmatrix} = \begin{bmatrix} \cos\alpha & \sin\alpha & 0 \\ -\sin\alpha & \cos\alpha & 0 \\ 0 & 0 & 1 \end{bmatrix} \begin{bmatrix} x' \\ y' \\ z' \end{bmatrix}
\tag{2-9}
$$

或表示为

$$
\begin{bmatrix} x'' \\ y'' \\ z'' \end{bmatrix} = \boldsymbol{L}_z(\alpha) \begin{bmatrix} x' \\ y' \\ z' \end{bmatrix}
\tag{2-10}
$$

式中，$\boldsymbol{L}_z(\alpha)$ 为坐标系 $Ox_p y_p z_p$ 绕 Oz_p 轴旋转 α 角后与坐标系 $Ox_q y_q z_q$ 重合时的转换矩阵，其表达式为

$$
\boldsymbol{L}_z(\alpha) = \begin{bmatrix} \cos\alpha & \sin\alpha & 0 \\ -\sin\alpha & \cos\alpha & 0 \\ 0 & 0 & 1 \end{bmatrix}
\tag{2-11}
$$

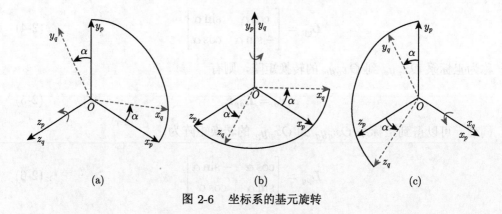

图 2-6   坐标系的基元旋转

当坐标系 $Ox_p y_p z_p$ 绕 Oy_p 轴或绕 Ox_p 轴旋转 α 角后与坐标系 $Ox_q y_q z_q$ 重合时，如图 2-6(b)、(c) 所示，其坐标转换矩阵分别为

$$
\boldsymbol{L}_y(\alpha) = \begin{bmatrix} \cos\alpha & 0 & -\sin\alpha \\ 0 & 1 & 0 \\ \sin\alpha & 0 & \cos\alpha \end{bmatrix}
\tag{2-12}
$$

$$\boldsymbol{L}_x(\alpha) = \begin{bmatrix} 1 & 0 & 0 \\ 0 & \cos\alpha & \sin\alpha \\ 0 & -\sin\alpha & \cos\alpha \end{bmatrix} \tag{2-13}$$

矩阵 $\boldsymbol{L}_z(\alpha)$、$\boldsymbol{L}_y(\alpha)$ 和 $\boldsymbol{L}_x(\alpha)$ 称为基元变换矩阵。

对任何两个原点重合的三维坐标系，最多通过绕坐标轴的三次基元旋转就可使它们重合。假设它们依次绕 z、y、x 三个轴转动 α、β、γ 角后重合，则有

$$\begin{bmatrix} x'' \\ y'' \\ z'' \end{bmatrix} = \boldsymbol{L}_x(\gamma)\boldsymbol{L}_y(\beta)\boldsymbol{L}_z(\alpha) \begin{bmatrix} x' \\ y' \\ z' \end{bmatrix} = \boldsymbol{L}_{qp} \begin{bmatrix} x' \\ y' \\ z' \end{bmatrix} \tag{2-14}$$

因此，两个三维坐标系间的转换矩阵 $\boldsymbol{L}_{qp}$ 就等于每次基元旋转矩阵依次左乘的积。

2.1.3 飞机的姿态角

飞机的姿态指的是飞机机体相对于地面的姿态，描述飞机姿态的变量是飞机的三个姿态角，它们是由地面坐标系 $Ox_gy_gz_g$ 和机体坐标系 $Ox_by_bz_b$ 之间的关系来定义的，如图 2-7 所示。

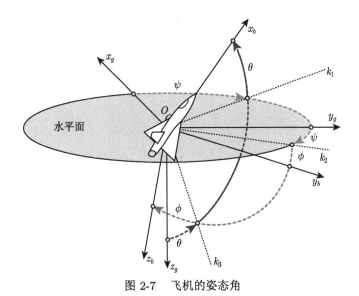

图 2-7 飞机的姿态角

（1）俯仰角（pitch angle）θ：定义为机体轴 Ox_b 与水平面 Ox_gy_g 之间的夹角，以飞机抬头方向为正。俯仰角 θ 的范围为 $-90° \leqslant \theta \leqslant 90°$。

（2）滚转角（roll/bank angle）ϕ：定义为飞机 Oz_b 轴与通过 Ox_b 轴的铅垂面之间的夹角，以飞机的左机翼上偏右机翼下偏时为正。滚转角 ϕ 的范围为 $-180° \leqslant \phi \leqslant 180°$。

（3）偏航角（yaw angle）ψ：定义为机体轴 Ox_b 在水平面 $Ox_g y_g$ 上的投影 k_1 与 Ox_g 轴之间的夹角，以投影 k_1 相对于 Ox_g 轴右偏时为正。偏航角 ψ 的范围为 $-180° \leqslant \psi \leqslant 180°$。

通过平移地面坐标系 $Ox_g y_g z_g$，使其原点与机体坐标系 $Ox_b y_b z_b$ 的原点重合，这时地面坐标系与机体坐标系之间完全由 ψ、θ、ϕ 确定。通常将 ψ、θ、ϕ 称为一组欧拉角，依次按照 ψ、θ、ϕ 的顺序旋转，可以将地面坐标系转变为机体坐标系，根据每次基元旋转的坐标转换关系，可以得到地面坐标系到机体坐标系的转换矩阵，表达式为

$$L_{bg} = L_{x_b}(\phi) L_{k_2}(\theta) L_{z_g}(\psi)$$

$$= \begin{bmatrix} 1 & 0 & 0 \\ 0 & \cos\phi & \sin\phi \\ 0 & -\sin\phi & \cos\phi \end{bmatrix} \begin{bmatrix} \cos\theta & 0 & -\sin\theta \\ 0 & 1 & 0 \\ \sin\theta & 0 & \cos\theta \end{bmatrix} \begin{bmatrix} \cos\psi & \sin\psi & 0 \\ -\sin\psi & \cos\psi & 0 \\ 0 & 0 & 1 \end{bmatrix}$$

$$= \begin{bmatrix} \cos\psi\cos\theta & \sin\psi\cos\theta & -\sin\theta \\ \cos\psi\sin\theta\sin\phi - \sin\psi\cos\phi & \sin\psi\sin\theta\sin\phi + \cos\psi\cos\phi & \cos\theta\sin\phi \\ \cos\psi\sin\theta\cos\phi + \sin\psi\sin\phi & \sin\psi\sin\theta\cos\phi - \cos\psi\sin\phi & \cos\theta\cos\phi \end{bmatrix}$$

$$\text{(2-15)}$$

通过该转换矩阵，可以将用地面坐标系表示的矢量转换为采用机体坐标系表示的形式，如在地面坐标系中的重力矢量 $G_g = \begin{bmatrix} 0 & 0 & mg \end{bmatrix}^{\mathrm{T}}$，在机体坐标系中表示为

$$G_b = L_{bg} G_g = \begin{bmatrix} -\sin\theta \\ \cos\theta\sin\phi \\ \cos\theta\cos\phi \end{bmatrix} mg \tag{2-16}$$

机体坐标系到地面坐标系的转换矩阵 L_{gb} 为 L_{bg} 的逆，由于 L_{bg} 是单位正交矩阵，可得

$$L_{gb} = L_{bg}^{-1} = L_{bg}^{\mathrm{T}} \tag{2-17}$$

2.1.4　飞机的航迹角

1. 航迹角定义

飞机的航迹是指飞机相对于地面的运动轨迹。为了方便地描述航迹及航迹的变化情况，定义的飞机航迹角有三个，其中两个是由地面坐标系和航迹坐标系之

间的关系来定义的，另一个是由航迹坐标系和速度坐标系之间的关系定义的，如图 2-8 所示。

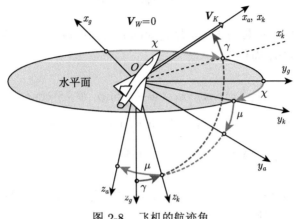

图 2-8　飞机的航迹角

（1）航迹俯仰角（爬升角）γ：航迹坐标系的 Ox_k 轴（地速 V_K 方向）与水平面之间的夹角，飞机向上飞时为正。按照习惯，航迹俯仰角 γ 的范围为 $-90° \leqslant \gamma \leqslant 90°$。

（2）航迹偏航角（方位角）χ：航迹坐标系的 Ox_k 轴在水平面上的投影线 Ox'_k 与 Ox_g 轴之间的夹角，定义投影线 Ox'_k 位于 Ox_g 轴的右方时为正。定义航迹偏航角 x 的范围为 $-180° \leqslant \chi \leqslant 180°$。

（3）航迹滚转角 μ：该角度是通过航迹坐标系和速度坐标系之间的关系定义的。速度坐标系的 Oz_a 轴与包含飞行地速 V_K 的铅垂面（Ox_kz_k 平面）之间的夹角为航迹滚转角 μ，飞机右倾时为正。

2. 地面坐标系与航迹坐标系的转换

根据坐标系的定义，由于 Oz_g 与 Oz_k 均位于铅锤面内，故地面坐标系与航迹坐标系之间仅有两个欧拉角 χ 和 γ，由 $Ox_gy_gz_g$ 到 $Ox_ky_kz_k$ 的转换，可通过 $Ox_gy_gz_g$ 绕 Oz_g 转动 χ 角，再绕当时的 y 轴（即 Oy_k 轴）转动 γ 角得到，故转换矩阵为

$$\boldsymbol{L}_{kg} = \begin{bmatrix} \cos\gamma & 0 & -\sin\gamma \\ 0 & 1 & 0 \\ \sin\gamma & 0 & \cos\gamma \end{bmatrix} \begin{bmatrix} \cos\chi & \sin\chi & 0 \\ -\sin\chi & \cos\chi & 0 \\ 0 & 0 & 1 \end{bmatrix} = \begin{bmatrix} \cos\chi\cos\gamma & \sin\chi\cos\gamma & -\sin\gamma \\ -\sin\chi & \cos\chi & 0 \\ \cos\chi\sin\gamma & \sin\chi\sin\gamma & \cos\gamma \end{bmatrix}$$

$$(2\text{-}18)$$

在对飞机运动的研究中，通常将飞机的运动变量在机体坐标系中加以描述，为此需要建立航迹坐标系与机体坐标系之间的转换关系。两个坐标系之间需要经过

五个角度的两次变换，转换矩阵为

$$L_{bk} = L_{bg}L_{gk} = L_{bg}L_{kg}^{\mathrm{T}} \tag{2-19}$$

假设飞机的地速矢量与飞机纵轴之间的夹角为小量，$\theta - \gamma$ 和 $\chi - \psi$ 也为小量，则可将式 (2-19) 简化为

$$L_{bk} = \begin{bmatrix} 1 & (\chi-\psi)\cos\gamma\cos\phi+(\theta-\gamma)\sin\phi & (\theta-\gamma)\cos\phi-(\chi-\psi)\cos\gamma\sin\phi \\ -(\chi-\psi)\cos\theta & \cos\phi-(\chi-\psi)\sin\theta\sin\phi & -(\chi-\psi)\sin\theta\cos\phi-\sin\phi \\ -(\theta-\gamma) & (\chi-\psi)\sin\gamma\cos\phi+\sin\phi & \cos\phi-(\chi-\psi)\sin\gamma\sin\phi \end{bmatrix} \tag{2-20}$$

为了简化机体坐标系与航迹坐标系之间的转换关系，引入两个坐标系间的欧拉角序列，如图 2-9 所示。

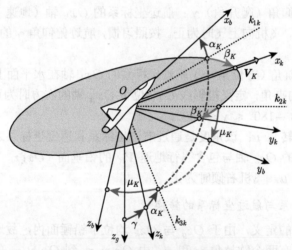

图 2-9　机体坐标系与航迹坐标系

（1）航迹侧滑角 β_K：地速 V_K 与机体坐标系 Ox_bz_b 平面之间的夹角，当地速矢量位于 Ox_bz_b 平面右侧时航迹侧滑角 β_K 为正。

（2）航迹迎角 α_K：地速 V_K 在机体坐标系 Ox_bz_b 平面中的投影 k_{1k} 与机体坐标系 Ox_b 轴之间的夹角，当投影 k_{1k} 位于 Ox_b 轴下方时航迹迎角 α_K 为正。

（3）航迹倾斜角 μ_K：航迹坐标系 Oz_k 轴与机体坐标系 Ox_bz_b 平面之间的夹角，当 Oz_k 轴位于 Ox_bz_b 平面右侧时，航迹倾斜角 μ_K 为正。

由此，依次按照 $-\beta_K$、α_K、μ_K 的顺序旋转，可以得到航迹坐标系到机体坐

标系的转换矩阵为

$$
\boldsymbol{L}_{bk} = \begin{bmatrix} 1 & 0 & 0 \\ 0 & \cos\mu_K & \sin\mu_K \\ 0 & -\sin\mu_K & \cos\mu_K \end{bmatrix} \begin{bmatrix} \cos\alpha_K & 0 & -\sin\alpha_K \\ 0 & 1 & 0 \\ \sin\alpha_K & 0 & \cos\alpha_K \end{bmatrix} \begin{bmatrix} \cos\beta_K & -\sin\beta_K & 0 \\ \sin\beta_K & \cos\beta_K & 0 \\ 0 & 0 & 1 \end{bmatrix} \quad (2\text{-}21)
$$

同样假定飞机的地速矢量与飞机纵轴之间的夹角 β_K 和 α_K 为小量，则该变换矩阵可以表示为

$$
\boldsymbol{L}_{bk} = \begin{bmatrix} 1 & -\beta_K & -\alpha_K \\ \alpha_K \sin\mu_K + \beta_K \cos\mu_K & \cos\mu_K & \sin\mu_K \\ \alpha_K \cos\mu_K - \beta_K \sin\mu_K & -\sin\mu_K & \cos\mu_K \end{bmatrix} \quad (2\text{-}22)
$$

由此可以得到不考虑风影响时，各角度间的重要关系：

$$
\beta_K = \chi - \psi \quad (2\text{-}23)
$$

$$
\alpha_K = \theta - \gamma \quad (2\text{-}24)
$$

$$
\mu_K = \phi \quad (2\text{-}25)
$$

3. 航迹坐标系与速度坐标系的转换

在没有风的情况下，由于地速 $\boldsymbol{V}_K$ 与空速 $\boldsymbol{V}_A$ 相同，航迹坐标系和速度坐标系之间只差一个航迹倾斜角 μ，因此航迹坐标系到速度坐标系的转换矩阵为

$$
\boldsymbol{L}_{ak} = \begin{bmatrix} 1 & 0 & 0 \\ 0 & \cos\mu & \sin\mu \\ 0 & -\sin\mu & \cos\mu \end{bmatrix} \quad (2\text{-}26)
$$

同样，依次按 χ、γ、μ 的旋转顺序，可以得到地面坐标系转到速度坐标系的变换矩阵为

$$
\boldsymbol{L}_{ag} = \boldsymbol{L}_{ak}\boldsymbol{L}_{kg} = \begin{bmatrix} \cos\chi\cos\gamma & \sin\chi\cos\gamma & -\sin\gamma \\ \cos\chi\sin\gamma\sin\mu - \sin\chi\cos\mu & \sin\chi\sin\gamma\sin\mu + \cos\chi\cos\mu & \cos\gamma\sin\mu \\ \cos\chi\sin\gamma\cos\mu + \sin\chi\sin\mu & \sin\chi\sin\gamma\cos\mu - \cos\chi\sin\mu & \cos\gamma\cos\mu \end{bmatrix}
$$

$$
(2\text{-}27)
$$

2.1.5　飞机的气流角

飞机的气流角有两个，如图 2-10 所示，它们是由速度坐标系和机体坐标系之间的关系定义的。

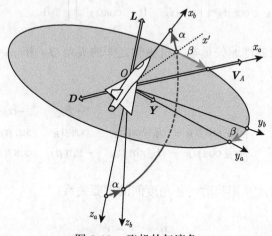

图 2-10　飞机的气流角

（1）迎角 α：速度轴 Ox_a（空速 V_A）在飞机对称平面内的投影 Ox' 与机体轴 Ox_b 的夹角，定义投影 Ox' 在机体轴 Ox_b 的下方时，迎角为正。按照习惯，迎角 α 的范围为 $-180° \leqslant \alpha \leqslant 180°$。

（2）侧滑角 β：速度轴 Ox_a 与飞机对称平面 Ox_bz_b 的夹角，定义速度矢量偏向飞机右方时侧滑角为正。按照习惯，侧滑角 β 的范围为 $-90° \leqslant \beta \leqslant 90°$。

依次绕 Oz_a 轴和 Oy_b 轴转动 $-\beta$、α 角，可将速度坐标系和机体坐标系重合，所以从速度坐标系到机体坐标系的变换矩阵为

$$\boldsymbol{L}_{ba}=\begin{bmatrix} \cos\alpha & 0 & -\sin\alpha \\ 0 & 1 & 0 \\ \sin\alpha & 0 & \cos\alpha \end{bmatrix}\begin{bmatrix} \cos\beta & -\sin\beta & 0 \\ \sin\beta & \cos\beta & 0 \\ 0 & 0 & 1 \end{bmatrix}=\begin{bmatrix} \cos\alpha\cos\beta & -\cos\alpha\sin\beta & -\sin\alpha \\ \sin\beta & \cos\beta & 0 \\ \sin\alpha\cos\beta & -\sin\alpha\sin\beta & \cos\alpha \end{bmatrix}$$

$$(2\text{-}28)$$

2.1.6　风的影响

当考虑到风速 V_W 对飞机的影响时，空速 V_A 与地速 V_K 不再相等，相互间关系可以表示为

$$V_A = V_K - V_W \tag{2-29}$$

为了便于描述风的影响，定义速度坐标系与航迹坐标系之间的欧拉角如图 2-11 所示。

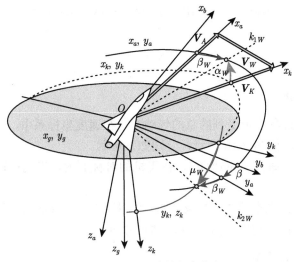

图 2-11 风影响的角度定义

（1）风侧滑角 β_W：空速 $\boldsymbol{V}_A$ 与航迹坐标系 Ox_kz_k 平面之间的夹角，当空速位于 Ox_kz_k 平面左侧时风侧滑角 β_W 为正。

（2）风迎角 α_W：空速 $\boldsymbol{V}_A$ 在航迹坐标系 Ox_kz_k 平面内的投影 k_{1W}，与航迹坐标系 Ox_k 轴之间的夹角，当投影位于 Ox_k 轴上方时风迎角 α_W 为正。

（3）风倾斜角 μ_W：速度坐标系 Oz_a 轴与航迹坐标系 Ox_kz_k 平面之间的夹角，当 Oz_a 轴与位于 Ox_kz_k 平面左侧时，风倾斜角 μ_W 为正。

由此，依次按照 β_W、$-\alpha_W$、$-\mu_W$ 顺序旋转，可以得到速度坐标系到航迹坐标系的转换矩阵为

$$
\boldsymbol{L}_{ka} = \begin{bmatrix} 1 & 0 & 0 \\ 0 & \cos\mu_W & -\sin\mu_W \\ 0 & \sin\mu_W & \cos\mu_W \end{bmatrix} \begin{bmatrix} \cos\alpha_W & 0 & \sin\alpha_W \\ 0 & 1 & 0 \\ -\sin\alpha_W & 0 & \cos\alpha_W \end{bmatrix} \begin{bmatrix} \cos\beta_W & \sin\beta_W & 0 \\ -\sin\beta_W & \cos\beta_W & 0 \\ 0 & 0 & 1 \end{bmatrix}
$$
$$(2\text{-}30)$$

假设 α_W 和 β_W 为小角度，则有

$$
\boldsymbol{L}_{ka} = \begin{bmatrix} 1 & \beta_W & \alpha_W \\ \alpha_W\sin\mu_W - \beta_W\cos\mu_W & \cos\mu_W & -\sin\mu_W \\ -\alpha_W\cos\mu_W - \beta_W\sin\mu_W & \sin\mu_W & \cos\mu_W \end{bmatrix} \quad (2\text{-}31)
$$

将式 (2-31) 与式 (2-23)~式 (2-25) 比较可以得到如下关系：

$$
\beta_W = -\beta + (\theta - \gamma)\sin\phi + (\chi - \psi)\cos\phi \quad (2\text{-}32)
$$

$$\alpha_W = -\alpha + (\theta - \gamma)\cos\phi - (\chi - \psi)\sin\phi \tag{2-33}$$

$$\mu_W = \phi \tag{2-34}$$

2.1.7　飞机的气动力

飞机在飞行过程中所受到的总的气动力，在速度坐标系中，可以分解成三个相互垂直的分量，如图 2-10 所示，分别如下所示。

（1）升力 $\boldsymbol{L}$：垂直于空速 $\boldsymbol{V}_A$，在飞机的对称面内，沿飞机速度坐标系 Oz_a 轴的负方向。

（2）阻力 $\boldsymbol{D}$：在空速 $\boldsymbol{V}_A$ 的反方向，沿速度坐标系 Ox_a 轴负方向。

（3）侧力 $\boldsymbol{Y}$：沿速度坐标系 Oy_a 轴正方向。

2.1.8　飞机的其他变量

飞机的机体坐标系是研究飞机运动的主要坐标系，在该坐标系中，还定义有以下一些主要的变量，如图 2-12 所示，分别如下：

（1）飞机速度 $\boldsymbol{V} = \begin{bmatrix} u & v & w \end{bmatrix}^{\mathrm{T}}$，需要区分飞机相对于地面的地速 $\boldsymbol{V}_K$ 和相对于空气的相对速度 $\boldsymbol{V}_A$，以及空气相对于地面的速度 $\boldsymbol{V}_W$，其三者在机体坐标系内的关系可以表示为

$$\boldsymbol{L}_{ba}\boldsymbol{V}_A = \boldsymbol{L}_{bk}\boldsymbol{V}_K - \boldsymbol{L}_{bg}\boldsymbol{V}_W \tag{2-35}$$

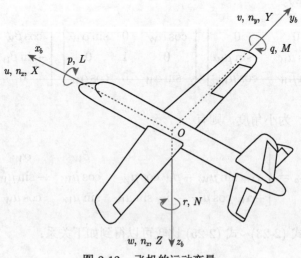

图 2-12　飞机的运动变量

（2）飞机合力 $\boldsymbol{R} = \begin{bmatrix} X & Y & Z \end{bmatrix}^{\mathrm{T}}$。

（3）飞机角速度 $\boldsymbol{\Omega} = \begin{bmatrix} p & q & r \end{bmatrix}^{\mathrm{T}}$。

（4）飞机力矩 $\boldsymbol{Q} = \begin{bmatrix} L & M & N \end{bmatrix}^{\mathrm{T}}$。

（5）飞机过载 $\boldsymbol{n} = \begin{bmatrix} n_x & n_y & n_z \end{bmatrix}^{\mathrm{T}}$。

2.1.9 飞机运动学关系的简化

一般情况下，飞机的各种运动是相互耦合的，各变量之间的关系非常复杂，但在一定的限制条件下，有关飞机的大多数运动，可以在飞机的对称平面和水平面内分别进行描述。若进一步假设在对称面以外的角度均为零，则可得到飞机在对称面内运动（纵向运动）的动力学关系如图 2-13 所示。此时坐标轴 Oy_q、Oy_b、Oy_k、Oy_k 重合，各角度间有关系：

$$\theta = \gamma + \alpha + \alpha_W = \gamma + \alpha_K \tag{2-36}$$

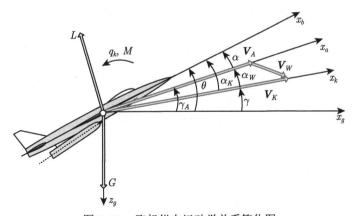

图 2-13　飞机纵向运动学关系简化图

若假设飞机做水平飞行，即 $\gamma = 0$，并且风为水平风，即 $w_W = 0$，这时 Oz_k、Oz_a 轴重合，Ox_k、Ox_a 轴在水平面内。尽管如此，由于飞机俯仰角的存在，$\theta \neq 0$，并不能在 $Ox_g y_g$ 平面内描述 $Ox_b y_b$ 内的所有变量。

如图 2-14 所示，可得

$$\chi = \psi + \beta + \beta_W = \psi + \beta_K \tag{2-37}$$

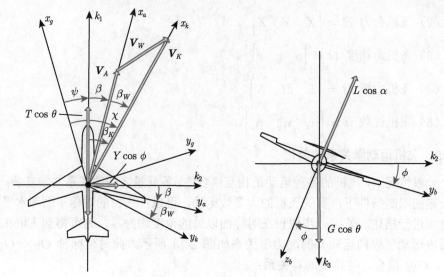

图 2-14   飞机侧向运动学关系简化图

2.2   飞机的气动布局与操纵面

飞机在空气中飞行，受到空气作用于飞机的气动力 $\boldsymbol{R}^A$、发动机推力 $\boldsymbol{T}$ 以及由此产生的气动力矩 $\boldsymbol{Q}^A$ 和发动机推力矩 $\boldsymbol{Q}^F$ 的作用，这些力和力矩的作用效果决定着飞机的运动状态。为达到控制飞机的目的，必须主动改变这些力和力矩的作用，而这种改变就是通过操纵飞机的各类舵面以及发动机油门等方式来完成的。

2.2.1   飞机的气动布局

飞机的外观是由空气动力原理决定的，在飞机设计中称为空气动力布局，也就是常说的气动布局。早期飞机气动布局一般采用常规布局，随着人类对空气动力学认识的不断加深，飞机的布局设计也变得更为灵活，形态各异，特别是作战飞机更是如此，除常规布局外，主要有变后掠翼布局、无尾布局、鸭式布局、三翼布局、飞翼布局和前掠翼布局等。

1. 常规布局

如图 2-15(a) 所示，常规布局（conventional configuration）的特点是有主机翼和水平尾翼，大的主机翼在前，小机翼也就是水平尾翼在后，有一个或者两个垂直尾翼。世界上绝大多数飞机属于这种气动布局，如波音系列、空客系列，我国的运七、运八、ARJ21，美国的 C130 等。我国的军用飞机中三代及三代以下战斗机中除了歼 10 系列以外，都是常规布局。

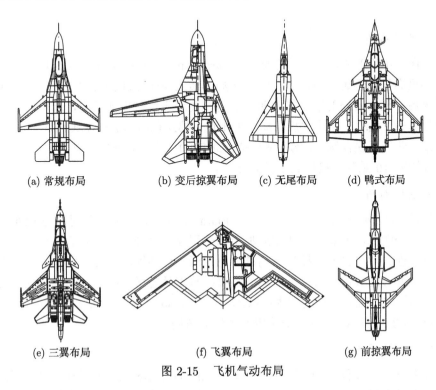

(a) 常规布局　　(b) 变后掠翼布局　　(c) 无尾布局　　(d) 鸭式布局

(e) 三翼布局　　　　　(f) 飞翼布局　　　　　(g) 前掠翼布局

图 2-15　飞机气动布局

2. 变后掠翼布局

如图 2-15(b) 所示，变后掠翼布局（variable-sweep configuration）本质上是常规布局的一种，其主翼的后掠角度可以根据飞行状态进行调整。高速飞行时可以加大后掠角，相当于飞鸟收起翅膀，低速飞行时减小后掠角，相当于飞鸟展开翅膀。这种布局的优势在于可以适应高速和低速飞行时的不同要求，起降性能好，缺点是结构的复杂性严重增加了飞机重量。随着发动机技术特别是矢量推力技术的不断发展和鸭翼的应用，这种布局逐渐趋于淘汰。变后掠翼布局典型机型有苏联的米格 27、图 22，美国的 F14、F111、B1，北约的"狂风战斗机"等。

3. 无尾布局

如图 2-15(c) 所示，无尾布局（tailless configuration）顾名思义就是没有水平尾翼的气动布局，主翼在机尾，实际起到水平尾翼的作用。无尾布局的最大优点是气动效率高、阻力小，适合高速飞行。同时，无尾布局机翼承载更合理，与机身连接结构更稳固。无尾布局的缺点是低速性能不好，这影响到飞机的低速机动性能和起降能力。另外，无尾布局因为只能依靠主翼控制飞行，所以稳定性也不够理想。无尾布局在欧洲应用最为普及，典型机型是法国的幻影系列战斗机。

4. 鸭式布局

如图 2-15(d) 所示，鸭式布局（canard configuration）是主翼在后面，前面加个小机翼称为鸭翼，所以这种气动布局本质上是无尾加鸭翼的布局。增加了这个鸭翼后，无尾布局的缺点得到明显改善，高速飞行时更加稳定，起降能力得到了明显提升，机动性能比常规布局更加出色。鸭式布局飞机有瑞典的 JAS39，英、法、德、西班牙联合研制的欧洲战斗机 EU2000，法国的阵风，以色列的"幼狮"等，我国歼 10 系列飞机也属于鸭式布局。

5. 三翼布局

如图 2-15(e) 所示，三翼布局（triplane configuration）就是在常规布局的基础上加个鸭翼，或者说鸭式布局加个水平尾翼。这种气动布局的优点是多了一对控制舵面，对飞机的操控也更精准、更灵活，机动性能更好，同时三个机翼能更好地平衡分配载重，可以缩短起降距离；缺点是会增加阻力，降低空气动力效率，增加操控系统复杂程度和生产成本。目前苏 30 以后的系列飞机如苏 30MKI、苏 33、苏 34、苏 37 等飞机均采用这种气动布局。

6. 飞翼布局

如图 2-15(f) 所示，飞翼布局（flying wing configuration）又称全翼布局，是一种没有尾翼且机身主要部分隐藏在厚厚的机翼中的一种布局。这种布局的优点是全机都可以产生升力，且空气阻力小，气动效率高，中低速性能优异。同时飞翼布局可以大幅降低雷达波反射，具有良好的隐身性能，且飞机的内部空间大。飞翼布局的最大缺点是不适合高速飞行，且操控性差。因此，飞翼布局一般应用于大型飞机，如轰炸机、运输机等，目前投入使用的只有美国的 B2 轰炸机。

7. 前掠翼布局

如图 2-15(g) 所示，前掠翼布局（forward-swept configuration）是主翼前后缘向前伸展（前掠），左右主翼俯视投影成 V 字形的一种气动布局。前掠翼布局可使飞机在亚声速飞行时具有良好的气动性能，能产生更大的升力，从而提高飞机在大迎角状态下的机动性，若与推力矢量配合使用，可使飞机在空战中更具优势，同时前掠翼布局在结构和可控性方面也具有优势。这种布局的飞机，在大速度飞行时，存在"弯扭发散"现象，同时要求的相关技术复杂度高。目前前掠翼布局一直停留在研究验证阶段，没有实际应用，典型机型有俄罗斯的苏 47 验证机和美国的 X29 试验机。

2.2.2 飞机的操纵面

常规布局飞机通常设置有升降舵（elevator）、方向舵（rudder）、副翼（aile-rons）和发动机油门（throttle），其中升降舵主要用于控制飞机的俯仰运动，方向舵主要控制飞机的偏航运动，副翼主要控制飞机的滚转运动，而发动机油门则主要控制发动机的推力。其他布局飞机的操纵面除传统舵面，根据不同布局的需要增加了其他操纵面，主要有水平鸭翼、垂直鸭翼、前缘襟翼、后缘襟翼、全动平尾、全动垂直尾翼、扰流片等。有些飞机由于翼面的倾斜设计，舵面功能也出现了复合化趋势，如升降方向舵、倾斜升降舵等。由于飞机具有六个自由度，操纵控制是非常复杂的过程，需要各个操纵机构的有效协调配合。本书主要介绍飞行控制的一般原理，为简化问题，本节重点介绍常规布局飞机的操纵控制问题。

2.2.3 飞机操纵机构的参数

常规布局的固定翼飞机的运动一般是通过升降舵、方向舵、副翼和发动机油门等来控制的，这些参数的定义如图 2-16 所示。

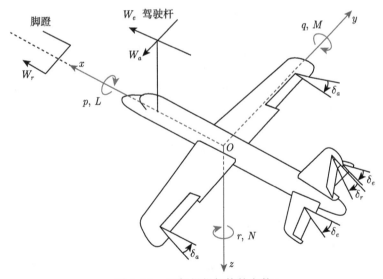

图 2-16 飞机操纵机构的参数

（1）升降舵偏转角 δ_e：升降舵的后缘向下偏时为正，产生下俯力矩。

（2）方向舵偏转角 δ_r：方向舵的后缘向左偏时为正，产生左偏航力矩。

（3）副翼偏转角 δ_a：左副翼后缘上偏、右副翼后缘下偏时为正，产生左滚转力矩。

上述舵面偏转角度正方向均符合右手定则，且正的偏角产生负的操纵力矩。此外，对于操纵舵面偏转的驾驶杆、脚蹬及油门杆的定义如下。

（1）驾驶杆横向偏度 W_a：驾驶杆左偏时为正，对应副翼"左上右下"正向偏转，产生负的滚转力矩 L。

（2）驾驶杆纵向偏度 W_e：驾驶杆前推时为正，使升降舵正向偏转，产生负的俯仰力矩 M。

（3）脚蹬偏度 W_r：左脚蹬向前右脚蹬向后时为正，使方向舵正向偏转，产生负的偏航力矩 N。

（4）油门杆偏度 δ_T：前推油门时为正，正的脚蹬偏度会使发动机的推力增大。

2.3 飞机的力和力矩

2.3.1 空气动力学基本概念

飞机在飞行中受到的气动力和气动力矩，是飞机相对于空气介质运动所产生的，因此了解和掌握空气动力学相关的概念，有助于为后续飞行器飞行动力学的研究奠定牢固的知识基础。

1. 空气流场

当飞机或其他飞行器在空气中运动时，与其邻近的空气将受到干扰。而流场是空气动力学中的一个术语，通常是指飞行器周围相对流动的空气形成的场。描述流场特性的主要特征参数包括压强 p、密度 ρ、温度 T 和流速 V。根据气体动量学理论的基本原理，气体的状态方程为

$$p = \rho RT \tag{2-38}$$

式中，R 为气体常数，国际单位的空气气体常数 $R = 287\mathrm{m}^2/(\mathrm{s}^2 \cdot \mathrm{K})$；$T$ 为气体的热力学温度，K。

在流场中运动的空气是由无数流体微团组成的，当这些微团在流场中运动时可得到与其运动方向始终相切的曲线，称为流线。因此，流场是被无数流线所充满的空间，它显示了空气运动的几何形状。对于特征参数不随时间变化的定常流流场，流线的形状和位置也不随时间变化，而且一般情况下，流场中的流线不能相交，流体微团也不能穿越流线。

2. 连续性定理

如图 2-17(a) 所示，流场中"一捆"流线构成的三维管状曲面称为流管。空气在一般空间流动中，整个流场可以划分为许多基元流管，这些基元流管的截

面积无限小，因而在它的每个横截面上的气流参数都可以认为是均匀分布的，如图 2-17(b) 所示，各流动参数（速度、压强等）都只是沿基元流管轴线坐标的函数，这样的流动称为一维流。在一维流管中，假设其截面积为 A，流体流速为 V，流体密度为 ρ，在时间增量 $\mathrm{d}t$ 内，流体流过的距离为 $\mathrm{d}x$，则流过截面的流体质量为

$$\mathrm{d}m = \rho A \mathrm{d}x = \rho A V \mathrm{d}t \tag{2-39}$$

通过流管截面的质量流量为

$$\frac{\mathrm{d}m}{\mathrm{d}t} = \dot{m} = \rho A V \tag{2-40}$$

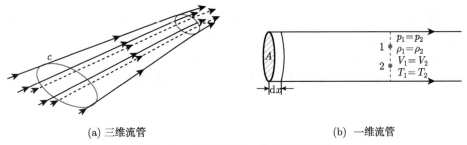

(a) 三维流管 (b) 一维流管

图 2-17　三维流管和一维流管示意图

质量守恒是自然界的基本规律之一，它表明物质既不会凭空产生，也不会无端消失。质量守恒定律在一维流管中的具体形式就是流过任何截面的质量流量是相等的。取图 2-18 的两个截面 I、II 来看，假设截面 I 的截面积是 A_1，流速是 V_1，密度是 ρ_1；截面 II 的截面积是 A_2，流速是 V_2，密度是 ρ_2。若流动是定常的，各截面所有参数都不随时间变化，则通过截面 I 和 II 的质量流量相同，即

$$\rho_1 A_1 V_1 = \rho_2 A_2 V_2 \tag{2-41}$$

式 (2-41) 称为连续方程。对于不可压缩流，流管中流体的密度为常数，式 (2-41) 可表示为

$$AV = \mathrm{const} \tag{2-42}$$

流体的连续方程表明，在一维定常不可压缩流中，流管内各截面上的流速与截面积成反比。凡截面积小处，流速必大，反之亦然。在生活中常见的一些现象都是流体"连续性定理"在自然界中的表现，例如，河道宽而深的地方，水流的速度要比河道浅而窄的地方要慢，在两座房屋之间的过道处和山谷中的风要比平原开阔的地方来得大，等等。

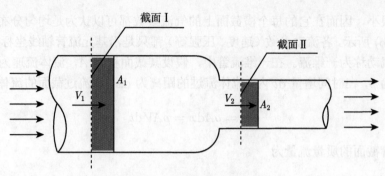

图 2-18　流管中的质量守恒

3. 伯努利方程

通常情况下，如图 2-19 所示，在流场中沿着流线运动的流体微团会受到各种力的作用，主要包括：①地球吸引产生的重力；②微团六个表面受到的压力；③在运动切线方向受到的邻近流团的摩擦力。通常情况下认为空气微团的重力很小，可以忽略不计，同时忽略摩擦力的影响，仅考虑沿空气微团运动方向的受力情况，假设空气微团前后表面的压强变化为 $\mathrm{d}p$，根据牛顿第二运动定律

$$F = ma \tag{2-43}$$

可得

$$p\mathrm{d}A - (p + \mathrm{d}p)\mathrm{d}A = \rho V \mathrm{d}t \mathrm{d}A \frac{\mathrm{d}V}{\mathrm{d}t} \tag{2-44}$$

整理后可得一维流的欧拉方程：

$$\mathrm{d}p = -\rho V \mathrm{d}V \tag{2-45}$$

对于定常流，流体密度不变，对式 (2-45) 两边积分可得

$$\int_1^2 \mathrm{d}p = -\int_1^2 \rho V \mathrm{d}V \tag{2-46}$$

$$p_2 - p_1 = -\rho \left(\frac{V_2^2}{2} - \frac{V_1^2}{2} \right) \tag{2-47}$$

$$p_1 + \frac{1}{2}\rho V_1^2 = p_2 + \frac{1}{2}\rho V_2^2 \tag{2-48}$$

即

$$p + \frac{1}{2}\rho V^2 = \mathrm{const} \tag{2-49}$$

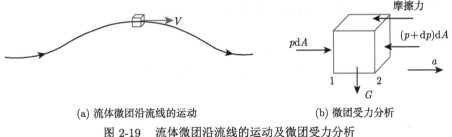

(a) 流体微团沿流线的运动　　　　(b) 微团受力分析

图 2-19　流体微团沿流线的运动及微团受力分析

式 (2-48) 和式 (2-49) 称为伯努利（Bernoulli）方程。式 (2-49) 左边的第一项 p 称为气体的静压，第二项 $1/2\rho V^2$ 称为动压或速压，常用符号 q 表示。一般意义上讲，静压就是气流流动时作用于管壁的压强；动压为气体流动时由流速产生的附加压强，即单位体积流体所携带的动能。伯努利方程的物理意义是对于理想流体的不可压缩气流，沿流管（或流线）任一截面（或任一点）处的静压与动压之和为常数，这个常数可以认为是当气流流速 $V = 0$ 时的压强，以 p_0 表示，称为总压。总压 p_0 代表单位气体的总的机械能。由式 (2-48) 可以看出，对于低速定常流，流速大的地方压强小，流速小的地方压强大。在应用伯努利方程时，应注意它的使用条件，这就是理想（无黏性）、不可压（密度不变）、沿一维流管（或流线）。

连续性定理和伯努利定理是空气动力学中两个最基本的定理，它们说明了流管截面积、气体流速和压强三者之间的关系。综合这两个定理，可以得出如下结论：低速定常流动的气体，流过的截面积大的地方，速度小，压强大；而截面积小的地方，流速大，压强小。这也是机翼上空气动力产生的原因，也是固定翼飞机为什么会飞起来的基本原理。

4. 声速和马赫数

1）声速

飞机在空中飞行时，它对周围的空气产生影响，使空气的密度、压强、速度等气流参数发生变化，相当于飞机对空气产生了扰动。空气是弹性介质，一处受到扰动，这个扰动便通过空气一层一层相互作用，向四面八方传播。在空气中传播的这种扰动就是声音，传播的速度就是声速。在空气动力学中，将一切微弱扰动的传播速度称为声速，用 a 表示。对于理想大气，声速 a 表示为

$$a = \sqrt{\frac{\mathrm{d}p}{\mathrm{d}\rho}} = \sqrt{kRT} \tag{2-50}$$

式 (2-50) 表明，气体中的声速取决于气体的种类（k、R）和当地的温度（T），

对于空气，$k = 1.4$，$R = 287 \mathrm{m}^2/(\mathrm{s}^2 \cdot \mathrm{K})$。在 15℃ 时，海平面标准大气压下，声速 $a = 340.26 \mathrm{m/s}$。

2）马赫数

马赫数是指气流的速度 V 与当地声速 a 之比，以 Ma 表示：

$$Ma = \frac{V}{a} \tag{2-51}$$

空气在水平流动时，根据一维流的欧拉方程 (2-45) 可得

$$-\frac{1}{\rho} = \frac{V \mathrm{d}V}{\mathrm{d}p} \tag{2-52}$$

$$\frac{\mathrm{d}\rho}{\rho} = -\frac{V \mathrm{d}V \mathrm{d}\rho}{\mathrm{d}p} = -\frac{V \mathrm{d}V}{a^2} \tag{2-53}$$

将式 (2-51) 代入式 (2-52) 和式 (2-53) 可得

$$\frac{\mathrm{d}\rho}{\rho} = (Ma)^2 \frac{\mathrm{d}V}{V} \tag{2-54}$$

空气的压缩性系数定义为

$$\beta = \frac{\mathrm{d}\rho/\rho}{\mathrm{d}p} \tag{2-55}$$

由式 (2-55) 可知，在速度相对变化量一定时，密度相对变化量的大小取决于马赫数的大小，即气体的压缩性取决于马赫数的大小。如果马赫数很小，如 $Ma \leqslant 0.3$，则 $\mathrm{d}\rho/\rho$ 就很小，此时可将气体视为不可压缩流体来处理；反之，马赫数较大，$\mathrm{d}\rho/\rho$ 不能被忽略，则必须考虑密度的变化，即考虑气体压缩性影响。

此外，动压 q 也可用马赫数来表示：

$$q = \frac{1}{2}\rho V^2 = \frac{1}{2}\rho(Ma \times a)^2 = \frac{1}{2}\rho(Ma)^2 kRT \tag{2-56}$$

由气体的状态方程 (2-38) 可得

$$\rho = \frac{p}{RT} \tag{2-57}$$

最终可得到动压 q 的马赫数表达式为

$$q = \frac{1}{2}kp(Ma)^2 \tag{2-58}$$

因为不同的马赫数区间所对应空气动力的影响差异很大，通常如图 2-20 所示，将马赫数的区间划分为亚声速（subsonic）、跨声速（transonic）、超声速（supersonic）和高超声速（hypersonic）分别讨论。

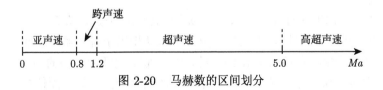

图 2-20　马赫数的区间划分

3）空气的特征参数随流管截面积的变化规律

飞机在高速飞行时，随着气流流速的加快，空气的压缩和膨胀的变化越来越显著，流速改变时，不仅压力在变化，而且密度和温度也在明显地变化，必然影响飞机上的空气动力。考虑空气的压缩性时，由气体流动的基本规律可得

$$\frac{\mathrm{d}A}{A} = [(Ma)^2 - 1]\frac{\mathrm{d}V}{V} \tag{2-59}$$

由式 (2-59) 可知：①当 $Ma < 1$ 时，流管扩大，气流流速减小；反之，流管减小，气流流速增大。②当 $Ma > 1$ 时，流管扩大，气流加速；流管减小，气流减速。上述两种情况是由于气体的流动必须满足连续性定理。也就是说，对于低速气流，可以忽略气体的压缩性，只是流管的截面积与流速成反比。对于亚声速气流，流管的截面积不仅与流速成反比，还与压力、密度及温度成正比，这是由于不能忽略气体压缩性的缘故。对于超声速气流，为保持各截面的流量相同，流速加快，使压力降低，从而使密度减小。超声速气流、亚声速气流和低速气流中，各物理量随流管截面变化的规律如表 2-1 所示。

表 2-1　流体特征物理量随流管截面积变化关系

流管形状	低速气流		亚声速气流		超声速气流	
流管收缩 $A\downarrow$	$V\uparrow$	$p\downarrow$ $\rho = c$ $T = c$	$V\uparrow$	$p\downarrow$ $\rho\downarrow$ $T\downarrow$	$V\downarrow$	$p\uparrow$ $\rho\uparrow$ $T\uparrow$
流管扩张 $A\uparrow$	$V\downarrow$	$p\uparrow$ $\rho = c$ $T = c$	$V\downarrow$	$p\uparrow$ $\rho\uparrow$ $T\uparrow$	$V\uparrow$	$p\downarrow$ $\rho\downarrow$ $T\downarrow$

5. 激波和膨胀波

1）微弱扰动的传播

在流场中，任意一点的流动参数相对于原先状态的变化称为扰动，而由声音等振动引起的对空气压强与密度的变化都很微弱，称为微弱扰动。这些扰动，通过空气介质，会逐步向四周传播。

（1）扰动源静止，即 $V = 0$。如图 2-21(a) 所示，扰动从 O 点以声速向四周传播，只要时间足够长，空间任意一点均会受到扰动源的影响，也就是扰动的影响区是全流场。

（2）扰动源以亚声速 $V < a$ 运动。如图 2-21(b) 所示，假设 $V = 0.5a$，根据相对性原理，扰动源以速度 V 在静止空气中运动相当于扰动源静止而气流以速度 V 反向流动。因此，从 O 点发出的扰动，以声速 a 向四面传播的同时，又被空气以流速 V 顺流带走。在 i 秒的瞬间，波面达到半径为 ia 的球面位置，同时波面各点顺流下移了 iV 的距离。由于 $iV < ia$，扰动仍可影响全流场。

（3）扰动源以声速 $V = a$ 运动。扰动源以声速运动时波面的传播，相当于气流以声速流过静止源的情况，如图 2-21(c) 所示。波面一方面向四周扩展，另一方面以声速右移，使得逆气流方向波面始终彼此相切。这表明，此时弱扰动的波面无法逆流向前传播，只能影响后面的流场。

（4）扰动源以超声速 $V > a$ 运动。此时，在 O 点发生的弱扰动，如图 2-21(d) 所示。波面一方面以声速扩大，另一方面以超声速顺流而下，弱扰动所能影响的范围，仅局限于图中两条切线所夹的圆锥内。该圆锥锥面由一系列相邻的弱扰动波面组成，称为扰动锥或马赫锥。扰动锥以外的气流是不受扰动的，扰动锥表面成为受扰动和未受扰动流场的分界面，称为马赫线，马赫线与扰动源运动方向

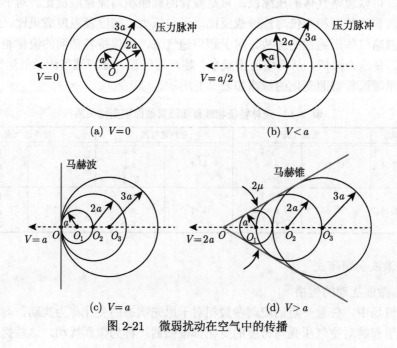

(a) $V=0$　　　　　　　　　　　　　(b) $V<a$

(c) $V=a$　　　　　　　　　　　　　(d) $V>a$

图 2-21　微弱扰动在空气中的传播

所在直线的夹角称为马赫角，用字母 μ 表示，可通过式 (2-60) 计算：

$$\sin\mu = \frac{a}{V} = \frac{1}{Ma} \tag{2-60}$$

2）激波

飞机以超声速飞行时，扰动不能传到飞机的前面。因此，随飞机的突然到来，飞机前面的空气遭到不断地强烈压缩，其压力、密度和温度都突然升高，相对于飞机，来流速度突然降低。这个压力、密度、温度和流速从无变化到突然发生变化的分界面称为激波。激波厚度非常小，大约只有 10^{-5}cm，并且非常黏稠。当气流穿过激波时，速度 V 和马赫数 Ma 突然减小，描述气流能量的总压 p_0 减小，气流的静态参数如压强 p、温度 T、密度 ρ 增大。图 2-22(a) 显示了超声速气流流过上折平面时产生的激波。

3）膨胀波

当超声速气流流过的表面突然向下弯折时，相当于流管突然增大，由表 2-1 可知，超声速流流速 V 增大，马赫数 Ma 增大，气流的静态参数压强 p、温度 T、密度 ρ 减小，相当于流体膨胀，由此形成的分界面称为膨胀波。当超声速流流过的表面连续向下弯折时，由于膨胀过程中马赫数 Ma 不断增大，相应的马赫角 μ 不断减小，因此膨胀波相互不会重合，会形成一个连续的膨胀区。图 2-22(b) 显示了超声速气流流过下折平面时产生的膨胀波。

气流流过激波和膨胀波会产生剧烈的特征参数突变，对飞机超声速飞行时的力和力矩有着显著影响。

图 2-22 超声速气流流过弯折平面形成的激波与膨胀波

2.3.2 机翼的几何形状和参数

机翼是飞机产生升力进而产生力矩的主要部件，其几何特性包括机翼的平面形状和剖面形状。

1. 机翼剖面的几何参数

翼型（airfoil section）是指用平行于飞机对称面或垂直于前缘（或 1/4 弦长点连线）的平面将机翼剖开所形成的机翼剖面形状，也称为翼剖面。翼型的剖面位置如图 2-23 所示。

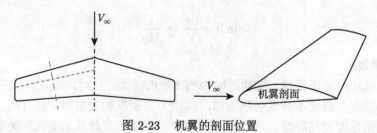

图 2-23　机翼的剖面位置

飞机的翼型根据飞机的类型、大小和用途不同而形状各异，如图 2-24 所示，通常情况下可分为低速翼型、亚声速翼型和超声速翼型。低速翼型和亚声速翼型与超声速翼型的主要区别是，前者往往是圆头、具有弯度的厚翼，而超声速翼型往往是尖头、上下对称的薄翼。

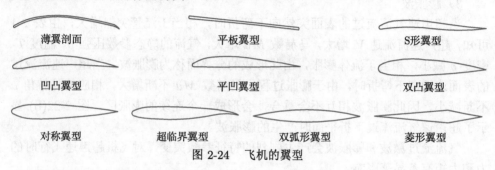

图 2-24　飞机的翼型

翼型的几何形状即几何特征，决定了它的空气动力特征。翼型的几何形状如图 2-25 所示，可以用弯度特征、厚度特征等参数来描述。

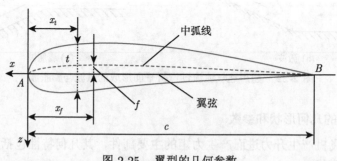

图 2-25　翼型的几何参数

（1）翼弦：连接前缘（leading edge）A 与后缘（trailing edge）B 的线段称为翼弦（chord），又称几何弦，其长度用符号 c 表示。通过后缘点 B 与升力为零时的远前方气流速度矢量平行的直线称为气动弦（aerodynamic chord），又称零升线。气动弦只有方向的意义，没有长度的意义。在对称翼型中的零升线与翼弦重合，非对称翼型中的零升线与翼弦不重合。具有正弯度的机翼的零升线在翼弦上方。

（2）翼剖面厚度：垂直于翼弦，并介于上下表面之间的各线段长度代表翼剖面沿弦线的厚度分布，其中最大者称为翼剖面厚度，用符号 t 表示。相对厚度定义为

$$\bar{t} = \frac{t}{c} \times 100\% \tag{2-61}$$

最大厚度的位置由前缘 A 量起，记为 x_t，通常用相对值表示，即

$$\bar{x}_t = \frac{x_t}{c} \times 100\% \tag{2-62}$$

由于飞机种类不同，$\bar{t}$ 和 $\bar{x}_t$ 的值大小也不同。通常 $\bar{t}$ 在 $2\% \sim 14\%$，$\bar{x}_t$ 在 $40\% \sim 50\%$，随着飞机最大飞行速度的提高，$\bar{t}$ 逐渐减小，而 $\bar{x}_t$ 逐渐增大。

（3）上下表面的曲线及弯度：从前缘经上表面到后缘的曲线称为上翼表面（upper surface）曲线，经折翼下表面到后缘的曲线称为下翼表面（lower surface）曲线。垂直于翼弦的直线与上、下翼表面交点之间线段的中点连线称为翼型的中弧线（camber line）。中弧线离翼弦的最大高度称为弯度，用符号 f 表示，它表征了翼型的非对称度。相对弯度定义为

$$\bar{f} = \frac{f}{c} \times 100\% \tag{2-63}$$

最大弯度的位置从前缘 A 量起，记为 x_f，通常用相对值表示，即

$$\bar{x}_f = \frac{x_f}{c} \times 100\% \tag{2-64}$$

超声速翼型大多是相对于翼弦对称，即 $\bar{f} = 0$。其上下翼表面曲线也较为简单，如双弧翼型、梯形翼型、菱形翼型等。亚声速翼型表面曲线较为复杂，上下表面曲线不对称。

2. 机翼平面的几何参数

常用的机翼平面形状有平直翼、后掠翼、三角翼，另外还有前掠翼和可变后掠翼。为了便于描述，常以机体坐标系为基础建立结构坐标系，原点 O 取在翼根弦的前缘，坐标轴方向与机体坐标系相同，机翼平面的几何参数如图 2-26所示。

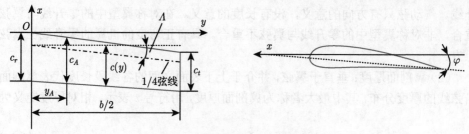

图 2-26   机翼平面的几何参数

（1）翼展（wing span）：左右翼梢之间垂直于飞机对称平面的直线距离称为翼展，用符号 b 表示。

（2）翼面积（wing area）：机翼在结构坐标系的 Ox_by_b 平面上的投影面积称为翼面积，用符号 S_w 表示。

（3）展弦比（aspect ratio）：翼展与平均弦长的比称为展弦比，用符号 A 表示，即

$$A = \frac{b}{\bar{c}} = \frac{b^2}{S_w} \tag{2-65}$$

式中，$\bar{c}$ 为平均弦长，$\bar{c} = S_w/b$。亚声速飞机的展弦比为 $6 \sim 12$，超声速飞机的展弦比为 $2 \sim 4$。

（4）梯形比（taper ratio）：翼根弦长（root chord）c_r 与翼尖弦长（tip chord）c_t 的比称为梯形比，也称为根梢比，用符号 λ 表示，即

$$\lambda = \frac{c_r}{c_t} \tag{2-66}$$

一般 $1 \leqslant \lambda \leqslant \infty$。亚声速飞机的梯形比在 $1 \sim 3$，超声速飞机的梯形比在 $10 \sim \infty$。

（5）后掠角（sweepback angle）：机翼前缘 $1/4$ 弦长点的连线在 Ox_by_b 平面上的投影与 Oy_b 轴之间的夹角称为机翼的后掠角，用符号 Λ 表示。现代高速飞机的后掠角 $\Lambda = 35° \sim 60°$。

（6）安装角：翼根弦与机身轴线之间的夹角称为安装角，用符号 φ 表示。

（7）上反角（ahedral）或下反角（inverted dihedral）：一侧机翼翼弦平面与 Ox_by_b 平面的夹角称为上反角（或下反角），用符号 Γ 表示。

（8）平均气动弦长（mean aerodynamic chord，MAC）：对于任意平面形状的机翼，它的翼弦长从翼根到翼梢是变化的。可以假设存在一个等效的矩形机翼，该矩形机翼与原任意平面形状机翼的面积相同，产生的俯仰力矩和气动合力与原机翼相同，则把这样的矩形机翼的翼弦长称为该任意平面形状机翼的平均气动弦

长，用符号 c_A 表示，其表达式为

$$c_A = \frac{2}{S_w} \int_0^{b/2} c^2(y)\mathrm{d}y \tag{2-67}$$

平均气动弦长是飞机的纵向特征长度，是个非常重要的参数，在定义俯仰力矩系数、确定飞机的质心和焦点相对位置中均要用到。

2.3.3 空气动力的产生

作用在飞机上的气动力包括阻力、升力和侧力，通常分别用 D、L 和 Y 表示。总的气动力在气流坐标系中表示为 $\boldsymbol{R}^A = \begin{bmatrix} -D & Y & -L \end{bmatrix}^{\mathrm{T}}$。升力是由飞机迎面气流产生的，其中，迎面气流速度，即飞机和周围空气之间的相对速度 $\boldsymbol{V}_A$ 具有决定性的作用。不论是物体在平静空气场中运动（自由飞行），还是气流吹向物体（风洞），就飞机而言，这两种情况下所形成的流场是一样的。升力的产生必然伴随有阻力和力矩的产生，这会引起两种重要的后果：

（1）空气动力阻力消耗能量，这部分能量需不断地得到补偿，如由势能补偿（引起高度损失）、空气场能量补偿（如在上升气流中滑翔飞行），或发动机推力补偿（由燃料消耗提供能量）。

（2）定常飞行时力矩必须平衡，这种平衡需要通过相应的配平力矩（空气动力方式或其他方式）来建立。

飞机的侧力，是在飞机飞行速度矢量偏离飞机对称面 Ox_bz_b 时，飞机侧向与空气形成相对运动产生的，此时飞机将处于非对称飞行状态。

1. 飞机的升力

一般来说，飞机的升力主要由机翼的升力、机身的升力和水平尾翼的升力三部分组成，下面分别进行介绍。

1）机翼的升力

机翼的升力本质上是由机翼在空气流场中运动所形成的机翼上表面和下表面压力差产生的。考虑到马赫数对空气压缩性有决定性影响，机翼在亚声速和超声速下形成机翼上下表面压力差的机理不同。

（1）亚声速时升力产生原理。

在亚声速时，当气流以某一迎角 α 流过机翼时，如图 2-27(a) 所示，由于机翼上表面凸起的影响，机翼上面的流管变细，截面积减小；机翼下面的流管变大，截面积变大。由空气动力学的连续性定理可知，在不考虑流体压缩性条件下 VA 为常数，因此机翼上表面流速增加，而下表面流速减小。

由伯努利方程 (2-49) 可知，机翼上表面压强减小，下表面压强增大，如图 2-27(b) 所示，从而在机翼的上下表面形成压力差，该压力差沿垂直于来流方向的分量便是升力，沿来流方向的分量为阻力。

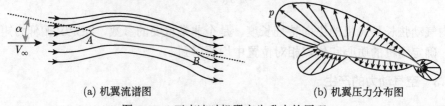

(a) 机翼流谱图   (b) 机翼压力分布图

图 2-27 亚声速时机翼产生升力的原理

（2）超声速时升力产生原理。

在超声速时，超声速气流作用在迎角 $\alpha > 0$ 的机翼上，如图 2-28所示，上下翼面的两股气流是不对称的。当超声速气流到达 A 点时，由于上翼面 A 处突然内折，流管变小，在 A 点上翼面处产生斜激波，随后受到上翼面曲率不断外折的影响，形成持续的膨胀波，马赫数不断增大，压强不断减小；下翼面 A 处突然内折，流管变小，将在 A 点下翼面处产生斜激波，同时受下翼面曲率不断内折的影响，形成持续的斜激波，马赫数不断减小，压强不断增大。马赫数不同的上下翼面气流在机翼后缘 B 点汇合，上翼面的低压气流受到下翼面高压气流的突然压缩，使得 B 点上方的流管缩小，压强增大，马赫数减小，产生斜激波；而下翼面的高压气流遇到上翼面的低压气流，使得 B 点下方的流管扩大，压强降低，马赫数增大，产生膨胀波；最后变成马赫数相同的匀直流向后流动。同样，上下翼面的压力差沿垂直于来流方向的分量形成升力，沿来流方向的分量形成阻力。迎角越大，升力越大，阻力增加也越快。

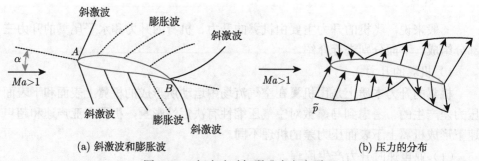

(a) 斜激波和膨胀波   (b) 压力的分布

图 2-28 超声速时机翼升力产生原理

理论与实践证明，飞机机翼产生的升力可以表示为

$$L_w = \frac{1}{2}\rho V_A^2 C_{L_w} S_w \tag{2-68}$$

式中，C_{L_w} 为无因次机翼升力系数；S_w 为机翼面积。

式 (2-68) 表明，机翼产生的升力与机头动压 q、机翼面积 S_w 和无因次升力系数 C_{L_w} 成正比，又与机翼相对于来流的迎角 α、马赫数 Ma 和雷诺数 Re 相关（说明：雷诺数 Re 定义为流体的惯性力与黏性力之比，是一个无因次量。对于空气，由惯性力主导，其雷诺数相对较大，一般在 $10^4 \sim 10^8$ 量级）。

（3）迎角对升力的影响。

机翼的升力系数 C_{L_w} 随迎角 α 的变化规律如图 2-29 所示。可以发现 $C_{L_w} = 0$ 时，迎角 α 为负值，以 α_0 表示，称为零升迎角；对于具有正弯度的翼型，当 $\alpha = 0$ 时，$C_{L_w} > 0$，说明机翼的上下翼面压力差仍为正值；当迎角达到一定值时，C_{L_w} 达到最大值 $C_{L_w \max}$，若迎角继续增大，则 C_{L_w} 下降，因此称使 $C_{L_w} = C_{L_w \max}$ 的迎角为临界迎角 α_{cr}（也称为机翼的失速迎角 α_{stall}），这是由于 $\alpha > \alpha_{cr}$ 时，机翼上表面气流严重分离，并形成旋涡，使升力下降；C_{L_w}-α 曲线在一个较大范围内，C_{L_w} 与 α 呈线性关系，即

$$a_w = \frac{\partial C_{L_w}}{\partial \alpha} = \text{const} \tag{2-69}$$

$$C_{L_w} = a_w(\alpha - \alpha_0) \tag{2-70}$$

一般情况下，$a_w \approx 0.11/(°)$ 为机翼升力系数对迎角的导数。另外，当空气的雷诺数 Re 增加时（图 2-29），机翼的临界迎角 α_{cr} 将增大。

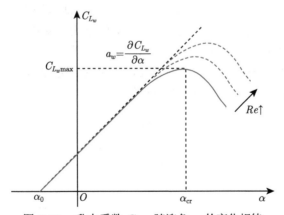

图 2-29　升力系数 C_{L_w} 随迎角 α 的变化规律

（4）马赫数对升力的影响。

除了动压、迎角和翼剖面等因素外，马赫数 Ma 是对升力影响最重要的量。当 $Ma = 0.3$ 时，空气的密度相对于静态值大约改变了 5%，特别是在跨声速和

超声速范围，马赫数对流体的压缩性具有决定性作用，因此完全忽略空气的可压缩性是不合理的。马赫数对升力系数的影响可以用图 2-30 表示，其中：

① 原点零到 a 点的亚声速流场区域，马赫数引起的空气压缩性对升力系数的影响通常可以用 Prandtl-Clauert 规则进行校正，表达式为

$$C_L = \frac{C_{L_0}}{\sqrt{1 - (Ma)^2}} \tag{2-71}$$

式中，C_{L_0} 为不考虑空气压缩性时（$Ma = 0$）的无因次升力系数。一般情况下认为当该升力系数小于临界马赫数 Ma_{cr} 时，采用 Prandtl-Clauert 规则修正是可以接受的。

② 从 a 点到 b 点，受机翼弯度影响，机翼上表面率先达到声速，产生膨胀波，并随来流马赫数增大逐步向后扩展，使上表面压力减小，升力系数增大。

③ 从 b 点到 c 点，超声速气流覆盖机翼上表面的大部分区域，下表面也开始形成激波，并随马赫数增加快速移动至机翼后缘。上下表面气流通过激波后压差增大，在机翼后缘产生回流，使上表面气流产生气流分离，升力系数骤然下降，这种现象称为激波失速。

④ 从 c 点到 d 点，流过机翼下表面的气流均为超声速气流，压力变化较小。机翼上表面超声速区域逐步扩展至机翼后缘，激波失速区域减小，综合影响下，升力系数增大。

⑤ d 点之后，机翼上下表面均为超声速气流所覆盖，机翼前方出现弓形离体激波，机翼上下表面压力分布基本不随马赫数变化（即流场冻结），但气流动压随马赫数增大而增大，因此升力系数仍随马赫数的增大而减小。

需要特别注意的是，由式 (2-58) 可知，动压随马赫数增大而增大，因此尽管升力系数可能降低，但由于动压项的存在，飞机的升力实际上是增加的。高马赫数时，升力系数通常比低速时小一个数量级。

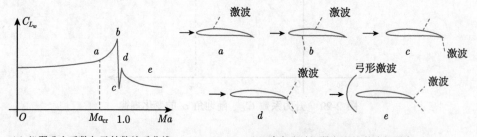

(a) 机翼升力系数与马赫数关系曲线   (b) 跨声速时机翼产生的激波的形态

图 2-30   机翼升力系数与马赫数的关系

（5）襟翼的作用。

为了改变升力和阻力,通常在机翼前缘和后缘装有襟翼。各种结构形式中最常用的襟翼形式如图 2-31 所示,其中主要作为舵面用的简单后缘襟翼如图 2-31(a) 所示,增大了机翼弯度因而也提高了升力;可向后移动的后缘襟翼如图 2-31(b) 和 (c) 所示,增加了机翼的弦长,从而进一步提高了升力。为了给上表面气流输入能量,并使气流分离延缓到较大的迎角,一般襟翼上还开有裂缝。

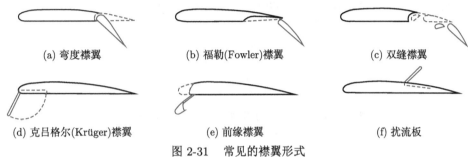

| (a) 弯度襟翼 | (b) 福勒(Fowler)襟翼 | (c) 双缝襟翼 |

| (d) 克吕格尔(Krüger)襟翼 | (e) 前缘襟翼 | (f) 扰流板 |

图 2-31　常见的襟翼形式

按结构形式,如图 2-31(e) 所示,也可用前缘襟翼增大机翼弯度和机翼弦长,以提高后缘襟翼的效能(另外,同时放下前后缘襟翼,会减小附加机翼力矩)。为避免气流在前缘处分离,还常常开有裂缝。

如图 2-32 所示,后缘襟翼主要使升力特征曲线向较大的升力系数移动;而放下前缘襟翼则使升力特征曲线向较大的迎角范围扩展。在低速飞行时,这两者被同时用来作为高增升手段。

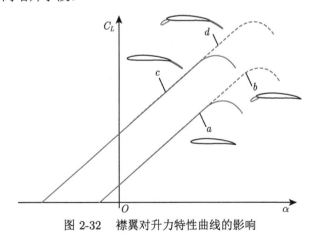

图 2-32　襟翼对升力特性曲线的影响

最后,为了使气流发生局部分离从而猛烈地减小升力,可以打开机翼上表面上的扰流板,如图 2-31(f) 所示,在全部飞行范围内,它都可作为空气制动器用,而在单侧放下扰流板时,又可用来辅助滚转操纵。

所有形式的襟翼不仅能改变机翼升力，而且也可以通过不同的配置改变阻力和机翼力矩。考虑到襟翼作用与机翼几何关系密切相关，不可能对其做一般的模型化处理。

2）机身的升力

机身一般接近于圆柱形，亚声速飞机机身圆头圆尾，中段是圆柱，在迎角不大的情况下没有升力，只有在大迎角时，机身背部分离出旋涡，才产生一些升力；超声速飞机的头部呈圆锥形，有迎角时头部会产生升力，而机身圆柱段没有升力。机身升力的表达式为

$$L_b = \frac{1}{2}\rho V^2 C_{L_b} S_b \tag{2-72}$$

$$C_{L_b} = a_b \alpha \tag{2-73}$$

式中，S_b 为机身的横截面积；C_{L_b} 为机身升力系数；$a_b = \partial C_{L_b}/\partial\alpha$ 为机身升力曲线对迎角的导数。

3）水平尾翼的升力

水平尾翼虽然相当于一个小机翼，但是它所处的位置在机翼的后方，容易受到机翼下洗气流的影响（图 2-33）。

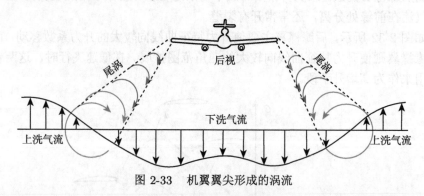

图 2-33　机翼翼尖形成的涡流

如果远前方气流 V 与水平尾翼翼弦线的迎角为 α，且有下洗气流 W_t，则平尾处局部气流 V_t 向下偏转一个角度，称为下洗角 ε，如图 2-34 所示，表示为

$$\varepsilon = \arctan\frac{W_t}{V} \tag{2-74}$$

机翼的水平尾翼的下洗角 ε 与机翼迎角 α 成正比，即

$$\varepsilon = \varepsilon_\alpha \alpha \tag{2-75}$$

式中，$\varepsilon_\alpha = \partial\varepsilon/\partial\alpha$ 为下洗角对迎角的导数。

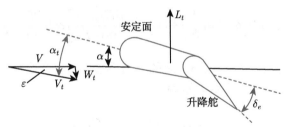

图 2-34 平尾的下洗角

水平尾翼的实际迎角 α_t 为

$$\alpha_t = \alpha - \varepsilon = \alpha(1 - \varepsilon_\alpha) \tag{2-76}$$

水平尾翼一般由两部分组成，前面固定的部分称为水平安定面，后面的转动部分称为升降舵。由于偏转升降舵改变了水平尾翼的弯度，也就改变了平尾的升力。向下偏转，水平尾翼的升力增加；向上偏转，水平尾翼的升力减小。飞机在对称定直平飞时升降舵起纵向配平作用，平尾的升力 L_t 为

$$L_t = \frac{1}{2}\rho V^2 C_{L_t} S_t \tag{2-77}$$

$$C_{L_t} = \frac{\partial C_{L_t}}{\partial \alpha}\alpha_t + \frac{\partial C_{L_t}}{\partial \delta_e}\delta_e \tag{2-78}$$

式中，C_{L_t} 为水平尾翼升力系数；S_t 为水平尾翼的面积。式 (2-78) 右边第一部分为下洗气流产生的升力系数，第二部分为升降舵偏转产生的升力系数，包括纵向配平时升降舵产生的升力系数。

4）飞机的总升力

飞机的总升力为

$$L = L_w + L_b + L_t \tag{2-79}$$

若用无因次的升力系数表示，则为

$$L = \frac{1}{2}\rho V^2(C_{L_w}S_w + C_{L_b}S_b + C_{L_t}S_t) \tag{2-80}$$

将式 (2-70)、式 (2-73) 和式 (2-78) 代入式 (2-80)，可得

$$L = \frac{1}{2}\rho V^2\left(C_{L_w} + C_{L_b}\frac{S_b}{S_w} + C_{L_t}\frac{S_t}{S_w}\right)S_w$$

$$= \frac{1}{2}\rho V^2\left[a_w(\alpha - \alpha_0) + a_b\alpha\frac{S_b}{S_w} + \frac{\partial C_{L_t}}{\partial \alpha_t}\alpha_t\frac{S_t}{S_w} + \frac{\partial C_{L_t}}{\partial \delta_e}\delta_e\frac{S_t}{S_w}\right]S_w$$

$$= \frac{1}{2}\rho V^2 \left\{ -a_w\alpha_0 + \left[a_w + a_b\frac{S_b}{S_w} + (1-\varepsilon_\alpha)\frac{\partial C_{L_t}}{\partial \alpha}\frac{S_t}{S_w} \right]\alpha + \frac{\partial C_{L_t}}{\partial \delta_e}\frac{S_t}{S_w}\delta_e \right\} S_w \quad (2\text{-}81)$$

式中，$C_{L_0} = -a_w\alpha_0$ 为零升迎角引起的升力系数，与零升迎角 α_0 有关。

因此，飞机的总升力系数表示为

$$C_L = C_{L_0} + C_{L_\alpha}\alpha + C_{L_{\delta_e}}\delta_e \qquad (2\text{-}82)$$

式中，$C_{L_\alpha} = a_w + a_b\dfrac{S_b}{S_w} + (1-\varepsilon_\alpha)\dfrac{\partial C_{L_t}}{\partial \alpha}\dfrac{S_t}{S_w}$ 为升力系数对迎角的导数；$C_{L_{\delta_e}} = \dfrac{\partial C_{L_t}}{\partial \delta_e}\dfrac{S_t}{S_w}$ 为升力系数对升降舵偏转角的导数。

需要说明的是，升力系数 C_L 不仅与迎角 α 和平尾偏转角度 δ_e 有关，还与马赫数 Ma 有关，所以式 (2-82) 应表示为

$$C_L(\alpha, \delta_e, Ma) = C_{L_0}(Ma) + C_{L_\alpha}(Ma)\alpha + C_{L_{\delta_e}}(Ma)\delta_e \qquad (2\text{-}83)$$

2. 飞机的阻力

气流作用于飞机表面形成的总气动力在平行于来流方向（与运动方向相反）的分量称为阻力。飞机的阻力可分为两部分：一部分与升力无关，称为零升阻力（profile drag），包括摩擦阻力（skin-friction drag）、压差阻力（pressure drag）和零升波阻（跨声速和超声速飞行时产生），这种阻力决定了飞机的最小阻力，它不仅由机翼和尾翼产生，而且也由机身、发动机短舱等产生，也就是说与飞机总的表面积有关；另一部分与升力有关，称为升致阻力（drag due to lift），包括诱导阻力（induced drag）和升致波阻（跨声速和超声速飞行时产生），它是产生升力时伴随出现的阻力，反映了要获得升力所必须付出的相应代价。在亚声速飞行时，升致阻力主要为诱导阻力，在超声速飞行时，升致阻力主要为升致波阻。

1）摩擦阻力

由于机翼表面不是绝对光滑的，对空气分子有黏附作用，所以紧贴机翼表面的一层流体受到阻滞和黏附，流速为零。这层速度为零的空气层又通过黏性作用影响上一层，使上层流体速度减小，这样一层层地影响下去，在紧贴机翼的地方就出现了流速沿法线方向逐渐增大的流层，称为附面层，其法向速度梯度用 $\mathrm{d}V/\mathrm{d}z$ 表示。在附面层外，因 $\mathrm{d}V/\mathrm{d}z$ 很小，而空气的黏性本来就小，气流仍然可以看成理想气流。

如图 2-35 所示，在机翼前面一段的附面层内，气流是有规则地一层一层流动的，各层之间只有分子热运动带来的气体分子的交换，没有流体微团的交换，故各层之间的动量交换不大，互相牵扯的力量也不大，因而表面附近速度梯度较小。

上述按层次流动的附面层称为层流附面层。层流附面层经过转捩点之后，流体微团不是保持在一层内流动，而是一边前进一边不规则地横向乱窜，流动没有层次，这种流态的附面层称为紊流附面层。

　　摩擦阻力是由飞机表面附面层内的气流黏性切向力（气流摩擦力）形成的。根据牛顿内摩擦应力公式，可以得到气流的黏性切向力为

$$\tau = \mu \frac{\mathrm{d}V}{\mathrm{d}z} \tag{2-84}$$

式中，μ 为气体黏性系数。因此，摩擦阻力与气体黏性系数 μ 和机翼表面法向速度梯度 $\mathrm{d}V/\mathrm{d}z$ 成正比，也与机翼表面积成正比。如图 2-35 所示，层流附面层内沿机翼表面法向的速度梯度要小于紊流附面层内沿机翼表面法向的速度梯度，故紊流附面层的摩擦阻力要大于层流附面层的摩擦阻力。

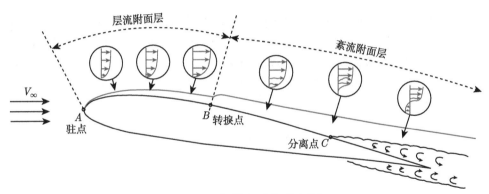

图 2-35　机翼表面附面层形态

　　2）压差阻力

　　当气流流过机翼时，在机翼前缘附近形成高压区，机翼后缘附近形成旋涡区，那么机翼前缘的压力大于后缘的压力，对机翼形成一个向后作用的压力差，称为压差阻力。如图 2-35 所示，在翼型的驻点（stagnation point）A 处压力最大，气流沿上表面流速逐渐增大到最大值，相应压力在 B 点（转捩点）达到最小值，从 B 点往后，流管增大，流速降低，压力也逐渐增大。如果气流没有足够的动能克服反向的压力梯度，将产生气流分离（翼型失速），如图中 C 点，此时阻力增大，升力下降。压差阻力和附面层与机翼的分离点的位置有关，分离点越靠前，旋涡区越大，则压差阻力越大。

　　3）零升波阻

　　波阻是指飞机做超声速飞行时，机身头部、机翼和尾翼的前缘产生激波，当气流流经激波时，流速突降从而会使压力跃升，升高的压力对飞机产生阻力

（图 2-36）。波阻即使在升力为零时也存在，称为零升波阻。为了减小波阻，超声速飞机一般采用尖锐的头部，细长机身、大后掠角、小展弦比、尖前缘、薄翼型等气动外形。

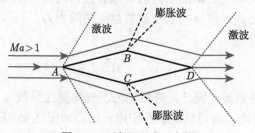

图 2-36   波阻形成示意图

4）诱导阻力

机翼在有限翼展的情况下，升力的产生是与翼尖涡的形成联系在一起的，翼尖涡产生下洗气流，在机翼局部和尾翼产生下洗诱导迎角 α_i。亚声速时所产生的升力基本与迎面来流方向垂直，所以总的空气动力 $\boldsymbol{R}^A$ 因诱导迎角 α_i 而向后转动，如图 2-37 所示，其在未受扰动来流方向上产生的分量，称为诱导阻力，对应的阻力系数为

$$C_{D_i} = C_L \sin \alpha_i \approx \alpha_i C_L \tag{2-85}$$

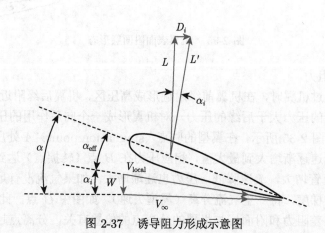

图 2-37   诱导阻力形成示意图

5）升致波阻

飞机在超声速飞行时，当出现迎角后，由于超声速气流流过激波面后方向会发生变化，其结果相当于机翼上的总压力差不再垂直于自由气流产生后仰，形成

一个向后的分量,即为升致波阻,是超声速飞行时的主要阻力来源。升致波阻的系数与迎角及机翼的相对厚度有关,通常表示为

$$C_{D_t} = C_L \sin \alpha \tag{2-86}$$

6)配平阻力

定常飞行时作用在飞机上的所有力矩之和应等于零,这就需要通过相应偏转升降舵/平尾来实现。这时会在尾翼上诱发阻力,甚至还常常要求平尾上有升力,这个升力要由机翼上的附加升力予以平衡。伴随力矩平衡所产生的阻力之和,称为配平阻力。首先,在续航飞行阶段,如巡航飞行,由于高的燃料消耗,配平阻力使费用明显提高,所以要尽量减小配平阻力。随着迎角的增大,总的升力作用点向前移动,而在跨声速范围,则随马赫数的增加,升力作用点向后移动。为了补偿升力作用点移动的影响,现代自动飞行控制系统都采用"α 配平"工作方式,以及调整水平安定面偏角 i_H 的"马赫数配平"工作方式。由于在亚声速飞行和超声速飞行时,力矩情况变化剧烈,必须寻找其他一些解决力矩平衡的途径,尤其是超声速飞机,例如,"协和"号超声速运输机是通过抽汲将近 30% 的燃料来调整质心的,以便在全部飞行范围内都能将配平阻力减小到最小。

7)飞机的总阻力

据上所述,飞机总的阻力可表示为

$$D = \frac{1}{2}\rho V^2 C_D S_w = \frac{1}{2}\rho V^2 (C_{D_0} + C_{D_t}) S_w \tag{2-87}$$

式中,C_D 为阻力系数;C_{D_0} 为零升阻力系数;C_{D_t} 为升致阻力系数。而 C_{D_t} 近似与升力系数的二次方成正比,因此阻力系数可以表示为

$$C_D = C_{D_0} + k C_L^2 \tag{2-88}$$

式中,$k = \dfrac{1}{\pi e A}$ 为诱导阻力系数,A 为展弦比,e 为机翼剖面形状效率因子,对于椭圆翼,$e = 1$。同时考虑到阻力系数与马赫数有关,改写式 (2-88) 得

$$C_D(Ma) = C_{D_0}(Ma) + k C_L^2(Ma) \tag{2-89}$$

飞机阻力系数与马赫数、机翼厚度和机翼后掠角的关系如图 2-38所示。可以看出,在跨声速范围,阻力增加得很快。这是由于在高亚声速范围($Ma > 0.8$),机翼上会出现局部超声速区,这与激波阻力激增是联系在一起的。如果激波在翼剖面上前后跳动(称为抖振),这种现象会引起俯仰力矩的强烈变化,所以无论如何都要避免它的出现,即应限制允许使用的速度范围。后掠机翼和薄翼型有利于

将阻力激增推移到较高的马赫数，所以目前在高亚声速范围飞行的几乎所有飞机都采用后掠机翼。

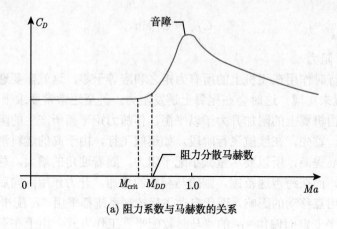

(a) 阻力系数与马赫数的关系

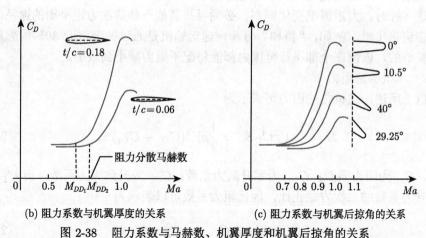

(b) 阻力系数与机翼厚度的关系　　　　(c) 阻力系数与机翼后掠角的关系

图 2-38　阻力系数与马赫数、机翼厚度和机翼后掠角的关系

3. 升阻极曲线

升力系数与阻力系数的比称为升阻比（lift-to-drag ratio），用 K 表示，即

$$K = \frac{C_L}{C_D} = \frac{1}{\dfrac{C_{D_0}}{C_L} + kC_L} \tag{2-90}$$

在最大升阻比 $K_{\max}$ 处，式 (2-90) 分母对 C_L 的导数等于零，即

$$\frac{\partial\left(\dfrac{C_{D_0}}{C_L} + kC_L\right)}{\partial C_L} = 0 \tag{2-91}$$

可解得对应的升力系数

$$(C_L)_{K_{\max}} = \sqrt{\frac{C_{D_0}}{k}} \tag{2-92}$$

代入式 (2-88)，得

$$(C_D)_{K_{\max}} = 2C_{D_0} \tag{2-93}$$

最大升阻比为

$$K_{\max} = \frac{\sqrt{\dfrac{C_{D_0}}{k}}}{2C_{D_0}} = \frac{1}{2}\frac{1}{\sqrt{C_{D_0}k}} \tag{2-94}$$

最大升阻比 $K_{\max}$ 是飞机设计时需要估计的重要数据之一。

以马赫数为参变量的 C_L-C_D 曲线称为升阻极曲线，如图 2-39 所示，它描述了飞机的气动效率。最大升阻比即过原点与升阻极曲线的切线斜率。飞机的升阻极曲线往往是通过大量的试验得到的，由式 (2-88) 可知，升阻极曲线是一条抛物线。对称机翼的升阻极曲线关于 C_D 轴左右对称，正弯度机翼的升阻极曲线将向右平移。

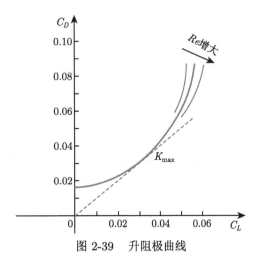

图 2-39　升阻极曲线

2.3.4　对称定直平飞时作用在飞机上的俯仰力矩

作用于飞机的外力所产生的绕飞机 Oy_b 轴的力矩称为俯仰力矩或纵向力矩，用 M 表示，包括由气动力产生的气动俯仰力矩和因发动机推力矢量 T 不通过飞机质心而产生的力矩。气动俯仰力矩 M_A 由机翼、机身和水平尾翼气动力产生的力矩组成，其大小取决于飞机的飞行速度、高度、迎角以及平尾/升降舵的偏转角

度，同时还与飞机的俯仰角速度、迎角速度、平尾/升降舵偏转速度有关。气动俯仰力矩可以表示为

$$M_A = f(\boldsymbol{V}, H, \alpha, \delta_e, q, \dot{\alpha}, \dot{\delta}_e) = \frac{1}{2}\rho V_A^2 C_m S_w c_A \tag{2-95}$$

式中，C_m 为俯仰力矩系数；S_w 为机翼参考面积；c_A 为机翼平均气动弦长。

气动俯仰力矩主要是由升力引起的。一般情况下，由于阻力的作用线接近飞机的质心，其产生的力矩通常可以忽略。

1. 纵向定常飞行的条件

纵向定常飞行时，飞机没有侧滑，空速 $\boldsymbol{V}_A$ 位于机体坐标系 Ox_bz_b 平面内，且保持不变。此时 $q = \dot{\alpha} = \dot{\delta}_e = 0$，俯仰力矩 $\boldsymbol{M}$ 仅与飞行速度、高度和迎角相关。为使飞机保持定常飞行，必须同时满足两个条件：

（1）飞机的升力、阻力、推力和重力之和为零，即 $L = G$ 和 $D = T$；

（2）绕飞机质心的力矩矢量和为零。

由此可以得出对绕 Oy_b 轴的俯仰力矩要求如下：

（1）$L = 0$ 时，$\boldsymbol{M} > 0$，使飞机上仰，建立正的迎角和必要的升力；

（2）$\partial \boldsymbol{M}/\partial \alpha < 0$，使得在迎角扰动下，如阵风引起的迎角变化，飞机能返回到它的平衡状态。

因此，对俯仰力矩系数的要求是

$$C_{m_0} > 0 \quad 且 \quad \frac{\partial C_m}{\partial \alpha} = C_{m_\alpha} < 0 \tag{2-96}$$

式中，C_{m_0} 为零升力矩系数即升力为零时的俯仰力矩系数；C_{m_α} 为静稳定力矩系数，是一个非常重要的飞行力学特征量，$C_{m_\alpha} < 0$ 称为静稳定，$C_{m_\alpha} > 0$ 称为静不稳定，而 $C_{m_\alpha} = 0$ 称为临界静稳定。

2. 机翼产生的俯仰力矩

机翼产生的俯仰力矩是由机翼产生的总气动力以飞机质心取矩产生，与气动力作用点和质心的相对位置有关。

1）压力中心和气动焦点

飞机上的总空气动力的作用点称为压力中心（center of pressure）。当飞机的迎角或雷诺数发生变化时，压力中心也会随之移动，因此压力中心不是一个好的力矩计算参考点。考虑到俯仰力矩主要是由升力产生的，可以将总的升力分为两部分：一部分是当迎角 $\alpha = 0$ 时，由机翼弯度产生的升力，其作用点近似在机翼的中点处，产生的力矩称为零升力矩。正弯度机翼在 $\alpha = 0$ 时升力系数大于零，

产生的俯仰力矩为负，因此零升力矩系数为负，即 $C_{m_0} < 0$，反之负弯度机翼的 $C_{m_0} > 0$，对称翼型机翼的 $C_{m_0} = 0$。另一部分是由 α 引起的升力增量 ΔL，其作用点称为气动焦点（aerodynamic center），简称焦点，如图 2-40 所示。

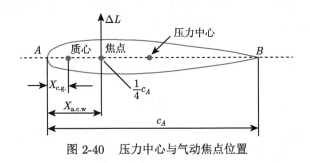

图 2-40 压力中心与气动焦点位置

用气动焦点作为参考点来计算力矩更便于应用。在亚声速时，飞机的气动焦点位置基本保持不变，大约在距机翼前缘的 $1/4 c_A$ 处，同时气动焦点处的气动力矩系数也相对稳定；飞机处于跨声速和超声速时，受到空气压缩性和激波的影响，气动焦点位置将向后移动，从而导致气动力矩系数也发生变化。

2）机翼俯仰力矩的计算

力矩是相对飞机质心而言的，假设飞机质心与平均气动弦前缘 A 点的距离为 $X_{\rm c.g.}$，机翼气动焦点与平均气动弦前缘距离为 $X_{\rm a.c.w}$。

定义无因次距离 $\overline{X}_{\rm c.g.} = X_{\rm c.g.}/c_A$ 和 $\overline{X}_{\rm a.c.w} = X_{\rm a.c.w}/c_A$，则对质心的力矩系数为

$$C_{m_w} = C_{m_{w0}} + (\overline{X}_{\rm c.g.} - \overline{X}_{\rm a.c.w})C_{L_w} \tag{2-97}$$

式中，$C_{m_{w0}}$ 为机翼零升力矩系数。对式 (2-97) 两边对迎角求偏导数得

$$\frac{\partial C_{m_w}}{\partial \alpha} = \frac{\partial C_{L_w}}{\partial \alpha}(\overline{X}_{\rm c.g.} - \overline{X}_{\rm a.c.w}) \tag{2-98}$$

式中，$\partial C_{L_w}/\partial \alpha$ 为机翼升力线斜率，大于零。

由式 (2-98) 可知，当 $\overline{X}_{\rm c.g.} < \overline{X}_{\rm a.c.w}$、质心位于气动焦点之前时，$\partial C_{m_w}/\partial \alpha < 0$。此时当 α 增大时，升力增量 ΔL 作用于气动焦点，产生低头力矩增量 $\Delta M < 0$，力图使 α 减小，起到稳定的作用。若 $\overline{X}_{\rm c.g.} > \overline{X}_{\rm a.c.w}$，则质心位于气动焦点之后，将使飞机纵向不稳定。

3. 机身产生的俯仰力矩

亚声速飞机的机身在一定的迎角下没有升力，只存在一个纯力偶，但流过机翼的气流对机身绕流有诱导作用。另外，机身横向绕流对周围流场有上洗作用，使

越接近机身的机翼部分有效迎角越大，从而对机翼的气动特性造成影响。对于超声速飞机，由于机身头部一般是锥形的，当迎角不为零时会产生升力。另外，机身和机翼的激波会改变机翼和机身后部的压强分布，因而也会产生明显的翼身气动力相互影响。基于翼身气动力相互干扰的复杂性，工程上常将翼身作为组合体来考虑。翼身组合体所产生的力矩系数为

$$
\begin{aligned}
C_{m_{wb}} &= C_{m_{w0}} + \Delta C_{m_{b0}} + \left[\overline{X}_{\text{c.g.}} - (\overline{X}_{\text{a.c.w}} - \Delta \overline{X}_{\text{a.c.b}}) \right] C_{L_w} \\
&= C_{m_{wb0}} + (\overline{X}_{\text{c.g.}} - \overline{X}_{\text{a.c.wb}}) C_{L_w}
\end{aligned}
\tag{2-99}
$$

式中，$C_{m_{wb0}} = C_{m_{w0}} + \Delta C_{m_{b0}}$ 为机翼机身组合体零升俯仰力矩系数；$\overline{X}_{\text{a.c.wb}} = \overline{X}_{\text{a.c.w}} - \Delta \overline{X}_{\text{a.c.b}}$ 为机翼机身组合体气动焦点的无因次距离。

无论是亚声速飞行还是超声速飞行，机体的气动焦点总是在飞机的质心之前，总是产生不稳定的俯仰力矩，故有 $\overline{X}_{\text{a.c.wb}} < \overline{X}_{\text{a.c.w}}$。

4. 水平尾翼产生的俯仰力矩

一般情况下，作为承载面的机翼都有弯度，这样会有良好的升力特性，机翼的力矩特性则由平尾加以平衡，通常平尾采用对称翼型。绝大多数情况下，平尾都安装在机翼后面，有些情况下，平尾放在机翼前面，人们称这种布局为鸭式布局。在这两种布局情况下，当 $L = 0$ 时，需由平尾产生一个正的力矩，而且它要大于负的机翼零升力矩。为此，在尾翼上需要有一个负的升力和一个负的安装角。鸭翼的优点是它总是产生一个正的附加升力。但与此相对，它的缺点是主翼面上的流场受到鸭翼下洗的影响。因此，鸭式飞机在全部迎角范围要特别仔细地配置。

对于常规布局飞机，设水平尾翼的升力为 L_t，水平尾翼气动焦点到飞机质心的距离为 l_t，则水平尾翼对飞机质心的俯仰力矩为

$$
M_t = -L_t l_t
\tag{2-100}
$$

由式 (2-76)~式 (2-78) 可得平尾的升力表达式为

$$
L_t = \frac{1}{2}\rho V^2 \left[(1 - \varepsilon_\alpha) \frac{\partial C_{L_t}}{\partial \alpha}\alpha + \frac{\partial C_{L_t}}{\partial \delta_e}\delta_{e0} \right] S_t
\tag{2-101}
$$

式中，δ_{e0} 为飞机配平所需的平尾或升降舵偏转角。

根据俯仰力矩系数公式可得水平尾翼对飞机质心的俯仰力矩系数为

$$
C_{m_t} = \frac{M_t}{\frac{1}{2}\rho V^2 S_w c_A} = -\frac{S_t}{S_w}\frac{l_t}{c_A}\left[(1 - \varepsilon_\alpha)\frac{\partial C_L}{\partial \alpha}\alpha + \frac{\partial C_L}{\partial \delta_e}\delta_{e0} \right]
\tag{2-102}
$$

令水平尾翼的相对面积 $\overline{S}_t = S_t/S_w$, 无因次力臂 $\overline{l}_t = l_t/c_A$, 则

$$C_{m_t} = -\overline{S}_t\overline{l}_t(1-\varepsilon_\alpha)\frac{\partial C_{L_t}}{\partial\alpha}\alpha - \overline{S}_t\overline{l}_t\frac{\partial C_{L_t}}{\partial\delta_e}\delta_{e0} \tag{2-103}$$

式 (2-103) 中的第一项与迎角有关, 当迎角正向增大时, 水平尾翼对质心的负力矩也增大, 起俯仰稳定作用。因此, 水平尾翼具有使飞机气动焦点后移的作用, 后移量为

$$\Delta\overline{X}_{a.c.t} = \overline{S}_t\overline{l}_t(1-\varepsilon_\alpha)\frac{\partial C_{L_t}}{\partial\alpha}\bigg/\frac{\partial C_{L_w}}{\partial\alpha} \tag{2-104}$$

式 (2-103) 中的第二项与升降舵偏转角有关, 是为了飞机定直平飞产生所需的配平力矩。俯仰配平力矩导数表达式为

$$C_{m_{\delta_e}} = \frac{\partial C_{m_t}}{\partial\delta_e} = -\overline{S}_t\overline{l}_t\frac{\partial C_{L_t}}{\partial\delta_e} \tag{2-105}$$

利用式 (2-104) 和式 (2-105), 水平尾翼对质心的俯仰力矩系数可写为

$$C_{m_t} = -\Delta\overline{X}_{a.c.t}\frac{\partial C_{L_w}}{\partial\alpha}\alpha + \frac{\partial C_{m_t}}{\partial\delta_e}\delta_{e0} \tag{2-106}$$

5. 全机的气动俯仰力矩

定直平飞时, 全机的气动俯仰力矩为

$$M = \frac{1}{2}\rho V^2 C_m S_w c_A \tag{2-107}$$

式中, C_m 为俯仰力矩系数, 可以表示为

$$\begin{aligned}
C_m &= C_{m_{wb}} + C_{m_t}\\
&= C_{m_{wb0}} - \Delta\overline{X}_{a.c.t}\frac{\partial C_{L_w}}{\partial\alpha}\alpha_0 + (\overline{X}_{c.g.} - \overline{X}_{a.c.})\frac{\partial C_{L_w}}{\partial\alpha}(\alpha-\alpha_0) + \frac{\partial C_{m_t}}{\partial\delta_e}\delta_{e0} \quad (2\text{-}108)\\
&= C_{m_0} + C_{m_\alpha}(\alpha-\alpha_0) + C_{m_{\delta_e}}\delta_{e0}
\end{aligned}$$

式中, $C_{m_0} = C_{m_{wb0}} - \Delta\overline{X}_{a.c.t}(\partial C_{L_w}/\partial\alpha)\alpha_0$ 为飞机的零升力矩系数; $C_{m_\alpha} = (\overline{X}_{c.g.} - \overline{X}_{a.c.})\partial C_{L_w}/\partial\alpha$ 为飞机的纵向静稳定力矩导数; $C_{m_{\delta_e}} = \partial C_{m_t}/\partial\delta_e$ 为飞机的纵向操纵力矩导数; $\overline{X}_{a.c.} = \overline{X}_{a.c.w} - \Delta\overline{X}_{a.c.b} + \Delta\overline{X}_{a.c.t}$ 为飞机的气动焦点与机翼前缘的无因次距离。

值得注意的是, 气动焦点概念仅适用于线性范围, 不适用于大迎角情况下。同时式 (2-108) 是在 $\dot{\alpha} = \dot{\theta} = \delta_e = 0$ 的情况下得到的, 因此又称静俯仰力矩系数。

6. 飞机的纵向静稳定性

飞机要做定直平飞，必须满足升力与重力相等、发动机推力与飞机受到的阻力相等，以及对飞机质心的俯仰力矩等于零的条件。在升力与重力和发动推力与飞机受到的阻力平衡的条件下，由式 (2-108) 可知，可通过偏转平尾或升降舵使俯仰力矩 $M = 0$，最终满足飞机定直平飞的条件。但是，当飞机受到扰动后是否能够维持这种平衡，对自由飞机来说主要取决于纵向静稳定力矩导数。由纵向静稳定力矩导数 $C_{m_\alpha} = (\overline{X}_{c.g.} - \overline{X}_{a.c.})\partial C_{L_w}/\partial \alpha$ 可知：

（1）若 $C_{m_\alpha} < 0$，即 $\overline{X}_{c.g.} < \overline{X}_{a.c.}$，则飞机的质心在气动焦点之前。当飞机在平衡状态受到扰动，使迎角增大时，负的 C_{m_α} 将产生低头力矩，使飞机具有恢复原来的平衡状态的趋势，称飞机是纵向静稳定的。

（2）若 $C_{m_\alpha} > 0$，即 $\overline{X}_{c.g.} > \overline{X}_{a.c.}$，则飞机的质心在气动焦点之后。当飞机在平衡状态受到扰动，使迎角增大时，正的 C_{m_α} 将产生抬头力矩，使飞机的迎角进一步加大，称飞机是纵向静不稳定的。

（3）若 $C_{m_\alpha} = 0$，即 $\overline{X}_{c.g.} = \overline{X}_{a.c.}$，则飞机的质心与气动焦点重合。当飞机在平衡状态受到扰动时，迎角的变化不会破坏原平衡状态，称飞机是纵向中性静稳定的。

另外，具有纵向静稳定性的飞机操纵起来是协调的，例如：若使飞机进行减速飞行，飞行员在减小油门的同时拉驾驶杆，使升降舵上偏，产生一个正的抬头力矩使迎角增大，以增大升力，补偿因速度减小损失的升力，使升力和重力重新平衡。由式 (2-108) 可知，随着迎角的增大，抬头力矩逐渐减小，最终自动平衡到较大的迎角上。

总之，要使飞机具有纵向静稳定性，必须使得 $C_{m_\alpha} < 0$，即飞机的质心必须位于飞机气动焦点之前。

2.3.5　非定常飞行时作用在飞机纵向的力和力矩

定常飞行完全是一种理想的飞行状态，在实际飞行中，总避免不了受到外界扰动，使飞机经常处在非定常的曲线运动中。要精确计算非定常飞行时作用在飞机上的气动力和力矩是相当复杂的，工程上通常采用"准定常"的方法进行分析和计算，从一个定常工作点（配平飞行状态）出发，而且单独一个状态变量或操纵变量只有小的变化，而其余变量保持不变。

按照准定常处理方法，可将纵向非定常曲线飞行的气动力和力矩分为两部分。一部分是定常直线平飞时作用在飞机上的力和力矩，这已经分析过了。另一部分是当曲线飞行时的升力和俯仰力矩增量，这些升力和俯仰力矩增量包括：

（1）升降舵偏转角 δ_e 产生的升力和俯仰力矩增量；

（2）俯仰角速度 q 产生的升力和俯仰力矩增量；

（3）下洗时差 $\dot{\alpha}$ 产生的俯仰力矩增量；

（4）升降舵偏转速率 $\dot{\delta}_e$ 产生的俯仰力矩增量。

1. 升降舵偏转角产生的升力和俯仰力矩增量

讨论飞机纵向曲线飞行时，通常选择定常拉升运动作为典型动作，即飞机在垂直平面内以等 V、等 α 和等 q 做圆周运动。飞行员首先要拉杆，使升降舵在配平偏转角 δ_{e0} 的基础上再偏转一定的角度，于是在水平尾翼上会产生一个升力增量 ΔL_t，进而对飞机质心产生俯仰力矩增量，称为纵向操纵力矩。

计算升降舵偏转产生的操纵力矩，往往引入升降舵偏转效率系数 η_e。它等于升降舵偏转 $1°$ 所产生的水平尾翼升力系数与水平尾翼迎角改变 $1°$ 所产生的水平尾翼升力系数之比，即

$$\eta_e = \frac{C_{L_{\delta_e}}}{C_{L_{\alpha_t}}} \tag{2-109}$$

式中，$C_{L_{\delta_e}} = \partial C_{L_t}/\partial \delta_e$。

若升降舵偏转角为 δ_e，则在水平尾翼上产生的升力增量为

$$\Delta L_t = k_q S_t C_{L_{\delta_e}} \delta_e = k_q S_t C_{L_{\alpha_t}} \eta_e \delta_e \tag{2-110}$$

在此 $k_q = V_t^2/V^2$ 表示水平尾翼的速度系数，相应的对飞机质心的纵向力矩为

$$\Delta M = -\Delta L_t l_t = -k_q S_t l_t C_{L_{\alpha_t}} \eta_e \delta_e \tag{2-111}$$

将式 (2-111) 除以 $\frac{1}{2}\rho V^2 S_w c_A$，化成无因次力矩系数增量为

$$\Delta C_m = -k_q \frac{2}{\rho V^2} \frac{S_t}{S_w} \frac{l_t}{c_A} C_{L_{\alpha_t}} \eta_e \delta_e = -k_q \frac{2}{\rho V^2} \overline{S}_t \overline{l}_t C_{L_{\alpha_t}} \eta_e \delta_e \tag{2-112}$$

因此，纵向操纵力矩导数为

$$C_{m_{\delta_e}} = -k_q \frac{2}{\rho V^2} \overline{S}_t \overline{l}_t C_{L_{\alpha_t}} \eta_e \tag{2-113}$$

又称升降舵操纵效能。由式 (2-113) 可知，若其他参数保持不变，增加 η_e，则升降舵效能增强（如采用全动平尾 $\eta_e = 1$）。另外，升降舵的操纵力矩与迎角无直接关系，故舵面偏转不会影响飞机的静稳定性，但会改变零升力矩系数。

不同的升降舵偏转角下的操纵力矩曲线如图 2-41 所示。升降舵向下偏转某一角度，使得飞机平尾的弯度增大，从而使得平尾升力增大，进而产生一个负的俯仰力矩系数，使得俯仰力矩系数曲线向下平移一段距离，反之，升降舵上偏某

个角度，俯仰力矩系数曲线将上移。此外，一个升降舵舵偏角，只对应一个平衡迎角，同时说明可以通过操纵升降舵来实现飞机做不同的定常直线平飞。

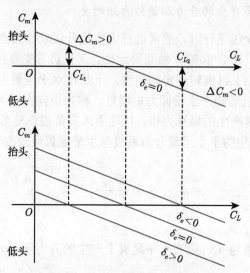

图 2-41　升降舵操纵力矩曲线

2. 俯仰角速度产生的升力和俯仰力矩增量

当飞机绕 Oy_b 轴以俯仰角速度 $q \neq 0$ 转动时，飞机机头到机尾与周围空气场均会产生附加流动，使得机翼、机身和平尾都会产生升力和俯仰力矩增量。由于机翼靠近飞机质心，机身又是柱形的，故飞机绕 Oy_b 轴转动产生的俯仰力矩主要是水平尾翼产生的，如图 2-42 所示。设飞机的飞行速度为 V，俯仰角速度 $q > 0$，对于水平尾翼则有向下的运动速度，相当于水平尾翼不动气流向上吹，那么在水平尾翼气动焦点处上吹的气流速度为

$$\Delta V_t = q l_t \tag{2-114}$$

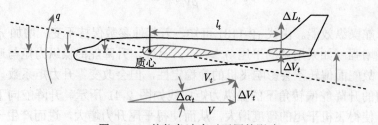

图 2-42　俯仰角速度对平尾的影响

水平尾翼获得的局部迎角增量为 $\Delta\alpha_t$，可以表示为

$$\Delta\alpha_t = \arctan\frac{\Delta V_t}{V} \approx \frac{\Delta V_t}{V} = \frac{ql_t}{V} \tag{2-115}$$

则在水平尾翼上会产生升力增量 ΔL_t，其表达式为

$$\Delta L_t = \frac{1}{2}\rho V^2 S_t\frac{\partial C_{L_t}}{\partial\alpha_t}\Delta\alpha_t = \frac{1}{2}\rho V^2 S_t\frac{\partial C_{L_t}}{\partial\alpha_t}\frac{ql_t}{V} \tag{2-116}$$

ΔL_t 对质心取矩，得 $\Delta M_t = -\Delta L_t l_t$，则有

$$\Delta C_{m_t} = \frac{\Delta M_t}{\frac{1}{2}\rho V^2 S_w c_A} = -2\overline{S}_t\overline{l}_t^2\frac{\partial C_{L_t}}{\partial\alpha_t}\frac{qc_A}{2V} \tag{2-117}$$

式中，$\overline{S}_t = S_t/S_w$ 为水平尾翼的相对面积；$\overline{l}_t = l_t/c_A$ 为无因次力臂。令无因次俯仰角速度 $\overline{q} = qc_A/(2V)$，则式 (2-117) 可写为

$$\Delta C_{m_t} = -2\overline{S}_t\overline{l}_t^2\frac{\partial C_{L_t}}{\partial\alpha_t}\overline{q} \tag{2-118}$$

那么，飞机以 $q > 0$ 绕 Oy_b 轴转动时水平尾翼产生的俯仰力矩导数为

$$(C_{m_{\overline{q}}})_t = \frac{\partial\Delta C_{m_t}}{\partial\overline{q}} = -2\overline{S}_t\overline{l}_t^2\frac{\partial C_{L_t}}{\partial\alpha_t} \tag{2-119}$$

由式 (2-119) 可知，$(C_{m_{\overline{q}}})_t < 0$，说明该附加力矩起着阻碍飞机转动的作用，称为纵向阻尼力矩。根据经验，飞机绕 Oy_b 轴转动时全机的纵向阻尼力矩导数可以表示为

$$C_{m_{\overline{q}}} = 1.2(C_{m_{\overline{q}}})_t \tag{2-120}$$

显然，飞机俯仰角速度 q 也会引起全机升力系数的变化，即导数 $C_{L_{\overline{q}}}$ 存在，但一般情况下，其值很小，可以忽略。

3. 下洗时差 $\dot{\alpha}$ 产生的俯仰力矩增量

当飞机的迎角变化率 $\dot{\alpha} \neq 0$ 时，如图 2-43 所示，气流流经机翼到水平尾翼所产生的下洗作用将随迎角的变化而变化。设流经机翼产生的下洗气流经过时间 Δt 后达到水平尾翼处，且 $\dot{\alpha} > 0$，那么

$$\alpha(t) - \alpha(t + \Delta t) = -\Delta\alpha(t) < 0 \tag{2-121}$$

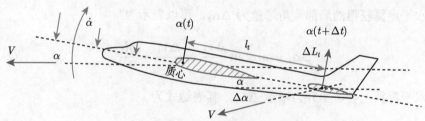

图 2-43   下洗时差对尾翼的影响

说明 $t + \Delta t$ 时刻的下洗作用在水平尾翼上的实际迎角要比静态（$\dot{\alpha} = 0$）时小 $\Delta\alpha(t)$，也就是实际下洗角要比静态时小 $\Delta\varepsilon$。因此，需要对静态俯仰力矩进行修正。设飞机的飞行速度为 V，水平尾翼到机翼的距离为 l_t，则 $\Delta t = l_t/V$，此时下洗角修正量为

$$\Delta\varepsilon = \varepsilon_\alpha \Delta\alpha = \varepsilon_\alpha \dot{\alpha} \Delta t = \varepsilon_\alpha \dot{\alpha} \frac{l_t}{V} \tag{2-122}$$

由下洗时差产生的升力增量为

$$\Delta L_t = \frac{1}{2}\rho V^2 S_t \frac{\partial C_{L_t}}{\partial \alpha_t} \Delta\varepsilon \tag{2-123}$$

由下洗时差产生的俯仰力矩增量为

$$\Delta M_t = -l_t \Delta L_t = -l_t \frac{1}{2}\rho V^2 S_t \frac{\partial C_{L_t}}{\partial \alpha_t} \Delta\varepsilon \tag{2-124}$$

将式 (2-124) 代入式 (2-117)，并写成力矩系数形式如下：

$$\Delta C_{m_t} = \frac{\Delta M_t}{\frac{1}{2}\rho V^2 S_w c_A} = -2\varepsilon_\alpha \overline{S}_t \overline{l}_t^2 \frac{\partial C_{L_t}}{\partial \alpha_t} \overline{\bar{\alpha}} \tag{2-125}$$

式中，$\bar{\bar{\alpha}} = \dot{\alpha} c_A/(2V)$ 为无因次迎角变化率。水平尾翼由下洗时差产生的俯仰力矩导数为

$$(C_{m_{\bar{\bar{\alpha}}}})_t = \frac{\partial \Delta C_{m_t}}{\partial \bar{\bar{\alpha}}} = -2\varepsilon_\alpha \overline{S}_t \overline{l}_t^2 \frac{\partial C_{L_t}}{\partial \alpha_t} \tag{2-126}$$

由式 (2-126) 可知，$(C_{m_{\bar{\bar{\alpha}}}})_t < 0$，说明该力矩将阻止 α 继续增大，故称为下洗时差阻尼力矩。由于全机的下洗时差阻尼力矩主要由水平尾翼产生，所以 $C_{m_{\bar{\alpha}}} \approx (C_{m_{\bar{\bar{\alpha}}}})_t$，称为下洗时差阻尼力矩导数。

将式 (2-126) 与式 (2-119) 比较，两式之间只相差一个 ε_α 因子。$C_{m_{\bar{q}}}$ 和 $C_{m_{\bar{\alpha}}}$ 两个导数一般是结合在一起的，在测量技术上难以将它们分开。对于亚声速飞机，一般认为 $C_{m_{\bar{\alpha}}} \approx 0.5 C_{m_{\bar{q}}}$。

4. 升降舵偏转速率 $\dot{\delta}_e$ 产生的俯仰力矩增量

当升降舵的偏转速率 $\dot{\delta}_e \neq 0$ 时，相当于升降舵的弯曲存在变化率，对质心也会产生附加力矩。由于计算比较复杂，这里只给出这一导数的表达式，如下：

$$C_{m_{\overline{\dot{\delta}_e}}} = \frac{\partial C_m}{\partial \overline{\dot{\delta}_e}} \tag{2-127}$$

式中，$\overline{\dot{\delta}_e} = \dot{\delta}_e c_A/(2V)$ 为无因次升降舵舵偏角变化率。

5. 空速变化的影响

与下洗时差产生的俯仰力矩增量中讨论的情况相类似，机翼和尾翼上不同的来流速度也会造成对定常情况的附加项，这种情况出现在飞机加速或者飞越逆风增大的空气场，在后一种情况下，可按照与图 2-43 一样的方法建模，采用

$$\dot{V}_A = -\dot{V}_W = \text{const} \tag{2-128}$$

在机翼处：

$$V_l(t) = V_0 + \dot{V}_A t = V_0 - \dot{V}_W t \tag{2-129}$$

在尾翼处：

$$V_t(t) = V_l(t - \Delta t) = V_0 - \dot{V}_W(t - \Delta t) \tag{2-130}$$

产生的恒定速度差为

$$\Delta V_t = V_t(t) - V_l(t) = \dot{V}_W \Delta t \tag{2-131}$$

由此，在准定常假设条件下，同样可以得到升力和俯仰力矩的附加项，但除了细长的三角翼飞机，通常这些作用可以忽略不计。

6. 曲线飞行时的俯仰力矩

综上所述，飞机俯仰力矩用系数形式的一般表达式为

$$C_m = C_{m_{\alpha0}} + C_{m_\alpha}\alpha + C_{m_{\delta_e}}\delta_e + C_{m_{\overline{q}}}\frac{qc_A}{2V} + C_{m_{\overline{\dot{\alpha}}}}\frac{\dot{\alpha}c_A}{2V} + C_{m_{\overline{\dot{\delta}_e}}}\frac{\dot{\delta}_e c_A}{2V}$$

$$= C_{m_{\alpha0}} + C_{m_\alpha}\alpha + C_{m_{\delta_e}}\delta_e + C_{m_{\overline{q}}}\overline{q} + C_{m_{\overline{\dot{\alpha}}}}\overline{\dot{\alpha}} + C_{m_{\overline{\dot{\delta}_e}}}\overline{\dot{\delta}_e} \tag{2-132}$$

式中，$C_{m_{\delta_e}}$ 为纵向操纵力矩导数（包含俯仰配平力矩导数和纵向操纵力矩导数两部分）；$C_{m_{\alpha0}} = C_{m_0} - C_{m_\alpha}\alpha_0$ 为迎角 $\alpha = 0$ 时的俯仰力矩系数。

由式 (2-132) 可知，飞机的俯仰力矩分别由迎角为零时的力矩、纵向静稳定力矩、纵向操纵力矩、纵向阻尼力矩、下洗时差阻尼力矩和升降舵偏转角速度引起的纵向附加力矩等六部分构成，这些导数 C_{m_α}、$C_{m_{\delta_e}}$、$C_{m_{\overline{q}}}$、$C_{m_{\overline{\dot{\alpha}}}}$、$C_{m_{\overline{\dot{\delta}_e}}}$ 都是马赫数的非线性函数。

2.3.6 非对称飞行时作用在飞机侧向的力和力矩

飞机的非对称飞行是指飞机飞行速度矢量不在飞机对称平面内时的飞行状态。由于飞行速度矢量偏离了飞机的对称平面，必然产生侧力 Y、滚转力矩 L 和偏航力矩 N，产生飞机沿 Oy_b 轴的移动和绕 Ox_b、Oz_b 轴的转动。因此，飞机的非对称运动又称飞机的侧向运动。使飞机非对称运动的目的是改变飞机的侧向姿态或水平运动航迹，由偏转副翼（或差动偏转平尾）和方向舵实现。除此之外，飞机质心的横向偏移、双发动机的推力不对称及侧风等也会引起飞机的非对称运动。

需要说明的是，在飞机偏离对称飞行时，空速 V_A 和迎角 α 也将发生变化。所以，只能近似将非对称飞行与飞机总的运动分开。即便如此，在研究非对称运动时，仅在个别情况下才讨论空速 V_A 和迎角 α 对非对称运动导数的影响。

1. 侧滑角的影响

1）飞机的总侧力

飞机总气动力沿机体 Oy_b 轴的分量称为侧力 Y，其一般表达式为

$$Y = Y_A \cos\beta - D_A \sin\beta \tag{2-133}$$

式中，Y_A 为在速度坐标系中的气动侧向力；D_A 为在速度坐标系中的气动阻力。式 (2-133) 也可写为侧力系数的形式，如下：

$$Y = \frac{1}{2}\rho V^2 C_Y S_w \tag{2-134}$$

式中，C_Y 为侧力系数。

实际上，侧力 Y 与机翼面积 S_w 无关，在此引入机翼面积 S_w 是为了得到与升力和阻力相同的表达式而已。通常飞机的外形是关于平面 Ox_bz_b 对称的，因此飞机只有在不对称的侧向气流作用下才会产生侧力。一般情况下，机翼对侧力的贡献不大，主要考虑垂直尾翼对侧力的影响，同时也可忽略气动阻力的影响。

2）侧滑角引起的侧力

飞机在 $\beta \neq 0$ 时会产生侧力的原理与迎角 α 产生升力的原理基本相同。对于常规布局的飞机，产生侧力的部件主要是垂直尾翼和机身，如图 2-44(a) 所示。超声速飞机的侧力是机头侧力与垂直尾翼侧力之和，而两者产生侧力的原因基本相同。下面以垂直尾翼为例进行分析。

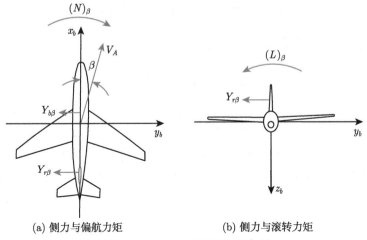

(a) 侧力与偏航力矩　　　　　(b) 侧力与滚转力矩

图 2-44　侧滑角引起的力和力矩

设存在 $\beta > 0$，即飞机向右侧滑，此时垂直尾翼的左表面气流流速增加，压力减小，而其右表面气流流速减小，压力增大，在垂直尾翼上出现压差，则产生负侧力。因此，由侧滑角 β 引起的侧力表示为

$$(Y)_\beta = \frac{1}{2}\rho V^2 C_{Y_\beta}\beta S_w \tag{2-135}$$

式中，$C_{Y_\beta} = \dfrac{\partial C_Y}{\partial \beta}$ 为侧滑角侧力导数，且 $C_{Y_\beta} < 0$。

3）侧滑角引起的滚转力矩

当侧滑角 $\beta \neq 0$ 时，对侧向运动具有决定性意义的是由非对称机翼绕流产生的侧滑滚转力矩，也称为滚转静稳定力矩，其表达式为

$$(L)_\beta = \frac{1}{2}\rho V^2 C_{l_\beta}\beta S_w b \tag{2-136}$$

式中，$C_{l_\beta} = \partial C_l/\partial \beta$ 为滚转静稳定导数，C_l 为滚转力矩系数。

滚转静稳定力矩主要受机翼的上（下）反角 Γ、后掠角 $\Lambda_{1/4}$、展弦比 A、垂直尾翼侧力以及机身气动干扰等因素的影响。

（1）机翼上（下）反角 Γ 的影响。

对于上反角机翼，如图 2-45 所示，$\beta > 0$ 时，空速 $\boldsymbol{V}_A$ 可分解为平行于飞机对称面的分速度 $V_A\cos\beta$ 和垂直于飞机对称面的分速度 $V_A\sin\beta$。再将 $V_A\sin\beta$ 分解成平行于翼弦平面的分速度 $V_A\sin\beta\cos\Gamma$ 和垂直于翼弦平面的分速度 $V_A\sin\beta\sin\Gamma$。因此，垂直于左右两个机翼的速度分量 $V_{\perp\text{left}}$ 和 $V_{\perp\text{right}}$ 分别近似表示为

$$V_{\perp\text{left}} \doteq V_A\sin\alpha - V_A\sin\beta\sin\Gamma \tag{2-137}$$

$$V_{\perp \text{right}} \doteq V_A \sin\alpha + V_A \sin\beta \sin\Gamma \tag{2-138}$$

由此引起的左右机翼局部迎角变化为

$$\Delta\alpha_{\text{left}} \approx -\sin\beta\sin\Gamma \approx -\beta\Gamma \tag{2-139}$$

$$\Delta\alpha_{\text{right}} \approx +\sin\beta\sin\Gamma \approx +\beta\Gamma \tag{2-140}$$

上面两式表明上反角 Γ 增加了右机翼的局部迎角，使右机翼的升力增加；减小了左机翼的局部迎角，使左机翼的升力减小。左右两机翼的升力差形成绕 Ox_b 轴负向的滚转力矩，因此上反角 Γ 对滚转静稳定导数 C_{l_β} 的贡献为负值；反之，对于下反角机翼，其对 C_{l_β} 的贡献为正值。当 Γ 为常数时，它对 C_{l_β} 的作用为常数，与迎角无关。

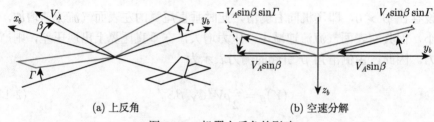

(a) 上反角   (b) 空速分解

图 2-45　机翼上反角的影响

（2）机翼后掠角 $\Lambda_{1/4}$ 的影响。

有大后掠角的机翼原本是为了提高临界马赫数 Ma_{cr}，但与此同时对 C_{l_β} 会产生巨大的影响。设机翼后掠角 $\Lambda_{1/4}$ 机翼的飞行速度为 V_A，且 $\beta > 0$，如图 2-46 所示。将飞行速度在机翼上进行分解，分别得到垂直于左右 1/4 弦线的 $V_{\perp \text{left}}$ 和 $V_{\perp \text{right}}$ 如式 (2-141) 和式 (2-142) 所示：

$$V_{\perp \text{left}} = V_A \cos(\Lambda_{1/4} + \beta) \tag{2-141}$$

$$V_{\perp \text{right}} = V_A \cos(\Lambda_{1/4} - \beta) \tag{2-142}$$

只有这两个垂直于 1/4 弦线的分速度对产生升力有作用，称为有效分速度。显然有

$$V \cos(\Lambda_{1/4} - \beta) > V \cos(\Lambda_{1/4} + \beta) \tag{2-143}$$

即右机翼的有效分速度大于左机翼，使右机翼的升力大于左机翼，所形成负的滚转力矩，也就是后掠角 $\Lambda_{1/4}$ 对滚转静稳定导数 C_{l_β} 的贡献为负值。

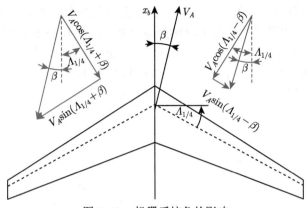

图 2-46　机翼后掠角的影响

（3）机翼机身气动干扰的影响。

当飞机以侧滑角 $\beta > 0$ 飞行时，如图 2-47 所示，对于上单翼飞机，翼身连接处的右侧，因气流受阻使压力增加，左侧气流引诱分离旋涡使压力降低。相当于绕机身的气流使靠近机身右翼根部的迎角增加，左翼根部的迎角减小，从而产生负的滚转力矩，即机翼机身气动干扰使上单翼飞机的 C_{l_β} 负向增加。对于下单机翼，机翼机身气动干扰使下单翼飞机的 C_{l_β} 正向增加。

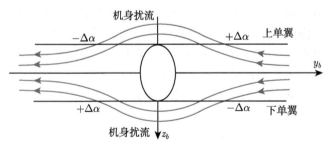

图 2-47　上单翼和下单翼飞机机身扰流影响

（4）垂直尾翼的影响。

当 $\beta \neq 0$ 时，必然在垂直尾翼上存在一个侧力，该侧力将产生滚转静稳定力矩。设垂直尾翼在 Ox_b 轴之上，当 $\beta > 0$ 时，将产生负的侧力，如图 2-44(b) 所示，对 Ox_b 轴取矩，则形成负的滚转力矩，因此 C_{l_β} 负向增加；当垂直尾翼在 Ox_b 轴之下时，C_{l_β} 正向增加。

侧滑滚转力矩（滚转静稳定力矩）引起偏航自由度和滚转自由度之间发生明显的耦合作用，对飞机曲线运动特性有着显著的影响。

侧滑滚转力矩导数（滚转静稳定性导数）C_{l_β} 用于衡量飞机的滚转静稳定性，

其反映了当飞机受到扰动使 $\phi \neq 0$，飞机能否靠其自身回到 $\phi = 0$ 状态的能力。如图 2-48 所示，假设干扰使飞机滚转角 $\phi < 0$，升力 L 与重力 G 的合力使得飞机向左侧滑，侧滑角 $\beta < 0$。为了使负的滚转角恢复到零，只有产生正的滚转力矩，即 $(L)_\beta > 0$。由式 (2-136) 可知，只有当 $C_{l_\beta} < 0$ 时，$(L)_\beta > 0$，飞机才具有滚转静稳定性；若 $C_{l_\beta} > 0$，则飞机滚转静不稳定。

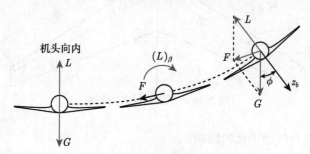

图 2-48 滚转静稳定性

4）侧滑角引起的偏航力矩

侧滑角引起的偏航力矩也称为航向静稳定力矩。如图 2-44 所示，飞机侧滑角 β 引起的侧力主要由机身和垂直尾翼产生。假设飞机出现右侧滑运动，$\beta > 0$，垂直尾翼将产生负的侧力。由于垂直尾翼在飞机质心的后面，所以产生正的偏航力矩，并使侧滑角减小，因此垂直尾翼产生的偏航力矩是稳定的偏航力矩；同理，位于飞机重心前面的机身部分也将产生负的侧力，所以产生负的偏航力矩，并使侧滑角增大，因此机身前部产生的偏航力矩是不稳定的偏航力矩。但一般情况下，机身产生的偏航力矩与垂直尾翼产生的偏航力矩比较要小得多。

侧滑角 β 引起的侧滑偏航力矩一般表示为

$$(N)_\beta = \frac{1}{2}\rho V^2 C_{n_\beta}\beta S_w b \tag{2-144}$$

式中，$C_{n_\beta} = \partial C_n / \partial \beta$ 为航向静稳定力矩导数。

由上述分析可见，只有当航向静稳定导数 $C_{n_\beta} > 0$，飞机才具有稳定的偏航力矩；反之当 $C_{n_\beta} < 0$ 时，将产生不稳定的偏航力矩。需要说明的是，上反角使侧滑时前翼迎角增大，阻力增大，从而产生稳定的偏航力矩；后掠角使侧滑时前翼的相对气流有效分速度增大，从而阻力增大，将产生稳定的偏航力矩；背鳍和腹鳍等也可以产生稳定的偏航力矩。

稳定的航向静稳定力矩在使侧滑角减小的同时，也使机头转到了新的方向。即航向静稳定的含义是，具有航向静稳定的飞机在受到扰动后，并不会回到原来的航向，而是消除侧滑角，稳定在新的航向上。

2. 侧滑角速度 $\dot{\beta}$ 的影响

与前述纵向非定常飞行中下洗时差 $\dot{\alpha}$ 影响相类似，连续的侧滑角变化 $\dot{\beta}$ 也会对机翼产生非定常作用，假设飞机质心到垂直尾翼气动焦点的距离为 x_r，则经过滞后时间

$$\Delta t_\beta = \frac{x_r}{V_A} \tag{2-145}$$

后，随时间变化的机翼下洗也会在垂直尾翼上产生一个横向流动，该侧向洗流延迟与 $\dot{\alpha}$ 一样，也会产生一个与准定常假设不同的力和力矩，其值可近似用导数 $C_{Y_{\dot{\beta}}}$、$C_{l_{\dot{\beta}}}$ 和 $C_{n_{\dot{\beta}}}$ 来描述，但很难准确计算和测量，幸好大多数情况下可以忽略它们的影响。

3. 滚转角速度的影响

1）滚转角速度引起的侧力

当飞机绕机体轴 Ox_b 的滚转角速度 $p \neq 0$ 时，在垂直尾翼上有附加的侧向速度，即垂直尾翼上会产生局部侧滑角，如图 2-49(a) 所示，从而产生侧力，其表达式为

$$(Y)_p = \frac{1}{2}\rho V^2 C_{Y_{\overline{p}}}\overline{p}S_w \tag{2-146}$$

式中，$C_{Y_{\overline{p}}} = \dfrac{\partial C_Y}{\partial \overline{p}}$ 为滚转角速度侧力导数，且 $C_{Y_{\overline{p}}} < 0$（因为 $p > 0$ 时产生的侧力小于零）；$\overline{p} = \dfrac{pb}{2V}$ 为无因次滚转角速度，b 为翼展长度。

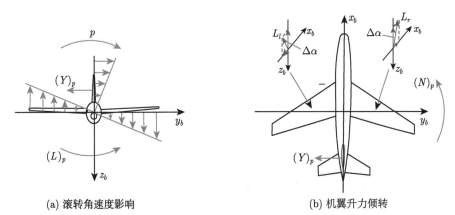

(a) 滚转角速度影响　　　　　　　　　　(b) 机翼升力倾转

图 2-49　滚转角速度引起的力和力矩

2）滚转角速度引起的滚转阻尼力矩

如图 2-49(a) 所示，当飞机以 $p > 0$ 滚转时，右机翼下行，左机翼上行，相当于右机翼的迎角增加，升力增加，左机翼的迎角减小，升力减小，形成负的滚转力矩，起到阻止滚转的作用，即 $C_{l_{\bar{p}}} < 0$。滚转角速度 p 引起的滚转阻尼力矩的表达式为

$$(L)_p = \frac{1}{2}\rho V^2 C_{l_{\bar{p}}}\bar{p}S_w b \tag{2-147}$$

式中，$C_{l_{\bar{p}}} = \partial C_l/\partial\bar{p}$ 为滚转阻尼导数，$\bar{p} = pb/(2V)$ 为无因次滚转角速度。

3）滚转角速度引起的航向交叉动态力矩

滚转角速度 p 引起的偏航力矩称为航向交叉动态力矩，一般表达式为

$$(N)_p = \frac{1}{2}\rho V^2 C_{n_{\bar{p}}}\bar{p}S_w b \tag{2-148}$$

式中，$C_{n_{\bar{p}}} = \partial C_n/\partial\bar{p}$ 为交叉动态力矩导数，它描述了滚转运动与偏航运动之间的重要耦合效应。

航向交叉动态力矩主要由机翼和垂直尾翼产生，如图 2-49(b) 所示。对于垂直尾翼，当飞机存在 $p > 0$ 运动时，相当于在垂直尾翼上产生局部侧滑角，$\beta > 0$，因而产生负的侧力和正偏航力矩，因此垂直尾翼产生的 $C_{n_{\bar{p}}} > 0$。对于机翼，当飞机存在 $p > 0$，且迎角较小时，对右机翼来说，相当于迎角增大，升力增大，且向前倾；对左机翼来说，相当于迎角减小，升力减小，且向后倾。将两机翼的升力沿 Ox_b 轴和 Oz_b 轴分解，平行于 Oz_b 轴的两机翼分力的合力将产生负的滚转力矩，而平行于 Ox_b 轴的两机翼分力的合力将产生负的偏航力矩，因此机翼产生的 $C_{n_{\bar{p}}} < 0$。

所以，航向交叉动态力矩导数 $C_{n_{\bar{p}}}$ 应为机翼的交叉动态导数和垂直尾翼的交叉动态力矩导数之和，且正负视具体情况而定。

4. 偏航角速度的影响

1）偏航角速度引起的侧力

当飞机绕机体轴 Oz_b 轴的偏航角速度 $r > 0$ 时，在垂直尾翼上会产生负的局部侧滑角，从而引起正的侧向力。同时，机翼的偏航运动也会引起非对称下洗气流，这将在垂直尾翼上产生附加的侧向流动。另外，超声速飞机的机头此时也会产生侧力，但与垂直尾翼产生的侧力方向相反，所以由偏航角速度引起的侧力为垂直尾翼与机身头部产生侧力之差，如图 2-50(a) 所示。总的侧力表示为

$$(Y)_r = \frac{1}{2}\rho V^2 C_{Y_{\bar{r}}}\bar{r}S_w \tag{2-149}$$

式中，$C_{Y_{\bar{r}}} = \partial C_Y/\partial \bar{r}$ 为偏航角速度侧力导数，$\bar{r} = rb/(2V)$ 为无因次偏航角速度。

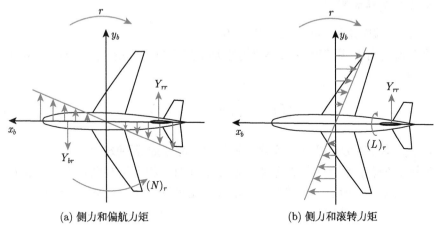

(a) 侧力和偏航力矩   (b) 侧力和滚转力矩

图 2-50   偏航角速度引起的力和力矩

2）偏航角速度引起的滚转交叉动态力矩

如图 2-50(b) 所示，由于偏航角速度 $r \neq 0$，因而左右两个机翼的相对空速不同。当 $r > 0$ 时，左机翼上的相对空速比右机翼上的大，因此左机翼的升力比右机翼的大，形成正的滚转力矩。此外，这时垂直尾翼的局部侧滑角为负，将产生正的侧力，由于一般垂直尾翼位于机身的上方，因而也产生正的滚转力矩，即 $C_{l_r} > 0$。偏航角速度 r 引起的滚转交叉动态力矩的表达式为

$$(L)_r = \frac{1}{2}\rho V^2 C_{l_{\bar{r}}}\bar{r}S_w b \tag{2-150}$$

式中，$C_{l_{\bar{r}}} = \partial C_l/\partial \bar{r}$ 为滚转交叉动态力矩导数，$\bar{r} = rb/(2V)$ 为无因次偏航角速度。偏航引起的滚转交叉动态力矩是偏航运动与滚转运动耦合的另一个重要因素。

3）偏航角速度引起的航向阻尼力矩

如图 2-50(a) 所示，偏航角速度 r 引起的航向阻尼力矩主要由垂直尾翼产生，机身也有一定的作用，但在一般情况下较弱。当 $r > 0$ 时，左机翼的相对空速增大，升力增大引起阻力也增大，右机翼的相对空速减小，升力减小，同时阻力也减小，左右机翼的阻力差形成了一个阻止飞机转动的负的偏航力矩，因此也称为阻尼力矩。同时由于 $r > 0$ 时，在垂直尾翼上将产生正的侧力，垂直尾翼又位于飞机质心之后，所以也产生负的偏航力矩。因此，对于垂直尾翼和机翼，均产生负的航向阻尼力矩，其一般表达式为

$$(N)_r = \frac{1}{2}\rho V^2 C_{n_{\bar{r}}}\bar{r}S_w b \tag{2-151}$$

式中，$C_{n_{\bar{r}}} = \partial C_n / \partial \bar{r}$ 为航向阻尼力矩导数，且 $C_{n_{\bar{r}}} < 0$。

5. 副翼偏转的影响

1）副翼偏转角引起的滚转操纵力矩

副翼偏转角 δ_a 引起的滚转操纵力矩是操纵飞机产生滚转运动的主要措施，其表达式为

$$(L)_{\delta_a} = \frac{1}{2} \rho V^2 C_{l_{\delta_a}} \delta_a S_w b \tag{2-152}$$

式中，$C_{l_{\delta_a}} = \partial C_l / \partial \delta_a$ 为滚转操纵力矩导数，δ_a 为副翼偏转角。

如图 2-51(a) 所示，当副翼偏转角 $\delta_a > 0$ 时，相当于右机翼的弯度增大，左机翼的弯度减小。所以右机翼的升力增大，左机翼的升力减小，产生负的滚转力矩，即 $(L)_{\delta_a} < 0$，故 $C_{L_{\delta_a}} < 0$。

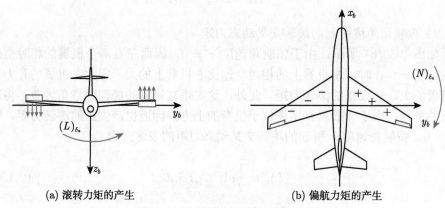

(a) 滚转力矩的产生   (b) 偏航力矩的产生

图 2-51   副翼偏转引起的力和力矩

大翼展薄机翼具有很高的弹性，所以副翼偏转时外翼向上弯曲和扭转，如图 2-52 所示，这会降低副翼的作用，而在大动压情况下，甚至可能发生反转（副翼失效）。

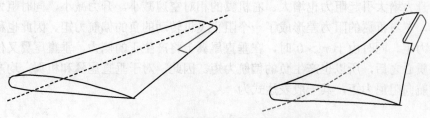

图 2-52   副翼偏转引起弹性机翼形变

2）副翼偏转角引起的航向操纵交叉力矩

操纵副翼偏转主要是为了使飞机产生滚转运动，但是由于副翼偏转使得两侧机翼升力发生变化，进而使得副翼下偏一侧的机翼因升力增加而引起升致阻力增大，副翼上偏一侧的机翼则阻力减小，两侧机翼产生的阻力差使得飞机产生偏航力矩，称为航向操纵交叉力矩，表达式为

$$(N)_{\delta_a} = \frac{1}{2}\rho V^2 C_{n_{\delta_a}}\delta_a S_w b \tag{2-153}$$

式中，$C_{n_{\delta_a}} = \partial C_n/\partial \delta_a$ 为航向操纵交叉力矩导数，且有 $C_{n_{\delta_a}} > 0$。

6. 方向舵偏转的影响

1）方向舵偏转角引起的侧力

偏转方向舵的目的是得到航向操纵力矩，但同时也会产生侧力。如图 2-53(a) 所示，方向舵偏转角引起侧力的原理与升降舵偏转角产生升力的原理类似，假设方向舵偏转角 δ_r 正向偏转，使得对称的垂直尾翼剖面发生弯曲，从而产生正向侧力，一般表示为

$$(Y)_{\delta_r} = \frac{1}{2}\rho V^2 C_{Y_{\delta_r}}\delta_r S_w \tag{2-154}$$

式中，$C_{Y_{\delta_r}} = \partial C_Y/\partial \delta_r$ 为方向舵侧力导数，且 $C_{Y_{\delta_r}} > 0$。

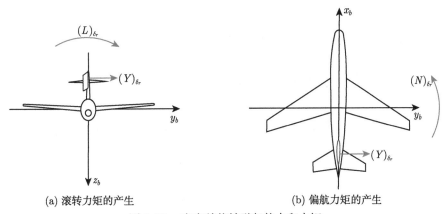

(a) 滚转力矩的产生　　　　　　　　　　(b) 偏航力矩的产生

图 2-53　方向舵偏转引起的力和力矩

2）方向舵偏转角引起的滚转操纵交叉力矩

方向舵偏转角 δ_r 产生的侧力对 Ox_b 轴取矩，可得到滚转操纵交叉力矩，其一般表达式为

$$(L)_{\delta_r} = \frac{1}{2}\rho V^2 C_{L_{\delta_r}}\delta_r S_w b \tag{2-155}$$

式中，$C_{L_{\delta_r}} = \partial C_l / \partial \delta_r$ 为操纵交叉力矩导数。

如图 2-53(a) 所示，当方向舵位于 Ox_b 轴之上，方向舵偏转角 $\delta_r > 0$ 时，在垂直尾翼上产生正的侧力，从而产生正的滚转力矩 $(L)_{\delta_r}$，即 $C_{L_{\delta_r}} > 0$；当方向舵位于 Ox_b 轴之下，方向舵偏转角 $\delta > 0$ 时，在垂直尾翼上产生负的侧力，则产生负的滚转力矩，即 $C_{L_{\delta_r}} < 0$。

3）方向舵偏转角引起的航向操纵力矩

方向舵偏转角产生的侧力对 Oz_b 轴取矩，产生航向操纵力矩，它是操纵飞机产生偏航运动的力矩，其一般表达式为

$$(N)_{\delta_r} = \frac{1}{2}\rho V^2 C_{n_{\delta_r}} \delta_r S_w b \tag{2-156}$$

式中，$C_{n_{\delta_r}} = \partial C_n / \partial \delta_r$ 为航向操纵导数。如图 2-53(b) 所示，当方向舵偏转角 $\delta_r > 0$ 时，在垂直尾翼上将产生正的侧力，由于垂直尾翼位于飞机质心之后，所以产生负的偏航力矩 $(N)_{\delta_r}$，即 $C_{n_{\delta_r}} < 0$。

曲线飞行时，方向舵一般与副翼配合使用，以辅助副翼作用，抑制侧滑角。此外，有时也需要有意产生侧滑角 β 和阻力，例如，一侧发动机停车情况下，为了力矩平衡而使用方向舵。机身的弹性变形（弯曲和扭转）会使升降舵和方向舵的效能下降。基于这个原因，同时为了确保强度边界，舵面的偏度在大动压下是受到限制的。

7. 侧向力和侧向力矩的表达式

综上所述，飞机侧向力和侧向力矩的表达式为

$$Y = \frac{1}{2}\rho V^2 (C_{Y_\beta}\beta + C_{Y_{\delta_r}}\delta_r + C_{Y_{\bar{p}}}\bar{p} + C_{Y_{\bar{r}}}\bar{r})S_w \tag{2-157}$$

$$L = \frac{1}{2}\rho V^2 (C_{l_\beta}\beta + C_{l_{\delta_a}}\delta_a + C_{l_{\delta_r}}\delta_r + C_{l_{\bar{p}}}\bar{p} + C_{l_{\bar{r}}}\bar{r})S_w b \tag{2-158}$$

$$N = \frac{1}{2}\rho V^2 (C_{n_\beta}\beta + C_{n_{\delta_a}}\delta_a + C_{n_{\delta_r}}\delta_r + C_{n_{\bar{p}}}\bar{p} + C_{n_{\bar{r}}}\bar{r})S_w b \tag{2-159}$$

需要说明的是：

（1）在一般情况下，因为非定常导数 $\dot{\beta}$、$\dot{\delta}_a$ 和 $\dot{\delta}_r$ 对侧力和侧向力矩影响较小，可以忽略，所以在上面公式中没有考虑；

（2）式 (2-157)～式 (2-159) 只适用于线性范围，且迎角 α 和侧滑角 β 应限制在一定的范围；

（3）式 (2-157)～式 (2-159) 中所有的气动导数均是马赫数 Ma 的非线性函数；

（4）由于飞机存在 $Ox_b z_b$ 对称平面，所以 C_{Y_0}、C_{l_0}、C_{n_0} 均为零。

2.4 飞机的动力装置

2.4.1 飞机发动机

古典的飞机动力装置是带螺旋桨的活塞式发动机，即使今天，这类发动机还在小型飞机上广泛应用。在成功地被军用航空飞机采用之后，从 1950 年起，涡轮喷气发动机也进入民用航空领域，从而飞机巡航速度得到明显提高。后来，单涵道发动机的高燃料消耗和强噪声问题，又导致发展双涵道涡轮喷气发动机（风扇发动机）和涡轮螺旋桨发动机，今天在民用航空中大多采用这类发动机。

图 2-54 给出了一种双轴双涵道涡轮喷气发动机的剖面图。这种发动机由内、外涵道，进气口、高压压气机、燃烧室、高压涡轮和推力喷管等组成。进气口的作用是尽可能无损失地供给均匀空气质量流，在高压压气机内通过转子轴机械方式给空气加入能量。燃烧室内，通过喷射燃料的燃烧，实现等压输入热量，从而进一步给空气流输入能量。在燃烧室之后，使经过压缩和加热的气体降压，其中，在涡轮内的部分压力下降用来推动压气机做功。高压气流在推力喷管内进一步下降压力到环境压力，从而使喷气流做功，因此推力喷管设计要求在出口截面前完全去除压力。发动机应通过相应的控制，使进气道和推力喷管始终与环境条件相匹配，这种控制在超声速范围是相当困难的。

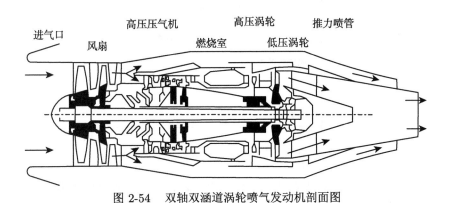

图 2-54 双轴双涵道涡轮喷气发动机剖面图

2.4.2 发动机的模型与控制

发动机推力是由于反飞行方向加速工质而产生的。火箭发动机的工质是所携带的燃料，而吸气式发动机则要从环境空气中获得。在这两种情况下，工质的加速是通过燃料燃烧的化学能提供的。推力等于动量对时间的导数，也就是进口和

出口气流总的动量变化，可表示为

$$T = \frac{\mathrm{d}I}{\mathrm{d}t} = \frac{\mathrm{d}}{\mathrm{d}t}(mV) \tag{2-160}$$

同时，推力又等于所提供的有效功率 P 与飞行速度 V_A 之比。活塞式发动机所提供的功率是转速和进气压力的函数，但很大程度上与飞行速度无关。因此，活塞式发动机的推力大致与飞行速度成反比，即

$$T = \frac{\eta P}{V_A} \tag{2-161}$$

图 2-55 显示了各种发动机的推力与马赫数的关系。其中，C_{F_p} 等于推力除以大气压力 p_0 和发动机截面积 S_F，称为静推力负荷系数。螺旋桨发动机和风扇（双涵道）发动机的 C_{F_p} 随马赫数的增加而下降，单涵道涡轮喷气发动机的 C_{F_p} 大致为常数，而带加力燃烧室发动机的 C_{F_p} 则随马赫数的增大而上升。螺旋桨滑流和发动机的喷气流也影响飞机的绕流，不仅影响机翼，而且也影响尾翼，这会引起升力增加。

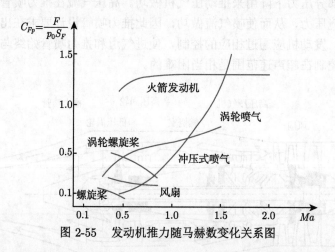

图 2-55　发动机推力随马赫数变化关系图

发动机动力学模型的建立是非常复杂的，如对于双涵道涡轮风扇发动机，其过渡过程的特性由发动机固体部件内的热能积聚、机械能积聚、非定常气体动力学、化学反应四个部分来确定，其中占主导地位的是转子时间特性，可选用两个轴转速作为状态变量，得到简化的双涵道发动机的线性化方程组如下：

$$\begin{bmatrix} \dot{N}_L \\ \dot{N}_H \end{bmatrix} = A \begin{bmatrix} N_L \\ N_H \end{bmatrix} + B \begin{bmatrix} \dot{m}_B \\ A_8 \\ \dot{m}_{\mathrm{bl}} \end{bmatrix} \tag{2-162}$$

$$\begin{bmatrix} T_3 & \bar{p}_{t3} & T_4 & F_{\text{res}} & T_7 \end{bmatrix}^{\text{T}} = C \begin{bmatrix} N_L \\ N_H \end{bmatrix} + D \begin{bmatrix} \dot{m}_B \\ A_8 \\ \dot{m}_{\text{bl}} \end{bmatrix} \tag{2-163}$$

式中，N_L 为低压轴转速；N_H 为高压轴转速；$\dot{m}_B$ 为燃料质量流量；A_8 为尾喷管截面积；$\dot{m}_{\text{bl}}$ 为压气机的放气量；T_3 为燃烧室进口温度；$\bar{p}_{t3}$ 为燃烧室进口压力；T_4 为高压涡轮进口温度；F_{res} 为净推力（剩余推力）；T_7 为排气温度。

航空发动机的控制过程是非常复杂的，对于飞行控制系统设计，只关心推力对飞机的影响，其动态特性可以用典型时间常数为 $0.1 \sim 1.0$s 的一阶模型来近似。

2.4.3 常规发动机产生的力和力矩

在简化条件下，描述发动机的几何特性关系如图 2-56 所示，基本假设如下：

（1）所有发动机的合推力 F_{res} 与 $Ox_b y_b$ 平面构成一个（小的）推力安装角 i_F；

（2）推力安装角 i_F 为常数，即推力作用线与飞行状态无关，在发动机纵轴 Ox_b 方向，不计进气冲量的变化；

（3）推力到处于 $Ox_b y_b$ 平面内的质心的距离近似沿 Oz_b 方向取（因为是 i_F 小量），并用 z_F 表示（向下为正，产生正的推力俯仰力矩）；

（4）合推力与 $Ox_b y_b$ 平面平行。当推力非对称分布时，推力到质心在 Oy_b 方向的距离等于 y_F（向右为正，产生负的推力偏航力矩）。

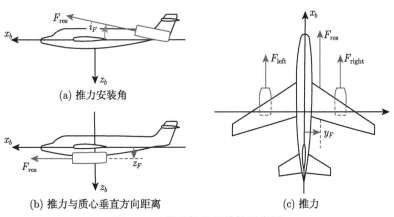

(a) 推力安装角

(b) 推力与质心垂直方向距离

(c) 推力

图 2-56　发动机几何特性示意图

在上述假设下，可得发动机在机体坐标系内产生的推力 $\boldsymbol{T}_b$ 和推力矩 $\boldsymbol{Q}_b^F$ 为

$$\boldsymbol{T}_b = \begin{bmatrix} X^F \\ Y^F \\ Z^F \end{bmatrix} = \begin{bmatrix} \cos i_F \\ 0 \\ -\sin i_F \end{bmatrix} F_{\text{res}} \tag{2-164}$$

$$\boldsymbol{Q}_b^F = \boldsymbol{r}_F \times \boldsymbol{T}_b = \begin{bmatrix} 0 \\ y_F \\ z_F \end{bmatrix} \times \begin{bmatrix} \cos i_F \\ 0 \\ -\sin i_F \end{bmatrix} F_{\text{res}} = \begin{bmatrix} -y_F \sin i_F \\ z_F \cos i_F \\ -y_F \cos i_F \end{bmatrix} F_{\text{res}} \tag{2-165}$$

$$F_{\text{res}} = F(\delta_T, \rho, M, \alpha, \beta, T) \approx \delta_T F_{\max} \left(\frac{V_A}{V_{A_0}} \right)^{n_F} \tag{2-166}$$

式中，δ_T 为油门杆位置；$F_{\max}$ 为在研究的飞行状态上发动机的最大推力之和；V_{A_0} 为基准来流速度；n_F 为推力系数指数。

需要说明的是，若不是为了进行飞机控制而有意要产生推力矩 $\boldsymbol{Q}^F$，都要由气动力矩 $\boldsymbol{Q}^A$ 来平衡它。例如，对于一架装有多台发动机的飞机，当其中一台发动机停车时，会出现一个很大的推力力矩，此时需要直接关小另一侧发动机，以减小这个推力力矩，以便不超过可能达到的最大空气动力反力矩。

2.4.4　推力矢量发动机产生的力和力矩

假设推力矢量发动机推力为 F_{res}，安装角 $i_F = 0$（尾喷管未偏转时推力矢量沿机体 Ox_b 轴），推力作用点 O_F 始终在 Ox_b 轴上，O_F 与飞机质心距离为 l_F。参考气流坐标系的定义方法，在此定义发动机坐标系为 $S_F\text{-}O_F x_F y_F z_F$，如图 2-57 所示。

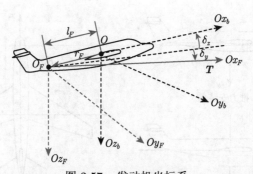

图 2-57　发动机坐标系

发动机坐标系 S_F 与机体坐标系 S_b 之间存在如下关系：将发动机坐标系原点 O_F 沿 Ox_b 轴前移 l_F 距离与机体坐标系原点 O 重合，再将发动机坐标系依次

绕 Oz_F 轴和 Oy_b 轴转动 $-\delta_y$ 和 δ_z 角后，可将发动机坐标系 S_F 和机体坐标系 S_b 重合。

由推力矢量发动机坐标系的定义可知，发动机坐标系到机体坐标系的转换矩阵为

$$
\begin{aligned}
\boldsymbol{L}_{bF} &= \begin{bmatrix} \cos\delta_z & 0 & -\sin\delta_z \\ 0 & 1 & 0 \\ \sin\delta_z & 0 & \cos\delta_z \end{bmatrix} \begin{bmatrix} \cos\delta_y & -\sin\delta_y & 0 \\ \sin\delta_y & \cos\delta_y & 0 \\ 0 & 0 & 1 \end{bmatrix} \\
&= \begin{bmatrix} \cos\delta_z\cos\delta_y & -\cos\delta_z\sin\delta_y & -\sin\delta_z \\ \sin\delta_y & \cos\delta_y & 0 \\ \sin\delta_z\cos\delta_y & -\sin\delta_z\sin\delta_y & \cos\delta_z \end{bmatrix}
\end{aligned}
\tag{2-167}
$$

推力在发动机坐标系中可以表示为

$$
\boldsymbol{T}_F = \begin{bmatrix} F_{\text{res}} & 0 & 0 \end{bmatrix}^{\text{T}}
\tag{2-168}
$$

则推力在机体坐标系中可以表示为

$$
\boldsymbol{T}_b = \boldsymbol{L}_{bF}\boldsymbol{T}_F = \begin{bmatrix} \cos\delta_z\cos\delta_y \\ \sin\delta_y \\ \sin\delta_z\cos\delta_y \end{bmatrix} F_{\text{res}}
\tag{2-169}
$$

飞机质心 O 点到发动机推力作用点 O_F 的矢量 $\boldsymbol{r}_F$ 在机体坐标系中的投影为

$$
(\boldsymbol{r}_F)_b = \begin{bmatrix} -l_F & 0 & 0 \end{bmatrix}^{\text{T}}
\tag{2-170}
$$

根据式 (2-169) 和式 (2-170) 可得力矢量发动机在机体坐标系中产生的推力矩为

$$
\boldsymbol{Q}_b^F = (\boldsymbol{r}_F)_b \times \boldsymbol{T}_b = \begin{bmatrix} 0 \\ l_F\sin\delta_z\cos\delta_y \\ -l_F\sin\delta_y \end{bmatrix} F_{\text{res}}
\tag{2-171}
$$

2.5 影响飞机运动的其他因素

2.5.1 纵向运动与侧向运动的耦合

侧滑滚转力矩导数 C_{l_β} 有时还与 C_L 有关，从而与 α 有关。因而准确模型化时，应表示为

$$
\Delta C_l = C_{l_\beta}(\alpha)\beta = (C_{l_{\beta_0}} + C_{l_{\beta_\alpha}}\alpha)\beta
\tag{2-172}
$$

在大迎角范围，其他一些导数也与 α 有关，特别是那些主要受到下洗影响的导数。

2.5.2 地面效应

在起飞和着陆临界飞行阶段，飞机做近地飞行。伴随升力产生的下洗气流受到地面的限制，明显改变飞机气流的流动情况。这种称为地面效应的影响是：

（1）使平尾处下洗角 ε 减小；

（2）使机翼和尾翼的升力线斜率 C_{L_α} 增大；

（3）使阻力减小。

这些影响大致与离地高度成反比，这些影响使得飞机的升力增大，从而使得航迹俯仰角增大，在着陆时产生有利作用。与此同时，平尾下洗角 ε 的减小将使得飞机的气动焦点向后移动，从而产生一个低头力矩，从而明显地提高了俯仰稳定力矩导数 C_{m_α}。

一般情况下，为了保持迎角不变，或者为了能进一步增大迎角以降低空速，随着飞机不断接近地面，需要产生一个越来越大的正向配平力矩。大多数情况下，这对所需要的升降舵效能起决定性作用，而且一般限制了最大允许的质心前限。在三角翼飞机上同样会因机翼的后部更靠近地面并产生大部分附加升力，产生负的纵向力矩。与此类似，在滚转自由度中也会形成明显的地面效应。

2.5.3 弹性形变的影响

由于飞机的轻结构特性，飞机结构具有很高的弹性。作用在机翼、机身和尾翼上的力产生使飞机发生弹性变形的力矩。此外，这也会使得局部迎角相对其平均值变化，反过来这又产生空气动力。这种反作用明显改变了飞机的静态和动态特性，对这个问题要在广泛的气动弹性专业范围加以讨论。这个问题的模型化处理，需要围绕机翼和机身弯曲及扭转的主要弹性自由度扩展方程组。因为这远远超出本书的研究范围，这里只能对这种效应给以有限的说明。

弹性特性既有静态作用，也有动态作用。例如，根据静态力和质量分布，机翼的模态要视飞机是在地面停放，还是空中巡航或者是做大载荷飞行而各不相同。另一种静态影响已在 2.3.6 第五部分简单讨论过。

动态作用涉及弹性振动模态，如图 2-58 所示。这种作用既可以由大气紊流激发，也可以由操纵面偏转激发。用于刚体自由度控制的反馈，同样也要影响这些弹性自由度，大多是不稳定的，因此要限制它的增益。只要刚体运动和弹性运动的特征频率间隔足够大，则在高频范围可使控制器的作用受到低通滤波器（或者带阻滤波器）的抑制。弹性自由度的特征频率越低就越难被滤波器抑制，尤其是大型飞机更是如此。这时需要在所有频率范围内谨慎地设计控制器。特别危险的气动弹性现象是机翼颤振，这是一种机翼扭转振动和弯曲振动的组合运动，是由于力和偏移之间的气动弹性反馈形成的，尤其在高速飞行范围，它可能是不稳定的，防止颤振是限制最大飞行速度的原因之一。

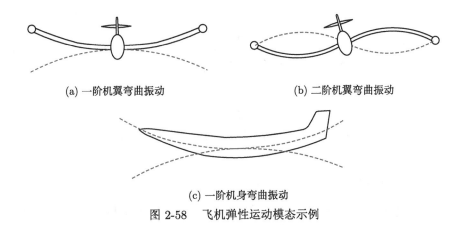

(a) 一阶机翼弯曲振动   (b) 二阶机翼弯曲振动

(c) 一阶机身弯曲振动

图 2-58   飞机弹性运动模态示例

只有通过附加微分方程才能得到弹性变形对动态影响的模型，静态影响通常在空气动力系数中考虑，例如，用机身弹性修正升降舵效能，假设机身弯曲与平尾上的升力成正比，并使尾翼扭转 $\Delta\alpha_t$ 角，如图 2-59 所示，则尾翼处有

$$\alpha_t = \alpha - \varepsilon + i_t - kL_t = \alpha - \varepsilon + i_t - k\frac{1}{2}\rho V_t^2 S_t C_{L_t} \tag{2-173}$$

由此平尾产生的总升力系数为

$$
\begin{aligned}
C_{L_t} &= C_{L_{t\alpha}}\alpha_t = C_{L_{t\alpha}}\left(\alpha - \varepsilon + i_t - k\frac{1}{2}\rho V_t^2 S_t C_{L_t}\right) \\
&= \frac{C_{L_{t\alpha}}}{1 + k\frac{1}{2}\rho V_t^2 S_t C_{L_{t\alpha}}}(\alpha - \varepsilon + i_t) = C_{L_{t\alpha}}^*(\alpha - \varepsilon + i_t)
\end{aligned}
\tag{2-174}
$$

式 (2-174) 中，分母表示了一种修正因子，使得水平尾翼的升力系数增加了 $\Delta C_{L_{t\alpha}}$：

$$\Delta C_{L_{t\alpha}} = C_{L_{t\alpha}}\left(\frac{1}{1 + k\frac{1}{2}\rho V_t^2 S_t C_{L_{t\alpha}}} - 1\right) \tag{2-175}$$

进而使得飞机的气动焦点发生了前移。

同时，弹性形变也使得升降舵的效能降低，考虑到

$$C_{L_t} = C_{L_{t\alpha}}\alpha_t + C_{L_{t\delta_e}}\delta_e \tag{2-176}$$

经过同样的变换，可以得到

$$C_{L_t} = C_{L_{t\alpha}}^*(\alpha - \varepsilon + i_t) + \frac{C_{L_{t\delta_e}}}{1 + k\frac{1}{2}\rho V_t^2 S_t C_{L_{t\delta_e}}}\delta_e \tag{2-177}$$

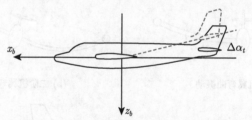

图 2-59 机身弯曲引起的尾翼局部迎角变化

2.5.4 发动机的影响

根据发动机的几何特性和发动机的动量变化关系，发动机推力除了作为飞机的推进动力外，还对升力和力矩有贡献，参见式 (2-164) 和式 (2-165)。此外，螺旋桨滑流或者涡轮喷气发动机的燃气流对机翼和尾翼处的流动状况具有强烈影响，主要表现在：首先，滑流诱导的局部附加速度使机翼升力得以提高，这不仅提高了最大升力，而且提高了全机的升力线斜率 C_{L_α}；其次会引起机翼下洗的变化，从而改变尾翼的升力和力矩。这样，不仅可能改变定常平衡特性（如配平所需要的平尾安装角 i_H 的改变），而且会因非定常效应影响空气动力导数。

反过来看，推力与发动机进气口处的流动状况有关，因此也受到当地迎角和侧滑角的影响。尤其是装在尾部的发动机，由于机翼下洗流动状况更为复杂，这些影响很难模型化描述。对于绝大多数飞机，发动机推力和空气动力之间的相互耦合，目前还缺乏精确的理解。

2.5.5 风运动与飞机运动的耦合

大气运动是飞行轨迹和飞行姿态的主要扰动源。在危险风场情况下，如在雷暴、强风切变附近，会引发严重的飞行安全控制和引导问题。飞行控制器设计的主要任务之一就是补偿这种扰动，或者至少减缓它的作用。因此，风和紊流模型是飞行控制器设计的重要基础。由于流体力学基本方程的非线性特性，不可能全面地描述空气运动及其与飞机运动的相互作用。在此简要介绍大气扰动过程以及实用的处理方法，作为后续讨论的飞机方程组的基础。

大气是一个混沌系统，当起始条件和边界条件发生微小变化时，若干时间后，在其状态空间内可能表现出完全不同的变化过程，通常用随时间和空间变化的流场 $\mathbb{V}_W(s,t)$ 表示。分析大气对飞机的影响时，需要考虑气流的特征长度、特征速度以及飞机飞行时间和机体尺寸。为了建模和数学处理简单化，一般通过空间-时间滤波处理，将大气流场划分成两种范围，其中一种范围以高频为特征，而另一种范围以低频为特征（或者以小波长或大波长为特征）。通常将缓慢变化的大空间部分称为风，通常用 $\bar{V}_W(s,t)$ 表示；高频小空间部分称为紊流，常用 $\tilde{V}_W(s,t)$

表示, 则

$$\mathbb{V}_W(\boldsymbol{s}, t) = \bar{\boldsymbol{V}}_W(\boldsymbol{s}, t) + \tilde{\boldsymbol{V}}_W(\boldsymbol{s}, t) \tag{2-178}$$

$$\bar{\boldsymbol{V}}_W(\boldsymbol{s}, t) = \frac{1}{D} \int_0^D \mathbb{V}_W(\boldsymbol{s}, t) \mathrm{d}(\boldsymbol{s}, t) \tag{2-179}$$

表示大气流场在一定时间和空间尺度上的平滑, 即风场, 简写为 $\boldsymbol{V}_W(\boldsymbol{s}, t)$。

1. 风场对飞机的影响

风场对运动飞机的作用与飞机航迹速度 $\boldsymbol{V}_K$ 有关。通常需要由地面坐标系给定的风场和飞行航迹确定飞机当地风的分量, 这需要将风矢量变换到随飞机运动的地面固连坐标系上, 这个坐标系称为重心坐标系, 它通过位置矢量与地面坐标系原点连接。

飞机以航迹速度 $\boldsymbol{V}_K$ 飞越风场 $\boldsymbol{V}_W(\boldsymbol{s}, t)$, 所经历的风的变化可表示为

$$\frac{\mathrm{d}\boldsymbol{V}_W(\boldsymbol{s}, t)}{\mathrm{d}t} = \frac{\partial \boldsymbol{V}_W(\boldsymbol{s}, t)}{\partial t} + (\nabla \boldsymbol{V}_W)^{\mathrm{T}} \boldsymbol{V}_K^{\mathrm{T}} \tag{2-180}$$

式中, ∇ 为耐普拉算子 (Nabla operator), 定义如下:

$$\nabla = \begin{bmatrix} \dfrac{\partial}{\partial x} & \dfrac{\partial}{\partial y} & \dfrac{\partial}{\partial z} \end{bmatrix}^{\mathrm{T}} \tag{2-181}$$

$(\nabla \boldsymbol{V}_W)^{\mathrm{T}}$ 为 $\boldsymbol{V}_W$ 的雅可比 (Jacobi) 矩阵, 也称为风场在当地的切变张量, 矩阵的元素是风场三个速度分量对分别在地面坐标系三个轴向的梯度。$(\nabla \boldsymbol{V}_W)^{\mathrm{T}}$ 可以表示为

$$(\nabla \boldsymbol{V}_W)^{\mathrm{T}} = \begin{bmatrix} u_{w_x}(\boldsymbol{s}) & u_{w_y}(\boldsymbol{s}) & u_{w_z}(\boldsymbol{s}) \\ v_{w_x}(\boldsymbol{s}) & v_{w_y}(\boldsymbol{s}) & v_{w_z}(\boldsymbol{s}) \\ w_{w_x}(\boldsymbol{s}) & w_{w_y}(\boldsymbol{s}) & w_{w_z}(\boldsymbol{s}) \end{bmatrix} \tag{2-182}$$

最后, 根据地面坐标系和航迹坐标系的转换公式 (2-18), 可得

$$\frac{\mathrm{d}\boldsymbol{V}_W(\boldsymbol{s}, t)}{\mathrm{d}t} = \frac{\partial \boldsymbol{V}_W(\boldsymbol{s}, t)}{\partial t} + \begin{bmatrix} u_{w_x}(\boldsymbol{s}) & u_{w_y}(\boldsymbol{s}) & u_{w_z}(\boldsymbol{s}) \\ v_{w_x}(\boldsymbol{s}) & v_{w_y}(\boldsymbol{s}) & v_{w_z}(\boldsymbol{s}) \\ w_{w_x}(\boldsymbol{s}) & w_{w_y}(\boldsymbol{s}) & w_{w_z}(\boldsymbol{s}) \end{bmatrix} \begin{bmatrix} V_K \cos\chi \cos\gamma \\ V_K \sin\chi \cos\gamma \\ -V_K \sin\gamma \end{bmatrix} \tag{2-183}$$

式 (2-183) 进一步表明, 风场对穿越风场的飞机的影响与飞机的航迹参数有关, 是相互耦合的。

假定风场随时间的变化比以速度 $\boldsymbol{V}_K$ 运动的观察者所看到的风速变化小, 则式 (2-183) 中等号右边第一项对时间的偏导数与第二项相比可以忽略不计。这时

风场可以看成一种空间固定的风矢量场。这种空间"冻结"的风场假设称为"台劳假设"，通过该假设可以得到风场对飞机影响的明确关系，即作用在飞机上的风矢量只是飞机位置变化的函数。这时式 (2-183) 可以写为

$$\frac{\mathrm{d}\boldsymbol{V}_W(\boldsymbol{s},t)}{\mathrm{d}t} = \begin{bmatrix} u_{w_x}(\boldsymbol{s}) & u_{w_y}(\boldsymbol{s}) & u_{w_z}(\boldsymbol{s}) \\ v_{w_x}(\boldsymbol{s}) & v_{w_y}(\boldsymbol{s}) & v_{w_z}(\boldsymbol{s}) \\ w_{w_x}(\boldsymbol{s}) & w_{w_y}(\boldsymbol{s}) & w_{w_z}(\boldsymbol{s}) \end{bmatrix} \begin{bmatrix} V_K \cos\chi\cos\gamma \\ V_K \sin\chi\cos\gamma \\ -V_K \sin\gamma \end{bmatrix} \tag{2-184}$$

需要说明的是，在小航迹速度（如以很低的速度飞行或者直升机悬停飞行）情况下，该假设就不适用了。

2. 定常风场对飞机的影响

定常风场是一种最为简单的风场，其具有与空间无关的风速 $V_W = \mathrm{const}$，会使飞行航迹相对无风情况发生变化，但是对飞机的动态特性没有影响。定常风对飞行航迹的影响如图 2-60 所示。

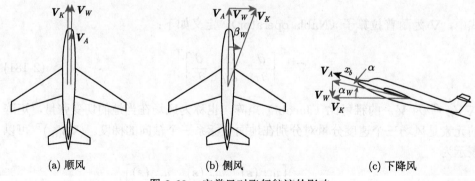

(a) 顺风　　　　　　　　　　(b) 侧风　　　　　　　　　　(c) 下降风

图 2-60　定常风对飞行航迹的影响

假设飞行员保持空速 V_A 不变，并且在飞机对称面内，那么在定常风 V_W 作用下，航迹速度 V_K 与飞行方向有关，顺风时航迹速度增大，逆风时航迹速度减小，而在侧风时其预期的飞行航迹要改变一个角度 β_W。当风发生短暂变化时（阵风），由于飞机的惯性，航迹速度 V_K 最初不发生变化，风速 V_W 将直接影响空速 V_A、迎角 α 和侧滑角 β 的大小，产生的风迎角 α_W 和风侧滑角 β_W 表达式分别为

$$\alpha_W = \arctan\frac{w_W}{V_A} \tag{2-185}$$

$$\beta_W = \arctan\frac{v_W}{V_A} \tag{2-186}$$

式中，v_W 和 w_W 为风速 V_W 在机体坐标系 Oy_b 和 Oz_b 轴上的分量。

3. 风切变对飞机的影响

平均风速的三个分量对三个方向坐标的导数，也就是式 (2-182) 表示的雅可比矩阵元素，称为风切变。风切变是二阶张量，在航空领域，常常从狭义上应用这个概念，或者指水平风沿垂直方向的变化量 u_{w_z} 或 v_{w_z}，或者指垂直风在水平方向的变化量 w_{w_x} 或 w_{w_y}。雷暴情况下，还会出现不能忽略的水平风在水平方向的切变（u_{w_x} 和 v_{w_y}）以及垂直风在垂直方向上的切变（w_{w_z}）。按国际民用航空组织（International Civil Aviation Organization，ICAO）的分类，在前一种情况下，对于高度间隔 30m，有：

（a）$u_{w_z} \geqslant 0.067\mathrm{s}^{-1}$ 为明显风切变；

（b）$u_{w_z} \geqslant 0.133\mathrm{s}^{-1}$ 为严重风切变；

（c）$u_{w_z} \geqslant 0.200\mathrm{s}^{-1}$ 为危险风切变。

除了风速大小的切变，还有风的方向切变。自由大气中某地风向连续发生的偏转，就属于风的方向切变。显然，由式 (2-184) 可知，只要得到风场雅可比矩阵中各元素的表达，就可确定风场对飞机的影响。下面将讨论几种典型风场的影响。

1）水平风垂直切变

因摩擦影响，在较大高度上的风速到地面上会逐步减小，从而形成水平风垂直切变。此时，式 (2-182) 中的 u_{w_z} 和 v_{w_z} 中至少一个不为零。假设此时其他方向均没有风切变，即其余元素均为零，则由式 (2-184) 可得

$$\begin{bmatrix} \dot{u}_w \\ \dot{v}_w \end{bmatrix} = \begin{bmatrix} -u_{w_z} V_K \sin\gamma \\ -v_{w_z} V_K \sin\gamma \end{bmatrix} \tag{2-187}$$

图 2-61 表示了一架正在着陆进近且必须飞越这种风场的飞机，并假设 $v_{w_z} = 0$，飞机将经历不断减小的逆风或顺风。

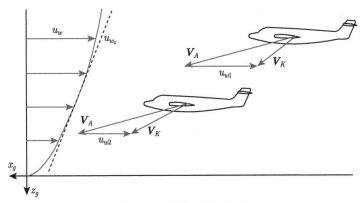

图 2-61　近地时的风切变

如果风速的非线性分布可逐段用直线来代替，则与此相应，风梯度 u_{w_z} 就为常值，图 2-61 所示的风梯度为正。这样，飞机质心处来流速度 V_A 随时间的变化（γ 较小时）为

$$\dot{V}_A = \dot{V}_K - \dot{V}_W = \dot{V}_K + u_{w_z} V_K \sin\gamma \tag{2-188}$$

下降飞行时 γ 为负，如果不以同样大小的飞机加速度（提高推力）来抵消，则根据式 (2-188)，空速 V_A 将不断减小。飞机上升飞行时风切变的影响则与此相反，而在平飞时（$\gamma = 0$）其影响为零。

对于 v_{w_z} 的影响，由式 (2-187) 可知，随飞行高度的变化，飞机质心处将受到不断变化的侧风影响，形成附加风侧滑角，为

$$\beta_W = \arctan \frac{\int v_{w_z} V_K \sin\gamma \mathrm{d}t}{V_K} \tag{2-189}$$

当 $V_K = \mathrm{const}$，且侧风相对于 V_K 较小时，有

$$\beta_W = \int v_{w_z} \sin\gamma \mathrm{d}t \tag{2-190}$$

同样，飞机平飞时（$\gamma = 0$）其影响为零。

2）垂直风水平切变

风场中垂直风的大小随水平位置的变化而变化，其余方向没有切变，式 (2-182) 所示雅可比矩阵中 w_{w_x} 和 w_{w_y} 不全为零，其余元素均为零。则由式 (2-184) 可得

$$\dot{w}_w = w_{w_x} V_K \cos\chi \cos\gamma + w_{w_y} V_K \sin\chi \cos\gamma \tag{2-191}$$

图 2-62 显示了一种飞机在连续增大的下沉风的风场中的飞行情况（仅考虑 w_{w_x}，且 $\gamma = 0$ 及 $\chi = 0$）。此时，平均风速 w_w 将连续变化，而梯度 w_{w_x} 保持不变。

图 2-62 中风梯度为正，对风场中飞机会有两种作用。第一种作用，当以 $V_K = \mathrm{const}$ 平飞时，飞机重心上的平均下沉风的变化为 $w_{w_x} V_K$，下沉风逐渐增大，飞机迎角 α 不断减小，从而飞机升力也不断减小，飞机转入下降飞行；第二种作用，等风梯度会在飞机的头部形成向下附加气流，而在飞机尾部形成向上附加气流，从而产生一个低头力矩。其效果与飞机以正的俯仰角速度 q 抬头时产生的流场一样。此时参照相对速度公式可得

$$q_A = q_K - q_W = q_K + w_{w_x} \tag{2-192}$$

考虑到实际中风梯度不会在较长的距离上保持不变，且正负号也经常变化，对此一种合适的模型描述是正弦曲线，这里平均下沉风假设为零，从而有

$$w_w(x) = \hat{w}_w \sin\left(\frac{2\pi}{\lambda}x\right) = \hat{w}_w \sin\left(\frac{2\pi}{\lambda}V_K t\right) \tag{2-193}$$

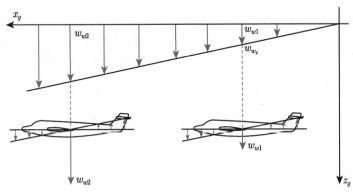

图 2-62　飞机在下沉风增大的风场中飞行

3）水平风水平切变

在此主要研究一个平面内存在两种风切变的情况，此时式 (2-182) 中的 u_{w_x} 和 v_{w_y} 不全为零，而其余元素均为零，则由式 (2-184) 可得

$$\begin{bmatrix} \dot{u}_w \\ \dot{v}_w \end{bmatrix} = \begin{bmatrix} u_{w_x} V_K \cos\chi \cos\gamma \\ v_{w_y} V_K \sin\chi \cos\gamma \end{bmatrix} \tag{2-194}$$

图 2-63 显示了 $u_{w_x} = \text{const}$ 时均匀风场的作用，可以看出，这种作用与飞行航迹的位置和方向以及航迹速度 $\boldsymbol{V}_K$ 有关。假定飞机沿 x_g 方向飞行（$\chi = 0$），

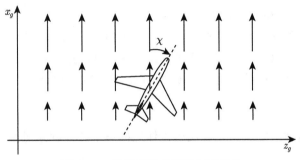

图 2-63　飞机穿越水平风切变风场

则飞机经历不断增大的顺风的作用（与飞行轨迹 y_g 的位置无关）。如果飞机沿 y_g 方向飞行（$\chi = \pi/2$），则将经受与航迹位置有关的等侧风的作用。当航迹偏航角 χ 一定时，航迹俯仰角 γ 越大，风随时间的变化就越小。当飞机垂直上升或下降时 $\gamma = \pi/2$，则飞机到处都经历不随时间变化的风，其大小与飞行航迹的坐标 (x_g, y_g) 有关。

　　4）垂直风垂直切变

　　通常情况下，需要独立研究垂直风垂直切变的情况比较少，在研究雷暴流对飞机的影响时，需要考虑垂直风的垂直切变因素，但在雷暴流中，存在各个方向上风切变的影响。对于垂直风，考虑切变时，由式 (2-182) 可得

$$\dot{w}_w = w_{w_x} V_k \cos\chi \cos\gamma + w_{w_y} V_K \sin\chi \cos\gamma - w_{w_z} V_K \sin\gamma \tag{2-195}$$

图 2-64 给出了导致一架客机坠毁的雷暴天气的示例。

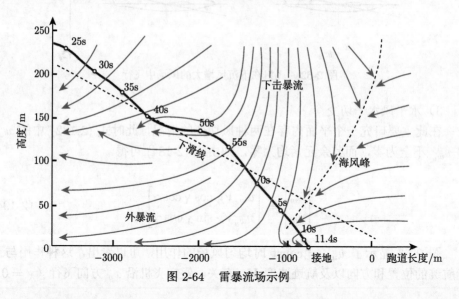

图 2-64　雷暴流场示例

4. 旋转风场对飞机的影响

　　飞机遭遇旋转风场时所受到的影响，一般可通过飞机角速度来分析。在此定义飞机相对于惯性（地面）坐标系的转动角速度为 Ω_K，相对于周围空气的转动角速度为 Ω_A，空气相对于地面的转动角速度为 Ω_W，因此有

$$\Omega_A = \Omega_K - \Omega_W \tag{2-196}$$

为了描述方便，定义它们在飞机机体坐标系中的分量分别为

$$(\Omega_K)_b = \begin{bmatrix} p_K & q_K & r_K \end{bmatrix}^{\mathrm{T}} \tag{2-197}$$

$$(\boldsymbol{\Omega}_A)_b = \begin{bmatrix} p_A & q_A & r_A \end{bmatrix}^{\mathrm{T}} \tag{2-198}$$

$$(\boldsymbol{\Omega}_W)_b = \begin{bmatrix} p_W & q_W & r_W \end{bmatrix}^{\mathrm{T}} \tag{2-199}$$

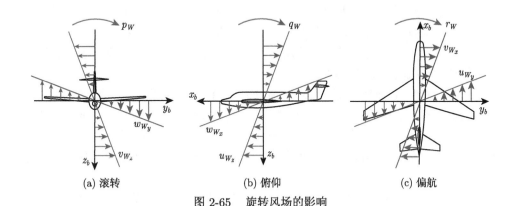

(a) 滚转　　　　　(b) 俯仰　　　　　(c) 偏航

图 2-65　旋转风场的影响

飞机分别遭遇滚转、俯仰和偏航三个自由度的旋转风的影响示意图如图 2-65 所示。图 2-65(a) 中滚转自由度旋转风 p_W，会分别在飞机 Oy_b 轴方向形成垂直风梯度 w_{W_y} 和 Oz_b 轴方向形成水平风梯度 v_{W_z}，由于飞机 Oz_b 轴方向尺寸较小，可以忽略 v_{W_z} 的影响，再考虑 w_{W_y} 和 p_W 的正负定义，因而近似有

$$p_W = w_{W_y} \tag{2-200}$$

$$p_A = p_K - p_W = p_K - w_{W_y} \tag{2-201}$$

同样，图 2-65(b) 对于俯仰自由度旋转风 q_W 的影响，会分别在飞机 Ox_b 轴方向形成垂直风梯度 w_{W_x} 和 Oz_b 轴方向形成水平风梯度 u_{W_z}，同样忽略 u_{W_z} 的影响后可以得到

$$q_W = -w_{W_z} \tag{2-202}$$

$$q_A = q_K - q_W = q_K + w_{W_z} \tag{2-203}$$

图 2-65(c) 对于偏航自由度的选择风 r_W，会分别在飞机 Ox_b 轴方向形成水平风梯度 v_{W_x} 和 Oy_b 轴方向形成水平风梯度 u_{W_y}，因此可得

$$r_W = v_{W_x} - u_{W_y} \tag{2-204}$$

$$r_A = r_K - r_W = r_K - v_{W_x} + u_{W_y} \tag{2-205}$$

5. 紊流模型

原则上，紊流是由摩擦流场内的涡旋造成的，也就是说，主要在绕流物体的边界层内或者在不同速度的空气层之间形成。这就意味着，紊流也发生在各种类型的风切变中，例如，在粗糙地面（树木、建筑物等）、溢流丘陵的尾迹、急流的边缘、雷暴的流场等环境中形成。由于摩擦损耗，为了保持涡系，必须以动能形式或热能形式输入能量。另一个前提是由涡系吸收能量场中的梯度。

此外，大型飞机自由涡形成的尾涡，使在其后面飞行的飞机受到影响，因此这就限制了飞机场的着陆频率。

虽然按照纳维-斯托克斯（Navier-Stokes）方程、连续方程及其他一些条件，紊流是确定性的，然而实际上不可能直接积分这些方程来计算紊流（主要是紊流内的微小结构），它们的持续时间仅是观察时间间隔的一个很小部分。这种情况完全是由流体力学系统的非线性本质造成的。紊流的这种随机性现象可以采用统计方法处理。

为此，可将紊流场内的观测序列作为随机过程来对待，而严格的随机理论只适用于平稳随机序列，紊流一般不满足这个条件，通常采用由式 (2-178) 得到紊流表达式，具体为

$$\tilde{\boldsymbol{V}}_W(\boldsymbol{s}, t) = \mathbb{V}_W(\boldsymbol{s}, t) - \bar{\boldsymbol{V}}_W(\boldsymbol{s}, t) \tag{2-206}$$

对其做平均值修正后，再附加一种趋势性修正，使得总过程可分段假设是平稳随机过程。

根据随机过程的数学描述方法，紊流的方差为

$$\sigma_{\tilde{\boldsymbol{V}}_W}^2 = \frac{1}{D} \int_0^D \tilde{\boldsymbol{V}}_W^2 \mathrm{d}t \tag{2-207}$$

它是紊流强度的量度，σ 称为均方差，它等于紊流的平方均值。

紊流的相关函数为

$$R(\tau) = \lim_{D \to \infty} \frac{1}{D} \int_0^D \tilde{\boldsymbol{V}}_W(t) \tilde{\boldsymbol{V}}_W(t + \tau) \mathrm{d}t \tag{2-208}$$

当 $\tau = 0$ 时，有

$$R(0) = \lim_{D \to \infty} \frac{1}{D} \int_0^D \tilde{\boldsymbol{V}}_W^2(t) \mathrm{d}t = \sigma_{\tilde{\boldsymbol{V}}_W}^2 \tag{2-209}$$

紊流的功率谱密度为

$$S(\omega) = \int_{-\infty}^{\infty} R(\tau) \mathrm{e}^{-\mathrm{j}\omega\tau} \mathrm{d}\tau \tag{2-210}$$

在大量的真实紊流的近似表达中，德莱顿（Dryden）模型由于简单而备受青睐，其相关函数 $R(\tau)$ 和功率谱密度 $S(\omega)$ 曲线如图 2-66 所示。

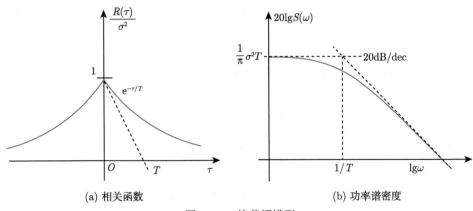

(a) 相关函数　　　　　　　　　　(b) 功率谱密度

图 2-66　德莱顿模型

在德莱顿模型中，紊流的相关函数表达式为

$$R(\tau) = \mathrm{e}^{-\tau/T} \tag{2-211}$$

式中，T 为特征时间常数，是一个随机过程不规则性的量度（白噪声 $T = 0$），量纲为时间，表达式为

$$T = \int_0^\infty \frac{R(\tau)}{R(0)} = \frac{1}{\sigma^2} \int_0^\infty R(\tau)\mathrm{d}\tau \tag{2-212}$$

采用德莱顿模型描述的紊流功率谱密度可表示为

$$S(\omega) = \sigma^2 \int_{-\infty}^\infty \mathrm{e}^{-|\tau/T|}\mathrm{e}^{-\mathrm{j}\omega\tau}\mathrm{d}\tau = \sigma^2 \frac{2T}{1 + T^2\omega^2} \tag{2-213}$$

需要说明的是，紊流强度与地形（地面粗糙度）、大气的稳定性（温度梯度）、风速及高度有关。紊流强度用一定时间间隔（如 10min）内出现的速度波动的方差或标准偏差来表示。其中，标准偏差低于 3m/s 的紊流定义为微弱，而标准偏差超过 8m/s 的紊流定义为极强。一般认为，水面上阵风的标准偏差 σ_u 大约为平均风速的 9%，而当地面粗糙时（山脉），标准偏差可达平均风速的 40% 以上。在地面边界层内，由于地面的壁面作用，垂直方向的阵风分量远小于其水平分量。

可列出下列模型：

$$\sigma_w = \begin{cases} (0.3 + 0.13H)\sigma_u, & H < 15\text{m} \\ (0.5 + 0.002H)\sigma_u, & 15\text{m} \leqslant H \leqslant 250\text{m} \\ \sigma_u, & H > 250\text{m} \end{cases} \qquad (2\text{-}214)$$

当 $H > 250$m 时，可以将紊流场视为各向同性的，即 $\sigma_u = \sigma_v = \sigma_w$。

思　考　题

1. 说明常用坐标系的定义并推导坐标系之间的转换关系，并绘制坐标系间的转换关系图。

2. 假设飞机空速的大小为 V_A，计算机体坐标系中速度 $\begin{bmatrix} u & v & w \end{bmatrix}^{\text{T}}$ 的表达式（不考虑风的影响时）。

3. 说明姿态角、气流角和航迹角的定义。

4. 飞机做水平匀速协调转弯时，航向角变化率 $\dot\psi$ 为常值，并且俯仰角 θ 和滚转角 ϕ 为常值，求 $\dot\psi$ 分别在机体坐标系三个坐标轴上的投影。

5. 以机体坐标系为例，绘制欧美坐标系和苏式坐标系的定义图，求出苏式坐标系到欧美坐标系的转换矩阵 $\boldsymbol{L}_{\text{ES}}$。

6. 飞行马赫数范围是如何划分的？

7. 说明低速气流、亚声速气流和超声速气流流体特征物理量随流管截面积变化的关系。

8. 简述翼型的几何参数。

9. 分析飞机亚声速和超声速飞行时机翼产生升力的原理。

10. 写出飞机总升力和升力系数、阻力和阻力系数的表达式，并说明各项的含义。

11. 绘制飞机升阻比极曲线，并说明其特点。

12. 简述减小飞机阻力的方法和措施。

13. 写出飞机俯仰力矩和俯仰力矩系数的表达式，并说明各项的含义。

14. 写出飞机侧力、侧力系数、侧力矩和侧力矩系数的表达式，并说明各项的含义。

15. 什么是气动焦点？飞机气动焦点和质心的位置关系是如何影响飞机的纵向静稳定性的？

16. 说明纵向静稳定导数、航向静稳定导数和滚转静稳定导数对飞机静稳定性的影响。

17. 分别推导常规发动机和推力矢量发动机产生的推力和推力矩矢量在飞机机体坐标系中的投影。

18. 设飞机气动力为升力 L、阻力 D、侧力 Y，飞机重力为 G，发动机为推力矢量发动机，推力为 F_{res}，并假设 α 和 β 为小量。计算总合力在飞机机体坐标系中的三轴分力 F_x、F_y 和 F_z。

第 3 章　飞机运动方程及特性分析

第 2 章介绍了飞机所受到的力和力矩作用。本章将飞机作为一个动态系统建立其数学模型,研究飞机在外力和外力矩作用下的运动和状态参数随时间的变化规律,以便确定飞机的基本飞行性能,从而为改善飞机的本体特性、提高飞机飞行品质以及实现飞机飞行控制奠定基础。飞机的数学模型也就是飞机的运动方程,一般用微分方程的形式来描述,由飞机动力学方程和飞机运动学方程两部分组成。

3.1　飞机运动方程的建立

3.1.1　飞机建模的基本假设

飞机是一个非常复杂的动力学系统。飞机在飞行过程中不仅其质量随时间变化,结构具有弹性形变,而且地球是一个旋转体,存在着离心加速度、哥氏速度,重力加速度还随高度的变化而变化。所以,作用于飞机外部的空气动力与飞机布局、飞行状态参数之间的关系是非常复杂的非线性函数。为了便于研究且不失一般性,在建立飞机一般运动方程时需要略去一些次要因素,做如下假设:

(1)忽略地球的运动和曲率,视地球为惯性系统。在亚声速和跨声速范围,这个假设造成的误差可以忽略。

(2)忽略飞机的弹性自由度,视飞机为刚体,而且质量为常数。只要弹性振动的频率明显高于刚体的运动频率,而且操纵面的偏转不明显地激发弹性运动,这个假设就是成立的。

(3)假设重力加速度不随飞行高度而变化。

(4)飞机相对机体坐标系 Ox_bz_b 平面对称,内部质量均匀,惯性积 $I_{xy} = 0$ 和 $I_{yz} = 0$。

(5)忽略发动机转动产生的陀螺耦合效应。但这种假设可能会使小型、大推力飞机的结果不准确。

(6)视机翼、尾翼和机身绕流产生的空气动力为准定常。只要非均匀来流的波长大于机翼弦长的 8 倍,则这个假设有效。

(7)忽略飞机绕流和发动机喷流的相互作用。但这个假设对小型螺旋桨飞机会造成误差。

（8）忽略飞机和地面（起飞和着陆时）之间的相互作用，这不仅涉及地面效应，而且还涉及作用在起落架上的力。

3.1.2 飞机动力学模型

假设飞机在飞行过程中受到外力 $\boldsymbol{R}$ 和外力矩 $\boldsymbol{Q}$ 的作用，那么在惯性坐标系下，根据牛顿运动定律可以得到飞机的动力学基本方程为

$$\boldsymbol{R} = m\left(\frac{\mathrm{d}\boldsymbol{V}}{\mathrm{d}t}\right)_i \tag{3-1}$$

$$\boldsymbol{Q} = \left(\frac{\mathrm{d}\boldsymbol{H}}{\mathrm{d}t}\right)_i \tag{3-2}$$

式中，m 为飞机的质量；$\boldsymbol{V}$ 为飞机飞行速度；$\boldsymbol{H}$ 为飞机的动量矩；下标 i 表示惯性坐标系。若飞机在惯性坐标系中的转动惯量为 $\boldsymbol{I}$，相对于惯性坐标系的转动角速度为 $\boldsymbol{\Omega}$，则

$$\boldsymbol{H} = \boldsymbol{I}\boldsymbol{\Omega} \tag{3-3}$$

式 (3-2) 可以表示为

$$\boldsymbol{Q} = \left(\frac{\mathrm{d}\boldsymbol{I}}{\mathrm{d}t}\right)_i \boldsymbol{\Omega} + \boldsymbol{I}\left(\frac{\mathrm{d}\boldsymbol{\Omega}}{\mathrm{d}t}\right)_i \tag{3-4}$$

飞机在运动过程中相对于惯性坐标系存在移动和转动，使得飞机的转动惯量相对于时间的导数 $(\mathrm{d}\boldsymbol{I}/\mathrm{d}t)_i$ 不是常数，一般情况下难以实现对运动方程 (3-1) 和 (3-2) 的求解。为解决这个问题，引入动坐标系，也就是机体坐标系 $Ox_by_bz_b$。由于机体坐标系固连在飞机上，与飞机一起运动，因此在机体坐标系下飞机的动量矩与转动惯量均为常数（不考虑燃油消耗和舵面偏转的影响）。

根据 2.1.8 节中相关机体坐标系中的变量定义，可得

$$\boldsymbol{V} = \begin{bmatrix} u & v & w \end{bmatrix}^{\mathrm{T}} = \boldsymbol{i}u + \boldsymbol{j}v + \boldsymbol{k}w \tag{3-5}$$

$$\boldsymbol{R} = \begin{bmatrix} X & Y & Z \end{bmatrix}^{\mathrm{T}} = \boldsymbol{i}X + \boldsymbol{j}Y + \boldsymbol{k}Z \tag{3-6}$$

$$\boldsymbol{\Omega} = \begin{bmatrix} p & q & r \end{bmatrix}^{\mathrm{T}} = \boldsymbol{i}p + \boldsymbol{j}q + \boldsymbol{k}r \tag{3-7}$$

那么，飞机在外力作用下飞机运动的加速度可以表示为

$$\left(\frac{\mathrm{d}\boldsymbol{V}}{\mathrm{d}t}\right)_i = \left(\frac{\mathrm{d}\boldsymbol{V}}{\mathrm{d}t}\right)_b + \boldsymbol{\Omega} \times \boldsymbol{V} \tag{3-8}$$

式 (3-8) 中，最后一项表示机体坐标系相对于惯性坐标系转动产生的牵连加速度，而

$$\left(\frac{\mathrm{d}\boldsymbol{V}}{\mathrm{d}t}\right)_b = \left[\begin{array}{ccc}\dfrac{\mathrm{d}u}{\mathrm{d}t} & \dfrac{\mathrm{d}v}{\mathrm{d}t} & \dfrac{\mathrm{d}w}{\mathrm{d}t}\end{array}\right]^{\mathrm{T}} = \boldsymbol{i}\frac{\mathrm{d}u}{\mathrm{d}t} + \boldsymbol{j}\frac{\mathrm{d}v}{\mathrm{d}t} + \boldsymbol{k}\frac{\mathrm{d}w}{\mathrm{d}t} \tag{3-9}$$

$$\boldsymbol{\Omega}\times\boldsymbol{V} = \begin{vmatrix} \boldsymbol{i} & \boldsymbol{j} & \boldsymbol{k} \\ p & q & r \\ u & v & w \end{vmatrix} = \begin{bmatrix} wq - vr \\ ur - wp \\ vp - uq \end{bmatrix} = \boldsymbol{i}(wq - vr) + \boldsymbol{j}(ur - wp) + \boldsymbol{k}(vp - uq) \tag{3-10}$$

联立式 (3-1)、式 (3-6)、式 (3-8)~式 (3-10) 可得

$$\begin{cases} X = m\left(\dfrac{\mathrm{d}u}{\mathrm{d}t} + wq - vr\right) \\[2mm] Y = m\left(\dfrac{\mathrm{d}v}{\mathrm{d}t} + ur - wp\right) \\[2mm] Z = m\left(\dfrac{\mathrm{d}w}{\mathrm{d}t} + vp - uq\right) \end{cases} \tag{3-11}$$

同样，在机体坐标系中对飞机进行观察，式 (3-2) 可以改写为

$$\boldsymbol{Q} = \left(\frac{\mathrm{d}\boldsymbol{H}}{\mathrm{d}t}\right)_i = \left(\frac{\mathrm{d}\boldsymbol{H}}{\mathrm{d}t}\right)_b + \boldsymbol{\Omega}\times\boldsymbol{H} \tag{3-12}$$

由动量矩定理可知，质点运动系的动量矩为

$$\boldsymbol{H} = \int \mathrm{d}\boldsymbol{H} = \int (\boldsymbol{r}\times\boldsymbol{v})\mathrm{d}m = \int \boldsymbol{r}\times(\boldsymbol{\Omega}\times\boldsymbol{r})\mathrm{d}m \tag{3-13}$$

式中，$\boldsymbol{v}$ 为质点 $\mathrm{d}m$ 的运动速度矢量；$\boldsymbol{r}$ 为质点 $\mathrm{d}m$ 距原点的矢径，表示为

$$\boldsymbol{r} = \boldsymbol{i}x + \boldsymbol{j}y + \boldsymbol{k}z \tag{3-14}$$

将式 (3-7)、式 (3-14) 代入式 (3-13) 可得

$$\boldsymbol{H} = \boldsymbol{i}\int [(y^2 + z^2)p - xyq - xzr]\mathrm{d}m + \boldsymbol{j}\int [(z^2 + x^2)q - yzr - xyp]\mathrm{d}m$$
$$+ \boldsymbol{k}\int [(x^2 + y^2)r - xzp - yzq]\mathrm{d}m \tag{3-15}$$
$$= \boldsymbol{i}(pI_x - qI_{xy} - rI_{xz}) + \boldsymbol{j}(qI_y - rI_{yz} - pI_{xy}) + \boldsymbol{k}(rI_z - pI_{xz} - qI_{yz})$$

将式 (3-15) 改写为矩阵形式可得

$$\boldsymbol{H} = \boldsymbol{I}_b \begin{bmatrix} p \\ q \\ r \end{bmatrix} = \begin{bmatrix} I_x & -I_{xy} & -I_{xz} \\ -I_{xy} & I_y & -I_{yz} \\ -I_{xz} & -I_{yz} & I_z \end{bmatrix} \begin{bmatrix} p \\ q \\ r \end{bmatrix} \tag{3-16}$$

式中，$\boldsymbol{I}_b$ 为飞机在机体坐标系中的转动惯量矩阵。考虑到飞机关于机体坐标系的 $Ox_b z_b$ 平面对称，因此 $I_{xy} \equiv I_{yz} \equiv 0$，故有

$$\boldsymbol{H} = \begin{bmatrix} H_x \\ H_y \\ H_z \end{bmatrix} = \begin{bmatrix} I_x & 0 & -I_{xz} \\ 0 & I_y & 0 \\ -I_{xz} & 0 & I_z \end{bmatrix} \begin{bmatrix} p \\ q \\ r \end{bmatrix} = \begin{bmatrix} pI_x - rI_{xz} \\ qI_y \\ rI_z - pI_{xz} \end{bmatrix} \tag{3-17}$$

由此可得

$$\left(\frac{\mathrm{d}\boldsymbol{H}}{\mathrm{d}t} \right)_b = \begin{bmatrix} \dot{p}I_x - \dot{r}I_{xz} \\ \dot{q}I_y \\ \dot{r}I_z - \dot{p}I_{xz} \end{bmatrix} \tag{3-18}$$

而

$$\boldsymbol{\Omega} \times \boldsymbol{H} = \begin{vmatrix} \boldsymbol{i} & \boldsymbol{j} & \boldsymbol{k} \\ p & q & r \\ H_x & H_y & H_z \end{vmatrix} = \begin{bmatrix} qr(I_z - I_y) - pqI_{xz} \\ pr(I_x - I_z) + (p^2 - r^2)I_{xz} \\ pq(I_y - I_x) + qrI_{xz} \end{bmatrix} \tag{3-19}$$

合外力矩在机体坐标系中可以表示为

$$\boldsymbol{Q} = \begin{bmatrix} L & M & N \end{bmatrix}^{\mathrm{T}} \tag{3-20}$$

联立方程 (3-12) 和式 (3-18)~式 (3-20) 得

$$\begin{cases} L = \dot{p}I_x - \dot{r}I_{xz} + qr(I_z - I_y) - pqI_{xz} \\ M = \dot{q}I_y + pr(I_x - I_z) + (p^2 - r^2)I_{xz} \\ N = \dot{r}I_z - \dot{p}I_{xz} + pq(I_y - I_x) + qrI_{xz} \end{cases} \tag{3-21}$$

自此，式 (3-11) 和式 (3-21) 构成了描述刚体飞机的一般运动方程。

一般情况下，将飞机受到的力和力矩作为控制输入，而飞机运动的速度和角速度作为状态变量，因此对式 (3-11) 和式 (3-21) 进一步改写，同时将飞机重力在机体坐标系中的投影式 (2-16) 独立表示，而空气动力与发动机推力合力在机体坐

标系三轴上的分量分别用 F_x、F_y 和 F_z 表示。改写式 (3-11) 可得到飞机的力方程组（force equations），为

$$
\begin{cases}
\dot u = vr - wq - g\sin\theta + \dfrac{F_x}{m} \\[2mm]
\dot v = -ur + wp + g\cos\theta\sin\phi + \dfrac{F_y}{m} \\[2mm]
\dot w = uq - vp + g\cos\theta\cos\phi + \dfrac{F_z}{m}
\end{cases}
\tag{3-22}
$$

改写式 (3-21) 可得飞机的力矩方程组（moment equations），为

$$
\begin{cases}
\dot p = (c_1 r + c_2 p)q + c_3 L + c_4 N \\[1mm]
\dot q = c_5 pr - c_6(p^2 - r^2) + c_7 M \\[1mm]
\dot r = (c_8 p - c_2 r)q + c_4 L + c_9 N
\end{cases}
\tag{3-23}
$$

式中，$c_1 = \dfrac{(I_y - I_z)I_z - I_{xz}^2}{\Sigma}$，$c_2 = \dfrac{(I_x - I_y + I_z)I_{xz}}{\sigma}$，$c_3 = \dfrac{I_z}{\Sigma}$，$c_4 = \dfrac{I_{xz}}{\Sigma}$，$c_5 = \dfrac{I_z - I_x}{I_y}$，$c_6 = \dfrac{I_{xz}}{I_y}$，$c_7 = \dfrac{1}{I_y}$，$c_8 = \dfrac{I_x(I_x - I_y) + I_{xz}^2}{\Sigma}$，$c_9 = \dfrac{I_x}{\Sigma}$，$\Sigma = I_x I_z - I_{xz}^2$。

3.1.3　飞机运动学模型

3.1.2 节建立了飞机相对于机体坐标系的运动模型，而飞机机体坐标系与惯性坐标系存在相对运动，因此本节将研究飞机机体坐标系相对于地面坐标系的空间位置关系，包括飞机绕质心旋转的角运动和飞机质心的线位移运动。

1. 线运动方程组

飞机的质心运动的速度 $\boldsymbol{V}$ 在机体坐标系中的分量分别为 u、v 和 w，为了描述飞机在固定地面坐标系中的线运动，设飞机运动速度 $\boldsymbol{V}$ 在地面坐标系中表示为

$$
(\boldsymbol{V})_g = \begin{bmatrix} \dot x_g & \dot y_g & \dot z_g \end{bmatrix}^{\mathrm{T}}
\tag{3-24}
$$

则

$$
\begin{bmatrix} \dot x_g \\ \dot y_g \\ \dot z_g \end{bmatrix} = \boldsymbol{L}_{gb}\begin{bmatrix} u \\ v \\ w \end{bmatrix} = \boldsymbol{L}_{bg}^{\mathrm{T}}\begin{bmatrix} u \\ v \\ w \end{bmatrix}
\tag{3-25}
$$

代入地面坐标系到机体坐标系的转换公式 (2-15) 可得飞机的导航方程组（naviga-
tion equations），为

$$
\begin{cases}
\dot{x}_g = u\cos\theta\cos\psi + v(\sin\phi\sin\theta\cos\psi - \cos\phi\sin\psi) + w(\sin\phi\sin\psi + \cos\phi\sin\theta\cos\psi) \\
\dot{y}_g = u\cos\theta\sin\psi + v(\sin\phi\sin\theta\sin\psi + \cos\phi\cos\psi) + w(-\sin\phi\cos\psi + \cos\phi\sin\theta\sin\psi) \\
\dot{z}_g = u\sin\theta - v\sin\phi\cos\theta - w\cos\phi\cos\theta
\end{cases}
$$

$$(3\text{-}26)$$

考虑到飞机的飞行速度在航迹坐标系中表示为

$$
(\boldsymbol{V})_k = \begin{bmatrix} V_K & 0 & 0 \end{bmatrix}^{\mathrm{T}}
\tag{3-27}
$$

因此，方程 (3-25) 还可表示为

$$
\begin{bmatrix} \dot{x}_g \\ \dot{y}_g \\ \dot{z}_g \end{bmatrix} = \boldsymbol{L}_{gk} \begin{bmatrix} V_K \\ 0 \\ 0 \end{bmatrix} = \boldsymbol{L}_{kg}^{\mathrm{T}} \begin{bmatrix} V_K \\ 0 \\ 0 \end{bmatrix}
\tag{3-28}
$$

代入航迹坐标系与地面坐标系转换关系式 (2-18)，可得导航方程组的另外一种表
达方式，为

$$
\begin{cases}
\dot{x}_g = V_K\cos\chi\cos\gamma \\
\dot{y}_g = V_K\sin\chi\cos\gamma \\
\dot{z}_g = -V_K\sin\gamma
\end{cases}
\tag{3-29}
$$

2. 角运动方程组

飞机绕质心的旋转运动，即角运动，包括飞机的俯仰、滚转和偏航三轴角运
动。需要建立机体坐标系和地面坐标系间的欧拉角角速度 $\dot{\theta}$、$\dot{\phi}$ 和 $\dot{\psi}$ 与机体坐标
系中的三轴角速度 p、q 和 r 之间的关系式。

参考图 2-7，偏航角速度 $\dot{\psi}$ 沿 Oz_g 方向，向下为正，所在的坐标系与机体坐
标系之间的欧拉角为 θ 和 ϕ，因此其在机体坐标系中的投影可以表示为

$$
\dot{\psi}_b = \begin{bmatrix} 1 & 0 & 0 \\ 0 & \cos\phi & \sin\phi \\ 0 & -\sin\phi & \cos\phi \end{bmatrix} \begin{bmatrix} \cos\theta & 0 & -\sin\theta \\ 0 & 1 & 0 \\ \sin\theta & 0 & \cos\theta \end{bmatrix} \begin{bmatrix} 0 \\ 0 \\ \dot{\psi} \end{bmatrix} = \begin{bmatrix} -\dot{\psi}\sin\theta \\ \dot{\psi}\sin\phi\cos\theta \\ \dot{\psi}\cos\phi\cos\theta \end{bmatrix}
\tag{3-30}
$$

参考图 2-7，俯仰角速度 $\dot{\theta}$ 是与 Ox_b 在水平面内投影 k_1 相垂直的 k_2 轴方向的向量，向右为正，其所在坐标系与机体坐标系之间只有一个欧拉角 ϕ，因此其在机体坐标系中可以表示为

$$
\dot{\boldsymbol{\theta}}_b = \begin{bmatrix} 1 & 0 & 0 \\ 0 & \cos\phi & \sin\phi \\ 0 & -\sin\phi & \cos\phi \end{bmatrix} \begin{bmatrix} 0 \\ \dot{\theta} \\ 0 \end{bmatrix} = \begin{bmatrix} 0 \\ \dot{\theta}\cos\phi \\ -\dot{\theta}\sin\phi \end{bmatrix} \tag{3-31}
$$

参考图 2-7，滚转角速度 $\dot{\phi}$ 是沿 Ox_b 方向，向前为正，因此其在机体坐标系中可以直接表示为

$$
\dot{\boldsymbol{\phi}}_b = \begin{bmatrix} \dot{\phi} \\ 0 \\ 0 \end{bmatrix} \tag{3-32}
$$

由此可得，在机体坐标系内飞机的转动角速度为

$$
\begin{bmatrix} p \\ q \\ r \end{bmatrix} = \dot{\boldsymbol{\psi}}_b + \dot{\boldsymbol{\theta}}_b + \dot{\boldsymbol{\phi}}_b = \begin{bmatrix} \dot{\phi} - \dot{\psi}\sin\theta \\ \dot{\theta}\cos\phi + \dot{\psi}\sin\phi\cos\theta \\ -\dot{\theta}\sin\phi + \dot{\psi}\cos\phi\cos\theta \end{bmatrix} \tag{3-33}
$$

整理可得

$$
\begin{bmatrix} p \\ q \\ r \end{bmatrix} = \begin{bmatrix} 1 & 0 & -\sin\theta \\ 0 & \cos\phi & \sin\phi\cos\theta \\ 0 & -\sin\phi & \cos\phi\cos\theta \end{bmatrix} \begin{bmatrix} \dot{\phi} \\ \dot{\theta} \\ \dot{\psi} \end{bmatrix} \tag{3-34}
$$

即

$$
\begin{cases} p = \dot{\phi} - \dot{\psi}\sin\theta \\ q = \dot{\theta}\cos\phi + \dot{\psi}\sin\phi\cos\theta \\ r = -\dot{\theta}\sin\phi + \dot{\psi}\cos\phi\cos\theta \end{cases} \tag{3-35}
$$

改写式 (3-35) 可得姿态运动方程组（kinematic equations），表示为

$$
\begin{cases} \dot{\phi} = p + \tan\theta(q\sin\phi + r\cos\phi) \\ \dot{\theta} = q\cos\phi - r\sin\phi \\ \dot{\psi} = \sec\theta(q\sin\phi + r\cos\phi) \end{cases} \tag{3-36}
$$

写成矩阵形式为

$$\begin{bmatrix} \dot{\phi} \\ \dot{\theta} \\ \dot{\psi} \end{bmatrix} = \boldsymbol{L}_\Phi \begin{bmatrix} p \\ q \\ r \end{bmatrix} = \begin{bmatrix} 1 & \tan\theta\sin\phi & \tan\theta\cos\phi \\ 0 & \cos\phi & -\sin\phi \\ 0 & \sec\theta\sin\phi & \sec\theta\cos\phi \end{bmatrix} \begin{bmatrix} p \\ q \\ r \end{bmatrix} \tag{3-37}$$

需要说明的是，p、q 和 r 可以通过机载角速度陀螺直接测量得到，而欧拉角速度 $\dot{\theta}$、$\dot{\phi}$ 和 $\dot{\psi}$ 是无法直接测量得到的，需要求解运动方程组。

3. 四元数法

在运动方程组 (3-36) 解算过程中，当 $\theta = \pi/2$ 时会出现奇异性，通常可以应用洛必达法则（L'Hospital rule）解决，获得欧拉角 $\theta = \pi/2$ 时的近似表达式为

$$\begin{cases} (\dot{\psi})_{\pi/2} = -\dfrac{1}{\dot{\theta}}(\dot{q}\sin\phi + \dot{\theta}\dot{\phi} + \dot{r}\cos\phi) \\ (\dot{\theta})_{\pi/2} = \pm\sqrt{r^2 + q^2} \\ (\dot{\phi})_{\pi/2} = \dfrac{p}{2} - \dfrac{1}{2\dot{\theta}}(\dot{q}\sin\phi + \dot{r}\cos\phi) \end{cases} \tag{3-38}$$

因此，在计算过程中，若 $|\theta|$ 不在 $\pi/2$ 附近，则采用式 (3-36) 计算，反之则采用式 (3-38) 计算。

除此之外，解决运动方程组计算过程中奇异性问题的另一种有效方法是四元数法。该方法的基础是欧拉定理，即一个任意给定的参考系 $Ox_2y_2z_2$ 绕给定的轴旋转角度 D 就可以与另一个坐标系 $Ox_1y_1z_1$ 重合，该轴与坐标系 $Ox_1y_1z_1$ 所成的角度（欧拉角）为 A、B 和 C。可以定义如下四个参数：

$$e_0 = \cos\frac{D}{2} \tag{3-39a}$$

$$e_1 = \cos A \sin\frac{D}{2} \tag{3-39b}$$

$$e_2 = \cos B \sin\frac{D}{2} \tag{3-39c}$$

$$e_3 = \cos C \sin\frac{D}{2} \tag{3-39d}$$

上述四个参数满足如下约束条件：

$$e_0^2 + e_1^2 + e_2^2 + e_3^2 = 1 \tag{3-40}$$

下面不经证明给出坐标系 $Ox_1y_1z_1$ 到坐标系 $Ox_2y_2z_2$ 的转换矩阵为

$$\boldsymbol{L}_{21} = \begin{bmatrix} e_0^2 + e_1^2 - e_2^2 - e_3^2 & 2(e_1e_2 + e_0e_3) & 2(e_1e_3 - e_0e_2) \\ 2(e_1e_2 - e_0e_3) & e_0^2 - e_1^2 + e_2^2 - e_3^2 & 2(e_2e_3 + e_0e_1) \\ 2(e_0e_2 + e_1e_3) & 2(e_2e_3 - e_0e_1) & e_0^2 - e_1^2 - e_2^2 + e_3^2 \end{bmatrix} \tag{3-41}$$

对于地面坐标系与机体坐标系之间的转换关系，对照式 (2-15) 可得

$$e_0 = \cos\frac{\psi}{2}\cos\frac{\theta}{2}\cos\frac{\phi}{2} + \sin\frac{\psi}{2}\sin\frac{\theta}{2}\sin\frac{\phi}{2} \tag{3-42a}$$

$$e_1 = \cos\frac{\psi}{2}\cos\frac{\theta}{2}\sin\frac{\phi}{2} - \sin\frac{\psi}{2}\sin\frac{\theta}{2}\cos\frac{\phi}{2} \tag{3-42b}$$

$$e_2 = \cos\frac{\psi}{2}\sin\frac{\theta}{2}\cos\frac{\phi}{2} + \sin\frac{\psi}{2}\cos\frac{\theta}{2}\sin\frac{\phi}{2} \tag{3-42c}$$

$$e_3 = -\cos\frac{\psi}{2}\sin\frac{\theta}{2}\sin\frac{\phi}{2} + \sin\frac{\psi}{2}\cos\frac{\theta}{2}\cos\frac{\phi}{2} \tag{3-42d}$$

四元数法的参数随时间变化率表达式为

$$\dot{e}_0 = -\frac{1}{2}(e_1p + e_2q + e_3r) \tag{3-43a}$$

$$\dot{e}_1 = \frac{1}{2}(e_0p + e_2r - e_3q) \tag{3-43b}$$

$$\dot{e}_2 = \frac{1}{2}(e_0q + e_3p - e_1r) \tag{3-43c}$$

$$\dot{e}_3 = \frac{1}{2}(e_0r + e_1q - e_2p) \tag{3-43d}$$

在计算过程中，将欧拉角 ϕ、θ 和 ψ 的初始值代入式 (3-42) 即可得到四元数的初值，进而根据式 (3-43) 迭代积分计算出四元数随时间的变化规律。

而根据四元数值计算欧拉角的计算公式则为

$$\theta = \arcsin(2(e_1e_3 - e_0e_2)) \tag{3-44a}$$

$$\phi = \arccos\left(\frac{e_0^2 - e_1^2 - e_2^2 + e_3^2}{\sqrt{1 - 4(e_1e_3 - e_0e_2)^2}}\right)\mathrm{sgn}(2(e_2e_3 + e_0e_1)) \tag{3-44b}$$

$$\psi = \arccos\left(\frac{e_0^2 + e_1^2 - e_2^2 - e_3^2}{\sqrt{1 - 4(e_1e_3 - e_0e_2)^2}}\right)\mathrm{sgn}(2(e_2e_3 + e_0e_1)) \tag{3-44c}$$

式中，$\mathrm{sgn}(\cdot)$ 为符号函数。以上四元数法仅给出了计算公式，没有进行相应的推导证明，读者如感兴趣可以查阅相关文献。

3.1.4 飞机运动方程组分析

1. 飞机状态方程逻辑关系

至此已建立了由方程组 (3-22)、(3-23)、(3-26) 或 (3-29) 和 (3-36) 组成的 12 个微分方程，它们描述了飞机 6 个自由度的空间运动，称为六自由度（6-DOF）模型，共 12 个状态变量

$$x = \begin{bmatrix} u & v & w & \phi & \theta & \psi & p & q & r & x_g & y_g & z_g \end{bmatrix}^{\mathrm{T}} \tag{3-45}$$

对于常规布局飞机，典型的控制输入为

$$u = \begin{bmatrix} \delta_e & \delta_a & \delta_r & \delta_T \end{bmatrix}^{\mathrm{T}} \tag{3-46}$$

为了能更加清楚地表示各方程之间的相互关系及坐标转换，绘制了飞机运动变量逻辑框图如图 3-1 所示。

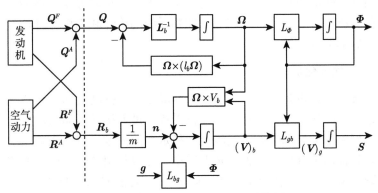

图 3-1　飞机运动的状态方程结构图

图 3-1 中，虚线左侧表示飞机在飞行中产生的空气动力 R^A 和力矩 Q^A 以及发动机推力 $R^F = T$ 和推力矩 Q^F 在机体坐标系中形成的合力 R_b 和合力矩 Q。虚线右侧为四组状态方程依据信号流向构成的逻辑框图。

2. 飞机运动方程的另一种形式

在飞机的力方程组 (3-22) 和力矩方程组 (3-23) 中，飞机气动力和气动力矩的计算涉及飞机的两个气流角 α 和 β 以及空速 V_A，根据飞机气流坐标系和机体坐标系的转换关系式 (2-28)，以及飞机在气流坐标系中的速度矢量表达式

$$(V)_a = \begin{bmatrix} V_A & 0 & 0 \end{bmatrix}^{\mathrm{T}} \tag{3-47}$$

可以得到

$$
\begin{bmatrix} u \\ v \\ w \end{bmatrix} = \boldsymbol{L}_{ba} \begin{bmatrix} V_A \\ 0 \\ 0 \end{bmatrix} = \begin{bmatrix} V_A \cos\alpha \cos\beta \\ V_A \sin\beta \\ V_A \sin\alpha \cos\beta \end{bmatrix} \tag{3-48}
$$

3.2   飞机运动方程的线性化

3.1 节通过理论推导，得到了飞机的六自由度运动方程，它们是一组复杂的非线性微分方程，一般情况下求解其解析解是非常困难的，通常只适用于数值计算和仿真。据此进行控制器的设计、分析飞机运动的稳定性和操纵性等问题时这些方程显得过于复杂，需要做进一步的简化处理。

常用的简化方法是通过限制飞机运动方程中各个变量的数值大小，或只允许它们相较于规定的工作状态或工作点（即基准运动）发生小的偏离，这样就可以在该基准运动附近对非线性方程进行线性化处理，即小扰动法。通过小扰动法可以得到一组线性化的飞机状态方程，通过这些方程，可以方便地借助线性系统理论中相关的分析和综合方法，实现飞行控制系统的设计和飞机各种构形参数对飞机操稳特性影响的分析等工作。

3.2.1   小扰动线性化原理

通常情况下，可以将飞机的运动分为基准运动和扰动运动，当扰动运动与基准运动差别很小时称为小扰动运动。飞机受扰后进入扰动运动状态，当扰动源消失后，能否回到基准运动状态是飞机运动稳定性的关键。假设扰动运动是一个小扰动运动，其偏离基准运动的偏差量非常小，可得到相关受扰运动参数与基准运动参数的微小偏量。一般情况下，由于偏差很小，可忽略二阶及二阶以上小量，从而建立以微小偏量为状态变量的方程，实现飞机运动方程的线性化。

考虑到飞机运动方程 (3-22)、(3-23)、(3-26) 或 (3-29)、(3-36) 的形式，将其隐式处理，可以得到如下一般运动方程表达式：

$$
f(\dot{\boldsymbol{x}}, \boldsymbol{x}, \boldsymbol{u}) = 0 \tag{3-49}
$$

式中，$\boldsymbol{x}$ 为运动方程的状态向量；$\boldsymbol{u}$ 为运动方程的输入向量。

在基准运动状态时，有

$$
f(\dot{\boldsymbol{x}}_0, \boldsymbol{x}_0, \boldsymbol{u}_0) = 0 \tag{3-50}
$$

式中，$\dot{\boldsymbol{x}}_0$、$\boldsymbol{x}_0$ 和 $\boldsymbol{u}_0$ 分别为基准运动时的状态向量时间导数、状态向量和输入向量。

当基准运动受到扰动后，运动方程的参量 $\dot{x} = \dot{x}_0 + \Delta\dot{x}$，$x = x_0 + \Delta x$，$u = u_0 + \Delta u$，而 $\Delta\dot{x}$、Δx 和 Δu 为受扰后相对基准运动产生的偏差量。此时有

$$f(\dot{x}_0 + \Delta\dot{x}, x_0 + \Delta x, u_0 + \Delta u) = 0 \tag{3-51}$$

对式 (3-51) 进行泰勒级数（Taylor series）展开可得

$$f(\dot{x}_0, x_0, u_0) + (\nabla_{\dot{x}} f)_0^{\mathrm{T}} \Delta\dot{x} + (\nabla_x f)_0^{\mathrm{T}} \Delta x + (\nabla_u f)_0^{\mathrm{T}} \Delta u + (\text{二阶以上部分}) = 0 \tag{3-52}$$

式中，∇ 可参见式 (2-181)，为耐普拉算子，假设 x 为 n 维向量，f 为由 m 个方程构成的方程组，则

$$(\nabla_x f)^{\mathrm{T}} = \begin{bmatrix} \dfrac{\partial f_1}{\partial x_1} & \dfrac{\partial f_1}{\partial x_2} & \cdots & \dfrac{\partial f_1}{\partial x_n} \\ \dfrac{\partial f_2}{\partial x_1} & \dfrac{\partial f_2}{\partial x_2} & \cdots & \dfrac{\partial f_2}{\partial x_n} \\ \vdots & \vdots & & \vdots \\ \dfrac{\partial f_m}{\partial x_1} & \dfrac{\partial f_m}{\partial x_2} & \cdots & \dfrac{\partial f_m}{\partial x_n} \end{bmatrix} \tag{3-53}$$

若运动受扰后产生的相对于基准运动的偏差量是个小量，则可以忽略式 (3-52) 中二阶以上部分，同时根据式 (3-50) 可得一般运动方程组小扰动线性化后的表达式为

$$(\nabla_{\dot{x}} f)_0^{\mathrm{T}} \Delta\dot{x} + (\nabla_x f)_0^{\mathrm{T}} \Delta x + (\nabla_u f)_0^{\mathrm{T}} \Delta u = 0 \tag{3-54}$$

3.2.2 基准运动的选取

1. 基准运动

考虑到小扰动原理的线性化方法是在基准运动基础上的线性化，因此在研究飞机运动方程线性化之前，首先需要确定飞机的基准运动状态。

一般情况下，飞机的基准运动为稳定的水平无侧滑平飞状态，满足：

$$\begin{cases} \phi_0 = \beta_0 = 0 \\ p_0 = q_0 = r_0 = 0 \\ \gamma_0 = 0 \end{cases} \tag{3-55}$$

且假设大气是平静的，即

$$\begin{cases} u_w = v_w = w_w = 0 \\ u_{w_x} = u_{w_y} = \cdots = w_{w_z} = 0 \end{cases} \tag{3-56}$$

因此

$$\begin{cases} \beta_W = \alpha_W = 0 \\ \beta_0 = \beta_K = 0 \\ \alpha_0 = \alpha_K \end{cases} \tag{3-57}$$

此外，不考虑飞行高度微小变化对气动力的影响，同时认为扰动量足够小，这些量的二阶及更高阶的量可以忽略，扰动运动是在基准运动的基础上发生的，即扰动运动参数为基准运动参数加上扰动量。

2. 飞机运动方程分组

一般情况下，飞机在垂直平面内的运动称为纵向运动，包括飞机的俯仰运动、升降运动及前后位移。飞机在水平面内的运动称为侧向运动（或横侧向运动），包括飞机的滚转运动、偏航运动及飞机侧向位移。

在基准运动的基础上，考虑到一般情况下，飞机外形和内部质量分布对称于 $Ox_b z_b$ 平面，且因基准运动左右对称，所以在基准运动附近，横侧小扰动量不影响纵向气动力和力矩，纵向小扰动量也不影响侧向气动力和力矩，即纵向、侧向运动相互可以分离。因此，可以将式 (3-22)、式 (3-23)、式 (3-29) 和式 (3-37) 改写为飞机纵向运动方程组（longitudinal equations）和侧向运动方程组（lateral-directional equations），分别为

$$\begin{cases} \dot{\theta} = q \cos\phi - r \sin\phi \\ \dot{q} = c_5 pr - c_6(p^2 - r^2) + c_7 M \\ \dot{u} = vr - wq - g \sin\theta + \dfrac{F_x}{m} \\ \dot{w} = uq - vp + g \cos\theta \cos\phi + \dfrac{F_z}{m} \\ \dot{x} = V_K \cos\chi \cos\gamma \\ \dot{z} = -V_K \sin\gamma \end{cases} \tag{3-58}$$

$$\begin{cases} \dot{\phi} = p + \tan\theta(q\sin\phi + r\cos\phi) \\[4pt] \dot{\psi} = \sec\theta(q\sin\phi + r\cos\phi) \\[4pt] \dot{p} = (c_1 r + c_2 p)q + c_3 L + c_4 N \\[4pt] \dot{r} = (c_8 p - c_2 r)q + c_4 L + c_9 N \\[4pt] \dot{v} = -ur + wp + g\cos\theta\sin\phi + \dfrac{F_y}{m} \\[4pt] \dot{y} = V_K \sin\chi\cos\gamma \end{cases} \tag{3-59}$$

3. 飞机的稳定坐标系

一般情况下，飞机在基准运动状态下飞行时，飞机的机体坐标系 Ox_b 轴并不与飞机的运动方向一致，存在一个稳态飞行时的配平迎角 α_0，从而使得飞机所受到的气动力方向并不与机体坐标系重合。

引入稳定坐标系 $S_s\text{-}Ox_sy_sz_s$，如图 3-2 所示。稳定坐标系与飞机固连，其 Ox_s 轴与基准运动的速度 V_0 方向一致，Oz_s 轴在飞机对称平面内与 Ox_s 轴垂直并指向机腹向下方，Oy_s 轴与机体坐标系 Oy_b 轴重合。它与机体轴系的区别在于，机体轴系的 Ox_b 轴与机身的设计轴线平行，稳定坐标系的 Ox_s 轴与基准运动的质心速度一致，两者相差一个固定的等速平飞迎角，即基准运动迎角。

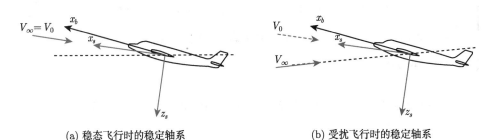

(a) 稳态飞行时的稳定轴系　　　　　　　　　　(b) 受扰飞行时的稳定轴系

图 3-2　稳定坐标系

稳定坐标系在定常、无侧滑情况下与气流坐标系一致且与飞机固连。它的优点是：当工作点发生小偏离时，升力矢量、阻力矢量和侧力矢量对该坐标轴只有微小偏差。因此，线性化力方程通常在稳定坐标系上列写。而为了使惯性矩不变，线性化力矩方程在与飞机固连的主轴上列写。在 $\beta_0 = 0$ 的定常飞行情况下，因为 Oy_s 轴与 Oy_a 轴重合，所以对俯仰力矩没有什么影响，即力方程和力矩方程都在飞机固连的主轴上列写和线性化。

在稳定坐标系描述的基准运动有如下附加条件：

$$\begin{cases} u_0 = V_0 = V_K \\ v_0 = w_0 = 0 \end{cases} \tag{3-60}$$

同时，将导航方程组 (3-29) 中位移设定为相对于稳定坐标系坐标的位移，可以得到如下条件：

$$\begin{cases} \psi_0 = \chi_0 = 0 \\ \theta_0 = \gamma_0 + \alpha_0 \end{cases} \tag{3-61}$$

3.2.3 飞机纵向运动方程组的线性化

1. 方程组线性化

根据小扰动线性化方程组表示公式 (3-54) 并假设飞机质量 m 和转动惯量为常量，将飞机纵向运动方程组 (3-58) 线性化可得

$$\begin{cases} \Delta\dot{\theta} = -q_0\sin\phi_0\Delta\phi + \cos\phi_0\Delta q - r_0\cos\phi_0\Delta\phi - \sin\phi_0\Delta r \\ \Delta\dot{u} = v_0\Delta r + r_0\Delta v - w_0\Delta q + q_0\Delta w - g\cos\theta_0\Delta\theta + \dfrac{\Delta F_x}{m} \\ \Delta\dot{q} = c_5(p_0\Delta r + r_0\Delta p) - c_6(2p_0\Delta p - 2r_0\Delta r) + c_7\Delta M \\ \Delta\dot{w} = u_0\Delta q + q_0\Delta u - v_0\Delta p - p_0\Delta v - g\sin\theta_0\cos\phi_0\Delta\theta - g\cos\theta_0\sin\phi_0\Delta\phi + \dfrac{\Delta F_z}{m} \\ \Delta\dot{x} = \cos\chi_0\cos\gamma_0\Delta V - V_0\sin\chi_0\cos\gamma_0\Delta\chi - V_0\cos\chi_0\sin\gamma_0\Delta\gamma \\ \Delta\dot{z} = -\sin\gamma_0\Delta V - V_0\cos\gamma_0\Delta\gamma \end{cases}$$

$$\tag{3-62}$$

代入基准运动条件表达式 (3-55)~(3-57)、式 (3-60) 和式 (3-61) 可得

$$\begin{cases} \Delta\dot{\theta} = \Delta q \\ \Delta\dot{q} = \dfrac{1}{I_y}\Delta M \\ \Delta\dot{V} = -g\cos\theta_0\Delta\theta + \dfrac{\Delta F_x}{m} \\ \Delta\dot{w} = V_0\Delta q - g\sin\theta_0\Delta\theta + \dfrac{\Delta F_z}{m} \\ \Delta\dot{x} = \Delta V \\ \Delta\dot{z} = -\Delta\gamma V_0 \end{cases} \tag{3-63}$$

在研究纵向运动时，迎角 α 和航迹俯仰角 γ 是非常重要的参量，由图 3-3 可知

$$w = V \sin \Delta\alpha \approx \Delta\alpha V \tag{3-64}$$

因此

$$\Delta\dot{w} = \Delta\dot{\alpha}V_0 + \Delta\alpha_0\dot{V} = \Delta\dot{\alpha}V_0 \tag{3-65}$$

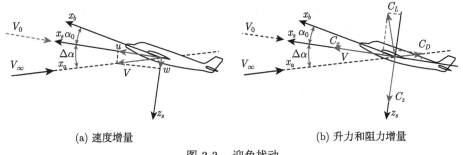

(a) 速度增量   (b) 升力和阻力增量

图 3-3   迎角扰动

纵向运动方程 (3-63) 中，第二、三和四子式包含力及力矩项（ΔF_x、ΔF_z 和 ΔM），需要单独进行小扰动处理，方便起见，将式 (3-65) 代入后单独联立得

$$\begin{cases} \Delta\dot{q} = \dfrac{1}{I_y}\Delta M \\[2mm] \Delta\dot{V} = -g\cos\theta_0\Delta\theta + \dfrac{\Delta F_x}{m} \\[2mm] \Delta\dot{\alpha} = \Delta q - \dfrac{g\sin\theta_0}{V_0}\Delta\theta + \dfrac{\Delta F_z}{mV_0} \end{cases} \tag{3-66}$$

ΔF_x、ΔF_z 和 ΔM 分别包含气动力和发动机推力在稳定坐标系 Ox_s 轴、Oz_s 轴上的分量的增量以及这两种力在俯仰方向的力矩增量。假设发动机为常规无推力矢量的发动机，发动机安装角 i_H 为小量，根据相应的推力公式 (2-164)，并假设剩余推力 $F_{\text{res}} = T$，可得在稳定坐标系中的纵向力和力矩为

$$\begin{cases} F_x = F_{A_x} + F_{T_x} = F_{A_x} + T \\[1mm] F_z = F_{A_z} + F_{T_z} = F_{A_z} - i_H T \\[1mm] M = M_A + M_T = M_A + z_F T \end{cases} \tag{3-67}$$

根据图 3-3，考虑到扰动引起的迎角偏差 $\Delta\alpha$ 为小量，式 (3-67) 可以近似表示为

$$\begin{cases} F_x = L\sin\Delta\alpha - D\cos\Delta\alpha + T \doteq \Delta\alpha L - D + T \\ F_z = -L\cos\Delta\alpha - D\sin\Delta\alpha - i_H T \doteq -L - \Delta\alpha D - i_H T \\ M = M_A + z_F T \end{cases} \quad (3\text{-}68)$$

根据 2.3 节相关分析可知，飞机所受到的升力 L、阻力 D 和俯仰力矩 M，均与速度 V、迎角 α、迎角变化速率 $\dot\alpha$、俯仰角速度 q 和平尾偏转角 δ_e 有关，飞机推力 T 与速度 V、迎角 α 和油门 ΔT 有关，同时依据基准运动描述中关于忽略飞行高度对气动力的影响的假设，可以得到

$$\begin{cases} F_{A_x} = F_{A_x}(V, \alpha, \dot\alpha, q, \delta_e) \\ F_{A_z} = F_{A_z}(V, \alpha, \dot\alpha, q, \delta_e) \\ M_A = M_A(V, \alpha, \dot\alpha, q, \delta_e, \dot\delta_e) \\ T = T(V, \alpha, \delta_T) \end{cases} \quad (3\text{-}69)$$

将式 (3-69) 小扰动线性化后可得

$$\begin{cases} \Delta F_{A_x} = \dfrac{\partial F_{A_x}}{\partial V}\Delta V + \dfrac{\partial F_{A_x}}{\partial\alpha}\Delta\alpha + \dfrac{\partial F_{A_x}}{\partial\dot\alpha}\Delta\dot\alpha + \dfrac{\partial F_{A_x}}{\partial q}\Delta q + \dfrac{\partial F_{A_x}}{\partial\delta_e}\Delta\delta_e \\[2mm] \Delta F_{A_z} = \dfrac{\partial F_{A_z}}{\partial V}\Delta V + \dfrac{\partial F_{A_z}}{\partial\alpha}\Delta\alpha + \dfrac{\partial F_{A_z}}{\partial\dot\alpha}\Delta\dot\alpha + \dfrac{\partial F_{A_z}}{\partial q}\Delta q + \dfrac{\partial F_{A_z}}{\partial\delta_e}\Delta\delta_e \\[2mm] \Delta M_A = \dfrac{\partial M_A}{\partial V}\Delta V + \dfrac{\partial M_A}{\partial\alpha}\Delta\alpha + \dfrac{\partial M_A}{\partial\dot\alpha}\Delta\dot\alpha + \dfrac{\partial M_A}{\partial q}\Delta q + \dfrac{\partial M_A}{\partial\delta_e}\Delta\delta_e + \dfrac{\partial M_A}{\partial\dot\delta_e}\Delta\dot\delta_e \\[2mm] \Delta T = \dfrac{\partial T}{\partial V}\Delta V + \dfrac{\partial T}{\partial\alpha}\Delta\alpha + \dfrac{\partial T}{\partial\delta_T}\Delta\delta_T \end{cases}$$

$$(3\text{-}70)$$

考虑各力和力矩在式 (3-66) 中的系数可得

$$\begin{cases} \dfrac{\Delta F_x}{m} = X_V\Delta V + X_\alpha\Delta\alpha + X_{\dot\alpha}\Delta\dot\alpha + X_q\Delta q + X_{\delta_e}\Delta\delta_e + X_{\delta_T}\Delta\delta_T \\[2mm] \dfrac{\Delta F_z}{mV_0} = Z_V\Delta V + Z_\alpha\Delta\alpha + Z_{\dot\alpha}\Delta\dot\alpha + Z_q\Delta q + Z_{\delta_e}\Delta\delta_e + Z_{\delta_T}\Delta\delta_T \\[2mm] \dfrac{\Delta M}{I_y} = M_V\Delta V + M_\alpha\Delta\alpha + M_{\dot\alpha}\Delta\dot\alpha + M_q\Delta q + M_{\delta_e}\Delta\delta_e + M_{\dot\delta_e}\Delta\dot\delta_e + M_{\delta_T}\Delta\delta_T \end{cases}$$

$$(3\text{-}71)$$

式 (3-71) 中等号右边各变量增量的系数称为大导数。

2. 纵向气动大导数计算

1）稳定坐标系 x 轴大导数

由式 (3-67)、式 (3-68) 和式 (3-71) 可得

$$X_V = \frac{1}{m}\left(\frac{\partial F_{A_x}}{\partial V} + \frac{\partial T}{\partial V}\right) = \frac{1}{m}\left[\frac{\partial(\Delta\alpha L - D)}{\partial V} + T_V\right] = \frac{1}{m}\left[\Delta\alpha_0\frac{\partial L}{\partial V} - \frac{\partial D}{\partial V} + T_V\right] \quad (3\text{-}72)$$

由于稳态时迎角变化量 $\Delta\alpha_0 = 0$，根据阻力公式 $D = \frac{1}{2}\rho V^2 S_w C_D$，式 (3-72) 可表示为

$$X_V = \frac{1}{mV_0}\left[-\frac{1}{2}\rho V_0^2 S_w(C_{D_{\overline{V}}} + 2C_{D0}) + V_0 T_V\right] \quad (3\text{-}73)$$

式中，$C_{D_{\overline{V}}} = \partial C_D/\partial(V/V_0)$，为速度阻尼导数；$C_{D0}$ 为基准运动时飞机的阻力系数。

$$X_\alpha = \frac{1}{m}\left(\frac{\partial F_{A_x}}{\partial\alpha} + \frac{\partial T}{\partial\alpha}\right) = \frac{1}{m}\left[\frac{\partial(\Delta\alpha L - D)}{\partial\alpha} + T_\alpha\right] = \frac{1}{m}\left(L_0 - \frac{\partial D}{\partial\alpha} + T_\alpha\right) \quad (3\text{-}74)$$

进一步可得

$$X_\alpha = \frac{1}{m}\left[\frac{1}{2}\rho V_0^2 S_w(C_{L0} - C_{D_\alpha}) + T_\alpha\right] \quad (3\text{-}75)$$

式中，C_{L0} 为基准运动时飞机的升力系数。

对于大导数 $X_{\dot{\alpha}}$，根据稳态时 $\Delta\alpha_0 = 0$，可以表示为

$$X_{\dot{\alpha}} = \frac{1}{m}\frac{\partial F_{A_x}}{\partial\dot{\alpha}} = \frac{1}{m}\left(-\frac{\partial D}{\partial\dot{\alpha}}\right) = -\frac{1}{m}\frac{c_A}{2V_0}\left(\frac{1}{2}\rho V_0^2 S_w C_{D_{\dot{\alpha}}}\right) \quad (3\text{-}76)$$

式中，$C_{D_{\dot{\alpha}}} = \partial C_D\left/\partial\left(\frac{\dot{\alpha}c_A}{2V_0}\right)\right.$ 为无量纲化后的 $\dot{\alpha}$ 阻力系数导数。在大多数情况下，$\dot{\alpha}$ 引起的下洗对阻力系数影响非常小，通常认为 $C_{D_{\dot{\alpha}}} \approx 0$，从而忽略其影响。

对于大导数 X_q，同样根据稳态时 $\Delta\alpha_0 = 0$，可以表示为

$$X_q = \frac{1}{m}\frac{\partial F_{A_x}}{\partial q} = \frac{1}{m}\left(-\frac{\partial D}{\partial q}\right) = -\frac{1}{m}\frac{c_A}{2V_0}\left(\frac{1}{2}\rho V_0^2 S_w C_{D_{\overline{q}}}\right) \quad (3\text{-}77)$$

式中，$C_{D_{\overline{q}}} = \partial C_D\left/\partial\left(\frac{qc_A}{2V_0}\right)\right.$ 为无量纲化后的 q 阻力系数导数。在大多数情况下，其对阻力系数影响非常小，通常可认为 $C_{D_{\overline{q}}} \approx 0$。

对于大导数 X_{δ_e}，其可以表示为

$$X_{\delta_e} = \frac{1}{m}\frac{\partial F_{A_x}}{\partial \delta_e} = \frac{1}{m}\left(-\frac{\partial D}{\partial \delta_e}\right) = -\frac{1}{m}\left(\frac{1}{2}\rho V_0^2 S_w C_{D_{\delta_e}}\right) \tag{3-78}$$

一般情况下，平尾偏转角 δ_e 引起的阻力系数的变化可以忽略，即 $C_{D_{\delta_e}} \approx 0$。

对于大导数 X_{δ_T}，其可以表示为

$$X_{\delta_T} = \frac{1}{m}\frac{\partial T}{\partial \delta_T} = \frac{1}{m}T_{\delta_T} \tag{3-79}$$

2）稳定坐标系 z 轴大导数

速度变化会引起明显的升力变化，大导数 Z_V 表示为

$$Z_V = \frac{1}{mV_0}\left(\frac{\partial F_{A_z}}{\partial V} - i_H\frac{\partial T}{\partial V}\right) \tag{3-80}$$

根据式 (3-68)，式 (3-80) 改写为

$$Z_V = \frac{1}{mV_0}\left[\frac{\partial(-L-\Delta\alpha D)}{\partial V} - i_H T_V\right] = \frac{1}{mV_0}\left(-\frac{\partial L}{\partial V} - \Delta\alpha_0\frac{\partial D}{\partial V} - i_H T_V\right) \tag{3-81}$$

根据稳态条件及升力表达式，可将式 (3-81) 进一步改写为

$$Z_V = \frac{1}{mV_0^2}\left[-\frac{1}{2}\rho V_0^2 S_w(C_{L_{\overline{V}}} + 2C_{L0}) - i_H T_{\overline{V}}\right] \tag{3-82}$$

式中，$C_{L_{\overline{V}}} = \partial C_L \big/ \partial\left(\dfrac{V}{V_0}\right)$，$T_{\overline{V}} = \partial T \big/ \partial\left(\dfrac{V}{V_0}\right)$。

对于大导数 Z_α，其表达式为

$$Z_\alpha = \frac{1}{mV_0}\left(\frac{\partial F_{A_z}}{\partial \alpha} - i_H\frac{\partial T}{\partial \alpha}\right) \tag{3-83}$$

同样，根据式 (3-68) 可得

$$Z_\alpha = \frac{1}{mV_0}\left[\frac{\partial(-L-\Delta\alpha D)}{\partial \alpha} - i_H T_\alpha\right] = \frac{1}{mV_0}\left(-\frac{\partial L}{\partial \alpha} - D_0 - i_H T_\alpha\right) \tag{3-84}$$

代入升力和阻力公式，可得

$$Z_\alpha = \frac{1}{mV_0}\left[-\frac{1}{2}\rho V_0^2 S_w(C_{L_\alpha} + C_{D0}) - i_H T_\alpha\right] \tag{3-85}$$

对于大导数 $Z_{\dot{\alpha}}$，根据稳态时 $\Delta\alpha = 0$，可以表示为

$$Z_{\dot{\alpha}} = \frac{1}{mV_0}\frac{\partial F_{A_z}}{\partial\dot{\alpha}} = \frac{1}{mV_0}\left(-\frac{\partial L}{\partial\dot{\alpha}}\right) = -\frac{1}{mV_0}\frac{c_A}{2V_0}\left(\frac{1}{2}\rho V_0^2 S_w C_{L_{\dot{\alpha}}}\right) \tag{3-86}$$

式中，$C_{L_{\dot{\alpha}}} = \partial C_L \Big/ \partial\left(\dfrac{\dot{\alpha}c_A}{2V_0}\right)$ 为无量纲化后的 $\dot{\alpha}$ 升力系数导数。

对于大导数 Z_q，其可以表示为

$$Z_q = \frac{1}{mV_0}\frac{\partial F_{A_z}}{\partial q} = \frac{1}{mV_0}\left(-\frac{\partial L}{\partial q}\right) = -\frac{1}{mV_0}\frac{c_A}{2V_0}\left(\frac{1}{2}\rho V_0^2 S_w C_{L_{\bar{q}}}\right) \tag{3-87}$$

式中，$C_{L_{\bar{q}}} = \partial C_D \Big/ \partial\left(\dfrac{qc_A}{2V_0}\right)$ 为无量纲化后的 q 升力系数导数。

对于大导数 Z_{δ_e}，其可以表示为

$$Z_{\delta_e} = \frac{1}{mV_0}\frac{\partial F_{A_z}}{\partial\delta_e} = \frac{1}{mV_0}\left(-\frac{\partial L}{\partial\delta_e}\right) = -\frac{1}{mV_0}\left(\frac{1}{2}\rho V_0^2 S_w C_{L_{\delta_e}}\right) \tag{3-88}$$

一般认为，下洗时差 $\dot{\alpha}$、俯仰角速度 q 和平尾偏转角 δ_e 的变化所引起的升力变化很小，即大导数 $Z_{\dot{\alpha}}$、Z_q 和 Z_{δ_e} 很小。

对于大导数 Z_{δ_T}，其可以表示为

$$Z_{\delta_T} = \frac{1}{mV_0}\frac{\partial(-i_H T)}{\partial\delta_T} = -\frac{1}{mV_0}i_H T_{\delta_T} \tag{3-89}$$

3）俯仰力矩大导数

由大导数 M_V 表达式和式 (3-68) 可得

$$M_V = \frac{1}{I_y}\left(\frac{\partial\Delta M_A}{\partial V} + T_V\right) = \frac{1}{I_y}\left(\frac{\partial M_A}{\partial V} + z_F\frac{\partial T}{\partial V}\right) \tag{3-90}$$

代入俯仰力矩计算公式可得

$$M_V = \frac{1}{I_y V_0}\left[\frac{1}{2}\rho V_0^2 S_w c_A(C_{m_{\bar{V}}} + 2C_{m0}) + z_F T_{\bar{V}}\right] \tag{3-91}$$

式中，$C_{m_{\overline{V}}} = \partial C_m \left/ \partial \left(\dfrac{V}{V_0} \right) \right.$。在亚声速和跨声速范围内，飞机速度的增加会引起气动焦点的后移，从而产生一个使飞机低头的下俯力矩，因此被称为马赫数下俯导数（Mach tuck derivative）。

对于大导数 M_α，根据其计算公式和俯仰力矩表达式可得

$$M_\alpha = \frac{1}{I_y} \left(\frac{\partial M_A}{\partial \alpha} + z_F \frac{\partial T}{\partial \alpha} \right) = \frac{1}{I_y} \left(\frac{1}{2} \rho V_0^2 S_w c_A C_{m_\alpha} + z_F T_\alpha \right) \tag{3-92}$$

式中，C_{m_α} 为纵向静稳定导数。

对于大导数 $M_{\dot\alpha}$，其可以表示为

$$M_{\dot\alpha} = \frac{1}{I_y} \frac{\partial M_A}{\partial \dot\alpha} = \frac{1}{I_y} \frac{c_A}{2V_0} \left(\frac{1}{2} \rho V_0^2 S_w c_A C_{m_{\overline{\dot\alpha}}} \right) \tag{3-93}$$

式中，$C_{m_{\overline{\dot\alpha}}} = \partial C_m \left/ \partial \left(\dfrac{\dot\alpha c_A}{2V_0} \right) \right.$ 为无量纲化后的 $\dot\alpha$ 俯仰力矩导数，其表达式参见式 (2-126)。

大导数 M_q 可表示为

$$M_q = \frac{1}{I_y} \frac{\partial M_A}{\partial q} = \frac{1}{I_y} \frac{c_A}{2V_0} \left(\frac{1}{2} \rho V_0^2 S_w c_A C_{m_{\overline{q}}} \right) \tag{3-94}$$

式中，$C_{m_{\overline{q}}} = \partial C_m \left/ \partial \left(\dfrac{q c_A}{2V_0} \right) \right.$ 为无量纲化后的 q 俯仰阻尼力矩导数，其计算公式参见式 (2-119)。

大导数 M_{δ_e} 可以表示为

$$M_{\delta_e} = \frac{1}{I_y} \frac{\partial M_A}{\partial \delta_e} = \frac{1}{I_y} \left(\frac{1}{2} \rho V_0^2 S_w c_A C_{m_{\delta_e}} \right) \tag{3-95}$$

式中，$C_{m_{\delta_e}}$ 为俯仰操纵力矩导数，其表达式参见式 (2-113)。

大导数 $M_{\dot\delta_e}$ 可以表示为

$$M_{\dot\delta_e} = \frac{1}{I_y} \frac{\partial M_A}{\partial \dot\delta_e} = \frac{1}{I_y} \left(\frac{1}{2} \rho V_0^2 S_w c_A C_{m_{\overline{\dot\delta_e}}} \right) \tag{3-96}$$

式中，$C_{m_{\overline{\dot\delta_e}}} = \partial C_m \left/ \partial \left(\dfrac{\dot\delta_e c_A}{2V_0} \right) \right.$。

大导数 M_{δ_T} 可以表示为

$$M_{\delta_T} = \frac{1}{I_y}\frac{\partial(z_F T)}{\partial \delta_T} = -\frac{1}{I_y}z_F T_{\delta_T} \tag{3-97}$$

3. 纵向线性化方程组

通过联立式 (3-63)、式 (3-66) 和式 (3-71)，忽略数值较小的大导数 $X_{\dot\alpha}$、X_q、X_{δ_e}、$Z_{\dot\alpha}$ 和 Z_q 的影响，同时去掉各变量前的 "Δ" 符号，在初始俯仰角 $\theta_0 = 0$ 时，可得飞机纵向线性化方程组为

$$\begin{cases} \dot\theta = q \\ \dot q = M_V V + M_\alpha \alpha + M_{\dot\alpha}\dot\alpha + M_q q + M_{\delta_e}\delta_e + M_{\delta_T}\delta_T \\ \dot V = -g\theta + X_V V + X_\alpha \alpha + X_{\delta_T}\delta_T \\ \dot\alpha = q + Z_V V + Z_\alpha \alpha + Z_{\delta_e}\delta_e + Z_{\delta_T}\delta_T \\ \dot x = V \\ \dot z = -\gamma V_0 \end{cases} \tag{3-98}$$

通常，取 $\begin{bmatrix} q & \alpha & V & \theta \end{bmatrix}^{\mathrm T}$ 作为飞机纵向运动状态变量，$\begin{bmatrix} \delta_e & \delta_T \end{bmatrix}^{\mathrm T}$ 为输入变量，联立方程组 (3-98) 中的前四式，得到飞机纵向小扰动线性化状态方程为

$$\begin{bmatrix} \dot q \\ \dot\alpha \\ \dot V \\ \dot\theta \end{bmatrix} = \begin{bmatrix} M_q + M_{\dot\alpha} & M_\alpha + M_{\dot\alpha}Z_\alpha & M_V + M_{\dot\alpha}Z_V & 0 \\ 1 & Z_\alpha & Z_V & 0 \\ 0 & X_\alpha & X_V & -g \\ 1 & 0 & 0 & 0 \end{bmatrix}\begin{bmatrix} q \\ \alpha \\ V \\ \theta \end{bmatrix}$$

$$\tag{3-99}$$

$$+ \begin{bmatrix} M_{\delta_e} + M_{\dot\alpha}Z_{\delta_e} & M_{\delta_T} + M_{\dot\alpha}Z_{\delta_T} \\ Z_{\delta_e} & Z_{\delta_T} \\ 0 & X_{\delta_T} \\ 0 & 0 \end{bmatrix}\begin{bmatrix} \delta_e \\ \delta_T \end{bmatrix}$$

在研究纵向运动过程时，常需关注飞机的航迹俯仰角 γ 的变化，而状态变量 θ 与 q 之间是简单的积分关系，较易根据 q 变化获取，因此有时也选取 $\begin{bmatrix} q & \alpha & V & \gamma \end{bmatrix}^{\mathrm T}$

作为状态变量。此时，由于

$$\dot{\gamma} = \dot{\theta} - \dot{\alpha} = q - \dot{\alpha} \tag{3-100}$$

因此根据方程组 (3-98)，飞机的纵向状态方程也可表示为

$$\begin{bmatrix} \dot{q} \\ \dot{\alpha} \\ \dot{V} \\ \dot{\gamma} \end{bmatrix} = \begin{bmatrix} M_q + M_{\dot{\alpha}} & M_\alpha + M_{\dot{\alpha}} Z_\alpha & M_V + M_{\dot{\alpha}} Z_V & 0 \\ 1 & Z_\alpha & Z_V & 0 \\ 0 & X_\alpha - g & X_V & -g \\ 0 & -Z_\alpha & -Z_V & 0 \end{bmatrix} \begin{bmatrix} q \\ \alpha \\ V \\ \gamma \end{bmatrix}$$

$$+ \begin{bmatrix} M_{\delta_e} + M_{\dot{\alpha}} Z_{\delta_e} & M_{\delta_T} + M_{\dot{\alpha}} Z_{\delta_T} \\ Z_{\delta_e} & Z_{\delta_T} \\ 0 & X_{\delta_T} \\ -Z_{\delta_e} & -Z_{\delta_T} \end{bmatrix} \begin{bmatrix} \delta_e \\ \delta_T \end{bmatrix} \tag{3-101}$$

3.2.4　飞机侧向运动方程组的线性化

1. 方程组线性化

为了描述方便，将方程组 (3-59) 中描述滚转运动和偏航运动的第三式和第四式由式 (3-21) 中的第一式和第三式替换得到新的侧向运动方程组，为

$$\begin{cases} \dot{\phi} = p + \tan\theta(q\sin\phi + r\cos\phi) \\ \dot{\psi} = \sec\theta(q\sin\phi + r\cos\phi) \\ \dot{p}I_x - \dot{r}I_{xz} + qr(I_z - I_y) - pqI_{xz} = L \\ \dot{r}I_z - \dot{p}I_{xz} + pq(I_y - I_x) + qrI_{xz} = N \\ \dot{v} = -ur + wp + g\cos\theta\sin\phi + \dfrac{F_y}{m} \\ \dot{y} = V_K \sin\chi\cos\gamma \end{cases} \tag{3-102}$$

　　然后，参考飞机纵向运动方程的线性化方法，假设飞机质量 m 和转动惯量为常量，在对飞机侧向运动方程组 (3-102) 进行线性化的基础上，根据飞机基准运动条件，即式 (3-55)、式 (3-57)、式 (3-60) 和式 (3-61) 对其进行简化可以得到

$$
\begin{cases}
\Delta\dot{\phi} = \Delta p \\[2mm]
\Delta\dot{\psi} = \Delta r \\[2mm]
\Delta\dot{p} - \dfrac{I_{xz}}{I_x}\Delta\dot{r} = \dfrac{\Delta L}{I_x} \\[2mm]
\Delta\dot{r} - \dfrac{I_{xz}}{I_z}\Delta\dot{p} = \dfrac{\Delta N}{I_z} \\[2mm]
\Delta\dot{v} = -u_0\Delta r + g\cos\theta_0\Delta\phi + \dfrac{\Delta F_y}{m} \\[2mm]
\Delta\dot{y} = V_0\cos\chi_0\Delta\chi
\end{cases}
\tag{3-103}
$$

飞机侧向运动中，沿稳定坐标系 Oy_s 轴的运动速度 v 可以表示为

$$
v = V\sin\beta \approx V\beta
\tag{3-104}
$$

因此

$$
\Delta\dot{v} = V_0\Delta\dot{\beta} + \dot{\beta}_0\Delta V + \dot{V}_0\Delta\beta + \beta_0\Delta\dot{V} = V_0\Delta\dot{\beta}
\tag{3-105}
$$

同时考虑到在稳定坐标系下，$u_0 = V_0$，则式 (3-103) 中第五式可以改写为

$$
\Delta\dot{\beta} = -\Delta r + \frac{g\cos\theta_0}{V_0}\Delta\phi + \frac{\Delta F_y}{mV_0}
\tag{3-106}
$$

在式 (3-103) 第三式和第四式和式 (3-106) 中包含滚转和偏航力矩以及侧向力的作用，需要单独进行小扰动线性化。

根据 2.3 节相关分析，在飞机侧向运动中，其所受到的侧力 Y 和滚转力矩 L，偏航力矩 N，受到侧滑角 β、滚转角速度 p、偏航角速度 r、副翼偏转角 δ_a 和方向舵偏转角 δ_r 的影响，而非定常导数 $\dot{\beta}$、$\dot{\delta}_a$ 和 $\dot{\delta}_r$ 对侧力和侧向力矩影响较小，通常可以忽略，因此：

$$
\begin{cases}
\Delta L = \dfrac{\partial L}{\partial \beta}\Delta\beta + \dfrac{\partial L}{\partial p}\Delta p + \dfrac{\partial L}{\partial r}\Delta r + \dfrac{\partial L}{\partial \delta_a}\Delta\delta_a + \dfrac{\partial L}{\partial \delta_r}\Delta\delta_r \\[3mm]
\Delta N = \dfrac{\partial N}{\partial \beta}\Delta\beta + \dfrac{\partial N}{\partial p}\Delta p + \dfrac{\partial N}{\partial r}\Delta r + \dfrac{\partial N}{\partial \delta_a}\Delta\delta_a + \dfrac{\partial N}{\partial \delta_r}\Delta\delta_r \\[3mm]
\Delta F_y = \dfrac{\partial F_y}{\partial \beta}\Delta\beta + \dfrac{\partial F_y}{\partial p}\Delta p + \dfrac{\partial F_y}{\partial r}\Delta r + \dfrac{\partial F_y}{\partial \delta_a}\Delta\delta_a + \dfrac{\partial F_y}{\partial \delta_r}\Delta\delta_r
\end{cases}
\tag{3-107}
$$

考虑到方程组 (3-103) 和式 (3-106) 中 L、N 和 F_y 所包含的系数，假设

$$
\begin{cases}
\dfrac{\Delta L}{I_x} = L_\beta \Delta\beta + L_p \Delta p + L_r \Delta r + L_{\delta_a} \Delta\delta_a + L_{\delta_r} \Delta\delta_r \\[2mm]
\dfrac{\Delta N}{I_z} = N_\beta \Delta\beta + N_p \Delta p + N_r \Delta r + N_{\delta_a} \Delta\delta_a + N_{\delta_r} \Delta\delta_r \\[2mm]
\dfrac{\Delta F_y}{mV_0} = Y_\beta \Delta\beta + Y_p \Delta p + Y_r \Delta r + Y_{\delta_a} \Delta\delta_a + Y_{\delta_r} \Delta\delta_r
\end{cases}
\tag{3-108}
$$

等式右边各变量的系数称为飞机侧向运动的大导数。

2. 侧向气动大导数计算

1）滚转力矩大导数

根据式 (2-158)，可得到滚转力矩大导数表达式为

$$
L_\beta = \frac{1}{I_x}\left(\frac{1}{2}\rho V_0^2 C_{l_\beta} S_w b\right)
\tag{3-109a}
$$

$$
L_p = \frac{1}{I_x}\frac{b}{2V_0}\left(\frac{1}{2}\rho V_0^2 C_{l_{\bar p}} S_w b\right)
\tag{3-109b}
$$

$$
L_r = \frac{1}{I_x}\frac{b}{2V_0}\left(\frac{1}{2}\rho V_0^2 C_{l_{\bar r}} S_w b\right)
\tag{3-109c}
$$

$$
L_{\delta_a} = \frac{1}{I_x}\left(\frac{1}{2}\rho V_0^2 C_{l_{\delta_a}} S_w b\right)
\tag{3-109d}
$$

$$
L_{\delta_r} = \frac{1}{I_x}\left(\frac{1}{2}\rho V_0^2 C_{l_{\delta_r}} S_w b\right)
\tag{3-109e}
$$

式中，C_{l_β} 为滚转静稳定导数；$C_{l_{\bar p}}$ 为滚转阻尼力矩导数；$C_{l_{\bar r}}$ 为滚转交叉动态力矩导数；$C_{l_{\delta_a}}$ 为滚转操纵力矩导数；$C_{l_{\delta_r}}$ 为滚转操纵交叉力矩导数，其定义和相关说明参见 2.3.6 节。

2）偏航力矩大导数

根据式 (2-159)，可得到滚转力矩大导数表达式：

$$
N_\beta = \frac{1}{I_z}\left(\frac{1}{2}\rho V_0^2 C_{n_\beta} S_w b\right)
\tag{3-110a}
$$

$$
N_p = \frac{1}{I_z}\frac{b}{2V_0}\left(\frac{1}{2}\rho V_0^2 C_{n_{\bar p}} S_w b\right)
\tag{3-110b}
$$

$$N_r = \frac{1}{I_z}\frac{b}{2V_0}\left(\frac{1}{2}\rho V_0^2 C_{n_{\bar{r}}}S_w b\right) \tag{3-110c}$$

$$N_{\delta_a} = \frac{1}{I_z}\left(\frac{1}{2}\rho V_0^2 C_{n_{\delta_a}}S_w b\right) \tag{3-110d}$$

$$N_{\delta_r} = \frac{1}{I_z}\left(\frac{1}{2}\rho V_0^2 C_{n_{\delta_r}}S_w b\right) \tag{3-110e}$$

式中，C_{n_β} 为航向静稳定导数；$C_{n_{\bar{p}}}$ 为航向交叉动态力矩导数；$C_{n_{\bar{r}}}$ 为航向阻尼力矩导数；$C_{n_{\delta_a}}$ 为航向操纵交叉导数；$C_{n_{\delta_r}}$ 为航向操纵力矩导数，其定义和相关说明参见 2.3.6 节。

3）稳定坐标系 y 轴大导数

根据式 (2-157)，可得到稳定坐标系 y 轴大导数表达式如下：

$$Y_\beta = \frac{1}{mV_0}\left(\frac{1}{2}\rho V_0^2 C_{Y_\beta}S_w b\right) \tag{3-111a}$$

$$Y_p = \frac{1}{mV_0}\frac{b}{2V_0}\left(\frac{1}{2}\rho V_0^2 C_{Y_{\bar{p}}}S_w b\right) \tag{3-111b}$$

$$Y_r = \frac{1}{mV_0}\frac{b}{2V_0}\left(\frac{1}{2}\rho V_0^2 C_{Y_{\bar{r}}}S_w b\right) \tag{3-111c}$$

$$Y_{\delta_a} = \frac{1}{mV_0}\left(\frac{1}{2}\rho V_0^2 C_{Y_{\delta_a}}S_w b\right) \tag{3-111d}$$

$$Y_{\delta_r} = \frac{1}{mV_0}\left(\frac{1}{2}\rho V_0^2 C_{Y_{\delta_r}}S_w b\right) \tag{3-111e}$$

式中，C_{Y_β} 为侧滑角侧力导数；$C_{Y_{\bar{p}}}$ 为滚转角速度侧力导数；$C_{Y_{\bar{r}}}$ 为偏航角速度侧力阻尼导数；$C_{Y_{\delta_a}}$ 为滚转操纵侧力导数；$C_{Y_{\delta_r}}$ 为航向操纵侧力导数，其定义和相关说明参见 2.3.6 节。

3. 侧向线性化方程组

用式 (3-106) 改写式 (3-103) 中的第五式，并将式 (3-108) 代入，同时去掉各变量前的 "Δ" 符号，在初始俯仰角 $\theta_0 = 0$ 和 $\chi_0 = 0$（飞机侧向运动状态变化与

初始的 χ_0 角度无关）时，可得飞机侧向线性化方程组为

$$
\begin{cases}
\dot{\phi} = p \\[4pt]
\dot{\psi} = r \\[4pt]
\dot{p} - \dfrac{I_{xz}}{I_x}\dot{r} = L_\beta\beta + L_p p + L_r r + L_{\delta_a}\delta_a + L_{\delta_r}\delta_r \\[8pt]
\dot{r} - \dfrac{I_{xz}}{I_z}\dot{p} = N_\beta\beta + N_p p + N_r r + N_{\delta_a}\delta_a + N_{\delta_r}\delta_r \\[8pt]
\dot{\beta} = -r + \dfrac{g}{V_0}\phi + Y_\beta\beta + Y_p p + Y_r r + Y_{\delta_a}\delta_a + Y_{\delta_r}\delta_r \\[8pt]
\dot{y} = V_0\chi
\end{cases}
\tag{3-112}
$$

由上述纵向运动方程组可知，飞机航向角 ψ 对飞机侧力和侧力矩没有影响，只有在飞行控制律设计时引入 ψ 反馈时才起作用，因此研究飞机本体侧向运动方程时可以选取方程组 (3-112) 中的第一式和第三到五式，取状态变量 $\begin{bmatrix} r & \beta & p & \phi \end{bmatrix}^{\mathrm{T}}$ 构建新的侧向运动方程组。考虑到 $C_{Y_{\bar{p}}}$、$C_{Y_{\bar{r}}}$、$C_{Y_{\delta_a}}$ 数值较小，可以忽略，最后得到侧向运动方程组为

$$
\begin{cases}
\dot{r} = \dfrac{N_r + i_p L_r}{1 - i_r i_p}r + \dfrac{N_\beta + i_p L_\beta}{1 - i_r i_p}\beta + \dfrac{N_p + i_p L_p}{1 - i_r i_p}p + \dfrac{N_{\delta_a} + i_p L_{\delta_a}}{1 - i_r i_p}\delta_a + \dfrac{N_{\delta_r} + i_p L_{\delta_r}}{1 - i_r i_p}\delta_r \\[10pt]
\dot{\beta} = -r + Y_\beta\beta + \dfrac{g}{V_0}\phi + Y_{\delta_r}\delta_r \\[10pt]
\dot{p} = \dfrac{L_r + i_r N_p}{1 - i_r i_p}r + \dfrac{L_\beta + i_r N_\beta}{1 - i_r i_p}\beta + \dfrac{L_p + i_r N_p}{1 - i_r i_p}p + \dfrac{L_{\delta_a} + i_r N_{\delta_a}}{1 - i_r i_p}\delta_a + \dfrac{L_{\delta_r} + i_r N_{\delta_r}}{1 - i_r i_p}\delta_r \\[10pt]
\dot{\phi} = p
\end{cases}
\tag{3-113}
$$

式中，系数 i_r 和 i_p 为

$$
\begin{cases}
i_r = \dfrac{I_{xz}}{I_x} \\[10pt]
i_p = \dfrac{I_{xz}}{I_z}
\end{cases}
\tag{3-114}
$$

最后，将式 (3-114) 改写成状态方程：

$$
\begin{bmatrix} \dot{r} \\ \dot{\beta} \\ \dot{p} \\ \dot{\phi} \end{bmatrix} = \begin{bmatrix} \dfrac{N_r + i_p L_r}{1 - i_r i_p} & \dfrac{N_\beta + i_p L_\beta}{1 - i_r i_p} & \dfrac{N_p + i_p L_p}{1 - i_r i_p} & 0 \\ -1 & Y_\beta & 0 & \dfrac{g}{V_0} \\ \dfrac{L_r + i_r N_p}{1 - i_r i_p} & \dfrac{L_\beta + i_r N_\beta}{1 - i_r i_p} & \dfrac{L_p + i_r N_p}{1 - i_r i_p} & 0 \\ 0 & 0 & 1 & 0 \end{bmatrix} \begin{bmatrix} r \\ \beta \\ p \\ \phi \end{bmatrix}
$$

$$
+ \begin{bmatrix} \dfrac{N_{\delta_a} + i_p L_{\delta_a}}{1 - i_r i_p} & \dfrac{N_{\delta_r} + i_p L_{\delta_r}}{1 - i_r i_p} \\ 0 & Y_{\delta_r} \\ \dfrac{L_{\delta_a} + i_r N_{\delta_a}}{1 - i_r i_p} & \dfrac{L_{\delta_r} + i_r N_{\delta_r}}{1 - i_r i_p} \\ 0 & 0 \end{bmatrix} \begin{bmatrix} \delta_a \\ \delta_r \end{bmatrix} \tag{3-115}
$$

为了书写方便，可进一步将式 (3-115) 简写为

$$
\begin{bmatrix} \dot{r} \\ \dot{\beta} \\ \dot{p} \\ \dot{\phi} \end{bmatrix} = \begin{bmatrix} \overline{N}_r & \overline{N}_\beta & \overline{N}_p & 0 \\ -1 & Y_\beta & 0 & \dfrac{g}{V_0} \\ \overline{L}_r & \overline{L}_\beta & \overline{L}_p & 0 \\ 0 & 0 & 1 & 0 \end{bmatrix} \begin{bmatrix} r \\ \beta \\ p \\ \phi \end{bmatrix} + \begin{bmatrix} \overline{N}_{\delta_a} & \overline{N}_{\delta_r} \\ 0 & Y_{\delta_r} \\ \overline{L}_{\delta_a} & \overline{L}_{\delta_r} \\ 0 & 0 \end{bmatrix} \begin{bmatrix} \delta_a \\ \delta_r \end{bmatrix} \tag{3-116}
$$

自此得到了纵向线性化小扰动运动方程组 (3-99) 或 (3-101) 和侧向线性化小扰动运动方程组 (3-116)，均为线性时不变（linear time invariant，LTI）系统形式。对比于非线性运动方程组 (3-58) 和 (3-59)，能够方便地通过计算得到其解析解，同时也便于运用各种线性系统理论进行飞行控制系统的设计。

由于飞机线性化小扰动运动方程组是在稳定坐标系上建立的，由此得到的飞机纵向和侧向大导数也称为无量纲的准稳定导数（nondimensional quasi-steady derivative）。

同样，小扰动方程组中涉及的转动惯量 I_x、I_y、I_z 和 I_{xz}，也是在稳定坐标系中的转动惯量，其与机体坐标系中的转动惯量之间的关系为

$$
\boldsymbol{I}_s = \boldsymbol{L}_{sb} \boldsymbol{I}_b \boldsymbol{L}_{sb}^{\mathrm{T}} \tag{3-117}
$$

根据基准运动 $\beta = 0$ 的条件，可以得到在稳定坐标系中的转动惯量表达式。此处用 $\overline{I}_x$、$\overline{I}_y$、$\overline{I}_z$ 和 $\overline{I}_{xz}$ 表示稳定坐标系中的转动惯量，用 I_x、I_y、I_z 和 I_{xz} 表示机体坐标系中的转动惯量，且

$$\begin{cases} \overline{I}_x = I_x \cos^2\alpha + I_z \sin^2\alpha - I_{xz}\sin(2\alpha) \\ \overline{I}_y = I_y \\ \overline{I}_z = I_x \sin^2\alpha + I_z \cos^2\alpha + I_{xz}\sin(2\alpha) \\ \overline{I}_{xz} = \dfrac{1}{2}(I_x - I_z)\sin(2\alpha) + I_{xz}\cos(2\alpha) \end{cases} \tag{3-118}$$

显然，只有在平飞迎角 α 很小时，稳定坐标系中的转动惯量与机体坐标系中的转动惯量才相等。

此外，尽管上述飞机线性化小扰动运动方程组是在水平稳定飞行条件下得到的，但其仍可很好地应用到滚转角 ϕ 不大情况下的飞机运动描述。需要注意的是，若基准运动是非对称运动（如等速侧滑飞行或等坡度盘旋飞行等），此时飞机的纵向和侧向之间存在较强的耦合关系，飞机的运动方程将不再能简单地分成纵向运动和侧向运动。

3.2.5　飞机状态方程信号流图

为了能够形象地描述飞机运动的物理过程以及飞机各状态参量之间的相互关系，以前述建立的飞机线性小扰动运动方程组为基础，结合风扰动对飞机的影响，以信号流图形式，绘制的飞机纵向和侧向运动信号流图分别如图 3-4（忽略了大导数 $M_{\dot\alpha}$ 的影响）和图 3-5 所示。

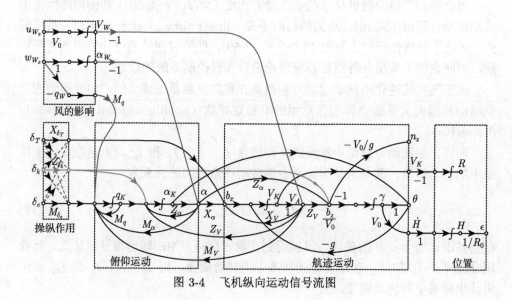

图 3-4　飞机纵向运动信号流图

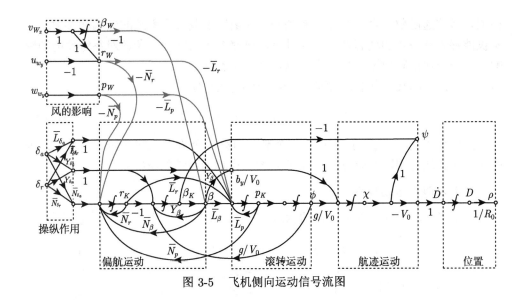

图 3-5　飞机侧向运动信号流图

3.3　飞机纵向运动特性分析

3.3.1　飞机纵向运动的基本特性

1. 分析方法

3.2 节分别建立了飞机纵向和侧向线性化小扰动方程组，在此基础上，可得到如下状态空间描述的飞机模型，它是飞机的一种时域数学模型，可以看出飞机本体是一个典型的多输入多输出（MIMO）系统，可表示为

$$\begin{cases} \dot{\boldsymbol{x}} = \boldsymbol{A}\boldsymbol{x} + \boldsymbol{B}\boldsymbol{u} \\ \boldsymbol{y} = \boldsymbol{C}\boldsymbol{x} + \boldsymbol{D}\boldsymbol{u} \end{cases} \tag{3-119}$$

式中，$\boldsymbol{x}$ 为 n 维状态向量；$\boldsymbol{u}$ 为 m 维输入向量；$\boldsymbol{y}$ 为 r 维输出向量；$\boldsymbol{A} \in \mathbf{R}^{n \times n}$ 为状态矩阵；$\boldsymbol{B} \in \mathbf{R}^{n \times m}$ 为输入矩阵；$\boldsymbol{C} \in \mathbf{R}^{r \times n}$ 为输出矩阵；$\boldsymbol{D} \in \mathbf{R}^{r \times m}$ 为前馈矩阵。

假设飞机输出与状态相同时，$\boldsymbol{C} = \boldsymbol{I}$，$\boldsymbol{D} = \boldsymbol{0}$，$\boldsymbol{A}$ 阵和 $\boldsymbol{B}$ 阵参照式 (3-101) 和式 (3-116) 选取。借助线性系统理论相关方法，在初始状态已知的情况下，可以方便地得到飞机运动状态的解析解。也可借助计算机实现对飞机运动状态的仿真解算，进而对飞机的稳定性和操纵性等问题进行分析。

在传统的飞机性能分析和飞行控制系统设计中，经典控制理论中的根轨迹法和频率特性法是最为常用也是最为成熟的方法，这些方法均基于系统的复域数学模型，即传递函数。众所周知，系统的传递函数仅取决于系统的结构和参数，其不仅能够表征系统的动态特性，而且可以研究系统的结构和参数对系统性能的影响，它是经典控制理论中最基本，也是最重要的概念。

对于式 (3-119) 描述的系统，其传递函数矩阵为

$$G(s) = C(sI - A)^{-1}B + D \tag{3-120}$$

该矩阵中单个元素 $G_{ij}(s)$ 表示第 j 个输入和第 i 个输出之间的传递函数。矩阵中所有元素均有相同的分母 $\Delta = |sI - A|$，也称为系统的特征式。

2. 特征根与运动模态

对于飞机的纵向线性化小扰动状态方程 (3-101)，其特征方程可以表示为

$$\Delta = |sI - A| = \begin{vmatrix} s - M_q - M_{\dot\alpha} & -M_\alpha - M_{\dot\alpha}Z_\alpha & -M_V - M_{\dot\alpha}Z_V & 0 \\ 1 & s - Z_\alpha & -Z_V & 0 \\ 0 & g - X_\alpha & s - X_V & g \\ 0 & Z_\alpha & Z_V & s \end{vmatrix} = 0 \tag{3-121}$$

将式 (3-121) 改写为

$$\Delta = s^4 + a_1 s^3 + a_2 s^2 + a_3 s + a_4 = 0 \tag{3-122}$$

该特征方程完全取决于飞机自身的构形参数、气动参数和飞行状态，它描述了飞机自身的固有稳定性。因此，通过飞机特征方程的根不仅可以判断飞机运动的稳定特性，还可以掌握飞机的扰动运动规律。

一般情况下，飞机纵向运动的特征方程根具有如下形式：

$$s = \sigma \pm j\omega \tag{3-123}$$

由控制理论可知，每一个（或一对）特征根对应的时域解对应一种系统的运动模态，而所有这些运动模态的线性叠加即系统总的运动响应。

当虚部 $\omega = 0$ 时，特征根为一实根，若 $\sigma > 0$，则其对应的运动模态为非周期发散运动；若 $\sigma < 0$，则对应的运动模态为非周期收敛运动。当虚部 $\omega \neq 0$ 时，特征根为一对共轭复根，若 $\sigma > 0$，则其对应的运动模态为振荡发散运动；若 $\sigma < 0$，则对应的运动模态为振荡收敛运动。当实部 $\sigma = 0$，且 $\omega \neq 0$ 时，特征根为一对纯虚根，相应的运动模态表现为简谐振动。

对于飞机的纵向小扰动运动方程组的特征方程 (3-122)，一般情况下其具有两个二次因式之积的形式，可表示为

$$\Delta(s) = (T_p^2 s^2 + 2\zeta_p T_p s + 1)(T_s^2 s^2 + 2\zeta_s T_s s + 1) \tag{3-124}$$

其特征根分布如图 3-6(a) 所示，可分为一对靠近虚轴的共轭复根和一对离虚轴相对较远的共轭复根。由于离虚轴较近的特征根时间响应衰减较慢，其对应的运动模态称为纵向长周期运动模态；离虚轴较远的特征根时间响应衰减较快，其对应的运动模态称为纵向短周期运动模态。为了便于直观感受飞机纵向长周期运动和短周期运动的基本特性，以某大型飞机为例，受升降舵后缘上偏 1° 激励，其纵向运动曲线如图 3-7 所示。

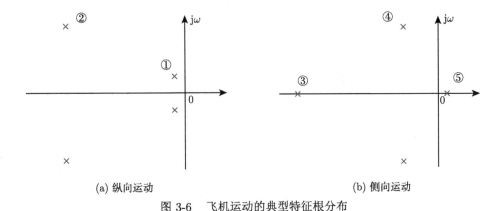

(a) 纵向运动   (b) 侧向运动

图 3-6 飞机运动的典型特征根分布

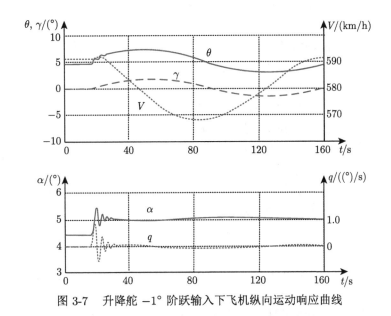

图 3-7 升降舵 −1° 阶跃输入下飞机纵向运动响应曲线

由图 3-7 可知，迎角 α 在扰动作用下的初期阶段变化剧烈，数秒钟后很快平缓下来；速度 V 先是缓慢减小，后又缓慢增大；俯仰角 θ 开始变化剧烈，以后又缓慢变化。说明纵向运动的确存在着两种运动模态：一种是周期长、衰减慢的长周期模态；另一种是周期短、衰减快的短周期模态。而且飞机运动参数随时间变化是上述两种模态的叠加，它们的存在是飞机运动的固有特性所决定的。

　　飞机纵向运动的长周期运动模态和短周期运动模态的成因，可由飞机纵向运动的物理成因来加以说明。飞机受到外界扰动后，出现不平衡的外力和外力矩，外力要改变飞行速度是不容易的，而外力矩改变迎角和俯仰角比较容易。在此以波音 707 飞机在 $V_A = 130\text{m/s}$、$H = 1500\text{m}$ 平飞为例，假设基准运动状态下，飞机仅受到迎角冲击扰动，由飞机纵向运动小扰动方程组 (3-98) 可得迎角冲击扰动引起的飞机最初的速度变化量 $\dot{V}$ 和俯仰角速度变化量 $\dot{q}$ 分别为

$$
\begin{cases}
\dot{V} = -g\theta + X_\alpha\alpha = 3.227\text{m/s}^2 \\
\dot{q} = M_\alpha\alpha = -80.22(°)/\text{s}^2
\end{cases}
\tag{3-125}
$$

由这两个数据可以看出，在飞机迎角受到的冲击扰动作用下，由于大导数 M_α 的数值明显比 $X_\alpha - g$ 要大（$\theta = \alpha + \gamma$），所以飞机消除初始迎角扰动 α_0 要快些，而改变速度 V 要慢些。飞机的俯仰阻尼力矩系数 M_q 和 $M_{\dot{\alpha}}$ 也不小，表现出周期短、阻尼大的特点。因此，在扰动运动的初期阶段数秒内短周期运动已基本结束，俯仰力矩基本恢复到受扰前的平衡状态。

　　飞机在短周期运动结束后的长周期运动，在此以如图 3-7 所示曲线为例加以说明。飞机的航迹俯仰角 $\Delta\gamma > 0$，即飞机爬升，在重力沿轨迹切线方向分力的作用下逐渐减速，从而动压减小，升力也减小，当升力小于重力时，运动轨迹向下弯，重力分力又使飞机加速，动压逐渐增大，升力增大，当升力大于重力时，飞机运动轨迹再次上弯，重力分力又使飞机减速，动压逐渐减小，升力减小，从而使得飞机上下交替运动。在交替运动过程中，动能和势能相互交替转换，表现出速度 V 和航迹俯仰角 γ 的振荡运动。在此，由于起恢复作用的气动力 $Z_V^A V$（其中 $Z_V^A = mV_0 Z_V$）和起阻尼作用的气动力 $X_V^A V$（其中 $X_A^V = mX_V$）远远小于飞机的重力，因此振荡周期长、衰减慢是长周期模态的特点。长周期的运动使得飞机时升时降，故又称其为沉浮运动。

　　短周期运动是一种变化相对较快的绕飞机横轴的转动振动，参与这个振动的主要是迎角 α 和俯仰角 θ，从 $q = \dot{\theta}$ 尤其可明显辨认出这种振动，如图 3-7 所示。由于 $\theta = \alpha + \gamma$，所以航迹俯仰角 γ 也参与这种振动。这就导致短周期振动的虚拟转动点在质心之外，甚至常常在飞机的前面，如图 3-8(a) 所示。同时，由于短周期运动相关的高度变化不大，空速大小的变化也可忽略不计，所以航迹自由度在短周期振动中几乎没有什么作用。在描述短周期运动时，通常假设其运动周期为 T_s，阻尼比为 ζ_s，自然振荡频率为 $\omega_s = 1/T_s$。

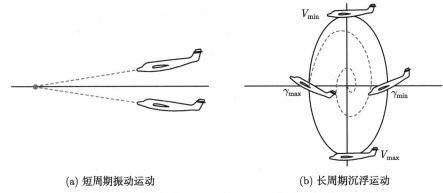

(a) 短周期振动运动　　　　　　　　　　(b) 长周期沉浮运动

图 3-8　飞机纵向短周期模态和长周期模态的运动过程

长周期运动是一种航迹速度 V_K 和航迹俯仰角 γ 参与的变化缓慢的轨迹运动，其与 θ 的俯仰运动也有关，而迎角 α 变化不大，可近似忽略不计。当然，迎角对这个运动模态也有作用，因为它引起飞机上升运动。所以，考虑 α 的作用对从物理上理解沉浮运动也很重要。航迹俯仰角 γ 相对 V_K 大约有 $90°$ 的相位滞后，这是由于位能（γ）和动能（V_K）之间不断进行交换。若从以同样定常速度平行飞行的飞机来观察，沉浮运动具有数学上为负的一种连续椭圆螺旋曲线，如图 3-8(b) 所示。在描述长周期运动时，通常假设其运动周期为 T_p，阻尼比为 ζ_p，自然振荡频率为 $\omega_p = 1/T_p$。

在某些情况下，长周期模态可能变成有一正一负的两个实根，其中正实根是不稳定的，表现为单调发散运动。短周期运动模态在一般情况下不会出现这种情况，只有质心移到气动焦点之后的飞机，短周期模态才会有一正一负的两个实根，其中正实根表征不稳定的单调发散运动，且单调发散的指数较大。

3.3.2　飞机纵向运动的传递函数

为进一步分析短周期运动和长周期运动特性，以及飞行条件变化和气动参数变化对纵向运动的影响，首先要获得纵向运动的传递函数。通常可以通过计算式 (3-120) 所示的系统 (3-99) 或 (3-101) 的传递函数矩阵，得到不同输入和输出之间的所有传递函数。除此之外，一般还可以根据克莱姆法则进行计算，其可将矩阵求逆问题转换成行列式计算问题，相比于传递函数矩阵计算更加简单和直观。

对于系统 (3-101)，求以 δ_e 为输入、q 为输出的传递函数。由于 q 为第 1 个输出，而 δ_e 为第 1 个输入，根据克莱姆法则，传递函数的分母为特征多项式 $|sI - A|$，分子为将行列式 $|sI - A|$ 中的第 1 列替换为输入矩阵 B 中的第 1 列得到的新的行列式，则可得

$$
\frac{q(s)}{\delta_e(s)} = \frac{\begin{vmatrix} M_{\delta_e} + M_{\dot{\alpha}}Z_{\delta_e} & -M_{\alpha} - M_{\dot{\alpha}}Z_{\alpha} & -M_V - M_{\dot{\alpha}}Z_V & 0 \\ Z_{\delta_e} & s - Z_{\alpha} & -Z_V & 0 \\ 0 & -X_{\alpha} + g & s - X_V & g \\ -Z_{\delta_e} & Z_{\alpha} & Z_V & s \end{vmatrix}}{|s\boldsymbol{I} - \boldsymbol{A}|} \tag{3-126}
$$

$$
= \frac{K_q s(A_q s^2 + B_q s + 1)}{(T_p^2 s^2 + 2\zeta_p T_p s + 1)(T_s^2 s^2 + 2\zeta_s T_s s + 1)}
$$

式中，K_q 为 q 传递函数的传递系数；A_q 和 B_q 为 q 传递函数分子的系数；ζ_p、T_p 为长周期运动的阻尼比和时间常数；ζ_s、T_s 为短周期运动的阻尼比和时间常数。根据 $\theta(s) = \dfrac{1}{s}q(s)$，可以方便地由式 (3-126) 得到传递函数 $\dfrac{\theta(s)}{\delta_e(s)}$ 的表达式：

$$
\frac{\theta(s)}{\delta_e(s)} = \frac{K_q(A_q s^2 + B_q s + 1)}{(T_p^2 s^2 + 2\zeta_p T_p s + 1)(T_s^2 s^2 + 2\zeta_s T_s s + 1)} \tag{3-127}
$$

同理，可以得到以 δ_e 为输入、α 为输出的传递函数为

$$
\frac{\alpha(s)}{\delta_e(s)} = \frac{\begin{vmatrix} s - M_q - M_{\dot{\alpha}} & M_{\delta_e} + M_{\dot{\alpha}}Z_{\delta_e} & -M_V - M_{\dot{\alpha}}Z_V & 0 \\ -1 & Z_{\delta_e} & -Z_V & 0 \\ 0 & 0 & s - X_V & g \\ 0 & -Z_{\delta_e} & Z_V & s \end{vmatrix}}{|s\boldsymbol{I} - \boldsymbol{A}|} \tag{3-128}
$$

$$
= \frac{K_{\alpha}(A_{\alpha} s^3 + B_{\alpha} s^2 + C_{\alpha} s + 1)}{(T_p^2 s^2 + 2\zeta_p T_p s + 1)(T_s^2 s^2 + 2\zeta_s T_s s + 1)}
$$

式中，K_{α} 为 α 传递函数的传递系数；A_{α}、B_{α} 和 C_{α} 为 α 传递函数分子的系数。

以 δ_e 为输入、V 为输出的传递函数为

$$
\frac{V(s)}{\delta_e(s)} = \frac{\begin{vmatrix} s - M_q - M_{\dot{\alpha}} & -M_{\alpha} - M_{\dot{\alpha}}Z_{\alpha} & M_{\delta_e} + M_{\dot{\alpha}}Z_{\delta_e} & 0 \\ -1 & s - Z_{\alpha} & Z_{\delta_e} & 0 \\ 0 & -X_{\alpha} + g & 0 & g \\ 0 & Z_{\alpha} & -Z_{\delta_e} & s \end{vmatrix}}{|s\boldsymbol{I} - \boldsymbol{A}|} \tag{3-129}
$$

$$
= \frac{K_V(A_V s^3 + B_V s^2 + C_V s + 1)}{(T_p^2 s^2 + 2\zeta_p T_p s + 1)(T_s^2 s^2 + 2\zeta_s T_s s + 1)}
$$

式中，K_V 为 V 传递函数的传递系数；A_V、B_V 和 C_V 为 V 传递函数分子的系数。

以 δ_e 为输入、γ 为输出的传递函数为

$$
\frac{\gamma(s)}{\delta_e(s)} = \frac{\begin{vmatrix} s - M_q - M_{\dot\alpha} & -M_\alpha - M_{\dot\alpha}Z_\alpha & -M_V - M_{\dot\alpha}Z_V & M_{\delta_e} + M_{\dot\alpha}Z_{\delta_e} \\ -1 & s - Z_\alpha & -Z_V & Z_{\delta_e} \\ 0 & -X_\alpha + g & s - X_V & 0 \\ 0 & Z_\alpha & Z_V & -Z_{\delta_e} \end{vmatrix}}{|s\boldsymbol{I} - \boldsymbol{A}|}
$$

$$
= \frac{K_\gamma(A_\gamma s^3 + B_\gamma s^2 + C_\gamma s + 1)}{(T_p^2 s^2 + 2\zeta_p T_p s + 1)(T_s^2 s^2 + 2\zeta_s T_s s + 1)}
$$

(3-130)

式中，K_γ 为 γ 传递函数的传递系数；A_γ、B_γ 和 C_γ 为 γ 传递函数分子的系数。

采用相同的计算方法，可以很方便地计算出飞机发动机推力作用于纵向运动参数的传递函数。

3.3.3 飞机纵向运动的简化

通过一系列假设限制和线性化处理，得到了上述飞机纵向运动的传递函数，其仍然相当复杂。一般而言，对于飞行控制器的初步设计，评估取得合适的控制器结构往往比准确结果更为重要。因此，用近似的方法再进一步简化方程组和传递函数具有重要意义，以便能更好地理解飞机运动中的物理关系，减少问题的复杂性和计算消耗，有效划分局部控制任务和局部品质指标，从而能循序渐进地设计飞行控制器。

在前述的飞机纵向运动分析中，可以清晰地发现，飞机的纵向运动表现为以俯仰自由度为主的短周期运动模态和以航迹自由度为主的长周期运动模态，这两种模态对应的特征根彼此间相距较远，意味着两种运动之间能量交换较小，相互耦合系数为小量。简单来说，就是短周期运动期间，长周期运动的状态变量基本来不及发生变化；长周期运动期间，短周期运动对应的变量已基本趋于稳态，因此两者可以分开研究从而实现对纵向运动方程的进一步简化。

1. 短周期运动的简化

飞机在纵向受扰运动的初始阶段，短周期运动占据主导地位，其过渡过程的时间很短，飞机的飞行速度变化不大。因此，在此时的纵向运动方程组中，可以忽略飞机 x 轴向的力方程，即纵向状态方程 (3-101) 中的第三式，因此所有力矩方程中的 $M_V V$ 和升力方程中 $Z_V V$ 也就消失了。也就是说，忽略了航迹自由度与俯仰自由度之间的反馈联系，由此可得到近似短周期运动状态方程如下：

$$
\begin{bmatrix} \dot{q} \\ \dot{\alpha} \end{bmatrix} = \begin{bmatrix} M_q + M_{\dot\alpha} & M_\alpha + M_{\dot\alpha}Z_\alpha \\ 1 & Z_\alpha \end{bmatrix} \begin{bmatrix} q \\ \alpha \end{bmatrix} + \begin{bmatrix} M_{\delta_e} + M_{\dot\alpha}Z_{\delta_e} \\ Z_{\delta_e} \end{bmatrix} \delta_e
$$

(3-131)

其特征方程为

$$\Delta_s = |s\boldsymbol{I} - \boldsymbol{A}| = \begin{vmatrix} s - M_q - M_{\dot{\alpha}} & -M_\alpha - M_{\dot{\alpha}} Z_\alpha \\ -1 & s - Z_\alpha \end{vmatrix} \tag{3-132}$$

$$= s^2 - (M_q + M_{\dot{\alpha}} + Z_\alpha)s + (M_q Z_\alpha - M_\alpha)$$

对应近似短周期运动的自然振荡频率 ω_s 和阻尼比 ζ_s 分别为

$$\omega_s = \sqrt{M_q Z_\alpha - M_\alpha} \tag{3-133}$$

$$\zeta_s = -\frac{M_q + M_{\dot{\alpha}} + Z_\alpha}{2\sqrt{M_q Z_\alpha - M_\alpha}} \tag{3-134}$$

一般情况下，$-M_\alpha$ 要比 $M_q Z_\alpha$ 大得多，因此自然振荡频率主要取决于 $-M_\alpha$，其可以简化为

$$\omega_s \approx \sqrt{-M_\alpha} \approx \sqrt{-\frac{1}{I_y}\left(\frac{1}{2}\rho V_0^2 S_w c_A C_{m_\alpha}\right)} \tag{3-135}$$

通过观察式 (3-135)，不难得出以下结论：

（1）ω_s 随着纵向静稳定力矩导数 $-C_{m_\alpha}$ 的增加而增加（或者说随着气动焦点与质心的距离的增加而增加）。考虑到飞机飞行马赫数增大时，气动焦点将后移，使得纵向静稳定性导数 $-C_{m_\alpha}$ 增大，从而短周期运动的固有频率 ω_s 将增大。

（2）动压增大（相当于飞行高度降低、飞行速度增大），ω_s 增大。

（3）俯仰转动惯量 I_y 增大，ω_s 减小。

若飞机设计为静不稳定的，则 $C_{m_\alpha} > 0$，使得短周期运动方程特征多项式 (3-132) 中的常数项为负值，这时短周期运动特征根将变为一正一负两实根，短周期运动将不稳定。

对于短周期运动的阻尼比 ζ_s，若 ω_s 由 M_α 主导，则由式 (3-134) 可得

$$\zeta_s \approx -\frac{M_q + M_{\dot{\alpha}} + Z_\alpha}{2\sqrt{-M_\alpha}} \tag{3-136}$$

通过对式 (3-136) 的观察分析，可以得出以下结论：

（1）ζ_s 主要取决于大导数 M_q、$M_{\dot{\alpha}}$ 和 Z_α，其中俯仰阻尼力矩大导数 M_q 起主导作用。增大导数 C_{L_α}，$-C_{m_{\bar{q}}}$ 和 $-C_{m_{\dot{\bar{\alpha}}}}$，$\zeta_s$ 将增大。

（2）纵向静稳定性导数 $-C_{m_\alpha}$ 增大时，ζ_s 将减小。当飞行马赫数增大时，气动焦点后移，$-C_{m_\alpha}$ 增大，将使得飞机短周期运动阻尼在跨声速段急剧减小。

（3）根据式 (3-136) 中大导数的计算公式可以得出，$\zeta_s \propto \sqrt{\rho}$ 而与飞行速度 V 基本无关，因此飞行高度 H 增大时，ζ_s 将减小，空速对 ζ_s 的影响很小。

最后根据式 (3-131)，运用克莱姆法则可以得到纵向短周期运动传递函数如下：

$$\frac{q(s)}{\delta_e(s)} = \frac{(M_{\delta_e} + M_{\dot{\alpha}}Z_{\delta_e})s + (M_{\alpha}Z_{\delta_e} - Z_{\alpha}M_{\delta_e})}{s^2 - (M_q + M_{\dot{\alpha}} + Z_{\alpha})s + (M_q Z_{\alpha} - M_{\alpha})} \tag{3-137}$$

$$\frac{\alpha(s)}{\delta_e(s)} = \frac{Z_{\delta_e}s + M_{\delta_e} - M_q Z_{\delta_e}}{s^2 - (M_q + M_{\dot{\alpha}} + Z_{\alpha})s + (M_q Z_{\alpha} - M_{\alpha})} \tag{3-138}$$

考虑到小扰动条件下 $\theta(s)$ 与 $q(s)$ 的积分关系，由式 (3-137) 可得

$$\frac{\theta(s)}{\delta_e(s)} = \frac{(M_{\delta_e} + M_{\dot{\alpha}}Z_{\delta_e})s + (M_{\alpha}Z_{\delta_e} - Z_{\alpha}M_{\delta_e})}{s[s^2 - (M_q + M_{\dot{\alpha}} + Z_{\alpha})s + (M_q Z_{\alpha} - M_{\alpha})]} \tag{3-139}$$

对于常规布局的飞机，其升降舵往往处在距飞机质心较远的平尾上，力臂长，其舵面偏转引起的较小法向力足以产生较大的纵向控制力矩。因此，从工程上认为 $Z_{\delta_e} \approx 0$，故上述传递函数还可进一步简化为

$$\frac{q(s)}{\delta_e(s)} = \frac{M_{\delta_e}(s - Z_{\alpha})}{s^2 - (M_q + M_{\dot{\alpha}} + Z_{\alpha})s + (M_q Z_{\alpha} - M_{\alpha})} \tag{3-140}$$

$$\frac{\alpha(s)}{\delta_e(s)} = \frac{M_{\delta_e}}{s^2 - (M_q + M_{\dot{\alpha}} + Z_{\alpha})s + (M_q Z_{\alpha} - M_{\alpha})} \tag{3-141}$$

以及

$$\frac{\theta(s)}{\delta_e(s)} = \frac{M_{\delta_e}(s - Z_{\alpha})}{s[s^2 - (M_q + M_{\dot{\alpha}} + Z_{\alpha})s + (M_q Z_{\alpha} - M_{\alpha})]} \tag{3-142}$$

2. 长周期运动的简化

纵向长周期运动主要是飞机质心的轨迹运动。与短周期运动相比，长周期运动响应的各参数变化慢得多，因此在长周期运动期间，短周期运动过程已基本结束，对短周期模态起重要作用的力矩方程组处于静力矩平衡状态，即

$$q = \dot{q} = \dot{\alpha} = 0 \tag{3-143}$$

$$\alpha = \text{const} \tag{3-144}$$

将上述条件代入状态方程组 (3-101) 中的第一式和第二式，可求得稳态时迎角增量为

$$\alpha = -\frac{1}{M_{\alpha}}(M_V V + M_{\delta_e}\delta_e + M_{\delta_T}\delta_T) \tag{3-145}$$

为此，忽略状态方程组 (3-101) 中的第一式、第二式，同时保留稳态迎角对第三式、第四式的影响，最后可以得到简化后的近似纵向长周期运动状态方程为

$$
\begin{bmatrix} \dot{V} \\ \dot{\gamma} \end{bmatrix} = \begin{bmatrix} X_\alpha - g & X_V & -g \\ -Z_\alpha & -Z_V & 0 \end{bmatrix} \begin{bmatrix} \alpha \\ V \\ \gamma \end{bmatrix} + \begin{bmatrix} 0 & X_{\delta_T} \\ -Z_{\delta_e} & -Z_{\delta_T} \end{bmatrix} \begin{bmatrix} \delta_e \\ \delta_T \end{bmatrix} \tag{3-146}
$$

代入式 (3-145) 得

$$
\begin{bmatrix} \dot{V} \\ \dot{\gamma} \end{bmatrix} = \begin{bmatrix} X_V - M_V \dfrac{X_\alpha - g}{M_\alpha} & -g \\ -\left(Z_V - M_V \dfrac{Z_\alpha}{M_\alpha} \right) & 0 \end{bmatrix} \begin{bmatrix} V \\ \gamma \end{bmatrix}
$$

$$
+ \begin{bmatrix} -M_{\delta_e} \dfrac{X_\alpha - g}{M_\alpha} & X_{\delta_T} - M_{\delta_T} \dfrac{X_\alpha - g}{M_\alpha} \\ -\left(Z_{\delta_e} - M_{\delta_e} \dfrac{Z_\alpha}{M_\alpha} \right) & -\left(Z_{\delta_T} - M_{\delta_T} \dfrac{Z_\alpha}{M_\alpha} \right) \end{bmatrix} \begin{bmatrix} \delta_e \\ \delta_T \end{bmatrix} \tag{3-147}
$$

式 (3-147) 即经过简化后的长周期运动状态方程，由此可得其特征多项式为

$$
\Delta_p = |s\boldsymbol{I} - \boldsymbol{A}| = s^2 - \left(X_V - M_V \frac{X_\alpha - g}{M_\alpha} \right) s - g \left(Z_V - M_V \frac{Z_\alpha}{M_\alpha} \right) \tag{3-148}
$$

根据式 (3-148)，可以得到长周期运动的自然振荡频率 ω_p 和阻尼比 ζ_p 分别为

$$
\omega_p = \sqrt{ -g \left(Z_V - M_V \frac{Z_\alpha}{M_\alpha} \right) } \tag{3-149}
$$

$$
\zeta_p = -\frac{ X_V - M_V \dfrac{X_\alpha - g}{M_\alpha} }{ 2 \sqrt{ -g \left(Z_V - M_V \dfrac{Z_\alpha}{M_\alpha} \right) } } \tag{3-150}
$$

对于自然振荡频率 ω_p，一般来说，由于 Z_V 的影响占主导地位，在此可忽略导数 $C_{m_{\overline{V}}}$、C_{m_α} 和 C_{L_α} 的影响，并假设飞机的推力通过飞机质心（即 $z_F = 0$），可将式 (3-82) 代入式 (3-149)，进一步简化得到

$$
\omega_p \approx \sqrt{ -g Z_V } \approx \sqrt{ g \frac{ \frac{1}{2} \rho V^2 S_w (C_{L_{\overline{V}}} + 2 C_{L0}) }{ m V_0^2 } } \tag{3-151}
$$

一般情况下 $C_{L_{\overline{V}}} \ll 2C_{L0}$，并且 $C_{L0} = mg \Big/ \left(\dfrac{1}{2}\rho V^2 S_w\right)$，因此有

$$\omega_p \approx \sqrt{g\,\frac{\frac{1}{2}\rho V^2 S_w}{mV_0^2}\,\frac{2mg}{qS_w}} \approx \sqrt{\frac{2g^2}{V_0^2}} = \frac{g}{V_0}\sqrt{2} \tag{3-152}$$

由此可得，长周期的自然振荡频率 ω_p 与飞行速度 V 近似成反比，与飞行高度 H 基本无关。

对于长周期运动的阻尼比 ζ_p，同样考虑到 X_V 的主导作用，可将式 (3-150) 简化为

$$\zeta_p \approx -\frac{X_V}{2\omega_p} \tag{3-153}$$

代入式 (3-73) 可得

$$\zeta_p \approx -\frac{1}{2mV_0\omega_p}\left[-\frac{1}{2}\rho V_0^2 S_w(C_{D_{\overline{V}}} + 2C_{D0}) + V_0 T_V\right] \tag{3-154}$$

其表达式仍然过于复杂。为了能够概略了解影响 ζ_p 的因素，在此假设飞机做无动力飞行，即可以忽略 T_V 的影响，得到

$$\zeta_p \approx \frac{QS_w(C_{D_{\overline{V}}} + 2C_{D0})}{2mV_0\omega_p} = \frac{QS_w(C_{D_{\overline{V}}} + 2C_{D0})V_0}{2\sqrt{2}mV_0 g} = \frac{(C_{D_{\overline{V}}} + 2C_{D0})}{2\sqrt{2}}\frac{1}{C_{L0}} \tag{3-155}$$

再进一步假设，飞机处于低速飞行，此时 $C_{D_{\overline{V}}} \approx 0$，可得

$$\zeta_p \approx \frac{1}{\sqrt{2}}\frac{C_{D0}}{C_{L0}} \tag{3-156}$$

式 (3-156) 表明，长周期运动的阻尼比 ζ_p 与飞机的升阻比 K 成反比。在此必须注意为得到这个结论而做的一系列假设，但其确实表明，具有高升阻比 K 的飞机有较小的长周期阻尼。

此外，一般而言，长周期的阻尼比 ζ_p 随着空速 V 的增加而增大，随着飞行高度 H 的增加而减小。

最后，根据克莱姆法则，可以得到如下传递函数：

$$\frac{V(s)}{\delta_e(s)} = \frac{-\dfrac{M_{\delta_e}}{M_\alpha}(X_\alpha - g)s + g\left(Z_{\delta_e} - \dfrac{M_{\delta_e}}{M_\alpha}Z_\alpha\right)}{s^2 - \left(X_V - M_V\dfrac{X_\alpha - g}{M_\alpha}\right)s - g\left(Z_V - M_V\dfrac{Z_\alpha}{M_\alpha}\right)} \tag{3-157}$$

$$\frac{\gamma(s)}{\delta_e(s)} = \frac{-\left(Z_{\delta_e} - M_{\delta_e}\dfrac{Z_\alpha}{M_\alpha}\right)s + X_V\left(Z_{\delta_e} - M_{\delta_e}\dfrac{Z_\alpha}{M_\alpha}\right) + M_{\delta_e}\dfrac{X_\alpha - g}{M_\alpha}(Z_V - M_V)}{s^2 - \left(X_V - M_V\dfrac{X_\alpha - g}{M_\alpha}\right)s - g\left(Z_V - M_V\dfrac{Z_\alpha}{M_\alpha}\right)}$$

$$(3\text{-}158)$$

3.3.4　定速静稳定性与定载静稳定性

1. 定速静稳定性

定速静稳定性是指飞机在飞行速度（或马赫数）保持不变的情况下，讨论的纵向静稳定性问题。其描述条件与文中前述采用的 C_{m_α} 描述的静稳定性条件一致，均是指飞机在速度不变、操纵固持情况下，因迎角 α 受扰或变化，产生的俯仰力矩变化所决定的静稳定性问题。若产生的俯仰力矩使飞机趋向原平衡状态，则飞机是定速静稳定的，否则是静不稳定的；若飞机保持在受扰动后的姿态，则飞机是中性静稳定的。

在短周期运动模态中，扰动对迎角和俯仰角的影响十分明显，这说明 C_{m_α} 对短周期运动模态起着很大的影响。进而说明纵向短周期运动模态是否稳定，很大程度上取决于定速静稳定性。下面将通过短周期运动模态近似传递函数的特征多项式，进行稳定性分析，定性说明上述结论。

由式 (3-132) 可知，短周期运动模态近似的特征多项式为

$$\Delta_s(s) = s^2 - (M_q + M_{\dot\alpha} + Z_\alpha)s + (M_q Z_\alpha - M_\alpha) \qquad (3\text{-}159)$$

由控制系统稳定性判别方法可知，对于二阶系统，稳定的充要条件是各项系数均大于零。由相关大导数定义可知，$M_q < 0$，$M_{\dot\alpha} < 0$，$Z_\alpha < 0$。因此，特征多项式一次项系数始终大于零，只要特征多项式的常数项大于零，则短周期运动模态稳定，即定速静稳定的条件为

$$M_q Z_\alpha - M_\alpha > 0 \qquad (3\text{-}160)$$

同时考虑到在发动机推力矢量通过飞机质心（即 $z_F = 0$）的条件下，有

$$M_\alpha = \frac{1}{I_y}\left(\frac{1}{2}\rho V_0^2\right)S_w c_A C_{m_\alpha} \qquad (3\text{-}161)$$

从而可以得出如下结论：

（1）飞机纵向定速静稳定的条件是 $M_q Z_\alpha - M_\alpha > 0$。

（2）短周期运动的稳定性主要取决于 C_{m_α}。

（3）飞机质心位于气动焦点之前时，$C_{m_\alpha} < 0$，则 $M_\alpha < 0$，满足式 (3-160) 定义的稳定条件，短周期运动稳定。

（4）飞机质心位于气动焦点之后时，$C_{m_\alpha} > 0$，则 $M_\alpha > 0$。若此时 M_α 较小，能够维持式 (3-160) 成立，则短周期运动稳定；若 M_α 较大，使得式 (3-160) 不成立，此时特征多项式常数项为负，系统有一正一负两个实根，短周期运动模态就转变为单调非周期发散的不稳定模态。

2. 定载静稳定性

定载静稳定性是指飞机在油门杆固持、飞机配平情况下水平飞行时，若飞机定载扰动使飞行速度发生变化，则在扰动消失后，飞机具有自动恢复原飞行速度的趋势，称为速度是稳定的，否则称为速度是不稳定的。

由上述定义可知，定载静稳定性与扰动作用下空速响应的稳定性相关，即与长周期运动模态的稳定性有关。因此，可由长周期运动模态近似传递函数的特征多项式导出定载静稳定性的判别条件。

由式 (3-148) 可知，长周期运动模态的特征多项式为

$$\Delta_p(s) = s^2 - \left(X_V - M_V \frac{X_\alpha - g}{M_\alpha}\right)s - g\left(Z_V - M_V \frac{Z_\alpha}{M_\alpha}\right) \tag{3-162}$$

考虑到大导数 X_V 在特征多项式一次项系数中的主导作用，且 $X_V < 0$，特征多项式的一次项系数一般大于零。因此，只要常数项为正值，则长周期模态稳定，反之则不稳定。因此，飞机纵向定载静稳定的条件是

$$-g\left(Z_V - M_V \frac{Z_\alpha}{M_\alpha}\right) > 0 \tag{3-163}$$

由于在纵向静稳定条件下 $M_\alpha < 0$，所以可得定载静稳定的条件是

$$Z_V M_\alpha - M_V Z_\alpha > 0 \tag{3-164}$$

代入相关大导数的表达式，同时假设发动机推力矢量通过质心，可得

$$C_{m_\alpha}(C_{L_{\overline{V}}} + 2C_{L0}) - (C_{L_\alpha} + C_{D0})(C_{m_{\overline{V}}} + 2C_{m0}) < 0 \tag{3-165}$$

飞机处于定常平飞状态时，必然保持力和力矩平衡，此时有 $C_{D0} = 0$ 和 $C_{m0} = 0$，同时考虑到 $C_{L_{\overline{V}}} + 2C_{L0} > 0$，因此式 (3-165) 可以简化为

$$C_{m_\alpha} - \frac{C_{L_\alpha} C_{m_{\overline{V}}}}{C_{L_{\overline{V}}} + 2C_{L0}} < 0 \tag{3-166}$$

由于空速 V 与马赫数 Ma 的关系为

$$V = a \cdot Ma \tag{3-167}$$

所以有

$$\partial\left(\frac{V}{V_0}\right) = \partial\left(\frac{a \cdot Ma}{V_0}\right) = \frac{1}{Ma_0}\partial(Ma) \qquad (3\text{-}168)$$

将式 (3-168) 代入式 (3-166) 可得

$$C_{m_\alpha} - \frac{Ma_0 C_{L_\alpha} C_{m_{Ma}}}{Ma_0 C_{L_{Ma}} + 2C_{L0}} < 0 \qquad (3\text{-}169)$$

式 (3-169) 即飞机纵向定载静稳定的条件。

为了能够深入理解式 (3-169) 判别条件的物理含义，下面进行进一步分析。当飞机做定载平飞时 $n_z = 1$，飞机的俯仰力矩系数 C_m 是迎角 α 和 Ma 的函数，其微分可以表示为

$$dC_m = \frac{\partial C_m}{\partial \alpha}d\alpha + \frac{\partial C_m}{\partial Ma}dMa \qquad (3\text{-}170)$$

也可表示为

$$\left(\frac{dC_m}{d\alpha}\right)_{n_z=1} = C_{m_\alpha} + \frac{dMa}{d\alpha}C_{m_{Ma}} \qquad (3\text{-}171)$$

同时，在定载平飞条件下必然有

$$L = \frac{1}{2}\rho V^2 S_w C_L = G = \text{const} \qquad (3\text{-}172)$$

将式 (3-167) 代入后可得

$$(Ma)^2 C_L = \text{const} \qquad (3\text{-}173)$$

考虑到飞机做定载平飞时，式 (3-173) 同样是关于 α 和 Ma 的函数，为此对式 (3-173) 两边求导可得

$$\frac{\partial[(Ma)^2 C_L]}{\partial Ma}dMa + \frac{\partial[(Ma)^2 C_L]}{\partial \alpha}d\alpha = 0 \qquad (3\text{-}174)$$

展开并两边同除 Ma_0 后可得

$$(2C_{L0} + Ma_0 C_{L_{Ma}})dMa + Ma_0 C_{L_\alpha}d\alpha = 0 \qquad (3\text{-}175)$$

即

$$\left(\frac{dMa}{d\alpha}\right)_{n_z=1} = -\frac{Ma_0 C_{L_\alpha}}{2C_{L0} + Ma_0 C_{L_{Ma}}} \qquad (3\text{-}176)$$

将式 (3-176) 代入式 (3-171) 可得

$$\left(\frac{\mathrm{d}C_m}{\mathrm{d}\alpha}\right)_{n_z=1} = C_{m_\alpha} - \frac{Ma_0 C_{L_\alpha} C_{m_{Ma}}}{2C_{L0} + Ma_0 C_{L_{Ma}}} \tag{3-177}$$

对照式 (3-169) 可知，$\left(\dfrac{\mathrm{d}C_m}{\mathrm{d}\alpha}\right)_{n_z=1}$ 就是判别定载静稳定性的依据，因此将其称为定载静稳定性导数。可以得出以下结论：

（1）飞机纵向定载静稳定的条件为 $\left(\dfrac{\mathrm{d}C_m}{\mathrm{d}\alpha}\right)_{n_z=1} < 0$；当 $\left(\dfrac{\mathrm{d}C_m}{\mathrm{d}\alpha}\right)_{n_z=1} < 0$ 时，若飞机飞行速度增大，为保持定载（$n_z = 1$），则迎角 α 必须减小，此时产生的俯仰力矩增量 $\Delta C_m = \left(\dfrac{\mathrm{d}C_m}{\mathrm{d}\alpha}\right)_{n_z-1} \Delta\alpha > 0$，将阻止迎角 α 减小，从而使得阻力增大，飞行速度减小，动态过程收敛。反之，当 $\left(\dfrac{\mathrm{d}C_m}{\mathrm{d}\alpha}\right)_{n_z=1} > 0$ 时，若飞机飞行速度增大，为保持定载（$n_z = 1$），则迎角 α 必须减小，此时产生的俯仰力矩增量 $\Delta C_m = \left(\dfrac{\mathrm{d}C_m}{\mathrm{d}\alpha}\right)_{n_z=1} \Delta\alpha < 0$，使得迎角 α 进一步减小，从而使得阻力继续减小，飞行速度增大，动态过程发散。

（2）由定载静稳定性导数表达式可知，长周期运动的静稳定性并非仅仅取决于 C_{m_α}，在低速飞行时，一般可忽略空气的压缩性，使得 $C_{m_{Ma}} \approx 0$，此时 $\left(\dfrac{\mathrm{d}C_m}{\mathrm{d}\alpha}\right)_{n_z=1} \approx C_{m_\alpha}$，即定载静稳定性与定速静稳定性相同。

（3）高速飞行时，受到空气压缩的影响，$C_{m_{Ma}} < 0$ 且负向增大，导致定载静稳定性变差，甚至会出现定不稳定情况。

（4）跨声速飞行时，许多飞机 $C_{m_{Ma}} < 0$ 且数值较大，可能使得定载静稳定性条件不满足，此时人工操纵维持飞机平衡困难，飞机具有自动进入俯冲的趋势。

（5）现代飞机飞行控制系统中广泛采用"马赫数配平"或"速度稳定"系统，以保证飞机在低速和高速飞行条件下的速度稳定性。

3.3.5 飞机油门的纵向运动响应

操纵油门杆即改变发动机的推力。飞机的发动机推力矢量一般都经过飞机质心，或非常接近质心，则 $Z_{\delta_T} = M_{\delta_T} \approx 0$，推力变化只影响纵向运动的切向运动方程，对法向方程和转动方程无影响。同时在研究油门杆作用时，假设平尾/升降舵舵偏角 $\delta_e = 0$，同时忽略俯仰角速度 q 的动态过程，认为 $q = \dot{q} = \dot{\alpha} = 0$。因此，改变推力时，长周期运动模态的响应将占主导作用。根据上述假设以及飞机

长周期运动状态方程 (3-147)，可得

$$\frac{V(s)}{\delta_T(s)} = \frac{X_{\delta_T} s}{s^2 - \left(X_V - M_V \dfrac{X_\alpha - g}{M_\alpha}\right)s - g\left(Z_V - M_V \dfrac{Z_\alpha}{M_\alpha}\right)} \tag{3-178}$$

$$\frac{\gamma(s)}{\delta_T(s)} = \frac{-\left(Z_V - \dfrac{M_V}{M_\alpha} Z_\alpha\right) X_{\delta_T}}{s^2 - \left(X_V - M_V \dfrac{X_\alpha - g}{M_\alpha}\right)s - g\left(Z_V - M_V \dfrac{Z_\alpha}{M_\alpha}\right)} \tag{3-179}$$

同时根据上述条件下的飞机纵向力矩平衡关系可知 $M_V V(s) + M_\alpha \alpha(s) = 0$，因此

$$\frac{\alpha(s)}{\delta_T(s)} = \frac{-\dfrac{M_V}{M_\alpha} X_{\delta_T} s}{s^2 - \left(X_V - M_V \dfrac{X_\alpha - g}{M_\alpha}\right)s - g\left(Z_V - M_V \dfrac{Z_\alpha}{M_\alpha}\right)} \tag{3-180}$$

又因为在长周期运动条件下，$\theta(s) = \gamma(s) + \alpha(s)$，所以有

$$\frac{\theta(s)}{\delta_T(s)} = \frac{-\dfrac{M_V}{M_\alpha} X_{\delta_T} \left(s + \dfrac{M_\alpha Z_V - M_V Z_\alpha}{M_V}\right)}{s^2 - \left(X_V - M_V \dfrac{X_\alpha - g}{M_\alpha}\right)s - g\left(Z_V - M_V \dfrac{Z_\alpha}{M_\alpha}\right)} \tag{3-181}$$

当油门杆作用为幅值为 δ_{T_0} 的阶跃输入时，根据式 (3-178)~式 (3-181) 可得到各运动参量的稳态响应分别为

$$V(\infty) = \lim_{s \to 0} s\left(\frac{V(s)}{\delta_T(s)} \cdot \frac{\delta_{T_0}}{s}\right) = 0 \tag{3-182}$$

$$\alpha(\infty) = \lim_{s \to 0} s\left(\frac{\alpha(s)}{\delta_T(s)} \cdot \frac{\delta_{T_0}}{s}\right) = 0 \tag{3-183}$$

$$\theta(\infty) = \lim_{s \to 0} s\left(\frac{\theta(s)}{\delta_T(s)} \cdot \frac{\delta_{T_0}}{s}\right) = \frac{X_{\delta_T}}{g} \delta_{T_0} \tag{3-184}$$

$$\gamma(\infty) = \lim_{s \to 0} s\left(\frac{\gamma(s)}{\delta_T(s)} \cdot \frac{\delta_{T_0}}{s}\right) = \frac{X_{\delta_T}}{g} \delta_{T_0} \tag{3-185}$$

由上述结果可以看出，油门杆前推发动机推力加大，但速度和迎角的稳态增量都为零，即回到了推油门前的状态，此时 $\theta(\infty) > 0$，飞机抬头，同时 $\gamma(\infty) > 0$，

飞机向上爬升。这是因为增加推力首先使得飞行速度增加,引起动压加大,进而升力增加。飞机速度矢量在附加升力作用下向上弯,使得航迹俯仰角 γ 增大。待 γ 达到一定正值后,重力沿轨迹的分力又使速度减小。在长周期运动过程结束后航迹俯仰角 γ 达到某一稳态值,使增加的推力全用于平衡重力沿轨迹的分力,而速度回原值。此外,由于没有偏转升降舵,迎角只能回原值。因此,如果推油门杆的目的不是向上爬升而是为了增加速度,那么就应该配合速度的增加逐渐推驾驶杆,使升降舵下偏以减小迎角,使 $L = G$,这样才能达到加速的目的。

综上所述,可得出纵向操纵方面的以下结论:

(1)单纯改变油门只能在过渡过程中改变速度,最终的稳态速度和迎角均不改变,但会使得飞行轨迹上升或下降。如果加大油门是为了爬升而不是加快速度,那么加大油门的同时应相应地拉驾驶杆来加快轨迹向上弯曲,待达到一定的爬升角 γ 后推驾驶杆,使升降舵回到原位。若不动驾驶杆,虽然最终飞机还是要到达爬升状态,但是过渡过程时间比较长。

(2)若要平飞加速,则应在加大油门后,随着飞行速度的增加逐渐推驾驶杆以减小迎角从而满足升力与重力的平衡。

(3)若长周期模态不稳定即长周期模态变成非周期的单调发散模态,通常是定载不稳定所致。此时 $\left(\dfrac{\mathrm{d}C_m}{\mathrm{d}\alpha}\right)_{n_z=1} > 0$,加大油门使飞机速度增加后,飞机有低头的趋势,速度会自动增加,若飞行员按正常操纵推驾驶杆,飞机将进入俯冲。这种情况称为反操纵。在飞行品质规范中,对长周期运动模态不稳定的非周期发散指数有明确的规定,即允许长周期运动模态不稳定,但要求非周期发散不能太快。实际上许多飞机在进入跨声速段后,都有不同程度的定载不稳定问题。故有必要在控制系统中用马赫数配平系统来解决。

3.4 飞机侧向运动特性分析

3.4.1 飞机侧向运动的基本特征

对于飞机的侧向小扰动状态方程 (3-116),为了便于阅读,重写该式如下:

$$
\begin{bmatrix} \dot{r} \\ \dot{\beta} \\ \dot{p} \\ \dot{\phi} \end{bmatrix} = \begin{bmatrix} \overline{N}_r & \overline{N}_\beta & \overline{N}_p & 0 \\ -1 & Y_\beta & 0 & \dfrac{g}{V_0} \\ \overline{L}_r & \overline{L}_\beta & \overline{L}_p & 0 \\ 0 & 0 & 1 & 0 \end{bmatrix} \begin{bmatrix} r \\ \beta \\ p \\ \phi \end{bmatrix} + \begin{bmatrix} \overline{N}_{\delta_a} & \overline{N}_{\delta_r} \\ 0 & Y_{\delta_r} \\ \overline{L}_{\delta_a} & \overline{L}_{\delta_r} \\ 0 & 0 \end{bmatrix} \begin{bmatrix} \delta_a \\ \delta_r \end{bmatrix} \tag{3-186}
$$

式 (3-186) 对应的特征多项式可以表示为

$$\Delta(s) = |s\boldsymbol{I} - \boldsymbol{A}| = \begin{vmatrix} s - \overline{N}_r & -\overline{N}_\beta & -\overline{N}_p & 0 \\ 1 & s - Y_\beta & 0 & -\dfrac{g}{V_0} \\ -\overline{L}_r & -\overline{L}_\beta & s - \overline{L}_p & 0 \\ 0 & 0 & -1 & s \end{vmatrix}$$

$$= s^4 - (Y_\beta + \overline{L}_p + \overline{N}_r)s^3 + (Y_\beta\overline{L}_p + Y_\beta\overline{N}_r + \overline{N}_r\overline{L}_p - \overline{N}_p\overline{L}_r + \overline{N}_\beta)s^2$$

$$+ \left(Y_\beta\overline{N}_p\overline{L}_r - Y_\beta\overline{L}_p\overline{N}_r - \overline{L}_\beta\overline{N}_p - \overline{N}_\beta\overline{L}_p - \frac{g}{V_0}\overline{L}_\beta\right)s + \frac{g}{V_0}(\overline{L}_\beta\overline{N}_r - \overline{N}_\beta\overline{L}_r)$$

$$\tag{3-187}$$

一般情况下，侧向运动的各个特征模态不能像纵向运动那样分开处理，因为方程参数的相对大小与飞机构型明显有关，所以根的分布和运动模态也各不相同。尽管如此，大多数情况下，仍可认为其特征方程具有如下结构形式：

$$\Delta = (T_D^2 s^2 + 2\zeta_D T_D s + 1)(T_R s + 1)(T_S s + 1) \tag{3-188}$$

侧向运动的特征根分布如图 3-6(b) 所示，可分为一对共轭复根和一大一小两个实根，分别对应侧向的荷兰滚运动模态（对应一对共轭复根）、滚转运动模态（对应一个大的负实根）和螺旋运动模态（对应一个小实根）。

荷兰滚运动模态（Dutch roll mode）是一种阻尼较弱的快速振荡运动，并且表现为航向和滚转运动的耦合。一方面，侧滑角 β 和偏航角 ψ 不断交换（偏航运动）。另一方面，侧滑角 β 又与滚转角 ϕ 不断交换（滚转运动），滚转角比偏航角相位滞后 $90° \sim 180°$，这就造成如图 3-9 所示的这种"蹒跚"运动。荷兰滚振动的特点与飞机的构型（气动导数、惯性矩分布）紧密相关，故一般不能像已介绍过的运动模态那样典型化。对于无后掠大展弦比飞机，荷兰滚振动退化成近乎单纯的偏航运动。通常假设其运动周期为 T_D，阻尼比为 ζ_D，自然振荡频率为 $\omega_D = \dfrac{1}{T_D}$。

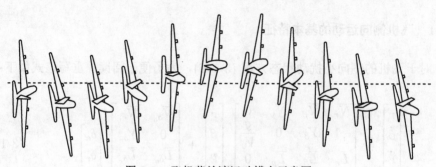

图 3-9　飞机荷兰滚运动模态示意图

滚转运动模态（roll mode）是一种快速的绕 Ox_b 轴的转动运动。在一阶近似下，滚转运动模态可以不计 β 和 r 的作用，几乎只有滚转角 ϕ 参与。滚转运动模态可以在扰动作用或副翼偏转情况下被激发，通常在小迎角或适中迎角时表现为稳定的，而在大迎角情况下可能不稳定。通常假设其时间常数为 T_R。

螺旋运动模态（spiral mode）是一种相对缓慢、常为不稳定的非周期滚转和偏航运动。其中偏航角 ψ 和滚转角 ϕ 几乎均匀地参与，而侧滑角 $\beta \approx 0$。螺旋运动可能稳定也可能不稳定，如果螺旋运动是不稳定的，受滚转角激发，飞机做转弯运动并失去高度，同时滚转角进一步增大，即表现为螺旋急降；螺旋运动稳定，受滚动角位移激发之后，飞机简单地返回机翼水平。通常假设其时间常数为 T_S。

有些构型的飞机，滚转运动和螺旋运动的两个实根可能相互结合成一对共轭复根，这样会形成一种缓慢的航迹振动，即"侧向沉浮运动"。

3.4.2 飞机侧向运动的传递函数

本节进一步分析侧向运动的三种运动模态和飞行条件变化及气动参数变化对侧向运动的影响。在此，同样采用克莱姆法则，求解以 δ_a、δ_r 为输入，r、β、p 和 ϕ 为输出的传递函数。考虑到两种输入下传递函数的相似性，用 δ 来代表 δ_a 或 δ_r，可得到统一的传递函数表达式，分别为

$$
\begin{aligned}
\frac{r(s)}{\delta(s)} =& \frac{1}{\Delta(s)} \begin{vmatrix} \overline{N}_\delta & -\overline{N}_\beta & -\overline{N}_p & 0 \\ Y_\delta & s - Y_\beta & 0 & -\dfrac{g}{V_0} \\ \overline{L}_\delta & -\overline{L}_\beta & s - \overline{L}_p & 0 \\ 0 & 0 & -1 & s \end{vmatrix} \\
=& \frac{1}{\Delta(s)} \Big\{ \overline{N}_\delta s^3 + [-\overline{N}_\delta(Y_\beta + \overline{L}_p) + \overline{L}_\delta \overline{N}_p + Y_\delta \overline{N}_\beta] s^2 \\
& + [Y_\beta(\overline{N}_\delta \overline{L}_p - \overline{L}_\delta \overline{N}_p) + Y_\delta(\overline{N}_p \overline{L}_\beta - \overline{N}_\beta \overline{L}_p)] s + \frac{g}{V_0}(\overline{L}_\delta - \overline{N}_\delta \overline{L}_\beta) \Big\}
\end{aligned}
$$

$$(3\text{-}189)$$

$$
\begin{aligned}
\frac{\beta(s)}{\delta(s)} =& \frac{1}{\Delta(s)} \begin{vmatrix} s - \overline{N}_r & \overline{N}_\delta & -\overline{N}_p & 0 \\ 1 & Y_\delta & 0 & -\dfrac{g}{V_0} \\ -\overline{L}_r & \overline{L}_\delta & s - \overline{L}_p & 0 \\ 0 & 0 & -1 & s \end{vmatrix}
\end{aligned}
$$

$$(3\text{-}190)$$

$$
\begin{aligned}
=& \frac{1}{\Delta(s)} \Big\{ Y_\delta s^3 + \big[-Y_\delta(\overline{N}_r + \overline{L}_p) - \overline{N}_\delta \big] s^2 + \Big[Y_\delta \overline{N}_r \overline{L}_p + \overline{L}_p \overline{N}_\delta \\
& + \overline{L}_\delta \Big(\frac{g}{V_0} - \overline{N}_p \Big) \Big] s + \Big[-Y_\delta \overline{N}_p \overline{L}_r + \frac{g}{V_0}(\overline{N}_\delta \overline{L}_r - \overline{L}_\delta \overline{N}_r) \Big] \Big\}
\end{aligned}
$$

$$\frac{p(s)}{\delta(s)} = \frac{1}{\Delta(s)} \begin{vmatrix} s - \overline{N}_r & -\overline{N}_\beta & \overline{N}_\delta & 0 \\ 1 & s - Y_\beta & Y_\delta & -\dfrac{g}{V_0} \\ -\overline{L}_r & -\overline{L}_\beta & \overline{L}_\delta & 0 \\ 0 & 0 & 0 & s \end{vmatrix}$$

$$\qquad\qquad (3\text{-}191)$$

$$= \frac{1}{\Delta(s)} \Big\{ \overline{L}_\delta s^3 + [-\overline{L}_\delta(\overline{N}_r + Y_\beta) + Y_\delta \overline{N}_r \overline{L}_\beta + \overline{N}_\delta \overline{L}_r] s^2$$

$$+ [\overline{L}_\delta(\overline{N}_r Y_\beta + \overline{N}_\beta) - Y_\delta(\overline{N}_r \overline{L}_\beta - \overline{N}_\beta \overline{L}_r) - \overline{N}_\delta(\overline{L}_\beta + \overline{L}_r Y_\beta)]s \Big\}$$

$$\frac{\phi(s)}{\delta(s)} = \frac{1}{s} \cdot \frac{p(s)}{\delta(s)} \qquad\qquad (3\text{-}192)$$

在侧向运动分析中，航向角 ψ 是一个非常重要的特征参数，根据侧向运动线性化方程组 (3-112) 中第二式 $\dot{\psi} = r$，可知：

$$\frac{\psi(s)}{\delta(s)} = \frac{1}{s} \cdot \frac{r(s)}{\delta(s)} \qquad\qquad (3\text{-}193)$$

需要说明的是，当输入为副翼偏转角增量 δ_a 时，由于副翼偏转所产生的侧力和偏航力矩相对较小，所以一般情况下可以忽略 $\overline{N}_{\delta_a}$ 和 Y_{δ_a} 的影响，从而实现对上述以副翼作用为输入、侧向状态变量为输出的传递函数的简化。如 δ 取为 δ_a 时式 (3-191) 可以简化为

$$\frac{p(s)}{\delta_a(s)} = \frac{1}{\Delta(s)} \overline{L}_\delta \left[s^3 - (\overline{N}_r + Y_\beta)s^2 + (\overline{N}_r Y_\beta + \overline{N}_\beta)s \right] \qquad (3\text{-}194)$$

3.4.3　飞机侧向运动的简化与分析

1. 滚转运动的一阶近似

在飞机侧向运动状态方程 (3-186) 中，第三式为飞机滚转力矩平衡方程，对于传统布局的飞机，实现滚转运动的主要操纵量是副翼的偏转角 δ_a 及其引起的滚转力矩 L，忽略其他因素（如 r、β 和 δ_r 的影响），仅考虑 δ_a 的作用，可以将状态方程 (3-186) 中滚转运动方程简化为

$$\begin{bmatrix} \dot{p} \\ \dot{\phi} \end{bmatrix} = \begin{bmatrix} \overline{L}_p & 0 \\ 1 & 0 \end{bmatrix} \begin{bmatrix} p \\ \phi \end{bmatrix} + \begin{bmatrix} \overline{L}_{\delta_a} \\ 0 \end{bmatrix} \delta_a \qquad\qquad (3\text{-}195)$$

此时滚转运动近似传递函数为

$$\frac{\phi(s)}{\delta_a(s)} = \frac{\overline{L}_{\delta_a}}{s(s - \overline{L}_p)} = -\frac{\overline{L}_{\delta_a}}{\overline{L}_p} \cdot \frac{1}{s(T_R s + 1)} \qquad\qquad (3\text{-}196)$$

上述传递函数中，有两个特征根，分别为 0 和 $\overline{L}_p$。其中特征根 $s = 0$ 表示副翼输入 δ_a 与滚转角响应 ϕ 之间存在积分关系，即 δ_a 输入与滚转角速度 p 相对应；另一个根 $s = \overline{L}_p$ 则直接对应了滚转运动模态的时间常数：

$$T_R = -\frac{1}{\overline{L}_p} \tag{3-197}$$

通常情况下，$\overline{L}_p$ 为负值，因此滚转运动模态稳定。考虑到在小迎角条件下有 $\overline{L}_p \approx L_p$，因此参照式 (3-109b) 可得

$$T_R = -\frac{1}{\overline{L}_p} \approx -\frac{1}{\dfrac{1}{I_x}\dfrac{b}{2V_0}\left(\dfrac{1}{2}\rho V_0^2 C_{l_{\overline{p}}} S_w b\right)} \tag{3-198}$$

由式 (3-198) 可知，滚转运动模态时间常数 T_R 与 ρV_0 成反比，即 T_R 与飞行速度 V 成反比，与飞行高度 H 成正比。

同时滚转运动模态时间常数 T_R 还与滚转阻尼导数 $|C_{l_{\overline{p}}}|$ 成反比，$|C_{l_{\overline{p}}}|$ 越大，滚转运动模态时间常数 T_R 越小。亚声速飞机一般都具有大展弦比机翼，$|C_{l_{\overline{p}}}|$ 较大，滚转阻尼特性好。但大 $|C_{l_{\overline{p}}}|$ 使副翼操纵滚转变得困难，飞机进入盘旋太慢，影响了盘旋机动性能的发挥。超声速飞机一般都是小展弦比机翼，$|C_{l_{\overline{p}}}|$ 较小，滚转阻尼特性不好，因此有必要加入人工阻尼。

2. 荷兰滚运动的简化

荷兰滚运动可能是飞机动力学模型中最难分析的一种运动模态。对荷兰滚运动的简化取决于简化的条件假设，在大多数情况下，可以通过荷兰滚振动期间滚转角 ϕ 与侧滑角 β 的比值（即滚摆比）绝对值 $\left|\dfrac{\phi}{\beta}\right|$ 的大小来确定简化的假设条件。前述已得知荷兰滚运动是偏航运动与滚转运动的一种耦合运动，$\left|\dfrac{\phi}{\beta}\right|$ 反映了这两种运动之间的强弱关系，近似计算式为

$$\left|\frac{\phi}{\beta}\right| \approx \left[\frac{C_{l_\beta}}{C_{n_\beta}}\frac{I_z}{I_x}\frac{1}{\rho V_0}\right] \tag{3-199}$$

1) $\left|\dfrac{\phi}{\beta}\right|$ 很小时的近似

此时一般采用美国空军试飞员学校的近似方法，认为侧滑/偏航运动是荷兰滚运动的主体，荷兰滚运动的自然振荡频率和阻尼比可以通过以下公式近似计算得到：

$$\omega_D \approx \left(\frac{S_w b}{2}\right)^{1/2} V_0 \left(\frac{C_{n_\beta}\rho}{I_z}\right)^{1/2} \tag{3-200}$$

$$\zeta_D \approx \left(\frac{1}{8}\sqrt{2S_w b^3}\right)(-C_{n_r})\left(\frac{\rho}{I_z C_{n_\beta}}\right)^{1/2} \tag{3-201}$$

此时，ω_D 与航向静稳定导数的平方根 $\sqrt{C_{n_\beta}}$ 成正比；ζ_D 与航向阻尼力矩导数 $|C_{n_r}|$ 成正比，与航向静稳定导数的平方根 $\sqrt{C_{n_\beta}}$ 成反比。

2）$\left|\dfrac{\phi}{\beta}\right|$ 较小时的二阶近似

同样此时认为荷兰滚运动中，主要是偏航运动和侧滑运动，这种情况主要针对滚转静稳定性较小的飞机（$|C_{l_\beta}|$ 较小）。此时将荷兰滚运动近似为偏航运动，并且在侧向状态方程 (3-186) 第二式侧力方程中 $(g/V_0)\phi$ 和第一式偏航力矩方程中 $\overline{N}_p p$ 作用很小，予以忽略，这相当于取消了滚转运动对偏航/侧滑运动的反馈，而将偏航运动与滚转运动直接串联。此时式 (3-186) 可简化为

$$\begin{bmatrix} \dot{r} \\ \dot{\beta} \\ \dot{p} \\ \dot{\phi} \end{bmatrix} = \begin{bmatrix} \overline{N}_r & \overline{N}_\beta & 0 & 0 \\ -1 & Y_\beta & 0 & 0 \\ \overline{L}_r & \overline{L}_\beta & \overline{L}_p & 0 \\ 0 & 0 & 1 & 0 \end{bmatrix} \begin{bmatrix} r \\ \beta \\ p \\ \phi \end{bmatrix} + \begin{bmatrix} \overline{N}_{\delta_a} & \overline{N}_{\delta_r} \\ 0 & Y_{\delta_r} \\ \overline{L}_{\delta_a} & \overline{L}_{\delta_r} \\ 0 & 0 \end{bmatrix} \begin{bmatrix} \delta_a \\ \delta_r \end{bmatrix} \tag{3-202}$$

对应的特征方程简化为

$$\Delta(s) = s(s - \overline{L}_p)[s^2 - (\overline{N}_r + Y_\beta)s + (\overline{N}_\beta + \overline{N}_r Y_\beta)] = 0 \tag{3-203}$$

式中，$s = \overline{L}_p$ 为滚转运动模态的特征根，而二次因式则对应于荷兰滚运动模态，即荷兰滚运动模态的特征方程为

$$s^2 - (\overline{N}_r + Y_\beta)s + (\overline{N}_\beta + \overline{N}_r Y_\beta) = 0 \tag{3-204}$$

则荷兰滚运动模态的自然振荡频率 ω_D 和阻尼比 ζ_D 有如下表达式：

$$\omega_D = \sqrt{\overline{N}_\beta + \overline{N}_r Y_\beta} \tag{3-205}$$

$$\zeta_D = -\frac{\overline{N}_r + Y_\beta}{2\sqrt{\overline{N}_\beta + \overline{N}_r Y_\beta}} \tag{3-206}$$

在上述关系中,通常有 $\overline{N}_\beta \gg Y_\beta \overline{N}_r$,同时考虑到在小迎角条件下有 $\overline{N}_\beta \approx N_\beta$,因此有

$$\omega_D \approx \sqrt{\overline{N}_\beta} \approx \sqrt{N_\beta} = V_0\sqrt{\rho}\sqrt{\frac{1}{2I_z}S_w b C_{n_\beta}} \tag{3-207}$$

同理改写式 (3-206),并代入式 (3-110c) 和式 (3-111a) 可得

$$\zeta_D \approx -\frac{N_r + Y_\beta}{2\sqrt{N_\beta}} = -\sqrt{\rho}\frac{\dfrac{1}{4I_z}C_{n_{\overline{r}}}S_w b^2 + \dfrac{1}{2m}C_{Y_\beta}S_w b}{2\sqrt{\dfrac{1}{2I_z}S_w b C_{n_\beta}}} \tag{3-208}$$

由此可知,荷兰滚运动的自然振荡频率 ω_D 与空速 V 成正比,阻尼比 ζ_D 与空速无关,两者都正比于 $\sqrt{\rho}$,即均随着飞行高度的增加而减小。又由于 $\omega_D \propto \sqrt{C_{n_\beta}}$,即航向静稳定性越好,荷兰滚自然振荡频率越大。$\zeta_D$ 与 C_{n_r} 成正比,与 $\sqrt{C_{n_\beta}}$ 成反比。该结论与第一种简化假设一致。

需要说明的是,这种简化假设在 $\left|\dfrac{\phi}{\beta}\right|$ 较小即 C_{l_β} 较小时成立。C_{l_β} 太大会降低 ζ_D,甚至使得 $\zeta_D < 0$,此时需要采用第三种简化假设。

3)$\left|\dfrac{\phi}{\beta}\right|$ 较大时的二阶近似

此时认为,荷兰滚运动模态的两种耦合运动中的主体是滚转运动,应用于具有良好滚转静稳定性的飞机,即 $|C_{l_\beta}|$ 很大。

此时,荷兰滚运动特征方程简化为

$$s^2 - Y_\beta s + \frac{g}{V_0}\frac{\overline{L}_\beta}{\overline{L}_p} = 0 \tag{3-209}$$

由此可得

$$\omega_D \approx \sqrt{\frac{g}{V_0}\frac{L_\beta}{L_p}} \tag{3-210}$$

$$\zeta_D \approx -Y_\beta\sqrt{\frac{V_0}{g}\frac{L_p}{L_\beta}} \tag{3-211}$$

此时,滚转静稳定导数 C_{l_β} 和滚转阻尼 C_{l_p} 对自然振荡频率 ω_D 和阻尼比 ζ_D 有显著影响。

3. 螺旋运动的二阶近似

螺旋运动模态是在侧滑角 β 很小的条件下，由滚转角 ϕ 和航向角 ψ 主导的一种运动。螺旋运动会引起与工作点发生较大的偏离，难以从线性化方程对螺旋运动做出满意的简化，但可以对螺旋运动的稳定性做出说明。滚转根和螺旋根的一般近似解是基于侧向力方程中重力分量与离心力处于平衡，即

$$g\phi_0 \approx -V_0 r \tag{3-212}$$

式 (3-212) 意味着升力矢量在对称面内，并可略去 $Y_\beta \beta$ 项，由此综合得到 $\dot{\beta} = 0$，此时侧向运动的齐次方程为

$$\begin{bmatrix} \dot{r} \\ \dot{\beta} \\ \dot{p} \\ \dot{\phi} \end{bmatrix} = \begin{bmatrix} \overline{N}_r & \overline{N}_\beta & \overline{N}_p & 0 \\ -1 & 0 & 0 & \dfrac{g}{V_0} \\ \overline{L}_r & \overline{L}_\beta & \overline{L}_p & 0 \\ 0 & 0 & 1 & 0 \end{bmatrix} \begin{bmatrix} r \\ \beta \\ p \\ \phi \end{bmatrix} \tag{3-213}$$

其特征方程为

$$\Delta(s) = \begin{bmatrix} s - \overline{N}_r & -\overline{N}_\beta & -\overline{N}_p & 0 \\ -1 & 0 & 0 & \dfrac{g}{V_0} \\ -\overline{L}_r & -\overline{L}_\beta & s - \overline{L}_p & 0 \\ 0 & 0 & -1 & s \end{bmatrix} \tag{3-214}$$

$$= s^2 - \left[\overline{L}_p - \left(\overline{N}_p - \frac{g}{V_0} \right) \frac{\overline{L}_\beta}{\overline{N}_\beta} \right] s + \frac{g}{V_0} \frac{1}{\overline{N}_\beta} \left(\overline{N}_r \overline{L}_\beta - \overline{N}_\beta \overline{L}_r \right) = 0$$

这个近似式对螺旋根和滚转根组合成一对共轭复根时也有效，但在大多数情况下，这两个根都是实根，且 $|T_S| \gg |T_R|$。根据这个前提，可以分解式 (3-214) 得到滚转根近似为

$$s_R = -\frac{1}{T_R} \approx \overline{L}_p \left(1 - \frac{\overline{N}_p - g/V_0}{\overline{L}_p} \frac{\overline{L}_\beta}{\overline{N}_\beta} \right) \approx \overline{L}_p \tag{3-215}$$

螺旋根近似为

$$s_S = -\frac{1}{T_S} \approx \frac{1}{\overline{L}_p} \frac{g}{V_0} \frac{1}{\overline{N}_\beta} \left(\overline{N}_r \overline{L}_\beta - \overline{N}_\beta \overline{L}_r \right) \tag{3-216}$$

因为 $\overline{L}_p < 0$，$\overline{N}_\beta > 0$，为使得螺旋根稳定，必须满足：

$$\overline{N}_r\overline{L}_\beta - \overline{N}_\beta\overline{L}_r > 0 \tag{3-217}$$

即

$$C_{n_r}C_{l_\beta} - C_{n_\beta}C_{l_r} > 0 \tag{3-218}$$

这四个参数与机翼上反角和垂直尾翼尺寸有关。加大上反角，C_{l_β} 增大，对其他三个参数无影响；加大垂直尾翼的面积，则会同时增大 C_{n_r} 和 C_{n_β}。一般情况下，在满足一定的航向静稳定性 C_{n_β} 的要求后，选择适当的上反角来调整 C_{l_β}，使得螺旋运动模态稳定，或虽不稳定，但发散不至于过快。

需要进一步说明的是，在得到飞机侧向运动状态方程后，可以通过计算数值解，直接得到飞机侧向各运动模态的特征根及相关指标参数。本节为实现侧向运动模态的简化，加诸了许多假设，必然导致简化后的各模态参数与实际有偏差，这些偏差有时还比较大，在实际使用中需要注意。这种简化的主要意义在于可以通过简化后的模型，定性分析飞行参数及飞机气动导数对各运动模态的影响，从而得到改善或控制这些模态的方法。

思 考 题

1. 说明飞机空间运动的六个自由度。

2. 分别写出飞机六自由度模型的四个方程组的表达式。

3. 在飞机气流坐标系中建立飞机的力方程组。

4. 学习四元数法，并用四元数法改写飞机的姿态角运动方程组。

5. 分析说明飞机运动方程解耦分组的方法。

6. 写出飞机纵向运动状态方程，并绘制其信号流图。

7. 写出飞机侧向运动状态方程，并绘制其信号流图。

8. 写出飞机纵向短周期运动模态和长周期运动模态的状态方程和特征参数。

9. 某型飞机以 100m 高度、$1.1Ma$ 做低空高速飞行，纵向状态方程为 $\dot{x} = Ax + Bu$，状态向量为 $x = \begin{bmatrix} q & \alpha & V & \gamma \end{bmatrix}^{\mathrm{T}}$，控制输入为 $u = \begin{bmatrix} \delta_e & \delta_T \end{bmatrix}^{\mathrm{T}}$，状态方程中的 A、B 矩阵为

$$A = \begin{bmatrix} -1.98 & -103 & 0.0070 & 0 \\ 1 & -2.83 & -0.0001 & 0 \\ 0 & -17.207 & -0.0720 & -9.807 \\ 0 & 2.85 & 0.0001 & 0 \end{bmatrix}, \quad B = \begin{bmatrix} -60.2 & 0 \\ -0.3393 & 0 \\ 0 & 0.001 \\ 0.3393 & 0 \end{bmatrix}$$

请用 MATLAB 软件，绘制 δ_e 为 1° 阶跃偏转下 10s 内的状态量的响应曲线。

10. 以第 9 题数据为例，分别计算传递函数 $q(s)/\delta_e(s)$ 和 $\alpha(s)/\delta_e(s)$ 的表达式，并计算短周期运动的阻尼比和自然振荡频率。

11. 以第 9 题数据为例，分别计算传递函数 $V(s)/\delta_e(s)$ 和 $\gamma(s)/\delta_e(s)$ 的表达式，并计算长周期运动的阻尼比和自然振荡频率，判断飞机是否满足定载静稳定性条件。

12. 分析飞机纵向运动的静稳定性、定速静稳定性和定载静稳定性的物理含义、判别式和相互关系。

13. 分析飞机对油门杆阶跃输入的稳态响应。

14. 写出滚摆比 $\left|\dfrac{\phi}{\beta}\right|$ 较小的荷兰滚运动模态二阶近似运动方程，写出其特征方程、阻尼比和自然振荡频率表达式，分析飞行参数对荷兰滚运动阻尼和自然振荡频率的影响。

15. 写出滚转运动模态一阶近似运动方程，分析飞行参数对滚转运动模态的影响。

16. 写出螺旋运动二阶近似运动方程，分析飞行参数对螺旋运动模态稳定性的影响。

17. 某型飞机在 100m 高度，以 V_0 速度稳定平飞，选取侧向运动状态向量为 $\boldsymbol{x} = \begin{bmatrix} r & \beta & p & \phi \end{bmatrix}^{\mathrm{T}}$，控制输入为 $\boldsymbol{u} = \begin{bmatrix} \delta_a & \delta_r \end{bmatrix}^{\mathrm{T}}$，状态方程中的 $\boldsymbol{A}$、$\boldsymbol{B}$ 矩阵为

$$\boldsymbol{A} = \begin{bmatrix} -0.8590 & 7.4600 & -0.1590 & 0 \\ -1.0000 & -0.1782 & 0 & 0.1121 \\ 4.7900 & -41.3000 & -5.1600 & 0 \\ 0 & 0 & 1.0000 & 0 \end{bmatrix}, \quad \boldsymbol{B} = \begin{bmatrix} 0.0600 & -2.3900 \\ 0 & 0.0316 \\ 9.2100 & 10.600 \\ 0 & 0 \end{bmatrix}$$

请用 MATLAB 软件，分别绘制 $\delta_a = 1°$ 和 $\delta_r = 1°$ 阶跃偏转下 10s 内的状态量的响应曲线。

18. 以第 17 题数据为例，计算飞机的飞行速度、荷兰滚运动的阻尼比和自然振荡频率，写出近似 $\phi(s)/\delta_a(s)$ 的表达式。

第 4 章　飞行控制的任务与目标

本章是飞行控制系统的开篇，主要介绍飞机飞行控制系统的设计目标、评价准则和基本任务。同时简要介绍飞机纵向和横航向飞行品质、飞行品质评价方法以及飞机飞行控制系统通用规范。最后介绍飞机基本飞行性能、续航和起飞着陆性能、机动飞行性能相关内容。

4.1　任务与设计目标

对有人机而言，飞机设计的最高目标是飞行安全，其余所有的目标都要服从这项目标的要求。民用领域，最为关注的是将乘客安全地送到预定的目的地，相较而言，经济性、舒适性和正点运行只具有次要意义。军用领域，除了安全性目标，还有完成任务的目标要求，因此在军用规范中，这两项目标是并列的。

为实现上述目标，飞行控制系统应具备以下能力：首先，飞行控制系统能减轻飞行员的工作强度，承担稳定飞行状态的任务，减轻风切变和大气紊流等对飞机的影响，帮助飞行员专注于决定判断的"关键性"任务。其次，当飞行员的反应速度和能力不能胜任多种参数的观测和协调控制时，飞行控制系统能为其提供支持，如在恶劣气象条件下的着陆、地形跟踪，或者在失速范围的机动飞行。最后，飞行控制系统能完成经常性的、重复性的机动飞行程序，如高精度地完成标准化的进近着陆程序等，使飞行员能保持"清醒的头脑"，用以监控飞机的安全运行，在发生意外情况时，做出正确的决断。

为了确保飞行控制系统能具备上述基本能力，在飞行控制系统设计中需要遵循一定设计准则。限于篇幅，在此不能给出控制器设计的一般方法，只是指出一些适航标准和规范。这些要求来自以下三个方面：

（1）涉及飞行品质要求。首先是有关飞机的动态特性，也就是有关稳定性、操纵性和机动性（操纵品质），以及阵风敏感性（乘坐品质）的要求。因此，这些要求优先考虑了飞行员对良好的飞行能力和飞行舒适性的希望，但也包括对遵守安全飞行范围（飞行包线）的一些主要要求。

（2）涉及单独飞机对环境的适应性，即对全部飞行活动的适应性。由起飞、巡航、进场和着陆的控制和标准飞行方式，得到关于对保持飞行航迹的允许偏差以及从各航迹段到进场着陆方式的程序等方面的一些要求。

（3）通过控制来改善飞行性能。应用主动控制技术不断扩大了战斗机的飞行范围之后，控制器有利于改善飞行品质和飞行性能之间的协调，如机动载荷控制、放宽静稳定性等，这些措施和另外一些措施都要求通过控制来主动限制飞行范围。

总之，飞行控制系统的设计目标与飞机类型和飞行范围有关。现代飞行控制系统所执行的飞行任务日趋复杂，对飞行器各项性能的要求也越来越高，飞行控制系统的设计要求和标准也在不断发展和完善，每一种新型飞机都要对现行的要求进行适当的修改。

4.1.1   评价准则

飞行控制系统的品质通常由飞行员来评定，所以除了固有的控制品质，对控制器功能的理解也起一定作用。飞行员对控制品质的评价与下列因素有关：

（1）飞机类型（大型的、迟钝的飞机，或者小型的、灵活的飞机）；

（2）飞行任务（起飞、巡航飞行、特技飞行）；

（3）环境条件（大气紊流、振动、噪声）；

（4）飞行任务的困难程度（如在恶劣能见度下的着陆、发动机停车等）。

所有这些影响因素都要进入设计规范，可用以下三种飞行状态加以说明。

1. 编队飞行

在这种飞行状态下最迫切的要求是最精确地按地点和时间控制引导飞行姿态和飞行航迹、最高的机动性和快速的响应特性。这种飞行以指令的剧烈、迅速变换以及发挥到极限的飞行性能为特征。此时飞行员的舒适性方面，只是要求经过较长时间之后，可靠地完成飞行任务。相对而言，经济性在这种飞行情况下没有什么意义。

2. 巡航飞行

在这种飞行状态下，要优先考虑经济性和空中交通控制引导的约束条件，所以关键是保持对地的飞行航线、最优飞行马赫数和飞行高度。与此相反，容许飞行航迹和飞行姿态的偏差相对大一些（如飞行高度平面相隔 300 ~ 600m、飞机相距 37km）。其次是舒适性要求，也就是对加速度和转动角速度的限制。这种飞行以一些长时间定常飞行阶段为特征，由于这些飞行阶段是通过逐段机动转换的，要求机动转换过程中各个操纵面的偏度都相当小。

3. 进近着陆飞行

在这种飞行状态下，以较高的航迹引导精度要求为特征，而且越靠近着陆地点要求越高。这一阶段的飞行速度处在最小飞行速度附近，因此要求飞行员高度注意能量状况，尤其是存在大气紊流时，更是如此。同时，频繁地改变构形状态

（如着陆襟翼、起落架等）又额外增加了飞行员的工作负担。在此阶段飞行过程中主要是定常飞行阶段之间的分段转换，所以对机动性的要求很低，但对舵面操纵效能要求较高。通常这一阶段涉及的飞行距离比较短，所以经济性和乘坐舒适性方面要求处于次要地位。

表 4-1 中比较了上述三个例子的几项主要品质要求。可以看出，稳定性和机动性要求是相反的。良好的运动稳定性和阻尼特性不利于飞机的操纵灵敏性。有时为了具有高机动性能而必须降低稳定性和阻尼特性。虽然在飞行各阶段中都要求进行阵风抑制，但这对长时间的飞行阶段，阵风抑制更为重要（如确保乘坐舒适性、结构载荷等）。航迹精度和乘坐舒适性的要求也是相互对立的，这是因为高的航迹精度要以高的加速度和转动角速度为基础，所以只有在降低乘坐舒适性的条件下才能达到。表中还附加一项越来越重要的要求，就是用"包线保护"（envelope protection）或者"无忧操纵"（care free handling）这两个概念描述飞行控制系统中的强扰动，甚至飞行员的错误操纵输入下，防止飞机超出它的安全飞行范围（即 $\alpha_{\max}$、$n_{z\max}$ 和 $Ma_{\max}$ 等），从而减轻飞行员在各飞行阶段中的监控工作负担。

表 4-1　典型飞行状态的性能要求

性能	编队飞行	巡航飞行	着陆
稳定性、阻尼特性	−	+	+
机动性	++	−	−
阵风抑制	+	+	+
航迹精度	+	−	++
乘坐舒适性	−	+	−
经济性	−	++	−
包线保护		+	+

注：表中的"+"、"−"号表示对该性能的需求强度，"+"号越多，需求越强。

下面将再列举一些飞行品质、飞行性能和引导精度等方面要求显著不同的各种典型飞行任务及基本要求：

（1）空战、特技飞行，要求极限性能、极小的曲率半径和大的载荷系数；

（2）跟踪目标，要求最优能量航迹和会合机动；

（3）无推力进近着陆，要求能量管理、最优下滑航迹、最优进场航迹以及正点着陆；

（4）起飞和爬升，要求在起飞航迹上的加速、抬前轮、最优上升飞行到飞行范围边界（发动机停车）；

（5）巡航飞行，要求逐段转换的长时间定常飞行阶段、最低燃料消耗；

（6）高交通密度下的进场，或者以高的下滑速度做下滑飞行，要求飞行航迹经常变化和等待飞行；

（7）终端进近和着陆，要求高的航迹精度、地面边界层（如大气紊流、风切变）和恶劣能见度的限制。

4.1.2　基本任务

通常情况下，可将飞行控制系统承担的任务概括成四类。

1. 改善飞行品质

飞行控制系统的这项任务中，包含了辅助驾驶和飞行员进行高一级航迹引导的所有控制任务。因此，飞行品质改善的第一个方面是改善飞机的一些固有运动特性，如飞机的滚转、俯仰和偏航特征运动的频率及阻尼特性，以及各运动参数直接的关系（如滚转、偏航的耦合等），从而使得难以驾驶的飞机易于操作控制。

飞行品质改善的第二个方面是操纵特性，即飞机对飞行员操纵输入的响应特性。航迹自由度反应相对要迟缓一些，所以即使在轻微不稳定的情况下，飞行员也能控制，因此在这里航迹自由度只起次要作用。而与此相反，飞机转动自由度中对稳定性的要求则处于首要地位，特征频率和阻尼必须在令飞行员满意的同时又处于飞行员反应允许的范围之内，从而确保飞行员的操纵不会使得飞机不稳定或者诱发极限振荡，也不会使飞机处于过操纵状态。因此，必须在飞机的稳定性和灵敏性之间做出恰当的协调。

在飞机的操纵特性中，不仅对操纵指令的响应（准定常）幅值（操纵灵敏度）很重要，而且响应的时间过程也很重要。后者能使飞行员尽量早地估计飞机的运动特性，正确地调整操纵输入。这两者都可以通过飞行控制系统的设计得到改善。

通常情况下，飞行员主要通过不可逆的液压驱动机构操纵飞机，因此飞行员在驾驶杆上感受的不是实际的舵面气动力的反作用力，必须人为地通过机械式的或者液压式的弹簧（即人感系统/载荷机构）来产生这种反作用力。因此，所施加的操纵力和所产生的载荷系数对评价飞行品质极为重要。另外，由加速度和转动角速度表征的飞机起始响应也起着决定性作用。

飞行品质改善的第三个方面是扰动特性，主要是飞机对大气紊流的响应特性。一般通过滤波器的作用提高固有阻尼能明显降低阵风敏感性。当然，完全抑制扰动是不可能的，正如已经简化的角度关系

$$\theta = \gamma + \alpha + \alpha_w \tag{4-1}$$

所示，阵风不仅造成迎角 α 的变化，从而使得飞机载荷系数和航迹俯仰角发生变化，而且还引起飞机俯仰角 θ 的变化，即产生大的俯仰角速度。因此，在阵风载荷减缓控制时，总要在航迹控制和姿态控制之间进行协调。一般情况下，当阵风频率较高时，应偏重姿态控制；当阵风频率较低时，应偏重航迹控制。

大气紊流不仅激发飞机的刚体运动自由度，而且还会激发飞机的弹性运动自由度，所以飞机尾部的加速度能量水平要比机翼附近高（如大型运输机）。因此，用于阵风载荷减缓的控制器，原则上还要担负控制（阻尼）弹性运动自由度的任务，为此，需要一些附加的传感器和执行元件，这就意味着要花费很大的代价。由于这个原因，一般情况下，不把阻尼器功能扩展到弹性自由度的频率范围，反而用滤波器有意把阻尼器的作用限制在刚体运动范围之内。

飞行品质改善的第四个方面是大扰动的控制问题，如飞机一侧发动机停车，或者抛投载荷所引起的大扰动。首先，必须降低初始出现的转动加速度，以便不形成危险的飞行姿态；然后，应重新配平飞机，以平衡非对称推力，或者平衡质量变化和质心的移动。

所有这些控制器都应支持，而不妨碍飞行员承担航迹控制任务。只要控制器能可靠地工作，飞行员并不关心控制器的详细工作方式，控制器应当尽可能地以飞行员觉察不到的方式工作。对飞行员而言，其操纵控制的是加入飞行控制系统后的飞机，也就是固有特性经过飞行控制系统改善后的等效飞机。

2. 辅助航迹控制

在动态飞行阶段，要求飞行员能够进行精确的飞行航迹控制或通过剧烈操纵迅速改变飞机状态的机动控制，必须有相应的控制器提供支持。为此，除必须含有预置规定值的功能，控制器还必须出现在飞行员（作为航迹控制器）和操纵系统之间，这就需要通过电传操纵系统来实现。这样，控制器就被移到控制回路的前向通道中，从而可以从根本上提高控制器的有效性，扩展控制器的功能（协调、滤波）。

在纵向运动中，飞行员能通过驾驶杆控制的量是俯仰角速度 q、载荷系数 n_z，或者这二者的组合量 C^*，参见式 (4-6)。在对机动能力要求很低的运输类飞机上，垂直速度 $\dot{H}$ 也作为操纵量使用。在侧向运动中，视要求而定，一般规定滚转角速度 p、滚转角 ϕ 或者偏航角速度 r 作为操纵量，但操纵力和飞机运动之间的稳态配置，必须与未加控制的飞机特性相适应，因此不可能在操纵力与姿态角之间，或者在操纵力与飞行航迹之间直接进行配置。

3. 自动航迹控制

全自动飞行航迹控制是以所有 6 个自由度的自动控制为前提的。但是，必须使控制器的结构能对 3 个航迹运动自由度的每一个都有在手动控制和自动化控制之间进行选择的可能性。

最早的自动飞行航迹控制器（自动驾驶仪）只承担个别飞行阶段的稳定任务，首先是（直线飞行的）巡航飞行，然后加上这些飞行阶段之间的曲线飞行和过渡飞行航迹段，最后由多个阶段组合成现在的飞行阶段，如自动着陆中也可能还包括复飞机动飞行。这些控制任务减轻了飞行员的负担，使他们能顾及其他任务（计划飞行航线和飞行过程、空中交通等）。这些自动化飞行阶段的程序运行是由标准化的飞行方式和实际给定的飞行监测情况决定的。它们的设计计算准则只部分地与飞行品质有关，相反，主要是关于飞行航迹允许偏差和航迹变换时允许的过调量，以及飞行员和乘客的舒适性等方面的规定。

自动引导到连续弯曲（陡进近）的，或者经常变化的飞行航迹方面的一些新的方法也遵循同样的准则，只是具体实现要花费更大的代价，因为必须同时改变众多航迹参数（高度、空速和航向），此时，能量状态也连续变化。在一般的飞行情况下，这些航迹参数的输入是有延迟的，因为在这些控制器中，不仅要由飞行员来可靠地实现，而且还要由飞行员来监控，这是很难的。其实现的前提条件是三维定位方法的可用性，通常与出于飞行安全方面的原因对非正常飞行方式的认可程度有关。

4. 监控和计划任务

飞行员操纵控制飞机的上一级工作，涉及飞行计划、最优飞行、机载系统的使用，以及飞行状态的监控。飞行员必须借助随机手册、飞行图，以及有关载荷、燃料消耗、天气交通情况、交通控制等方面的数据，使飞行过程达到最优。如今，在这些工作中，飞行员正越来越多地得到飞行管理计算机的支持。这些系统还逐渐担负起选择电台和发射频率、变换导航系统和控制器工作方式、把飞行航迹数据转变成控制器的控制规定值以及各个飞行阶段的程序控制等费时间的工作。

飞行状态的监控需求产生了飞行控制系统中称为“包线保护”或边界控制的工作方式，其任务包括发动机监控（分别为最大允许推力、转速、温度），最大/最小飞行速度、飞行高度，最大迎角（失速），以及过载限制。这些量值和边界与飞行状态、飞机构形（如着陆襟翼位置）有关。所以，这些任务的自动化监控就意味着减轻了飞行员的主要工作负担，将飞行员从经常性的工作中解放出来，使飞行员能集中精力于任务领域。按照“无忧操纵”概念设计的飞行控制系统，已具备类似的控制器功能，这些功能允许在考虑规定飞行任务情况下，“无忧”地充分利用飞行边界，但对有意超过使用边界时不能提供绝对保护。

4.2 飞行品质与规范

飞机的飞行品质是指与飞行有关的，且涉及飞行员感受的，在定常或机动飞行过程中是否容易驾驶的飞机特性。从飞机本身特性来说，主要指飞机的稳定性和操纵性，如杆舵的操纵力、位移，以及失速和螺旋特性，同时还包括对飞行操纵、飞行员精力有影响的其他因素，如座舱内操纵、工作负担、仪表显示、座舱环境等。对飞行品质的评价，是通过飞行员执行各项飞行任务的感受和体会（视觉、听觉、身体感受等）来主观评价的。通俗地说，好的飞行品质，飞行员的主观感受是"有效、安全、好飞"。"有效"是指飞机在飞行员操纵下，灵活自如地完成各种机动动作，能精确跟踪和控制飞行轨迹。"安全"是指飞机在飞行中没有威胁安全、导致事故的飞行现象出现，如跨声速飞行范围内，不得出现杆力变化过于剧烈等涉及安全的现象。"好飞"是指飞行员操纵飞机时省体力、省脑力。

飞机的飞行品质是衡量飞机质量的重要组成部分。评价飞机的质量，不仅要看它的飞行性能（速度、高度、航程、航时等性能）、飞机结构、部件强度和刚度以及各种机载设备的好坏，还要看它的飞行品质。如果飞机没有良好的飞行品质，即使有良好的飞行性能，也无法充分地发挥出来。

4.2.1 飞机分类及飞行阶段分类

当用飞行品质定性和定量评价飞机时，首先面临的问题是应区别不同种类的飞机和飞行过程中不同的飞行阶段。这是由于飞机的种类繁多，同时同一架飞机的飞行可分为起飞、巡航、执行任务和着陆等飞行阶段。显然，飞行员对不同种类的飞机和不同的飞行阶段的飞行品质要求是不同的。鉴于这些考虑，在我国军用规范或标准中，将飞机分成 I、II、III、IV 四类，将飞行阶段分为 A、B、C 三种，分别如表 4-2 和表 4-3 所示。

表 4-2　飞机的分类

类别	机种
I	小型、轻型飞机，如初级教练机等
II	中等重量、低至中等机动性飞机，如战斗轰炸机、中型运输机、加油机等
III	大型、重型、低至中等机动性飞机，如重型运输机、重型轰炸机、货机等
IV	高机动性飞机，如歼击机、强击机、战术侦察机等

表 4-3　飞行阶段分类

飞行阶段	种类	内容
非场域	A	要求急剧机动、精确跟踪，如空战、对地攻击、空中加油等
	B	尽可能要求精确控制飞行轨迹，但可通过缓慢地机动，无须精确地跟踪，如爬升、巡航、空投等
场域	C	采用缓慢机动，并要求准确地控制飞行轨迹，如起飞、进场、着陆等

规范在制定飞行品质的要求时，其基本体制是：对每一类飞机的每一种飞行阶段的飞行品质，都按三个等级来表示。

等级 1：飞行品质能确保顺利完成各项预定的飞行任务，期望性能在没有或较少的飞行员补偿的条件下即可实现。

等级 2：飞行品质适合于完成各种飞行任务但飞行员的工作负担有所增加，或完成任务的效果有所降低，或两者兼有。

等级 3：飞行品质能满足安全操纵飞机的要求，但飞行员的工作负担过重或任务完成效果不好，或两者兼有。A 种飞行阶段能安全地结束，而 B 种和 C 种飞行阶段能够完成。

飞机运动可分为纵向运动和侧向运动，国军标中也相应规定了飞机纵向飞行品质和侧向飞行品质。

4.2.2　纵向飞行品质

1. 速度稳定性

速度稳定性是指飞行速度在长周期运动响应中表现的稳定性。在 GJB 185–1986《有人驾驶飞机（固定翼）飞行品质》中考虑以下三个方面。

1）长周期运动静稳定性

若飞机受到扰动后速度有恢复原飞行状态的趋势，则飞机具有定载静稳定性。GJB 185–1986 中要求当飞机在配平状态受扰，飞行员固定操纵或松手时，等级 1 和等级 2 中的飞机速度应保证不出现非周期发散。特殊情况下，允许最大不稳定度可放宽，但其倍幅时间不得小于 6s。

2）长周期运动动稳定性

纵向长周期运动模态的振荡运动又称沉浮运动，飞机迎角 α 在此过程中变化较小，主要反映在俯仰角 θ 和飞行速度 V 的变化上，振荡周期较长。对于有人驾驶飞机，飞行员的控制可以抑制长周期模态的轻微发散。但对于要求精确轨迹控制的飞机，就必须足够重视长周期模态的性能。GJB 185–1986 规定，驾驶杆固持与松浮时，飞机长周期速度振荡应满足下列要求。

等级 1：阻尼比 ζ_p 至少为 0.04。

等级 2：阻尼比 ζ_p 至少为 0。

等级 3：倍幅时间 T_p 至少为 55s。

3）飞行轨迹稳定性

飞行轨迹稳定性是指飞行员不改变油门位置而只改变俯仰操纵保持航迹俯仰角 γ 时，衡量飞机速度稳定性的指标，可表示为航迹俯仰角 γ 对空速 V 变化曲线的斜率，即用 $d\gamma/dV$ 表征，如图 4-1 所示。当此值分别为负值、正值和零时，分别表示飞行轨迹是稳定的、不稳定的和临界稳定的。

图 4-1 中的负斜率区是飞行轨迹的稳定区，航迹俯仰角 γ 减小，速度 V 增加，飞行员只需偏转升降舵即可控制速度。正斜率区是飞行轨迹不稳定区，速度随航迹俯仰角 γ 减小而减小，只控制升降舵已无法调节速度，还必须控制发动机的油门杆。一般希望最小使用速度 V_{0min} 尽可能在负斜率区，但飞行下滑着陆时 V_{0min} 比较小，通常都处在正斜率区。飞机不具备轨迹稳定性时，飞行员准确控制航迹比较困难。GJB 185–1986 规定 V_{0min} 处的斜率应为负值或小于规定的正值，

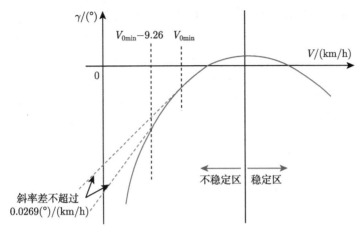

图 4-1 飞机航迹俯仰角与空速的关系曲线

即航迹俯仰角 γ 对空速 V 的曲线在最小使用速度 V_{0min} 处的斜率 $\mathrm{d}\gamma/\mathrm{d}V$ 应为负值或小于下列正值。

等级 1：0.0324(°)/(km/h)。

等级 2：0.080(°)/(km/h)。

等级 3：0.140(°)/(km/h)。

注意：推力状态应符合以 V_{0min} 正常进场下滑轨迹所要求的状态，在航迹俯仰角对真空速的曲线上比 V_{0min} 小 9.26km/h 处的斜率与 V_{0min} 处的斜率之差不得大于 0.0269(°)/(km/h)。

总之，轨迹稳定性对保证飞机下滑着陆和精确控制轨迹具有重要意义。

2. 纵向机动特性

纵向机动特性是飞机在常值速度下对飞行员输入的动态响应性能。GJB 185–1986 中主要考虑短周期响应、等速飞行中的操纵感觉和稳定性以及飞行员诱发振荡等。

短周期响应是在速度近乎不变的情况下，微小扰动或突然俯仰操纵所产生的迎角和俯仰角振荡过程，是研究纵向机动性和纵向飞行品质参数中十分重要的问题。

1）评价等级参数

短周期响应特性是十分重要的飞行品质参数之一。典型飞机的短周期响应是一个具有二阶振荡环节特性的运动模态。人们自然就想到用振荡频率和阻尼比这两个性能指标。图 4-2 表示过去评价典型振荡环节特性参数的变化边界，即评价二阶环节特性的主要参数即振荡频率和阻尼比的变化范围。图中，"好"、"可以"

和 "差" 三个区域是飞行员评价纵向短周期响应特性的等级区域。飞行员经验证明，若 ω_s 过高，则飞机对操纵力及阵风的响应将很激烈，飞行员会感到飞机太灵敏。若 $T_s = 2\pi/\omega_s$ 不足够大于人体肌肉系统的时间常数，甚至可能会导致飞行员诱发振荡。另外，一般飞行控制系统舵回路的通频带比飞机短周期响应特性的振荡频率 ω_s 高 $3 \sim 5$ 倍，飞行控制系统才能很好地发挥作用。若 ω_s 过高，则舵回路的动特性要求也高，飞行控制系统的设计和实现均将变得困难。反之，若 ω_s 过低，则飞行员又会觉得飞行响应过于迟钝，也会引起飞行员的诱发振荡。

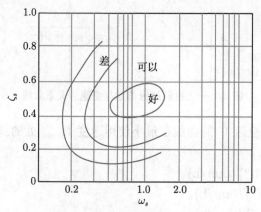

图 4-2   评价等级参数变化范围

2）短周期的阻尼比 ζ_s

短周期的阻尼比 ζ_s 是描述飞机阻尼特性的重要参数。若 ζ_s 适当，则飞机受扰后摆动次数少，收敛快。若 ζ_s 过大，则飞机响应迟钝，操纵性差。若 ζ_s 过小，则飞机受扰后的过程出现振荡和超调，飞机操纵困难，GJB 185–1986 中对 ζ_s 的要求如表 4-4 所示。

表 4-4   短周期阻尼比的限制

飞行品质等级	A、C 类飞行段		B 类飞行段	
	最小	最大	最小	最大
等级 1	0.35	1.30	0.30	2.00
等级 2	0.25	2.00	0.20	2.00
等级 3	0.15	—	0.15	—

3）操纵期望参数

飞机性能与飞行速度的提高，飞机外形的改变，使得在纵向短周期响应特性中仅考虑振荡频率 ω_s 和阻尼比 ζ_s 是不够的。飞行员评价飞机操纵性时，不仅关注动态响应情况，而且关心飞机轨迹变化的最终结果。因此，GJB 185–1986 中给出短周期无阻尼振荡和加速度灵敏度的要求，综合考虑飞机轨迹变化情况，给出不同飞行阶段的飞行品质等级，以及短周期无阻尼振荡频率 ω_s、单位迎角下的稳态法向过载 n_z/α 以及过载灵敏度的限制。过载灵敏度的指标是操纵期望参数 (control anticipation parameter，CAP)，其表达式为

$$\text{CAP} = \frac{(\ddot{\theta}/\delta_e)|_{t=0^+}}{(n_z/\delta_e)|_{t=\infty}} = \frac{\ddot{\theta}|_{t=0^+}}{n_z|_{t=\infty}} \approx \frac{\omega_s^2}{n_z/\alpha} \tag{4-2}$$

由式 (4-2) 可见，CAP 是升降舵阶跃变化时飞机初始俯仰角加速度 $\ddot{\theta}|_{t=0^+}$ 与稳态法向过载 $n_z|_{t=\infty}$ 之比，反映飞机轨迹是否易于控制。飞行员根据飞机的最初姿态响应推测飞机航迹的最终变化，而最好的初始姿态响应是飞行员的内耳所能感受的俯仰角加速度。若 CAP 太小，则 $\ddot{\theta}|_{t=0^+}$ 很小，以致低于内耳所能觉察的程度；反之，若 CAP 过大，则飞行员施加很小的操纵力就可引起很大的初始俯仰角加速度 $\ddot{\theta}|_{t=0^+}$，飞行员将倾向于减小操纵力或反向操纵，于是又造成过小的稳态响应 $n_z|_{t=\infty}$。上述表明，CAP 是衡量纵向机动特性的重要飞行品质指标。GJB 185–1986 中，各种飞行阶段的技术要求如图 4-3 所示。

操纵期望参数又可表示为

$$\text{CAP} = \frac{\ddot{\theta}|_{t=0^+}}{n_z|_{t=\infty}} = \frac{\ddot{\theta}_{t=0^+}}{F_y} \times \frac{F_y}{n_z|_{t=\infty}} = M_{F_y} F_y^{n_z} \tag{4-3}$$

式中，$M_{F_y} = \dfrac{\ddot{\theta}_{t=0^+}}{F_y}$，称为杆力灵敏度，即单位杆力所产生的飞机初始俯仰角加速度；$F_y^{n_z} = \dfrac{F_y}{n_z|_{t=\infty}}$，称为单位过载杆力，表示飞机做机动飞行时，每产生 1 单位过载所需要的杆力。

因此，CAP 包含与飞行员操纵感觉直接相关的两个指标：杆力灵敏度 M_{F_y} 和单位过载杆力 $F_y^{n_z}$。当 CAP 值太小时，必须减小 M_{F_y} 以保证满意的过载杆力 $F_y^{n_z}$，或减小单位过载杆力 $F_y^{n_z}$，以保证满意的杆力灵敏度 M_{F_y}。CAP 太大，M_{F_y} 和 $F_y^{n_z}$ 之间也很难配合得当。因此，CAP 必须控制在图 4-3 限定的范围内。

此外，GJB 185–1986 规定，在平静大气中，任何持续剩余振荡不应妨碍飞行员完成各项任务。在等级 1 和等级 2 中规定，飞行员座位处的法向过载不得大于 $\pm 0.05g$；在要求精确姿态操纵的战斗飞行阶段，俯仰姿态的振荡不得大于 $\pm 0.17°$。这些要求适用于俯仰操纵固持和松浮两种情况。同时规定，飞机不应有飞行员诱发振荡的趋势，即飞行员操纵飞机不应引起持久的或不可控制的振荡。

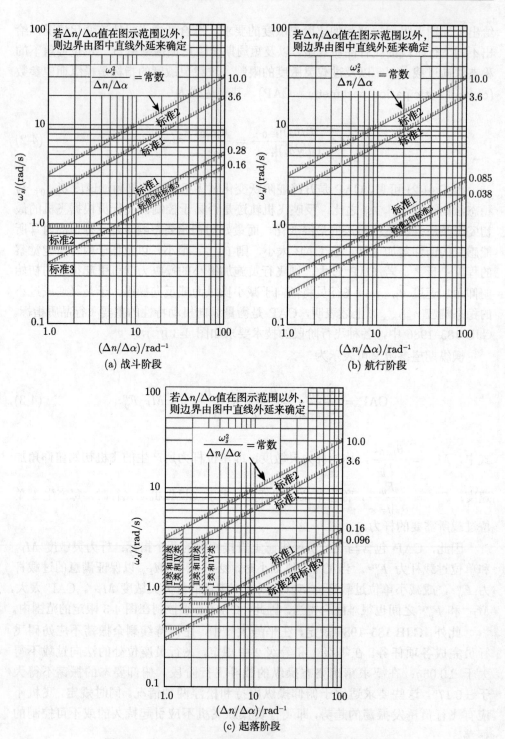

图 4-3　各飞行阶段的短周期频率与操纵期望参数的关系

3. 纵向操纵特性

GJB 185-1986 中对纵向操纵的要求涉及以下几个方面：等速直线平飞的纵向操纵、机动飞行时的纵向操纵、起飞时的纵向操纵、着陆时的纵向操纵、在可用飞行包线内时的纵向操纵、在允许飞行包线内俯冲时的纵向操纵以及侧滑时的纵向操纵。这些规定都是为了保证在使用飞行包线内有效操纵飞机并有合适的操纵杆力，尽可能地简化飞行员的操纵。

4.2.3 侧向飞行品质

与纵向飞行品质相似，GJB 185-1986 中对飞机侧向飞行品质的要求主要是稳定性、机动性和操纵性，具体包括侧向模态特性、侧向动态反应特性、滚转操纵性能、航向操纵性能、定常侧滑时的侧向特性、复飞中的侧向操纵、俯冲中的侧向操纵、侧风中的侧向操纵以及非对称推力时的侧向操纵等九个方面。由于篇幅所限，在此仅介绍其中最主要的一个方面，即飞机的侧向模态特性。

飞机侧向运动的三种模态为荷兰滚运动模态、滚转运动模态和螺旋运动模态，GJB 185-1986 分别对其品质要求如下。

1. 荷兰滚运动模态

航向扰动引起的荷兰滚无阻尼自振频率 ω_D、阻尼 ζ_D 以及两者之积 $\zeta_D\omega_D$，应大于表 4-5 中的最小值。飞行中遇到的任何振荡均应满足这些要求。

表 4-5　荷兰滚运动模态的振荡频率和阻尼的最小值

飞行品质等级	飞机阶段	飞机类型	ζ_D 最小值	ω_D 最小值	$\zeta_D\omega_D$ 最小值
等级 1	A	I、IV	0.19	1.0	0.35
		II、III	0.19	0.4	0.35
	B	全部	0.08	0.4	0.15
	C	I、IV	0.08	1.0	0.15
		II、III	0.08	0.4	0.10
等级 2	全部	全部	0.02	0.4	0.05
等级 3	全部	全部	0	0.4	—

若振荡振幅是非线性的，则应对每一振荡周期规定具体要求。只有振荡足够小，不妨碍飞行员完成任务时才允许剩余振荡。在战斗飞行阶段，其角度偏差应小于 $\pm 0.17°$。

2. 滚转运动模态

由于滚转运动模态是一个快速收敛的一阶环节，GJB 185-1986 中给出了对滚转运动模态最大时间常数 T_R 的要求，如表 4-6 所示。

表 4-6　　滚转运动模态最大时间常数 T_R　　（单位：s）

飞行阶段	飞机类型	飞行品质等级		
		等级 1	等级 2	等级 3
A、C	I、IV	1.0	1.4	
	II、III	1.4	3.0	10
B	全部	1.4	3.0	

3. 螺旋运动模态

螺旋运动模态是时间常数很大的缓慢收敛或发散过程，对飞机影响较小，因此规范中只规定了螺旋运动模态不稳定情况下的最小倍幅时间，如表 4-7 所示。

表 4-7　　螺旋运动模态最小倍幅时间　　（单位：s）

飞行阶段	飞行品质等级		
	等级 1	等级 2	等级 3
A、C	12	8	4
B	20	8	4

4.2.4　飞行品质评价方法

飞机与飞行控制系统构成的是一个复杂的高阶系统，仅考虑基本模态的振荡频率和阻尼已不能精确反映飞机的飞行品质。因此，在美军标 MIL-F-8785C 的基础上又有了飞行品质的 C^* 准则、D^* 准则和等效系统法。

1. C^* 准则

根据实际经验，飞行员对飞机飞行品质的评价，不仅按照载荷系数 n_z，而且按照俯仰角速度 $\dot{\theta}$ 来评价飞机响应，在飞机高速飞行时，飞机的纵向载荷系数为

$$n_z = -\frac{V_K}{g}\dot{\gamma} = -\frac{V_K}{g}(\dot{\theta} - \dot{\alpha}) \approx -\frac{V_K}{g}\dot{\theta} \tag{4-4}$$

此时，载荷系数 n_z 是主要评价指标，飞行员座位处的载荷系数 n_{zp} 尤其重要，即质心前 x_p 处的载荷系数具有决定性作用

$$n_{zp} = n_z - \frac{1}{g}x_p\dot{\theta} \tag{4-5}$$

在低速飞行时，根据式 (4-4)，要产生足够的 n_z，则需要较大的 $\dot{\theta}$，因此飞行员主要感受俯仰角速度 $\dot{\theta}$ 的变化。而在中等速度下，两者应以同等权重进入品质评价中，一般取中等速度的最大值和最小值的几何平均 $V = 240\mathrm{km/h}$，称为交叉速度 V_{co}。在此基础上建立 C^* 准则的指标参数：

$$C^* = n_z + \frac{V_{co}}{g}\dot{\theta} + x_p\ddot{\theta} \tag{4-6}$$

　　根据大量地面试验和飞行试验结果，可以确定 C^* 过程的包线如图 4-4 所示。这些包线不仅考虑了纵向短周期运动 ω_s 和 ζ_s 所描述的动态响应特性，而且也考虑了传递函数分子的动态特性、系统的高阶效应、一定程度的非线性影响以及执行机构的动态特性。图中分为四个区域：Ⅰ区为最佳响应区域，适用于空战等重要飞行阶段；Ⅱ区适用于巡航、空战加油等非关键工作阶段；Ⅳ区适用于动力进场阶段；Ⅲ区适用于上述各阶段以外的各飞行阶段。只要 C^* 阶跃响应过程落在包线的相应区域，就能满足纵向飞行品质要求。

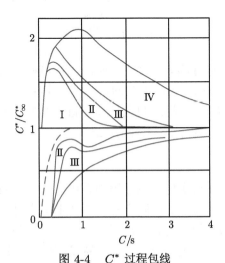

图 4-4　C^* 过程包线

　　C^* 指标的缺点是，当 C^* 过程存在高频振荡时，即使在包线范围内，其飞行品质仍不能使飞行员满意，因而又给出了 $\dot{C}^*$ 指标作为 C^* 指标的补充，其表达式为

$$\dot{C}^* = \frac{s}{\dfrac{1}{K_s}s + 1}C^* \tag{4-7}$$

式中，K_s 为常数，通常取 $K_s = 1000$。图 4-5 给出了 $\dot{C}^*$ 过程包线，用来限制 C^* 过程的高频振荡。

　　2. D^* 准则

　　D^* 准则用于评价飞机侧向运动飞行品质的时域性能指标，其表达式为

$$D^* = n_y + K_3\beta \tag{4-8}$$

式中，n_y 为飞机侧向过载；$K_3 = C_3q_{co}$ 为侧滑角增益系数，C_3 为因子转换系数，q_{co} 为交叉动压。

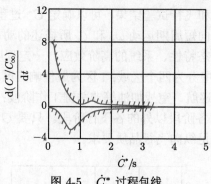

图 4-5 $\dot{C}^*$ 过程包线

飞行经验表明，在进行侧向机动飞行时，飞行员在低动压时主要感受飞机侧滑角 β，在高动压时主要感受飞机的侧向过载 n_y。因此，也一定有一个交叉动压 q_{co}，使得侧滑角 β 和侧向过载 n_y 以同等权重进入品质评价中。这个交叉动压因飞行状态而异，一般推荐为 $q_{co} = 1.7\text{kg/cm}^2$。

3. 等效系统法

用于描述飞机（或飞机本体与飞行控制系统共同构成的等效飞机）运动特性的状态方程，是一组非常复杂的高阶方程，再加上考虑时间响应的纯延迟，得到的复杂动力学模型不再是简单的长、短周期分开，以及侧向的滚转、螺旋和荷兰滚运动模态分离的形式。而飞行员在飞行中感受到的是飞机所有运动模态的共同作用，因此单纯用高阶系统的主导极点来评价飞机的飞行品质，可能会导致错误的结论。

飞行实践证明，具有高阶动力学方程的常规布局飞机对外加杆力的动态响应往往近似于典型的飞机动力学特性。飞行员认为，具有类似特性的高阶飞机具有较好的飞行品质。因此，可用低阶动态模型在一定范围内尽可能逼近真实高阶系统，这就是等效系统法。低阶等效飞机与高阶原飞机在相同的初始条件下输入相同的杆力，其相应的时间响应与飞行员的感应是相似的。

等效系统法是在时域内定义的，在等效系统的时间响应中应能够体现真实高阶系统极点的共同响应。低阶等效系统必须具有飞机的典型动力学模态特征，因此等效系统法也分为纵向和侧向两种情况。

1）纵向频域等效系统法

纵向等效系统由典型特性飞机的纵向运动基本模态方程与时间延迟环节构成。飞机纵向短周期运动的等效系统方程可以表示为

$$\frac{\dot{\theta}(s)}{F_y(s)} = \frac{K_{\dot{\theta}_e}(s + Z_\alpha^*)}{s^2 + 2\zeta_s \omega_s s + \omega_s^2} \mathrm{e}^{\tau_{\dot{\theta}_e} s} \tag{4-9}$$

$$\frac{n_z(s)}{F_y(s)} = \frac{K_{ne}}{s^2 + 2\zeta_s\omega_s s + \omega_s^2}e^{\tau_{ne}s} \tag{4-10}$$

飞行员座舱处法向过载方程为

$$\frac{n_{zp}(s)}{F_y(s)} = \frac{K_{ne}\left(s + \dfrac{1}{T_{\theta 1}}\right)\left(s + \dfrac{1}{T_{\theta 2}}\right)}{s^2 + 2\zeta_s\omega_s s + \omega_s^2}e^{\tau_{ne}s} \tag{4-11}$$

利用上述低阶系统的幅频和相频特性曲线，并按照控制理论的优化技术可对高阶系统进行最佳拟合。

2）侧向频域等效系统法

与纵向类似，可利用典型的侧向特征模态的低阶系统和时间延迟来拟合高阶系统。对侧向而言，通常考虑滚转角 ϕ 和侧滑角 β 对控制杆力 F_x 的传递函数，其低阶等效系统的形式分别为

$$\frac{\phi(s)}{F_x(s)} = \frac{K_\phi(s^2 + 2\zeta_\phi\omega_\phi + \omega_\phi^2)}{(s^2 + 2\zeta_D\omega_D s + \omega_D^2)\left(s + \dfrac{1}{T_R}\right)\left(s + \dfrac{1}{T_S}\right)}e^{\tau_\phi s} \tag{4-12}$$

$$\frac{\beta(s)}{F_x(s)} = \frac{K_\beta\left(s + \dfrac{1}{T_{\beta 1}}\right)\left(s + \dfrac{1}{T_{\beta 2}}\right)\left(s + \dfrac{1}{T_{\beta 3}}\right)}{(s^2 + 2\zeta_D\omega_D s + \omega_D^2)\left(s + \dfrac{1}{T_R}\right)\left(s + \dfrac{1}{T_S}\right)}e^{\tau_\beta s} \tag{4-13}$$

其中，下标 "R"、"S" 和 "D" 分别表示滚转、螺旋和荷兰滚运动模态。与纵向相同，利用以上频率特性曲线，并按照最优控制理论和方法可对高阶系统进行最佳拟合。

4.2.5 飞机飞行控制系统通用规范

此规范是在 GJB 185–1986 规范的基础上，并参考美军标 MIL-F-949D 制定的国家军用标准，该规范是军用有人机进行飞行控制系统设计、研制和生产的技术依据，其部分内容如下。

1. 不同工作状态等级的飞行品质要求

Ⅰ级工作状态（正常状态）：在使用飞行包线内应满足 GJB 185–1986 的 1 级飞行品质要求，在可用飞行包线应满足 2 级飞行品质要求，在可用飞行包线外应满足 3 级飞行品质所规定的要求。

Ⅱ级工作状态（有限制的工作状态）：飞行控制系统设备运行或性能低于正常状态，甚至允许整个飞行控制系统中的非关键部分降级或故障，在使用包线内至

少满足 GJB 185–1986 的 2 级飞行品质要求，在可用飞行包线内应满足 3 级飞行品质要求。

Ⅲ 级工作状态（最低安全状态）：该状态是飞行控制系统性能、可靠性或安全性降级的状态。在该状态下，允许安全中止精确跟踪或机动任务，以及安全返航、下降并在原起飞机场或备用机场着陆，至少满足 GJB 185–1986 的 3 级飞行品质要求。

Ⅳ 级工作状态（从可操纵到立即应急着陆工作状态）：该状态是飞行控制系统降级到不能继续安全飞行的状态，但仍有能力重新启动发动机，并有控制地下降和进行立即应急着陆。

Ⅴ 级工作状态（从可操纵到应急离机的飞行状态）：该状态是降级的工作状态，其工作能力只保证空勤人员可以安全撤离飞机。

2. 姿态保持

姿态保持基本内容如下。

（1）平稳大气中相对于基准的姿态保持精度：俯仰和航向为 $\pm 0.5°$，滚转为 $\pm 1.0°$。

（2）强度紊流中的姿态均方根偏差：俯仰和航向为 $\leqslant 5°$，倾斜为 $\leqslant 10°$。

（3）俯仰和倾斜受到 5° 姿态角扰动后，Ⅳ 型飞机应在接通 3s 内，Ⅱ、Ⅲ 型飞机应在 5s 内达到并保持以上精度要求。

3. 航向选择

在接通航向选择模态后，飞机应以最小角度自动转向飞行员设定的航向，并在规定航向的保持精度内保持航向。航向控制器应具有 360° 的控制能力，当放下襟翼时，相对于预选航向的超调应 $\leqslant 2.5°$，收起襟翼时应 $\leqslant 1.5°$。应平稳、迅速地进入和退出转弯，Ⅰ~Ⅲ 型飞机的滚转角速度应 $\leqslant 10(°)/s$，滚转角加速度应 $\leqslant 5(°)/s^2$，Ⅳ 型飞机可大于上述值的 2 倍。

4. 稳态倾斜转弯中的协调

在极限稳定倾斜角情况下，侧滑角偏离配平值的增量应 $\leqslant 2°$，侧向加速度应 $\leqslant 0.03g$。

5. 滚转时的侧向加速度限制

对于飞机滚转角速度为 $30(°)/s$ 的飞行状态，质心处机体轴侧向加速度应不大于 $\pm 0.1g$；对于滚转角速度为 $30 \sim 90(°)/s$ 的飞行状态，不应大于 $\pm 0.2g$；对于滚转角速度超过 $90(°)/s$ 的飞行状态，不应大于 $\pm 0.5g$。

6. 水平直线飞行中的协调

侧滑角偏离配平值的增量为 ±1°，或质心处的侧向加速度为 ±0.02g。

7. 高度保持

高度保持内容包括：

（1）爬升或下降速度小于 10m/s 时接通高度保持，飞机应在 30s 内稳定在接通高度保持时指示的气压高度上。在此过程中，I~III 型飞机所产生的法向加速度增量应不大于 0.2g，IV 飞机的法向加速度增量应不大于 0.5g。爬升或下降速度大于 10m/s 时接通高度保持，飞行控制系统不应引起任何不安全的机动。

（2）在飞机推力-阻力的能力范围内和稳定滚转角时，高度保持所应达到的控制精度如表 4-8 所示。表中所规定的数值是针对 $Ma \leqslant 1$ 的情况。当 $Ma > 1$ 时，数值应加倍；当 $Ma > 2$ 时，数值为 3 倍。当爬升或下降速度等于或小于 10m/s 时，在该模态接通或受扰后，高度保持应在 30s 内达到规定精度。以上精度范围内的任何振荡周期都应不小于 20s。

表 4-8　最低可接受的高度控制精度

高度 H/m	滚转角 ϕ		
	0°～1°	1°～30°	30°～60°
17000～24000	17000m 时为 ±0.1%H，然后线性化，达到 24000m 时为 ±0.2%H	±20m 或 ±0.3%H	±30m 或 ±0.4%H
9000～17000	—		
0～9000	—		

8. Ma 保持

在 Ma 保持接通后，飞行控制系统应保持所指示的 Ma，其误差相对于接通时的基准数应不大于 ±0.01Ma，或不大于指示 Ma 的 ±2%。在此范围内，任何振荡周期应不小于 20s。

9. 空速保持

在直线稳态飞行中，包括爬升和下降，应以空速保持模态接通时的空速为基准，其偏离应保持为 ±9km/h，或相对于基准空速的 ±2%。在此精度范围内，任何振荡的周期都应不小于 20s。

此外，该规范还规定了自动导航（包括伏尔/塔康导航）、自动进场（包括仪表着陆系统）和自动着陆等系统的性能要求。

4.3　飞行性能

飞机的性能是指飞机在一定条件下，如飞机升阻比、发动机推力特性一定的情况下，飞机作为质点的飞机运动特性和能力，主要是飞机所能达到的速度、高度、距离、时间以及飞机的机动能力和起飞着陆能力等。

飞机的性能参数取决于飞机的重量、机体的气动特性以及动力装置所能提供的推力或动力。对于给定布局的飞机，其气动特性由迎角、侧滑角、马赫数和雷诺数决定。发动机的动力特性由高度、飞行速度和发动机的工作状态决定。因此，考虑到气动力和推力特性的变化，对飞机的性能求出精确解析解是很困难的。在此主要介绍一些简化假设，采用常规的计算方法计算飞机的性能。

4.3.1　飞行性能计算的基本定义

1. 动力装置特性

动力装置的特性主要与飞机所采用的发动机类型有关。发动机的类型主要有涡轮喷气式和涡轮风扇式两种。对于现代飞机动力装置还包括了进气道和喷口装置。下面以涡轮喷气发动机为例，简述发动机的特性。

1）速度特性

在飞行高度、发动机工作状态和调节规律一定的条件下，推力和耗油率随飞行马赫数的变化关系，称为发动机的速度特性。涡轮喷气发动机的主要工作状态分为地面慢车状态、飞行慢车状态、巡航状态、额定状态及最大状态。具有加力的涡轮喷气发动机还有最小加力状态、部分加力状态和全加力状态。典型涡轮喷气发动机在一定高度，最大状态和全加力状态时的速度特性如图 4-6 所示。图中

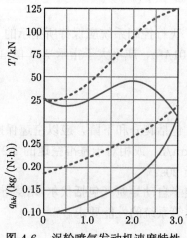

图 4-6　涡轮喷气发动机速度特性

虚线为发动机在全加力状态时的速度特性，实线为最大状态时的速度特性。由发动机速度特性曲线可知，全加力状态和最大状态的推力明显不同。当马赫数大于2时，最大状态的推力下降得比较明显，而全加力状态的推力是增加的。另外，这两种状态在小马赫数时，推力都是先降后升。对于耗油率，这两种状态都是随着马赫数的增加而急剧增加的，全加力状态的耗油率要比最大状态的要高。

2）高度特性

发动机的高度特性是指飞行马赫数和发动机工作状态一定时，推力和耗油率随飞行高度的变化规律。某型涡轮喷气发动机最大状态下的高度特性如图 4-7 所示。图中虚线为耗油率随高度变化的曲线，实线为推力随高度变化的曲线。其中 $\overline{T}$ 和 $\overline{q}_{hk}$ 均为推力和耗油率与高度为零时对应值的比值。由图 4-7 可知，发动机的推力随高度增加而下降；耗油率在高度小于 11km 时随高度的增加下降很快，超过 11km 后耗油率下降很少。

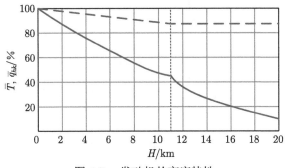

图 4-7 发动机的高度特性

实际上对于发动机，各特性不是孤立的，而是密不可分的，它们之间具有一定的内在联系。往往将发动机的速度特性和高度特性绘制在同一幅图上，称为发动机的速度高度特性，如图 4-8 所示。

3）节流特性

发动机的节流特性，是指当高度速度不变，调节规律一定时，推力和耗油率随发动机工作状态的变化规律。节流特性可以表示成随转速的变化形式，也可表示成常用的耗油率随推力的变化形式。

2. 飞机的升阻特性

飞机的基本性能在很大程度上取决于飞机的气动特性，主要涉及飞机最大升阻比 K_{max}、升力系数 C_L 随迎角 α 变化的关系、最大升力系数 C_{Lmax} 等。一般飞机的升力主要是由机翼产生的，因此在计算时可以认为飞机的升力系数等于机翼的升力系数，机翼的升力线斜率也就是飞机的升力线斜率。对于飞机的阻力，

有零升阻力 C_{D_0} 和升致阻力 C_{D_t} 两部分。描述飞机升力系数和阻力系数关系的曲线称为升阻极曲线，它反映了飞机的气动效率，通过极曲线可以求得飞机的最大升阻比 K_{max}。有关飞机升阻特性，请参见 2.3.3 节有关飞机升阻极曲线部分。

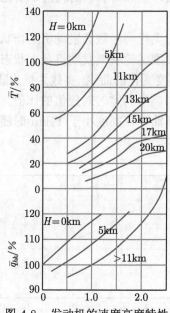

图 4-8　发动机的速度高度特性

3. 飞机的质量

飞机的质量在飞行过程中，随着燃油的消耗等因素在不断变化，但为了简化飞行性能的计算，常把飞机质量当作一个已知量来处理。对不同的性能计算将选用不同的质量。常用的飞机质量有空机质量、起飞质量、飞行质量和着陆质量。

飞机的空机质量是指除去有效载荷、消耗性载荷及在飞行前后需进行拆装的各种装备和设施以后飞机的质量，它等于结构质量、设备质量与推进系统质量三者之和。飞机的起飞质量分为正常起飞质量和最大起飞质量。正常起飞质量是根据飞机的战术技术要求，能达到最大技术航程的飞机质量，通常不计外挂的副油箱及其中的燃油。最大起飞质量是指由飞机设计部门根据飞机的结构强度和起飞安全条件所规定的最大飞机质量，通常包括副油箱及外挂的质量。飞机的飞行质量分为正常飞行质量和最大飞行质量。正常飞行质量是指飞机有一定数量余油的质量，是在计算飞行性能时常用的质量。最大飞行质量是指结构强度和飞行安全所能允许的最大飞行质量。飞机的着陆质量分为正常着陆质量和最大着陆质量。

正常着陆质量通常是指飞机在有 20% 的余油、50% 的弹药时的质量。最大着陆质量是指受结构强度限制，能保证安全着陆的最大飞机质量。

4.3.2　飞机的基本飞行性能

飞机的基本飞行性能是指飞机在定常运动和准定常运动时的运动特性。定常运动是指飞机的运动参数不随时间变化的运动。严格来讲，飞机做定常运动是不可能的，因为即使飞机的飞行速度保持不变，但随着燃油的消耗，飞机的质量也会发生不断的变化，因而迎角也会变化。如果这样来看，飞机运动参数随时间变化十分缓慢，则在一段时间内可近似认为运动参数不变，这就是通常说的准定常运动。

飞机做定常直线（定直）运动的轨迹有定直爬升、定直平飞和定直下滑三种。这三种典型的定直运动的飞行性能分别称为爬升性能、平飞性能和下滑性能。基本飞行性能决定了飞机的速度范围和高度范围，它是飞机战术技术性能的基础。

1. 飞机的定直平飞性能

1）平飞推力

保持飞机定直平飞的条件是，动力装置提供的推力等于飞机的迎面阻力，飞机的升力等于飞机的重量。设发动机的安装角和迎角都很小，则有

$$T = D = \frac{1}{2}\rho V^2 C_D S_w \tag{4-14}$$

$$G = L = \frac{1}{2}\rho V^2 C_L S_w \tag{4-15}$$

在迎角一定，飞行高度一定时，欲使 $L = G$ 条件满足，飞机必须具备一定的飞行速度。飞机在这一飞行状态下所遇到的阻力 D 需由动力装置的可用推力来平衡。在此，称飞机在一定高度和速度下进行定直平飞所需的发动机推力为平飞所需推力，可表示为

$$T_{pf} = D = \frac{1}{2}\rho V^2 C_D S_w = \frac{1}{2}\rho V^2 S_w C_{D_0} + \frac{2kG^2}{\rho V^2 S_w} \tag{4-16}$$

其中，第一项为克服零升阻力需要的推力，第二项为克服诱导阻力所需的推力，战斗机在某高度时的典型平飞推力曲线如图 4-9 所示。可以看出，在低速时，克服诱导阻力所需的推力占主导地位，在高速时，则克服零升阻力所需的推力占主导地位。由于这种对立性的存在，在某一速度下，存在平飞所需的最小推力。若此推力恰等于发动机最大推力，则对应高度为飞机的静升限。

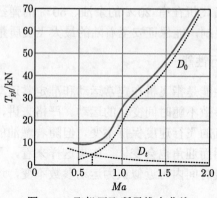

图 4-9　飞机平飞所需推力曲线

同时，根据飞机的升阻比可以得到平飞推力的又一表达式：

$$T_{pf} = D = \frac{G}{K} \tag{4-17}$$

式中，K 为升阻比。在计算飞机基本飞行性能时，一般取飞机的起飞重量和着陆重量的平均值作为计算重力。飞机在不同高度下，有不同的平飞推力。

2）最大平飞速度和最小平飞速度

最大平飞速度 $V_{\max}$ 和最小平飞速度 $V_{\min}$ 是描述飞机定直平飞的主要性能指标。在此，最大平飞速度是指飞机在一定高度上做定直平飞的最大速度，而最小平飞速度是指飞机在一定高度上做定直平飞的最小速度。在推力曲线上可用同一高度的可用推力曲线与平飞需用推力曲线的交点确定，也可计算得到。

首先，假设在给定高度处，发动机产生的推力与飞行速度无关，平飞的解析解为

$$T = D = \frac{1}{2}\rho V^2 S_w \left(C_{D_0} + k C_L^2 \right) \tag{4-18}$$

考虑到飞机平飞时 $L = G$，可得

$$T = \frac{1}{2}\rho V^2 S_w C_{D_0} + \frac{2kG^2}{\rho V^2 S_w} \tag{4-19}$$

式 (4-19) 可以简化为

$$AV^4 - TV^2 + B = 0 \tag{4-20}$$

式中

$$A = \frac{1}{2}\rho S_w C_{D_0} \tag{4-21}$$

$$B = \frac{2kG^2}{\rho S_w} \tag{4-22}$$

求解式 (4-20) 可以得到最大平飞速度和最小平飞速度的表达式为

$$V_{\max} = \sqrt{\frac{T + \sqrt{T^2 - 4AB}}{2A}} \tag{4-23}$$

$$V_{\min} = \sqrt{\frac{T - \sqrt{T^2 - 4AB}}{2A}} \tag{4-24}$$

根据飞机可用推力与高度的关系以及上述方程，可以建立推力与飞行速度无关的飞机平飞包线。在静升限处，$V_{\min} = V_{\max}$，飞机只能以某一固定的速度进行水平飞行，且此时阻力最小，即 $T = D_{\min}$，此时的平飞速度为

$$V_R = \sqrt{\frac{2G}{\rho S_w}} \sqrt[4]{\frac{k}{C_{D_0}}} \tag{4-25}$$

飞机能否以最小平飞速度 $V_{\min}$ 飞行，取决于飞机平飞的失速速度 V_{stall}，其值由式 (4-26) 给出：

$$V_{\text{stall}} = \sqrt{\frac{2G}{\rho S_w C_{L\max}}} \tag{4-26}$$

若 $V_{\min} < V_{\text{stall}}$，则飞机无法以 $V_{\min}$ 做定常平飞，此时 V_{stall} 成为低速解。为保证飞行安全，常取安全/允许升力系数作为计算 $V_{\min}$ 的依据，即 $(0.7 \sim 0.9)C_{L\max}$，可得

$$V_{\min} = \sqrt{\frac{2G}{\rho S_w (0.7 \sim 0.9) C_{L\max}}} \tag{4-27}$$

随着高度的增加，ρ 减小，因此飞机最小平飞速度增大。

2. 飞机的定直爬升性能

对于静升限以下的任意高度，定常平飞都有两个解：$V_{\min}$ 和 $V_{\max}$。如果飞机采用全推力或全功率以 $V_{\min}$ 和 $V_{\max}$ 之间的任一速度飞行，可能的情况是：保持高度不变，飞机会加速至 $V_{\max}$，否则飞机会爬升。如果飞机做定常/定直爬升，则该飞机的飞行轨迹在铅锤面内为一条直线。描述飞机定直爬升性能主要有上升率（爬升率）、最大上升率、上升航迹俯仰角、最大上升航迹俯仰角和静升限等。

1）上升航迹俯仰角 γ 和最大上升航迹俯仰角 γ_{max}

飞机以航迹俯仰角 γ 定直爬升时，飞机方程为

$$L - G \cos \gamma = 0 \tag{4-28}$$

$$T - D - G \sin \gamma = 0 \tag{4-29}$$

运动学方程为

$$\dot{x} = V \cos \gamma \tag{4-30}$$

$$\dot{h} = V \sin \gamma \tag{4-31}$$

由式 (4-29) 可得

$$\sin \gamma = \frac{T - D}{G} = \frac{\Delta T}{G} \tag{4-32}$$

式中，$\Delta T = T - D = T - T_{pf}$ 为剩余推力。

剩余推力的物理意义是可用推力克服飞机阻力后的剩余部分。由式 (4-32) 可得航迹俯仰角为

$$\gamma = \arcsin \frac{\Delta T}{G} \tag{4-33}$$

最大航迹俯仰角 γ_{max} 为

$$\gamma_{max} = \arcsin \frac{\Delta T_{max}}{G} \tag{4-34}$$

飞机以 γ_{max} 上升时航迹最陡，此时的航迹速度称为最陡上升速度，用 V_γ 表示。考虑到剩余推力最大，对应飞机平飞阻力最小，升阻比最大，此时有式 (2-92)～式 (2-94) 成立，可得

$$D_{min} = \frac{G}{K_{max}} \tag{4-35}$$

进而有

$$\gamma_{max} = \arcsin \left(\frac{z - 1}{K_{max}} \right) \tag{4-36}$$

式中，$z = (T K_{max})/G$ 称为无量纲推力。

2）上升率（爬升率）V_Z 和最大上升率 V_{Zmax}

飞机的上升率是指飞机飞行速度的垂直分量，并规定向上为正，由飞机定常爬升关系可知：

$$V_Z = V \sin \gamma \tag{4-37}$$

其表示飞机在单位时间内上升的几何高度，故又称几何上升率，由式 (4-32) 可得

$$V_Z = \frac{V \Delta T}{G} \tag{4-38}$$

根据式 (4-36) 可得到最大上升率为

$$V_{Z\max} = \frac{V\Delta T_{\max}}{G} = V\frac{z-1}{K_{\max}} \tag{4-39}$$

从给定高度 h_i 爬升到理想最终高度 h_f 所用的时间为

$$t = \int_{h_i}^{h_f} \frac{1}{V\sin\gamma}\mathrm{d}h \tag{4-40}$$

若要爬升时间最短，飞机需要沿着各个高度下最大剩余推力的轨迹飞行，即沿着各个高度下的最大上升率 $V_{Z\max}$ 飞行，因此 $V_{Z\max}$ 表示了飞机上升的最快速度，又称快升速度。一般来说，快升速度大于陡升速度，即 $V_{Z\max} > V_\gamma$。某飞机的上升率曲线如图 4-10 所示。

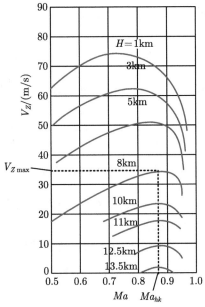

图 4-10　某飞机的上升率曲线

3）静升限 $H_{\max}$

飞机的静升限 $H_{\max}$ 是指飞机能做定直平飞的最大高度，也就是飞机平飞的两个解合并为一个解时所对应的高度，此时平飞速度为 V_R，$V_Z = 0$。

值得注意的是，随着高度的增加，V_Z 下降，所以爬升到 $H_{\max}$ 所需的时间将趋近于无限大；又由于在 $H_{\max}$ 高度上，飞机稍受干扰或操纵不慎，就有可能降低高度，所以又称理论静升限。由于上述原因，实际使用中飞机不得不在稍低于理论静升限的高度上飞行，以便使飞机具有一定的推力储备和良好的操纵性。可实际使用的最大高度，称为实用升限。一般定义最大上升率下降至 100ft/min（30.5m/min）时对应的高度为实用升限。

另一个影响静升限的因数是发动机的工作状态。也就是说，发动机工作状态不同，飞机的静升限也不相同。

3. 飞机定常飞行的高度速度范围

飞机定常飞行的高度速度范围称为飞行包线，如图 4-11 所示。它是由各高度上的最大速度与最小速度点在以高度速度为坐标的图上连成的曲线。

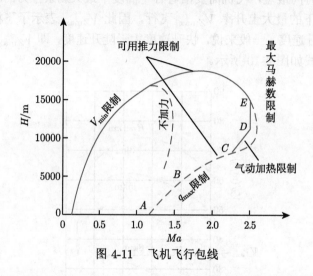

图 4-11　飞机飞行包线

飞行包线除受可用推力 $T_{ky} \leqslant T_{pf}$、$L \leqslant G$ 限制，还受以下因素的限制。

1）结构强度和最大动压限制

为了保证飞机结构不至于因过大的气动载荷而破坏，就必须限制它的最大动压 q_{max}，而 $q_{max} = \dfrac{1}{2}\rho V_{max}^2$，此时对应的马赫数为

$$Ma_q = \frac{V_{max}}{a} = \frac{1}{a}\sqrt{\frac{2q_{max}}{\rho}} \tag{4-41}$$

由于高度的增加，空气密度 ρ 下降，Ma_q 增大，所以 q_{max} 限制只对低空有影响。

2）气动加热限制

对于超声速飞机，飞行马赫数越大，飞机表面由于超声速激波的气动加热温度升高。对铝合金结构的飞机而言，$Ma \geqslant 2$ 时就必须考虑气动加热的影响。

3）操纵稳定性限制（最大马赫数限制）

飞机由于气动布局的原因，当飞行马赫数达到一定程度时，会出现操稳特性严重恶化的现象，所以也要对最大马赫数加以限制。

4.3.3 飞机的续航和起飞着陆性能

1. 飞机的续航性能

飞机的续航性能主要有航程、航时、可用燃油量和动力装置的耗油特性等，它们直接反映了飞机的活动范围、持久作战能力和经济性指标。

1）航程

航程是指飞机在平静大气中沿预定方向耗尽其可用燃油所飞过的水平距离。预定航线飞行包括飞机的上升、巡航和下滑三个阶段，但航程一般不包括飞机爬升和下降时的飞行距离。

由于飞机巡航飞行时主要是平飞，有

$$L - G = 0 \tag{4-42}$$

$$T - D = 0 \tag{4-43}$$

运动学方程为

$$\dot{x} = V \tag{4-44}$$

$$\dot{h} = 0 \tag{4-45}$$

对于航程和航时问题，需要一个附加的方程来描述重力的变化，这可以通过考虑燃油消耗得到。对于喷气式飞机，耗油率为每单位时间的单位推力的燃油消耗量，因此可得重力的变化为

$$\dot{G} = -cT \tag{4-46}$$

式中，c 为耗油率，$\mathrm{N}/(\mathrm{N \cdot h})$。

式 (4-44) 可以写为

$$\frac{\mathrm{d}x}{\mathrm{d}G}\frac{\mathrm{d}G}{\mathrm{d}t} = V \tag{4-47}$$

$$\frac{\mathrm{d}x}{\mathrm{d}G} = -\frac{V}{cT} = -\frac{V}{cD} \tag{4-48}$$

式中，$\mathrm{d}x/\mathrm{d}G$ 称为瞬时航程，其值等于每单位油耗所飞过的水平距离或单位航程。

考虑到平飞时 $L = G$，式 (4-48) 可进一步改写为

$$\frac{\mathrm{d}x}{\mathrm{d}G} = -\frac{L}{D}\frac{V}{cG} \tag{4-49}$$

设 R 为巡航飞行的水平距离，可得

$$R = -\int_{G_0}^{G_1} \frac{L}{D}\frac{1}{c}V\frac{\mathrm{d}G}{G} \tag{4-50}$$

式中，G_0 为飞机的初始重量；G_1 为飞机的最终重量。则巡航时飞机的燃油消耗量 G_f 为

$$G_f = G_0 - G_1 \tag{4-51}$$

下面分别在等高度巡航和等速度巡航两种情况下计算飞机的航程。

（1）等高度巡航航程。

为保持高度恒定，在巡航过程中，速度必须连续变化以补偿飞机重量的损失，其关系可以表示为

$$V = \sqrt{\frac{2G}{\rho S_w C_L}} \tag{4-52}$$

式中，G 为瞬时重量，代入式 (4-50) 可得

$$R = -\int_{G_0}^{G_1} \frac{\sqrt{C_L}}{C_D}\frac{1}{c}\sqrt{\frac{2}{\rho S_w}}\frac{\mathrm{d}G}{\sqrt{G}} \tag{4-53}$$

也等于

$$R = \frac{2}{c}\frac{\sqrt{C_L}}{C_D}\sqrt{\frac{2}{\rho S_w}}\left(\sqrt{G_0} - \sqrt{G_1}\right) \tag{4-54}$$

因此，对于给定燃油情况，气动参数 $\dfrac{\sqrt{C_L}}{C_D}$ 最大时，航程最大，此时有 $C_L = \sqrt{\dfrac{C_{D_0}}{3k}}$，且 $V = \sqrt[4]{3}V_R$。

由式 (4-53) 和式 (4-54) 可知，由于空气密度 ρ 在分母上，因此飞机航程随高度增加而增大。同时，可用推力随高度而减小，因此在某一高度处总航程最大，该高度称为最经济高度或巡航高度。

（2）等速度巡航航程。

当巡航速度保持不变时，通过式 (4-50) 积分可得到布雷盖航程公式（Breguet range formula）：

$$R = \frac{V}{c}K\ln\left(\frac{G_0}{G_1}\right) \tag{4-55}$$

当飞机以 $K = K_{\max}$ 状态飞行时，平飞阻力最小，布雷盖航程最大：

$$R_{\max} = \frac{V_R}{c}K_{\max}\ln\left(\frac{G_0}{G_1}\right) \tag{4-56}$$

式中，V_R 基于初始重量 G_0，由式 (4-25) 表示。

在等速度巡航过程中，由于重量的连续下降，飞机的高度稳定上升，该现象称为巡航爬升。对于远距离巡航，高度的增大是非常可观的。

2）航时

航时是指飞机耗尽其可用燃油所能持续飞行的时间，以 h 为单位计算。假设飞机飞行时大部分时间处于平飞状态，可以通过式 (4-46) 来确定航时，有

$$\mathrm{d}t = -\frac{\mathrm{d}G}{cT} \tag{4-57}$$

考虑到平飞时 $L = G$ 和 $D = T$，可得

$$\mathrm{d}t = -\frac{1}{c}K\frac{\mathrm{d}G}{G} \tag{4-58}$$

进一步有

$$t = -\int_{G_0}^{G_1} \frac{1}{c}K\frac{\mathrm{d}G}{G} \tag{4-59}$$

假设飞行过程中迎角保持常值，有

$$t = \frac{1}{c}K\ln\left(\frac{G_0}{G_1}\right) \tag{4-60}$$

$$t_{\max} = \frac{1}{c}K_{\max}\ln\left(\frac{G_0}{G_1}\right) \tag{4-61}$$

由此可见，飞行高度和速度对飞机航时没有直接影响，但由于燃油消耗随高度而改变，因此高度对航时存在间接影响，因此喷气式飞机在耗油率较低的高度飞行，可以增大航时。同时，在给定高度下，当飞机的迎角满足 $K = K_{\max}$ 时，航时最长，此时 $V = V_R$，$D = D_{\min}$。

3）可用燃油量

飞机上所载的全部燃油除了用于续航飞行，还要用于地面试车、滑行、着陆前在机场上空的着陆小航线飞行，还有一部分是受油箱结构影响造成抽不尽的死油。另外，为保证飞行安全须预留总油量 5% ～ 10% 的备份油。因此，可用燃油量就是总燃油量减去除续航以外的其他用油量的总和。

4）动力装置的耗油特性

动力装置的耗油特性除上面已讲述的特性，另外还有小时耗油量和公里耗油量两个。小时耗油量是指飞机飞行一个小时动力装置所消耗的燃油量。公里耗油量是指飞机相对地面飞行一公里动力装置所消耗的燃油量。

2. 飞机的起飞性能

起飞和着陆尽管不是严格意义上的自由飞行状态，但是一次完整飞行的必要环节。典型的起飞阶段，包括地面加速滑跑和加速上升到安全高度两个阶段。飞机起飞时是先停在起飞线上，飞行员踩住"刹车"加大油门使发动机达到最大转速状态，松开"刹车"让飞机加速滑跑。当飞机加速到一定速度后，轻拉驾驶杆抬起前轮，以主轮两点滑跑姿态继续加速滑跑，最后当升力等于重力时飞机开始离地上升，转入加速上升阶段。此时所对应的速度为离地速度。当飞机上升到的安全高度（又称障碍高度 h_{obst}，FAR 中规定 $h_{\text{obst}} = 35\text{ft} \approx 10.7\text{m}$，REA.U.K 中规定 $h_{\text{obst}} = 50\text{ft} \approx 15\text{m}$）后，加速上升阶段结束。然后飞行员会收起起落架以降低飞机阻力，同时增加爬升率。飞机会继续爬升到理想的巡航高度或继续飞行以执行任务。

总的起飞距离为地面滑跑距离 s_1 和空中加速飞行距离 s_2 之和，总的起飞时间为飞机地面滑跑时间和空中加速飞行时间之和，它们与飞机的气动特性、推进系统特性、起飞时的重量、跑道的摩擦系数以及飞行员的飞行水平等因素有关。

1）地面滑跑距离

由飞机在滑跑过程中的受力，可得地面滑跑的净加速力为

$$F_s = T - D - \mu(G - L) \tag{4-62}$$

式中，μ 为机轮和跑道之间的摩擦系数，对于水泥跑道 $\mu \in [0.02, 0.05]$。此外，飞机的升力、阻力的计算需要考虑起落架、襟翼、增升装置和地效的影响。同时，地面净加速力又可表示为

$$F_s = m\left(\frac{\mathrm{d}V}{\mathrm{d}t}\right) = m\left(V\frac{\mathrm{d}V}{\mathrm{d}s}\right) \tag{4-63}$$

$$\mathrm{d}s = \frac{m}{2F_s}\mathrm{d}(V^2) \tag{4-64}$$

在地面滑跑过程中，迎角通常保持不变。假设净加速力 F_s 随速度的平方而变化，则有

$$F_s = F_0 + \left(\frac{F_1 - F_0}{V_1^2}\right)V^2 \tag{4-65}$$

式中，V_1 为离地速度。考虑到 $F_0 = T - \mu G$，$F_1 = T - D$，则有

$$\int_0^{s_1} \mathrm{d}s = \frac{m}{2}\int_0^{V_1} \frac{\mathrm{d}V^2}{F_0 + \dfrac{F_1 - F_0}{V_1^2}V^2} \tag{4-66}$$

可得

$$s_1 = \frac{m}{2} \frac{V_1^2}{F_0 - F_1} \ln\left(\frac{F_0}{F_1}\right) \tag{4-67}$$

起飞速度 V_1 通常等于 V_{stall} 的 1.2 倍。

为使得地面滑跑距离 s_1 最小，需要使得净加速力 F_s 最大。可以通过调整迎角这个参数来优化起飞时的地面滑跑。对式 (4-62) 微分可得

$$\frac{\mathrm{d}F_s}{\mathrm{d}C_L} = -\frac{\mathrm{d}D}{\mathrm{d}C_L} + \mu\frac{\mathrm{d}L}{\mathrm{d}C_L} = -2qS_w kC_L + \mu qS_w = 0 \tag{4-68}$$

进而有

$$C_L = C_L^* = \frac{\mu}{2k} \tag{4-69}$$

由此可得

$$s_{1,\min} = \frac{m}{2} \frac{V_1^2}{F_0 - F_1} \ln\left(\frac{F_0}{F_1^*}\right) \tag{4-70}$$

式中

$$F_1^* = T - qS_w(C_{D_0} + kC_L^{*2}) \tag{4-71}$$

减少滑跑距离的另一个方法是使用增升装置，可以增大 $C_{L\max}$ 的值，同时减小起飞离地速度 V_1，但这样也会增大阻力。究竟以升力系数 C_L^* 滑跑或使用增升装置能否缩短地面滑跑距离，需要视飞机布局情况而定。

2）起飞时间

飞机在地面滑跑时有

$$m\frac{\mathrm{d}V}{\mathrm{d}t} = F_s \tag{4-72}$$

$$\mathrm{d}t = \frac{m}{F_s}\mathrm{d}V = \frac{m}{a + bV^2}\mathrm{d}V \tag{4-73}$$

式中，$a = F_0$，$b = \dfrac{F_1 - F_0}{V_1^2}$。进而有

$$t_1 = \int_0^{V_1} \frac{m}{a + bV^2}\mathrm{d}V \tag{4-74}$$

积分后可得

$$t_1 = \frac{m}{\sqrt{ab}}\arctan\sqrt{\frac{b}{a}}V_1 = \frac{m}{2\sqrt{ab}}\ln\left(\frac{\sqrt{a} + \sqrt{b}V_1}{\sqrt{a} - \sqrt{b}V_1}\right) \tag{4-75}$$

在此假设滑跑过程中没有风的影响，如果有风，地面滑跑距离和时间将会产生明显的变化。逆风使得起飞性能改善，顺风则能降低起飞性能。

3）空中飞行距离和时间

在空中飞行阶段，飞机处于加速爬升状态，此时的运动方程为

$$T - D - G\sin\gamma = m\frac{dV}{dt} \tag{4-76}$$

$$L - G\cos\gamma = mV\frac{d\gamma}{dt} = \frac{mV^2}{R} \tag{4-77}$$

运动学方程为

$$\dot{x} = V\cos\gamma \tag{4-78}$$

$$\dot{h} = V\sin\gamma \tag{4-79}$$

为了准确估计空中飞行距离 s_2，需要求解上述微分方程。然而，通过假设空中飞行阶段爬升角 γ 不变，可以对空中飞行距离 s_2 及对应时间 t_2 做出简单的估计。基于假设有

$$s_2 = \frac{h_{\text{obst}}}{\tan\gamma} \tag{4-80}$$

$$t_2 = \frac{s_2}{V_1\cos\gamma} \tag{4-81}$$

其中

$$\sin\gamma = \left(\frac{T - D}{G}\right)_{V=V_1} \tag{4-82}$$

3. 飞机的着陆性能

飞机从安全高度处下滑，并过渡到地面滑跑直至完全停止的整个减速运动过程称为飞机的着陆。飞机的着陆过程由下滑、拉平、平飞减速、飘落、着陆减速滑跑五个阶段组成。飞机的着陆性能包括飞机的下滑距离、下滑时间、平飞减速距离、平飞减速时间、着陆滑跑距离和着陆滑跑时间。下滑距离和时间包括了下滑和拉平这两个阶段的距离和时间，平飞减速距离和时间包括了平飞减速和飘落两个阶段的距离和时间。总的着陆距离为下滑距离、平飞减速距离和着陆滑跑距离之和，总的着陆时间为下滑时间、平飞减速时间和着陆滑跑时间之和。飞机的着陆性能与飞机的气动特性、着陆时的重量以及所用跑道的摩擦系数等因素有关。

1）空中飞行距离和时间

假设在进场着陆时下滑角和飞行速度保持不变，则进场下滑段飞行距离 s_1 和飞行时间 t_1 为

$$s_1 = \frac{h_{\text{obst}}}{\tan \gamma} \tag{4-83}$$

$$t_1 = \frac{s_1}{V \cos \gamma} \tag{4-84}$$

式中，V 为进场速度，通常等于 $1.3V_{\text{stall}}$；h_{obst} 为障碍高度。

进一步将拉平段近似为圆弧，圆弧半径为 R，圆心角为 γ。飞机沿圆弧拉平段飞行的运动方程为

$$L - G \cos \gamma = \frac{mV^2}{R} \tag{4-85}$$

$$T - D - G \sin \gamma = 0 \tag{4-86}$$

可得

$$\sin \gamma = \frac{T - D}{G} \tag{4-87}$$

假设 γ 很小，则有

$$R = \frac{mV^2}{L - G} \tag{4-88}$$

假设在圆弧 BC 上，飞机的飞行速度 V 保持不变，且有 $C_L = C_{L\max}$，此时有

$$L = \frac{1}{2}\rho V^2 S_W C_{L\max} = \frac{1}{2}(1.3V_{\text{stall}})^2 S_W C_{L\max} = 1.69G \tag{4-89}$$

$$R = \frac{V^2}{0.69g} \tag{4-90}$$

进一步，可以得到改平段的飞行距离 s_2 为

$$s_2 \approx \frac{1}{2}R\gamma \tag{4-91}$$

2）着陆时地面滑跑距离

在地面滑跑时，令此时的净阻滞力为

$$F_s = T_R + D + \mu(G - L) \tag{4-92}$$

式中，T_R 为反推力，那么

$$mV\frac{\mathrm{d}V}{\mathrm{d}s} = -F_s \tag{4-93}$$

$$\mathrm{d}s = -\frac{m\mathrm{d}V^2}{2F_s} \tag{4-94}$$

同样，假设滑跑过程中迎角不变，净阻滞力 F_s 随速度平方而变化，表达式为

$$F_s = F_0 + \frac{F_1 - F_0}{V_1^2}V^2 \tag{4-95}$$

式中，V_1 为接地速度，近似等于 V_{stall}。此时有

$$\int_0^{s_3} \mathrm{d}s = -\frac{m}{2} \int_{V_1}^0 \frac{\mathrm{d}V^2}{F_0 + \frac{F_1 - F_0}{V_1^2}V^2} \tag{4-96}$$

$$s_3 = \frac{m}{2} \frac{V_1^2}{F_1 - F_0} \ln\left(\frac{F_1}{F_0}\right) \tag{4-97}$$

式中，$F_1 = T_R + D$；$F_0 = T_R + \mu G$；s_3 为飞机着陆滑跑距离。

4.3.4 飞机的机动飞行性能

上述飞机的基本性能、飞机的续航与起飞着陆性能都是飞机在做定常运动或准定常运动时的性能，而飞机的机动性能是飞机在做非定常运动时的性能。

1. 飞机的机动性与过载

飞机的机动性是指飞机改变飞行高度、速度和飞行方向的能力。飞机能在越短的时间内，根据飞行员的操纵指令，迅速改变飞行速度、高度和飞行方向，说明飞机的机动性就越好。飞机的机动飞行按其航迹的特点可分为水平面内的机动飞行、铅垂面内的机动飞行和空间机动飞行。在完成飞行任务尤其是战斗机夺取作战优势的飞行中，飞机的机动性起着十分重要的作用。

飞机机动性常用飞机在飞行中能产生的加速度/过载来评定。定义飞机所受除重力外的合外力与飞机重力之比为过载系数，简称过载，用 n 表示。对飞机机动性影响最大的是法向过载，就是除重力之外的合外力在机体坐标系 Oz_b 轴方向分量与飞机重力 G 之比，用 n_z 表示，其表达式为

$$n_z = \frac{L}{G} \tag{4-98}$$

此外，常用的还有侧向过载，即除重力之外的合外力的机体坐标系 Oy_b 轴方向分量（侧力 Y）与飞机重量 G 之比，用 n_y 表示，即

$$n_y = \frac{Y}{G} \tag{4-99}$$

2. 飞机平飞加减速性能

飞机的平飞加减速性能主要是反映飞机能够改变飞行速度的能力。飞机在平飞时增加或减小一定速度所需的时间越短,则平飞加减速性能越好。设 $a = \mathrm{d}V/\mathrm{d}t$ 为平飞加速度,考虑到平飞加减速时有

$$L = G \tag{4-100}$$

$$ma = \frac{G}{g}a = T - D \tag{4-101}$$

由式 (4-100) 和式 (4-101) 可得

$$a = \frac{T - D}{G}g = \frac{\Delta T}{G}g \tag{4-102}$$

由式 (4-102) 可知,飞机平飞加减速性能取决于飞机剩余推力 ΔT 的大小和符号,当 $\Delta T > 0$ 时,飞机做加速运动;当 $\Delta T < 0$ 时,飞机做减速运动。同时,由式 (4-35) 可知,当升阻比等于 $K_{\max}$ 时,阻力最小,同时取最大推力时,可得到飞机的最大平飞加速度为

$$a_{\max} = \left(\frac{T_{\max}}{G} - \frac{1}{K_{\max}} \right) g \tag{4-103}$$

因此,提高飞机的升阻比和推重比对提高飞机的加速性将起到决定性作用。

飞机从给定速度 V_0,加速到目标速度 V_1 所需的平飞加速时间 t 和飞过的距离 s 分别为

$$t = \int_{V_0}^{V_1} \frac{GV}{g(T - D)} \mathrm{d}V \tag{4-104}$$

$$s = \int_{V_0}^{V_1} \frac{V}{g(T - D)} \mathrm{d}V \tag{4-105}$$

3. 飞机的跃升限与动升限

跃升实际上就是将飞机的动能转变为势能,以迅速取得高度优势的一种机动飞行运动。在作战中,利用这种机动,可以迅速取得高度,占据有利的作战态势,追击高空目标或规避敌机火力。跃升性能的好坏由跃升限、跃升时间和动升限等指标来衡量。

当飞机在某一高度上时, $T - D = 0$,且 $V_Z = 0$, $a = 0$,只能保持定直平飞,这一高度就是飞机的静升限。采用跃升的方法获得的最大飞行高度即动升限。显

然，要获得动升限，必须在小于静升限的高度上使飞机加速，再跃升。另外，在动升限上飞机无法保持平飞状态，但可获得高度。

设飞机在高度 H_1 以速度 V_1 平飞开始进入跃升，到高度 H_2 时改出跃升进入平飞，速度为 V_2。假定在跃升过程中 $T \approx D$，即 $\Delta T = T - D \approx 0$，所以在跃升过程中 ΔT 做的功为零。升力始终与航迹垂直，所做的功也为零。因此，在跃升过程中只有重力做功。那么，在进入跃升和改出跃升的总能量分别为

$$E_1 = mgH_1 + \frac{1}{2}mV_1^2 = \left(H_1 + \frac{V_1^2}{2g}\right)G \tag{4-106}$$

$$E_2 = mgH_2 + \frac{1}{2}mV_2^2 = \left(H_2 + \frac{V_2^2}{2g}\right)G \tag{4-107}$$

根据能量守恒 $E_1 = E_2$，可得跃升高度 ΔH 为

$$\Delta H = H_2 - H_1 = \frac{1}{2g}\left(V_1^2 - V_2^2\right) \tag{4-108}$$

由式 (4-108) 可知，进入跃升的速度 V_1 越大，改出跃升的速度 V_2 越小，飞机跃升的高度 ΔH 越高。由于 V_1、V_2 分别受到所在高度层 H_1、H_2 上的最大平飞速度和最小平飞速度限制，因此飞机最大跃升所能达到的高度为

$$H_{\max} = H_1 + \frac{1}{2g}(V_{1,\max}^2 - V_{2,\min}^2) \tag{4-109}$$

在理论升限 $H_{\max}$ 高度上，$T - D = 0$，所以有飞机升降速度 $V_Z = 0$，飞机加速度 $a = 0$，飞机只能保持定直平飞。但对于超声速飞机，在 $H_{\max}$ 处 $V = V_{\min} > 0$，因此可以通过跃升增加高度。通过跃升可达到的最大高度称为动升限。在动升限处，$T - D < 0$，飞机不能保持定直平飞，但可获得高度优势。

一般在静升限处通过跃升所能达到的高度小于其动升限，这主要是因为静升限处速度较小。所以，为了获得动升限，飞机进入跃升的高度一般比 $H_{\max}$ 低，以便利用较大的平飞速度。

4. 飞机的俯冲性能

俯冲是飞机用势能换取动能，迅速降低高度而增加速度的一种机动飞行。利用俯冲可以追击敌机或攻击地面目标。俯冲按照航迹可以分为进入俯冲、直线俯冲和改出俯冲三个阶段。

在直线俯冲阶段并不是一直可以加速的，即有一个俯冲极限速度 $V_{\lim}$，为

$$V_{\lim} = \sqrt{\frac{2(T + G\sin\eta)}{\rho C_D S_w}} \tag{4-110}$$

式中，η 为直线俯冲航迹与地面的夹角。

飞机改出俯冲时，所需的高度变化量 ΔH 为

$$\Delta H = \frac{V^2}{2g} \left(\frac{n_z - \cos\gamma}{n_z - 1} - 1 \right) \tag{4-111}$$

式中，V 为改出俯冲开始时的速度；γ 为改出俯冲时的航迹俯仰角；n_z 为改出俯冲时的法向过载。

5. 飞机的盘旋性能

盘旋是飞机飞行高度不变，在水平面内连续改变飞行方向的一种机动飞行。在飞机盘旋过程中，飞行速度、迎角、侧滑角均保持不变，这种盘旋称为定常盘旋。不带侧滑的定常盘旋称为正常盘旋。正常盘旋的盘旋半径和盘旋一周所需的时间是衡量飞机方向机动性能的主要指标。盘旋半径越小，盘旋一周所需的时间越短，飞机的方向机动性能就越好。飞机做无侧滑水平盘旋（协调盘旋）时作用在飞机上的力如图 4-12 所示。因此，飞机协调盘旋飞行时的运动方程为

$$\begin{cases} T - D = 0 \\ L\cos\gamma_h - G = 0 \\ L\sin\gamma_h - \dfrac{mV^2}{R} = 0 \end{cases} \tag{4-112}$$

式中，γ_h 为盘旋角，协调盘旋时等于飞机的滚转角；V 为盘旋飞行速度；R 为盘旋半径。

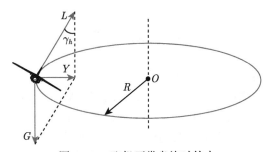

图 4-12　飞机正常盘旋时的力

式 (4-112) 中第一个方程说明协调盘旋时飞机保持速度 V 不变，第二个方程说明飞机高度保持不变，第三个方程中 $L\sin\gamma_h$ 为水平向心力。保持盘旋半径不变，此时有

$$n_z = \frac{1}{\cos\gamma_h} \tag{4-113}$$

$$V = \sqrt{\frac{2n_z G}{\rho S_w C_L}} = \sqrt{\frac{2G}{\rho S_w C_L \cos \gamma_h}} \tag{4-114}$$

$$R = \frac{V^2}{g \tan \gamma_h} = \frac{V^2}{g \sqrt{n_z^2 - 1}} \tag{4-115}$$

飞机盘旋周期 T 和盘旋角速度 ω 可以表示为

$$T_h = \frac{2\pi R}{V} = \frac{2\pi V}{g \sqrt{n_z^2 - 1}} \tag{4-116}$$

$$\omega = \frac{g \tan \gamma_h}{V} = \frac{g \sqrt{n_z^2 - 1}}{V} \tag{4-117}$$

由此可知，过载 n_z 越大，飞机协调盘旋的半径 R 和盘旋周期 T 就越小，盘旋机动性就越好。但是，n_z 受到飞机结构强度和飞行员生理条件的限制，不能取得太大。在大多数情况下，战斗机的过载限制主要考虑飞行员而不是战斗机本身。随着过载的增加，由于飞行员脑部供血不足，会产生"黑视"或"灰视"，进而失去对色彩的感知能力。若过载继续增大，飞行员会失去周围的视线，视野变窄，最终完全失去视觉。一般飞行员在过载增加到 $6g \sim 7g$ 时，就有可能失去知觉。

战斗机的设计需要其具有较高的结构限制过载。为取得空中优势，战斗机需要尽可能高的盘旋角速度和尽可能小的盘旋半径，但这两者不能同时出现。与急转弯相比，通常更加重视较快的盘旋角速度。在近距空战中，采用快速盘旋而不是急转弯效果更好。现代战斗机如 F-15、F-16 等，其盘旋速度高达 $20(°)/s$。

思 考 题

1. 简述飞行控制系统的设计目标和基本任务。
2. 我国军用规范或标准中将飞机分为哪几类？将飞行阶段分为哪几种？
3. 分析说明飞机飞行品质中对短周期运动模态的要求。
4. 分析说明操纵期望参数（CAP）的定义和要求。
5. 分别说明飞机飞行品质对荷兰滚运动模态、滚转运动模态和螺旋运动模态的要求。
6. 什么是飞机的需用推力、可用推力和平飞推力？
7. 分析飞机定直平飞的最大、最小速度的影响因素。
8. 简述飞机定直爬升性能指标和影响因素。
9. 什么是飞机的飞行包线？分析影响飞行包线的主要因素。

10. 什么是飞机的静升限、跃升限和动升限？分析上述升限的相关影响因素。

11. 飞机的航程、航时与飞行速度和飞行高度的关系如何？

12. 什么是飞机的定常盘旋，列写飞机盘旋运动方程，推导定常盘旋时飞机的过载、盘旋速度、盘旋半径、盘旋周期和盘旋角速度表达式。

13. 飞机主要的机动飞行性能有哪些？分别写出飞机机动性能指标的表达式。

第 5 章　飞机电传控制系统

超声速飞机出现后，飞机飞行包线不断扩大，仅靠气动布局和结构设计不能满足飞行品质的要求。从 20 世纪 50 年代起，歼击机上就开始安装简单的飞行控制系统，改善飞机的飞行品质，以满足飞行员操纵飞机的要求。例如，安装阻尼器，与飞机组成回路以消除高空高速飞机机头的摆动等。后来安装的增稳系统不仅能改善阻尼而且能改善飞机的静稳定性。飞行员与增稳系统共同操纵飞机，这是有人驾驶情况下的自动控制问题。这些为了改善飞机的飞行品质，满足飞行员操纵飞机的要求而加装的飞行控制系统，一般称为人工飞行控制系统。随着飞机性能的不断提高，人工飞行控制系统也在不断地发展和完善，并且在整个飞机系统中占据着越来越重要的地位。采用电信号传递飞行员操纵指令、驱动舵面偏转的人工飞行控制系统称为电传控制系统，它是三代以上战斗机的主要特征之一。

5.1　基 本 概 念

人工飞行控制系统是为飞行员操纵飞机而设计的一种控制系统，它的主要功能是改善飞机的稳定性、操纵性，并发挥飞机的机动性。下面就简单介绍一下飞机的稳定性、操纵性和机动性的概念。

飞机的稳定性是指飞机在受到外加干扰的情况下，当干扰作用消除后，飞行员不做任何操纵，飞机自动恢复到原始平衡状态的能力。飞机的稳定性主要由稳定力矩和阻尼力矩决定。在飞行控制系统理论中，稳定性又分为静稳定性和动稳定性。

飞机的静稳定性是指在外干扰停止作用的最初瞬间，飞机运动参数变化的趋势。它体现了飞机的质心与飞机气动力增量作用点之间的位置关系，一般可以用飞机的静稳定导数 C_{m_α}、C_{l_β}、C_{n_β} 来表示。

飞机的动稳定性是指外干扰停止作用以后，飞机按扰动运动规律运动并最终恢复到原始平衡状态的能力。它可以用飞机运动特征方程的根是否在 s 平面的左半平面来度量，对于纵向短周期运动，可以用固有频率、阻尼比来度量。飞机具有静稳定性是其具有动稳定性的必要条件。

飞机的操纵性是指按照飞行员的操纵指令，改变飞机姿态的能力，即飞机以相应的运动（过载、迎角、俯仰角速度和横滚角速度等），响应飞行员操纵平尾、副翼和方向舵动作的能力。飞机的操纵性也可分为静操纵性和动操纵性。

当把操纵飞机看成一个动态环节时，静操纵性可以看成该环节的稳态值，而动操纵性就是该环节的频带宽度和谐振峰值。

飞机的机动性是指飞机在一定的时间内能迅速改变飞行速度、高度和飞行方向的能力，具体说，就是指水平加减速的快慢、俯冲拉起、爬升率和转弯半径等性能。

对于歼击机，操纵性好的飞机，其机动性不一定就好，但是两者有密切的关系。飞机的机动性在很大程度上取决于操纵性，只有操纵性好时，才能使好的机动性得以发挥。

飞机的稳定性和操纵性是对立统一的。稳定性太好，会导致操纵性降低，飞行员会感觉到迟钝，这不仅费力，且不易达到要求的状态。反之，稳定性太差，甚至不稳定，飞行员就会感觉操纵太灵敏，甚至不能维持要求的状态。飞机操纵性和稳定性的好坏，完全取决于飞机的气动特性和结构参数（如重量大小、转动惯量等）。只有当稳定性和操纵性同时满足要求，两者才是一致的。但是对于现代高性能的歼击机，要同时满足稳定性和操纵性要求是很困难的。为此，需要引入人工飞行控制系统来解决这些问题。

过去人工操纵系统只包含机械操纵系统，"人工"的含义是明确的，但电传操纵系统出现以后，由于自动控制渗透到整个飞行操纵系统，因而"人工"与"自动"的界限就不那么清楚了。电传操纵系统中，驾驶杆输出的不再是机械位移信号，而是电信号，它与自动飞行控制系统产生的电信号综合后共同操纵舵面，所以电传操纵使人工操纵与自动控制在功能上和操纵方式上融为一体。

20 世纪 70 年代，随着计算机技术的发展，出现了数字式电传操纵系统和数字式飞行控制系统，而电传操纵易与火力控制系统、导航和推力控制系统交联形成综合式航空自动控制系统。将计算机控制、电子、自动控制技术与气动布局和飞行操纵技术相结合，使人、操纵系统、飞机、自动控制一体化，全面提高飞机性能，是飞行控制发展的必然趋势。

5.2　飞机的操纵原理

5.2.1　飞机的操纵元件

通常飞机可以视作刚体，它在空间的运动有六个自由度，即质心三个自由度的平移运动和绕机体轴三个自由度的旋转运动。质心三个自由度的平移运动是指飞行速度的增减、飞机的上下升降和左右侧移运动。绕机体轴（或质心）三个自由度的旋转运动是指飞机的俯仰运动、偏航运动和滚转运动。飞机一般可以假设具有一个关于几何外形和内部质量分布的对称面，所以飞机的六自由度运动可以分为纵向运动和侧向运动。纵向运动包括飞机运动速度的增减、上下升降和绕机体轴 Oy_b 的俯仰运动；侧向运动包括飞机的左右侧移、绕机体轴 Oz_b 的偏航和绕机体轴 Ox_b 的滚转运动。

为实现对上述飞机六自由度空间运动的稳定与控制，需要有适当的元件来产生或改变操纵飞机的力和力矩，这些元件称为操纵元件。操纵元件通常可分为三类，即主操纵元件、辅助操纵元件和特殊使命操纵元件。

1. 主操纵元件

主操纵元件也称为常规操纵元件，其产生绕飞机质心的力矩，间接地通过姿态变化控制飞机飞行航迹。主操纵元件包括飞机的副翼、升降舵或全动平尾、方向舵，从飞行控制系统出现到今天，它们一直作为飞机的主操纵元件。

这些主操纵元件产生的操纵和稳定飞机姿态的经典空气动力学操纵量定义为：副翼/滚转扰流板偏度 δ_a、升降舵/平尾偏度 δ_e、方向舵偏度 δ_r。在手动操纵飞机飞行时，飞行员需要连续地调整这些操纵量，所以称为主操纵量。

2. 辅助操纵元件

辅助操纵元件主要用来调节飞机的定常飞行状态，特别是调节飞机飞行速度，或者把飞机构型匹配到工作点上。所以，通常只是间或地调整这些辅助操纵机构，同时为了不可逆地固定它们的偏角，常常通过自动联锁机构（如蜗轮蜗杆传动系统）来操纵。飞机的辅助操纵元件主要如下。

（1）水平安定面：常见于大型飞机中，主要用于升降舵的配平调整，其通过安定面偏转角 δ_H 建立力矩平衡。战斗机上通常没有升降舵，因此其平尾既用来配平，又作短时操纵元件。

（2）前缘襟翼和后缘襟翼：主要用于在起飞、着陆和大迎角飞行时，通过增大机翼面积和机翼弯度从而改变飞机的升力，因此也称为增升装置。通常前缘襟翼和后缘襟翼需协调动作，其综合操纵量用 δ_k 来表示。除了升力，飞机的阻力和力矩也将发生变化，其综合作用与飞行状态有关。

（3）减速板：主要用于在陡下降飞行中增大阻力、减小升力，同时也减少飞机的总能量。减速板也常用来辅助副翼（滚转扰流板），此时与副翼综合成统一的操纵量 δ_a。

操纵元件的效能受到它们最大偏度的限制，随动压增大而增大。按照飞机的强度极限，为了避免出现危险的飞行状态，必须限制操纵元件产生的力和力矩，所以它们的偏度应该与动压相匹配，高动压时应对偏度加以限制。出于同样的原因，辅助操纵元件的操纵速度也受到限制。

着陆襟翼仅在低速飞行时使用，必须限制操纵力所引起的机翼、机身和尾翼的弹性变形，在确定舵面效能时，必须对此加以考虑。

发动机推力是一种具有特殊地位的操纵元件。为了改变推力，必须从发动机状态方面，改变发动机的复杂工作过程。推力调节的输入量是油门节流度 δ_T。巡航飞行时只是偶尔调整推力，用以稳定飞行速度和飞行高度，补偿飞机质量变化和常值干扰风的影响。在机动飞行（特技飞行、空战）和着陆时，推力作为连续量不仅供飞行员，而且也供飞行控制器使用。推力是唯一能给飞机注入能量的操纵量，而其余所有的操纵元件或是消耗能量，或是进行能量转换。常规飞机的推力相对飞机的方向是恒定不变的，只能改变它的大小，先进的推力矢量发动机可以同时调节推力矢量的大小和方向，大型运输类飞机一般附加装有反推力装置，以便在接地后把推力向后转向，使飞机迅速减速。

3. 特殊使命操纵元件

现代高性能飞机，尤其是军用飞机，有一系列担负特殊使命的操纵元件，主要有以下三种类型。

1）调整飞机构形

这类操纵元件通常有两种，第一种是喷流转向：以具备垂直起降（VTOL）能力的 V-22 "鱼鹰" 倾转旋翼飞机为代表，其翼尖有两台可旋转的发动机带动两具旋翼，在固定翼状态下，V-22 像是一架在两侧翼尖有两个超大的螺旋桨的飞机；在直升机状态下是一架有两个小型旋翼的直升机，这样使其具备直升机的垂直升降能力，但又拥有固定翼螺旋桨飞机速度高、航程远及油耗较低的优点。第二种是旋转机翼：以 F-111 超声速战斗轰炸机为代表的变后掠翼飞机。在飞机的设计中，有一个不易克服的矛盾，要想提高飞行马赫数，必须选择大后掠角、小展弦比的机翼，以降低飞机的激波阻力，但此类机翼在亚声速状态时升力较小，诱导阻力较大，效率不高。从空气动力学的角度讲，要同时满足飞机对超声速飞行、亚声速巡航和短距起降的要求，最好是让机翼变后掠，用不同的后掠角去适应不同的飞行状态。

2）改善操纵性和机动性

属于这种类型的操纵包括有提供直接干预某一附加自由度的操纵措施，如用现有的操纵元件直接综合出升力和侧力（直接力控制），也包括用新的操纵元件处理操纵滞后的措施，如在飞机前部加水平或者垂直的操纵装置（即水平鸭翼和垂直鸭翼）。

在实际应用中，附加的操纵面与尾翼一起，共同进行直接升力操纵，或者用来平衡全通效应。装在飞机尾部或者机翼下面可转动的双立尾的布局，能进行直接偏航和横向操纵。通过差动偏转全动平尾，也将有力地支持滚转操纵。对于无尾式飞机，由于其没有平尾，所以没有相应的力矩调节升力和阻力，是一个特殊的问题。

3）结构动力学问题的抑制

考虑到飞行员和乘客的乘坐舒适性或延长飞机结构寿命，有时需要有针对性地通过控制来调节飞机的弹性自由度。通过合适的控制技术措施，甚至能减轻飞机的结构重量，为此，须附加专门的操纵元件或操纵策略。一种措施是机动载荷控制，此时通过差动偏转机翼内、外侧襟翼来改变升力分布，以避免机翼弯曲，减小翼根处的力矩。除此之外，还可有针对性地在机翼上配置一些附加的小操纵面，通过快速驱动装置对它们的控制，可使机翼的颤振（气动弹性弯曲振动和扭转振动）推移到更高的飞行速度范围（颤振模态抑制），或者减缓飞机对紊流的响应（阵风载荷减缓）。同时，也减小了飞行员和乘客所在处的高频加速度（改善乘坐品质）。

这样多的附加操纵，当然不能全部由飞行员同时而又相互协调地操纵，而需要一种合适构型的控制系统，即电传操纵系统来实现。人们把飞行品质和飞行性能主要取决于这样一些控制技术措施的飞机称为随控布局飞机（control configured vehicle，CCV），把这些具有新型操纵元件的非常规控制策略的技术，都归属为主动控制技术这个概念。

5.2.2　飞机的操纵驱动装置

飞机上所有操纵元件的操纵，都需要操纵机构对其驱动。这些操纵机构通常有两种类型，即电动操纵机构和液压操纵机构。在飞机上，电动驱动力矩和操纵速度能胜任的地方，一般都使用电动操纵机构。这就是说，电动操纵机构主要用在小型低速飞机上，但也部分用在大型飞机上，例如，用来操纵发动机的油门机构。但对于高性能飞机和大型飞机需要施加舵面操纵力，运行速度和操纵功率都很大，一般都采用液压操纵机构。与电动操纵机构不同，液压操纵机构具有很高的功率重量比和功率体积比，但需要高度可靠的液压源。

人们把操纵驱动机构分成两种类型，即伺服机构（舵机、舵回路）和舵面驱动装置（助力器）。伺服机构是可以承受小载荷的调节传动机构，把控制器信号进行机/电转换，并控制舵面本身的执行机构；舵面驱动装置承担作用在舵面上的质量力和气动力，所以要具有很大的功率。操纵驱动机构的特性取决于舵机本身和它推动的舵面和连杆（摇臂），即包括可能有的传动机构。因此，需要把执行机构、连杆和舵面看成一个整体。

1. 舵面的负载特性

飞机操纵驱动装置对飞机舵面进行操纵时，需要克服空气动力造成的舵面负载（即铰链力矩）和舵面自身的质量负载。铰链力矩是指作用在舵面上的压力分布的合力对舵面转轴形成的力矩。该力矩是舵面的类型、几何形状、马赫数 Ma、迎角 α、侧滑角 β、舵偏角 δ 等物理量的函数。舵面上的铰链力矩可以近似表示为

$$M_j = \frac{1}{2}\rho V^2 C_h S\bar{c}\delta = qC_h S\bar{c}\delta = M_j^\delta \delta \tag{5-1}$$

式中，C_h 为舵面铰链力矩系数；S 为舵面的面积；$\bar{c}$ 为舵面平均几何弦长；δ 为舵面偏转角；M_j^δ 为舵面单位偏转角产生的铰链力矩。铰链力矩系数 C_h 在舵面局部迎角 α_t 及舵面偏角 δ 都不大的情况下，可以表示为

$$C_h = \frac{\partial C_h}{\partial \alpha_t}\alpha_t + \frac{\partial C_h}{\partial \delta}\delta \tag{5-2}$$

由式 (5-1) 可知，舵面铰链力矩不同于一般的负载。在舵面类型与几何形状一定的情况下，相同舵面偏转角产生的铰链力矩随飞行状态改变，动压 q 越大，铰链力矩也越大，而且铰链力矩的方向（即系数 M_j^δ 的符号）也随之改变。铰链力矩系数 M_j^δ 的符号取决于舵面转轴 O_δ 相对于舵面气动力压力中心的位置。通常舵面转轴的位置设置在压力中心的前面，此时 $M_j^\delta < 0$，铰链力矩试图使舵面回中，如图 5-1 所示。

当动压 q 增大时，铰链力矩 M_j 急剧增加。因此，在一些飞机上，为了减小铰链力矩，把舵面转轴的位置设置在压力中心变化范围的中间（如战斗机的全动平尾）。这样在同样舵面偏转角下，压力中心随马赫数 Ma 的增加由前向后移动，铰链力矩的方向（系数 M_j^δ 的符号）也随之改变（图 5-2）。当压力中心位于转轴 O_δ 后面时，$M_j^\delta < 0$，铰链力矩的方向力图使舵面恢复到中立位置。当压力中心位于 O_δ 前面时，$M_j^\delta > 0$，铰链力矩的方向则力图使舵面继续偏转，出现铰链力矩反操纵现象。

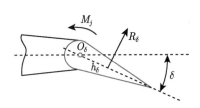

图 5-1　舵面铰链力矩

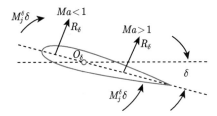

图 5-2　不同 Ma 时的铰链力矩

2. 电动舵机和舵面操纵特性

电动舵机以电力为能源，通常由电动机（直流或交流）、测速装置、位置传感器、传动装置组成。电动舵机的控制方式一般有直接式和间接式两种：直接式是改变电动机的电枢电压或励磁电压，直接控制舵机输出轴的转速和转向。间接式是在电动机恒速转动时，通过离合器的吸合，间接控制舵机输出轴的转速和转向。电动舵机驱动飞机舵面的操纵原理如图 5-3 所示。

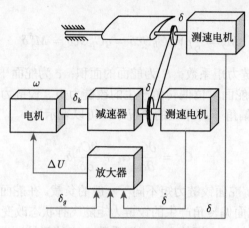

图 5-3   电动舵机操纵机构原理

电动舵机中电动机的机械特性是非线性的，在工程应用中往往采用线性化的方法研究某一平衡状态附近的增量运动，下面讨论电动舵机线性化后的动特性。由于直接式电动舵机的动特性与电动机特性相似，不再赘述，这里主要介绍用磁粉离合器控制的间接式电动舵机的动特性。

设舵机的鼓轮到舵面传动机构的减速比为 i，磁粉离合器、齿轮传动装置、舵面及其传动机构和电动机转子折算到鼓轮的总转动惯量为 J，磁粉离合器传递到鼓轮上的力矩为 M，磁粉离合器控制绕组的输入电压为 U、电流为 I，电感和电阻分别为 L 和 R，鼓轮角速度和转角分别为 ω 和 δ_k，舵偏角为 δ。忽略摩擦力矩的影响，电动舵机的运动方程组为

$$\begin{cases} \Delta U = L\dfrac{\mathrm{d}\Delta I}{\mathrm{d}t} + \Delta I R \\[2mm] \Delta M = A\Delta I \\[2mm] \Delta M = J\dfrac{\mathrm{d}\Delta\omega}{\mathrm{d}t} + B\Delta\omega + \dfrac{\Delta M_j}{i} \\[2mm] \Delta M_j = M_j^{\delta}\Delta\delta \\[2mm] \Delta\delta = -\dfrac{\Delta\delta_k}{i} \end{cases} \tag{5-3}$$

式中，Δ 表示相对于平衡位置的增量；负号表示舵面偏转方向与鼓轮转动方向相反；$B = -\partial M/\partial\omega$、$A = -\partial M/\partial I$ 为舵机特性线性化平衡工作点处的两个斜率；M_j^{δ} 为单位舵偏角产生的铰链力矩。

式 (5-3) 经拉普拉斯变换后，得到电动舵机方块图如图 5-4 所示，通过结构

图等效变化可得电动舵机的传递函数，其表达式为

$$G_M(s) = \frac{\Delta \delta_k}{\Delta U} = \frac{A}{(Ls+R)\left(Js^2 + Bs - \dfrac{M_j^\delta}{i^2}\right)} \tag{5-4}$$

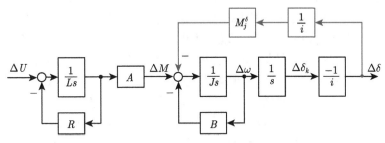

图 5-4 电动舵机操纵机构原理

式 (5-4) 可由一个二阶振荡环节与一个一阶惯性环节的串联来描述，若 $M_j^\delta < 0$，二阶振荡环节稳定。考虑到实际电动舵机的输入绕组的电感 L 一般较小，因此式 (5-4) 可简化表示为

$$G_M(s) = \frac{\Delta \delta_k}{\Delta U} = \frac{A/R}{Js^2 + Bs - \dfrac{M_j^\delta}{i^2}} \tag{5-5}$$

当电动舵机空载，即舵面负载为零时，式 (5-5) 可以进一步简化为

$$G_M(s) = \frac{\Delta \delta_k}{\Delta U} = \frac{A/R}{Js^2 + Bs} = \frac{K_M}{s(T_M s + 1)} \tag{5-6}$$

式中，$K_M = A/(RB)$ 为电动舵机增益；$T_M = J/B$ 为电动舵机的时间常数。

在实际研究电动舵机的动态特性时，常用式 (5-5) 来表示，由此可见，电动舵机的增益、阻尼和带宽等特性均与电动舵机的内阻、转动惯量和舵面载荷有关。为了对这些参数进行合理的修正，电动舵机的实际使用中，如图 5-3 所示，在舵上直接引入比例反馈的同时，通过测速电机引入速度反馈，构成 PD 反馈 $(1+T_D s)$，构成电动舵机的伺服控制回路（即舵回路），并假设图 5-3 中的放大器增益为 K，由此得到的驱动装置的传递函数为

$$G_M(s) = \frac{\Delta \delta_k}{\Delta U} = \frac{\dfrac{KA}{R}}{Js^2 + \left(B + \dfrac{T_D A}{R}\right)s + \left(\dfrac{KA}{R} - \dfrac{M_j^\delta}{i^2}\right)} \tag{5-7}$$

当放大器增益 K 增大时，整个控制回路的稳态增益趋于 1，实现舵面偏转 δ 与控制信号 δ_g 的随动控制；此时，控制回路的带宽（固有频率）也增大，控制回路的响应加快。控制回路阻尼可通过速度反馈系数 T_D 进行调节。

3. 液压舵机和舵面操纵特性

液压舵机是以高压液体作为能源的一种舵机。早期飞机采用的是机械操纵系统，飞行员的操纵指令是通过机械连杆传递到舵机后驱动舵面偏转的，因此一般采用直接推动舵面的纯液压舵机。现代飞机均采用电传操纵系统，飞行员的操纵指令以电信号形式传递到舵机，因此需要采用电液舵机作为操纵装置。

电液舵机又可分为电液副舵机和电液复合舵机，两者的区别在于是否与推动舵面偏转的主液压舵机（即液压助力器）组合在一起。电液副舵机（图 5-5）由电液伺服阀（包括力矩马达和液压放大器）、作动筒和位移传感器等组成。其中，力矩马达是一种信号转换装置，它将电气控制信号转换成机械位移信号，控制液压放大器中液压阀的位移；液压放大器与机上液压系统连接，在液压阀的控制下向作动筒提供高压供油和低压回油；作动筒为电液舵机的主承力装置，在液压放大器送入的液压油推动下控制作动筒活塞杆的运动，进而带动后续负载（主液压助力器、机械传递装置等）运动；位移传感器用于感受作动筒活塞杆的机械位移量转换为电信号的量，用于构成反馈伺服控制回路（即舵回路）。

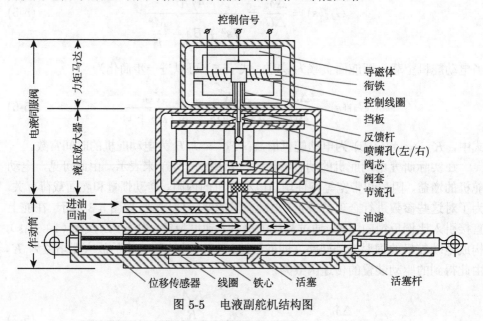

图 5-5 电液副舵机结构图

1）液压舵机工作特性

电液舵机中的力矩马达是电气-机械系统，而液压放大器和作动筒为机械-液压系统，因此电液舵机的工作特性主要取决于液压放大器和作动筒的工作特性，两者的工作原理可以通过如图 5-6 所示的活塞式液压舵机（双液压系统供压）加以分析。

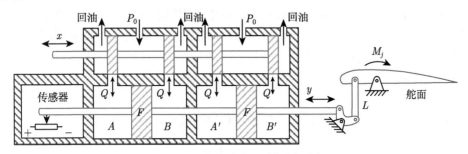

图 5-6 活塞式液压舵机原理图

忽略摩擦影响，可得到描述活塞液压舵机的工作特性的方程组为

$$\begin{cases} K_1 \Delta x = F\dfrac{\mathrm{d}\Delta y}{\mathrm{d}t^2} + (C_1 + C_2)\Delta p + \dfrac{1}{2}\left(K_e + \dfrac{V_0}{E}\right)\dfrac{\mathrm{d}\Delta p}{\mathrm{d}t} \\[2mm] F\Delta p = m\dfrac{\mathrm{d}^2\Delta y}{\mathrm{d}t^2} + f\dfrac{\mathrm{d}\Delta y}{\mathrm{d}t} + \dfrac{\Delta M_j}{L} \\[2mm] \Delta M_j = -M_j^\delta \Delta\delta \\[2mm] \Delta\delta = -\dfrac{57.3}{L}\Delta y \end{cases} \tag{5-8}$$

式中，F 为活塞有效面积；Δx 为阀芯位移增量；Δy 为作动筒活塞杆位移增量；$K_1 = \left.\dfrac{\partial Q}{\partial x}\right|_{p=\mathrm{const}}$ 为 p 为常数时滑阀输出流量 Q 对阀芯位移量 x 的偏导数；$C_1 = \left.\dfrac{\partial Q}{\partial p}\right|_{x=\mathrm{const}}$ 为 x 为常数时滑阀输出流量 Q 对压差 p 的偏导数；C_2 为液流系数；K_e 为油管管道弹性系数；E 为油液体积弹性模量；V_0 为作动筒的两腔容积平均值；Δp 为作动筒两腔压力差；L 为摇臂长度；m 为舵面及传动机构折算到活塞的总质量；f 为活塞运动的阻尼系数；ΔM_j 为铰链力矩增量。

对式 (5-8) 拉普拉斯变换后可得液压舵机的结构如图 5-7 所示。进一步可得到液压舵机空载时的传递函数为

$$G_M(s) = \frac{\Delta y}{\Delta x} = \frac{K_M}{s(T_M^2 s^2 + 2\zeta_M T_M s + 1)} \tag{5-9}$$

式中，$K_M = \dfrac{K_1 F}{F^2 + f(C_1 + C_2)}$ 为液压舵机的静态增益；$T_M = \sqrt{\dfrac{m}{2}\dfrac{K_e + V_0/E}{F^2 + f(C_1 + C_2)}}$

为液压舵机的时间常数；$\zeta_M = \dfrac{2m(C_1 + C_2) + f(K_e + V_0/E)}{4T_M[F^2 + f(C_1 + C_2)]}$ 为液压舵机阻尼比。

　　由此可以看到，液压舵机的空载动特性可用一个积分环节与一个二阶振荡环节的串联来描述。考虑到目前飞行控制系统中所用的液压舵机时间常数 T_M 数量级为 10^{-3}s，远小于飞机的短周期运动的时间常数，故在进行近似分析时，可以忽略液压舵机的时间常数，则有

$$G_M(s) = \frac{K_M}{s} \tag{5-10}$$

　　若考虑舵机负载时，液压舵机完整的传递函数可以表示为

$$G_M(s) = \cfrac{K_M}{T_M^2 s^3 + 2\zeta_M T_M s^2 + \left[1 - \cfrac{57.3 K_M M_j^\delta}{2K_1 F L^2\left(K_e + \dfrac{V_0}{E}\right)}\right]s - \cfrac{57.3 K_M M_j^\delta (C_1 + C_2)}{K_1 F L^2}}$$

$$\tag{5-11}$$

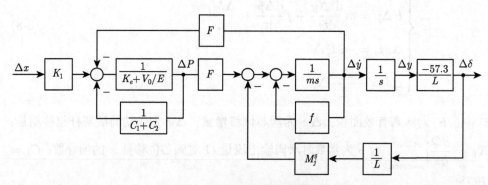

图 5-7　活塞式液压舵机原理图

　　2）主液压舵机

　　与电液副舵机配合的主液压舵机是推动舵面运动的主承力部件，是一种纯液压执行机构，其典型结构如图 5-8 所示。与上述液压舵机基本相同，其包含滑阀和作动筒两部分。同时，为了实现输入位移（电液副舵机输出经机械传动的位移）与输出位移（推动舵面偏转）的随动控制，还设置有差动摇臂。如果操纵杆沿箭头方向向右移动（右移 x_c），那么可先把差动摇臂的下端视为固定点，则伺服活塞同样也向右移动，并开启油液流入操纵活塞的右侧，使活塞向左移动（$y = x_c$），从

而也使差动摇臂的下端移动，直到伺服阀关闭。若差动摇臂两侧长度比例为 1 : 1，则输出和输入的行程特性相同，但方向相反。

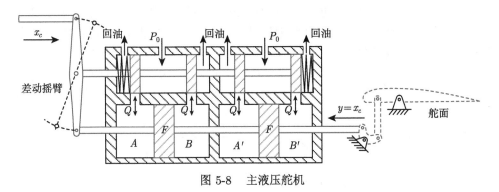

图 5-8 　主液压舵机

在采用电传飞行控制系统的飞机中，驱动舵面偏转的主液压舵机常见的还有承力作动筒的形式，主要用于驱动如全动平尾等大型舵面的偏转，其结构形式与电液副舵机中的作动筒基本类似，只是腔体更大，带载能力也更强。此时，电液副舵机的输出控制滑阀或平面阀的开合，从而控制承力作动筒的液压油的出入，进而控制作动筒活塞杆的运动。此类承力作动筒一般配置有活塞杆位移传感器或舵面位置传感器，用于构建舵面伺服控制回路。

4. 多余度电液舵机

在电传操纵系统中，飞行员的操纵指令是通过电气通道传递到舵机进而驱动舵面偏转，操纵飞机的运动的。为满足飞行控制系统失效率小于 $10^{-7} \mathrm{h}^{-1}$ 的设计要求，电传控制系统一般设计为三余度或四余度的，因此要求相应的驱动装置即电液舵机具备相同的余度，构成余度电液舵机。下面以四余度电液舵机为例，如图 5-9 所示，简要介绍余度舵机的工作原理。

四余度电液舵机主要有以下特点：

（1）包含四个与电液副舵机功能类似的小舵机，每个小舵机由电磁阀（力矩马达）、液压放大器和作动筒组成。电磁阀在控制信号作用下，控制阀芯的运动进而控制液压的流向。液压流经液压放大器放大后，送入作动筒控制作动筒的运动，作动筒的运动量可通过杆位移传感器测量后反馈到控制器，构成四个独立的伺服控制回路。

（2）余度舵机的小作动筒采用活塞、套筒拉杆结构，有液压时活塞和套筒拉杆固连一起运动。四个小舵机的套筒拉杆通过摇臂机构固连，综合（表决）后产生总的输出（图示的 $\bar{x}$），一般用于控制平面阀开度进而控制与其配套的主承力作动筒的运动。

（3）余度舵机的四个套筒拉杆与摇臂并非一体，仅靠液压力连接，当各小作动筒的活塞运动量不一致时，通过小作动筒间的力表决，活塞与套筒拉杆间将产生不同的位移。当这个位移量达到设定门限时，将触发微动电门动作，断开该小舵机的电磁离合器，使得套筒和活塞脱开固连，处于自由状态，从而实现余度舵机的故障监控与故障隔离。

（4）现代飞机机上采用双液压源供压，因此余度舵机还设置有液压分配装置，根据液压源故障信号进行液压源的转换调整，以保证单一液压源故障情况下余度舵机的正常工作。

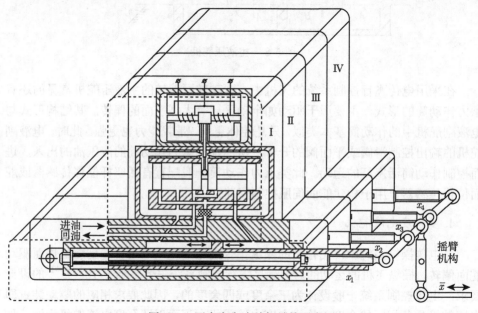

图 5-9　四余度电液舵机结构示意图

5.2.3　飞机的伺服作动系统

由上述分析可知，无论是如式 (5-4) 所示的电动舵机传递函数，还是如式 (5-11) 所示的液压舵机的传递函数，其稳态增益均与舵面铰链力矩系数 M_j^δ 成反比，因而飞行状态和舵面偏转对舵机的工作特征影响很大，单独工作无法实现对舵面的精确控制。为减小铰链力矩对舵机工作的影响，在现代飞行控制系统中，均采用舵回路（即引入反馈、构建伺服控制的方式）来替代舵机，实现对舵面的操纵控制。

1. 舵回路的构成

根据自动控制理论，可以通过引入输出反馈的方式，降低控制系统对前向增益的灵敏度。不失一般性，在此以磁粉离合间接控制电动舵机为例进行分析。在忽略电动舵机绕组电感 L 的情况下，引入位置反馈（反馈系数为 K_δ），并增加前置功率放大器（增益为 K），得到舵回路结构如图 5-10 所示，对应的舵回路的传递函数为

$$G_M(s) = \frac{\Delta\delta_k(s)}{\Delta U(s)} = \frac{\dfrac{KR}{A}}{Js^2 + Bs + \left(\dfrac{KA}{R}K_\delta - \dfrac{M_j^\delta}{i^2}\right)} \tag{5-12}$$

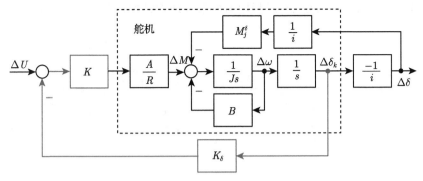

图 5-10　位置反馈式舵回路

当满足 $\dfrac{KR}{A}K_\delta \gg \dfrac{M_j^\delta}{i^2}$ 时，舵回路的传递函数为

$$G_M(s) = \frac{\Delta\delta_k(s)}{\Delta U(s)} = \frac{\dfrac{KR}{A}}{Js^2 + Bs + \dfrac{KA}{R}K_\delta} \tag{5-13}$$

稳态时，输入和输出的关系为

$$\Delta\delta_k = \Delta U / K_\delta \tag{5-14}$$

因此，引入位置反馈构成舵回路后，只要选择较大的前置放大器增益 K 及合适的反馈增益 K_δ，舵回路的传递函数是一个与飞行状态无关的稳定的二阶振荡环节，可有效消除铰链力矩对舵机工作的影响。稳态时，输入和输出呈比例关系，比例系数仅取决于反馈增益 K_δ。

以上结论对电动舵机和液压舵机均成立。通常情况下，可以将引入位置反馈的电动舵机和液压舵机舵回路传递函数改写为

$$G_M(s) = \frac{K_M}{\left(\dfrac{s}{\omega_n}\right)^2 + 2\zeta\dfrac{s}{\omega_n} + 1} \tag{5-15}$$

通常情况下，电动舵机舵回路 $\omega_n \approx 30\text{s}^{-1}$，$\zeta \approx 0.7 \sim 1$。液压舵机舵回路 $\omega_n \approx 60\text{s}^{-1}$，$\zeta \approx 0.4 \sim 0.8$。

这种通过引入输出位置反馈的方式构建的舵回路称为位置反馈（或硬反馈）式舵回路，这也是飞行控制系统中应用最多的一种舵回路。在电传操纵系统出现之前，飞行控制系统中驾驶杆到舵回路间采用机械传动，传递函数一般为比例式的，在自动控制飞机飞行时，为了提高系统的控制精度，需要通过解放舵机自身的积分环节来提高整个控制系统的型别，从而出现了如图 5-11 和图 5-12 所示的速度反馈（或软反馈）式舵回路和均衡反馈（或弹性反馈）式舵回路。

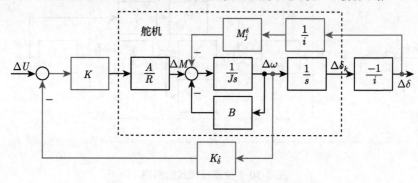

图 5-11　速度反馈式舵回路

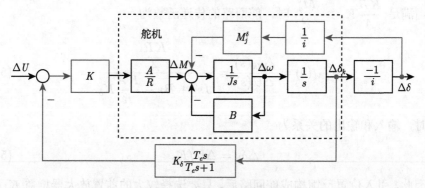

图 5-12　均衡反馈式舵回路

图 5-11 所示的速度反馈式舵回路中，引入了输出的速度反馈代替了原位置反馈，从而解放出 $\Delta\omega$ 与 $\Delta\delta_k$ 之间固有的积分特性，在忽略铰链力矩的情况下，速度反馈式舵回路呈现积分特性，有利于提高系统的稳态精度。图 5-12 的均衡反馈式舵回路，在位置反馈回路中引入时间常数 T_e 很大的高通环节，在瞬态响应过程中，$T_e s \gg 1$，可近似为比例反馈，此时舵回路具有较好的动态性能；稳态响应过程中，$T_e s \to 0$，反馈断开，舵回路呈现积分特性，有助于提高稳态精度。此两种舵回路往往应用于早期自动驾驶仪中对控制精度要求较高的飞行阶段，如进场着陆等。

在电传控制系统中，可以通过在前向通路中采用 PI/PID 控制的方式达到以上目的，因此采用电传控制的现代飞机中的舵回路均采用位置反馈式舵回路。

2. 舵回路的设计要求

舵回路是飞行控制系统重要的伺服回路之一。舵回路的类型和结构布局种类很多，其控制对象和使用条件也多有不同，技术要求也就有所不同。作为一种控制系统，舵回路在设计准则和设计方法上却是相同的，其设计要求包括静态特性、动态特性、接口要求以及可靠性、可维护性和使用环境的要求等，具体有以下几点：

（1）舵回路均应在各种飞行条件下稳定地工作；

（2）舵回路的静态特性应能满足系统要求的输入输出关系，且达到要求的增益和不灵敏区；

（3）舵回路的通频带应比飞机的通频带大一个数量级，至少为飞机通频带的 $3 \sim 5$ 倍；

（4）舵回路应有良好的动态响应和较大的阻尼，或在飞机通频带内的相位滞后较小；

（5）舵回路应有足够的输出功率；

（6）舵回路应尽量简单，易实现。

在舵回路的具体设计中，在满足稳定工作、足够输出功率条件下，舵回路的输入输出关系可以根据式 (5-14) 确定，从而确定反馈增益 K_δ。

舵回路通频带设计方面，根据式 (5-13)，可通过增大前置放大器增益 K 或反馈增益 K_δ 来调节。在满足上述通频带要求下，如果只是控制飞机的刚体运动，并且控制器只在刚体运动频率范围有效，那么同飞机运动相比，此时舵回路的固有动态特性可以不予考虑。若需要设计诸如阵风载荷减缓系统等控制飞机的弹性自由度，则一方面必须提高控制器作用的频带，同时采用响应更快的舵机，并设计合适的舵回路，从而尽量提高整个控制系统的边界频率。

舵回路的阻尼设计中，对于电动舵机，一般需要如图 5-3 所示同时引入速度反馈，此时舵回路传递函数如式 (5-7) 所示，可以通过调节速度反馈系数 T_D 对舵回路的阻尼特性进行调节。在实际工程设计中，由于受舵回路中小时间常数及非线性因素的限制，速度反馈量不能选得太大，否则容易引起速度回路的自振。在舵回路中同时引入位置反馈和速度反馈时，必须配合得当，舵回路才会具有好的性能。对于液压舵回路，由于自身已有很强的速度反馈，所以只引入位置反馈就可以获得理想的性能。如果再引入速度反馈，反而使回路的通频带变窄，快速性降低。

舵回路的设计还有助于减小伺服驱动机构的非线性特性的影响。这种非线性特性首先是由伺服驱动机构本身的非线性限制造成的。在电动伺服操纵机构上，大多需要很大的减速器传动比，以达到所要求的扭转力矩。所以，转动角速度和转动角加速度的限制在这里产生了不利影响。在液压伺服驱动机构上，运行速度受最大体积流量的限制，这就导致具有反馈的伺服驱动机构的时间常数与幅值有关。其他一些非线性影响是由伺服驱动装置和舵面之间的弹性及间隙（连杆、伺服驱动装置和舵的悬挂）造成的。为了减少这类影响，尽量要把操纵驱动装置安装在靠近舵面的部位，同时还可以减少诱发弹簧-质量系统的连杆振动的危险。为了进一步降低非线性特性的影响，最有效的方法是通过设计合适的舵回路来解决。

总之，对操纵机构反馈回路即舵回路的精心设计，通常以操纵驱动装置的线性特性和扩大频带宽度为目标，也可以一定程度减小非线性特性的影响，是飞行控制器设计中的一个重要问题。这个问题的恰当解决，可以从根本上简化飞机控制回路的设计。

3. 飞行控制系统中的舵回路

1）纯电动舵机舵回路

当采用电动舵机驱动舵面偏转时，其舵回路一般如图 5-3所示，在引入舵面偏转角位置反馈的同时，通过测速电机引入速度反馈，并设置了前置功率放大器，同时调节舵回路的频带宽度和阻尼比。

2）电液复合舵机舵回路

电液复合舵机集成了主承力作动筒，直接推动舵面偏转，其舵回路有两种位置反馈形式，分别如图 5-13和图 5-14 所示。第一种是通过作动筒内设置活塞杆位移传感器，构成作动筒输出位置反馈，配合前置功率放大器构成舵回路，这种方式结构和线路较为简单；第二种是通过附加的舵面位置传感器，直接反馈舵面位置构成舵面伺服控制回路，这种方式控制较为复杂，但可减小传动装置非线性特性的影响，舵面控制精度高。

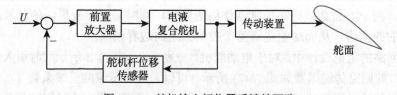

图 5-13　舵机输出杆位置反馈舵回路

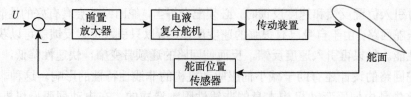

图 5-14　舵面位置反馈舵回路

3）电液副舵机与主液压舵机伺服控制回路

当在飞行控制系统中采用电液副舵机与主液压舵机组合的方式控制舵面时，电液副舵机和主液压舵机都需要构建相应的伺服控制回路。这两种伺服控制回路的组合方式通常有串联式和嵌套式两种，分别如图 5-15 和图 5-16 所示。

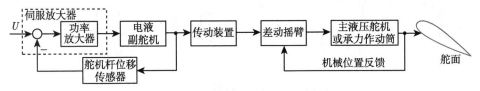

图 5-15　串联式舵回路

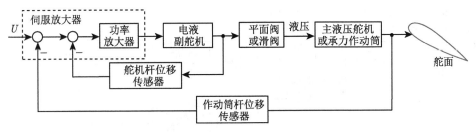

图 5-16　嵌套式舵回路

在串联式方案中，电液副舵机舵回路构成一级指令伺服控制回路，将电信号控制指令转换为机械位移指令，主液压舵机一般采用差动摇杆机械伺服机构，对舵面进行伺服控制，两者间通过机械杆系连接。这种控制方式结构复杂，控制精度不高，受差动摇杆机构影响线性度也不太好，一般用于不需要精确控制的舵面以及受安装条件限制的舵面控制，如前缘襟翼、襟副翼等。

在嵌套式方案中，外回路为作动筒/舵面位置反馈构成的伺服控制回路，内回路为电液副舵机舵回路构成平面阀/滑阀的伺服控制，内回路与承力作动筒间无机械杆系，其控制精度高和工作线性度好，因此在现代电传飞行控制系统的作动器子系统中多采用嵌套式布局、组合式作动器。

4）多余度舵机舵回路

电传控制系统本身的余度结构，决定了舵机的多余度结构，进而决定了舵回路同样也是多余度的，图 5-17 和图 5-18 分别代表了典型的串联式和嵌套式结构的多余度舵回路构成情况。

在如图 5-17 所示的串联式结构中，主液压舵机/承力作动筒伺服回路通常是单余度纯机械伺服作动器，因此多余度舵机中各余度舵机输出需要经一个机械综合机构，形成统一的机械位移量向后传递。

在图 5-18 所示的多余度嵌套式舵回路中，舵机-平面阀-作动筒的余度配置一般为 4-2-1 配置，因此四余度舵机各余度输出位移量同样要经过综合机构综合后，驱动一个二余度的平面阀控制两路液压源，然后送入单余度的作动筒，再驱动舵面偏转。同时为了适应电传的余度要求，作动筒反馈传感器或舵面位置反馈传感器必须设计为四余度的，从而形成完整的四余度嵌套式舵回路。

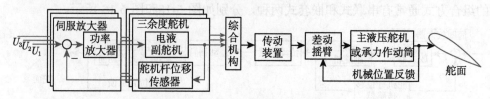

图 5-17　　三余度舵机串联式舵回路

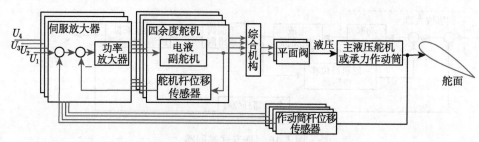

图 5-18　　四余度舵机嵌套式舵回路

5.2.4　飞机的操纵系统

控制器信号对操纵元件的控制方式，取决于飞机操纵系统采用的技术类型以及飞行员与控制器之间的任务分工。由于操纵系统是由常规手动操纵方式逐步发展而来的，其遵从手动操纵原理，同时当控制器发生故障时，也必须能部分或全部地转入手动操纵。操纵系统在飞机上属于直接影响飞行安全的系统，所以在设计操纵系统时，安全性和可靠性问题具有决定性的意义。正是由于这些原因，操纵系统的形式极为多样，在此只能介绍直接与飞行控制系统有关的一些基本原理和操纵系统的结构形式。简单来讲，飞机操纵系统的技术类型大体上可分为机械操纵系统和电传操纵系统。

1. 机械操纵系统

机械操纵系统（mechanical control system，MCS）指的是飞机上通过机械方式组成的操纵各气动舵面、实现飞行控制目的的机构。机械操纵系统的高可靠性特征使得其在余度技术出现之前一直是操纵系统的不二选择。早期的机械操纵系统如图 5-19 所示，飞行员的操纵指令通过驾驶杆/脚蹬等操纵装置，由机械连杆或钢索驱动舵面偏转，飞行员必须直接通过其作用在舵面上的力平衡舵面铰链力矩。舵面上铰链力矩的大小与动压和质心的位置有关，就这点而言，这给飞行员提供了一种评价飞机特性的重要反馈量。为了避免始终需要施加操纵力，通常在有水平安定面的飞机中设置有一种自动连锁机构（调整片装置）无反馈地调整水平安定面，从而建立飞机飞行速度下的工作状态的配平。而对于没有水平安定面的战斗机则一般采用配平机构改变驾驶杆的零杆力点，实现不同飞行状态下驾驶杆杆力配平。

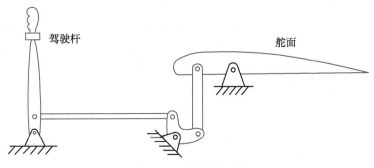

图 5-19　机械操纵系统

随着飞机尺寸和飞行速度的增大，气动舵面上的力及力矩也增大，此时铰链力矩引起的驾驶杆力反馈必须由液压助力器来减小，如图 5-20 所示。这时缺失了的铰链力矩感觉，必须用一个（可能与飞行状态有关的）弹簧（即载荷机构/人感系统）来代替，这种在驾驶杆上的弹簧提供了一种附加驾驶杆位移和杆力感觉，从而帮助飞行员估计操纵驱动舵面偏转的有效性。同时考虑到不同飞行状态（飞行高度、速度下）舵面气动效能的不同，通常还设置有与飞行状态相关的机械传递力臂自动调节装置（即力臂调节器），从而在不同飞行状态下尽可能保持飞行员操纵感觉的一致性。

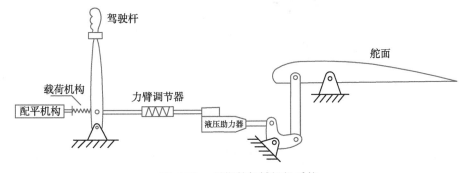

图 5-20　早期的机械操纵系统

飞机操纵系统的进一步要求，就是要把飞行员从控制阵风干扰的经常性操纵中解脱出来，改善飞机固有运动的阻尼特性，称这种用途的控制器为阻尼器

（damper）。在此基础上，考虑到自然振荡频率改善问题，形成了增稳系统（stability augmentation system，SAS）。增稳系统构成如图 5-21 所示，它是在机械操纵系统的基础上，应用反馈控制原理设计的，旨在提高飞机动态稳定性，它的输出信号通过电动的或者电液伺服机构作用在舵的操纵拉杆机构上。阻尼器/增稳控制器的控制不妨碍飞行员操纵飞行航迹，飞行员仍掌握对舵面或者对舵机的直接操纵。为此，应该把驾驶杆的操纵指令和阻尼器/增稳控制器伺服装置的控制指令在操纵拉杆中叠加起来，使阻尼器/增稳控制器对驾驶杆没有反作用。除图 5-21 并联结构的增稳系统，常见的还有如图 5-22 所示的串联形式的增稳系统结构。无论是并联式还是串联式结构，考虑到飞机操纵的安全性问题，阻尼器/增稳控制器对舵面的操纵权限仅有 10% ~ 30%。

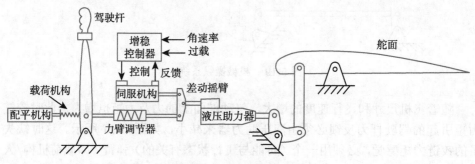

图 5-21　并联式增稳系统

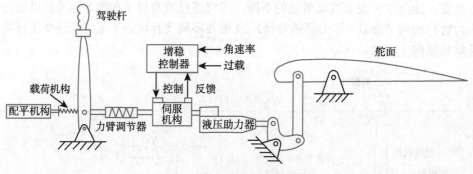

图 5-22　串联式增稳系统

对于大多数老式飞机，在人工操纵条件下，增稳系统足以完成飞行控制目的并获得满意的飞行操纵品质。但对于高性能战斗机，飞行员既能操纵飞机机动飞行至其性能极限，又要求其完成诸如精确目标跟踪等任务。考虑到飞机稳定性与机动性的相互制约，为解决两者间的矛盾，出现了控制增稳系统（control stability augmentation system，CSAS），如图 5-23 所示，其是在增稳系统的基础上，将飞行员的操纵指令通过传感器测量后送入增稳回路构成的一种操纵系统。控制增稳系统可以根据不同飞行阶段和飞行员的要求来确定不同的控制变量或不同的变量组合，甚至可以在不同的飞行阶段进行变换，在增加飞机操纵性的同时也有助于飞机机动性的发挥。

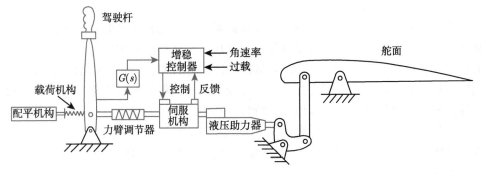

图 5-23　控制增稳系统

2. 电传操纵系统

电传操纵（fly-by-wire，FBW）系统是一种利用电气信号（数字/模拟）形式，通过电缆实现飞行员对飞机运动进行操纵控制的飞行控制系统。为了实现飞行员到飞机气动舵面的操纵链，必须首先将飞行员的操纵量（杆力、脚蹬位移）变换为电气指令信号，然后在传递到气动舵面之前再将电气指令转换为机械操纵的位移，从而达到操纵舵面、控制飞机运动的目的。典型的电传操纵系统如图 5-24 所示，电传控制技术被认为是飞行控制技术的一大跨越，其意义不仅在于取消了机械传动杆系，还在于它对飞机设计方法和飞机飞行方式带来了改变，主要有以下几点。

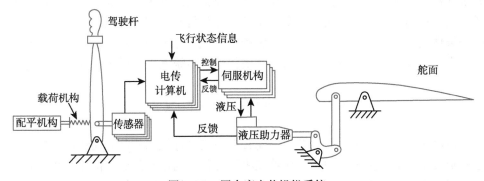

图 5-24　四余度电传操纵系统

　　1）系统结构简单

　　飞机的阻尼/增稳、自动飞行控制、操纵控制等功能（甚至包括配平功能）的伺服机构，都综合在一个伺服操纵机构中，这样就去掉了控制器伺服机构和机械信号混合机构，把所有控制器功能都汇总在控制计算机中。

　　2）操纵控制灵活

　　在电传操纵系统中，控制器设置在前向通道中，飞行员借助主操纵元件（驾驶杆力）和控制器预置引导量来操纵控制飞机，因此通过驾驶杆力和控制量之间的配置，可有效协调飞行员的操纵意愿和飞行控制的关系，即改善飞机的操纵性。同时，控制器可以在大范围飞行包线内改变并统一飞机的响应特性，改善飞机的飞行品质，甚至能模拟一架其他飞机特性。在电传操纵系统中，驾驶杆仅作为一种控制信息发送器，不再需要飞行员施加大的操纵力，因此可用侧杆（side-stick）来取代体积庞大的驾驶杆/盘，从而增加了座舱布局的灵活性。

　　3）控制功能集成化

　　电传操纵系统中的控制器可以统一和协调阻尼、增稳、扰动抑制及航迹引导等所有任务，控制律的设计安排不再受技术边界条件的限制，经典的控制很容易通过非线性的输入控制补偿而达到满意的控制效果，传统的纵向运动、侧向运动的独立调节器，或者自动驾驶仪和自动油门（推力控制器）等，都能很简单地实现集成化。

　　早期电传操纵系统一般是模拟式四余度结构，常见的如 F-16、苏-27 等，并配置有机械式备份操纵系统。最新型飞机的电传操纵系统都是数字式三余度或四余度结构，一般取消了机械备份通道而采用模拟备份的形式，如歼-20、F-35 等。同时，由于现代飞行控制系统功能和任务的持续拓展延伸，系统变得越来越庞大，为提高安全性，飞行控制系统设计一般采用由内而外多回路任务分级的层级控制系统结构。这种层级系统结构的可靠性基本原则是：绝不允许高层级的故障击穿低层级；每当丧失较高层级时，余下系统必须保持其完整的功能。对此，其基本前提条件是：飞行员保留直到最低层级的干预或者操纵的可能性，并且给飞行员提供为承担高层级任务所需要的信息。电传操纵系统就处于层级控制的最内层。

5.3　飞机固有特性的改善

　　在电传操纵系统中，电传控制器配置在人工飞行控制的前向通道，飞行员通过控制器实现对飞机操纵控制。随着飞机飞行包线的不断扩展，依靠飞机自身的气动布局设计，已无法全面满足 4.2 节中对飞机飞行品质和规范的要求，为此电传操纵系统的首要任务是满足飞行员的期望，改善飞机的飞行品质，主要涉及以下几个方面：

（1）改变与特征值（时间常数、频率、阻尼）和特征向量（状态变量之间的耦合）有关的飞机固有特性；

（2）改善飞机对飞行员指令输入的响应特性（快速、无超调的响应，运动变量之间希望的协调等），即改善飞机的操纵性；

（3）抑制或者减轻对扰动（紊流、发动机停车等）的响应；

（4）在全部飞行范围内简化和统一飞机特性（转弯协调等）。

完成上述任务的控制器又称"基本控制器"，其本质上等同于传统控制增稳系统完成的功能，主要包括增稳部分（改善飞机的固有特性）和增控部分（改善飞机的操纵性）。电传控制器/基本控制器的存在，一方面减轻了飞行员控制飞机飞行航迹的工作负担，另一方面也为各种自动飞行控制工作方式，也就是为进行航迹控制引导的外控制回路的设计和正常工作创造了先决条件。本节主要介绍飞机固有特性改善的基本原理和方法，主要涉及飞机阻尼特性（阻尼比）和静稳定性（自然振荡频率）的改善两个方面。

5.3.1 飞机阻尼特性的改善

在 3.3 节和 3.4 节飞机纵向运动简化和侧向运动简化内容中，通过式 (3-136)、式 (3-137)、式 (3-198)、式 (3-207) 和式 (3-208)，对飞机固有特性参数与飞行状态的关系进行了详细描述。图 5-26、图 5-33和图 5-38更为形象地展示了战斗机典型纵向短周期运动阻尼、荷兰滚运动阻尼和滚转运动时间常数随飞行状态的变化关系。

1. 纵向短周期运动阻尼的改善

飞机纵向操纵结构示意图如图 5-25 所示，飞行员俯仰操纵控制量 W_e 经控制器送入舵回路，控制平尾偏转量 δ_e，进而控制飞机的纵向运动。由第 3 章分析可知，忽略 $M_{\dot{\alpha}}$ 和 Z_{δ_e} 时，飞机纵向短周期运动传递函数（以 δ_e 引起的 q 变化为例）可以简化为

$$\frac{q(s)}{\delta_e(s)} = \frac{M_{\delta_e}(s - Z_\alpha)}{s^2 - (M_q + M_{\dot{\alpha}} + Z_\alpha)s + (M_q Z_\alpha - M_\alpha)} = \frac{M_{\delta_e}(s - Z_\alpha)}{s^2 + 2\zeta_s s + \omega_s^2} \tag{5-16}$$

短周期运动的阻尼 ζ_s 和自然振荡频率 ω_s 可表示为

$$\zeta_s \approx -\frac{M_q + M_{\dot{\alpha}} + Z_\alpha}{2\sqrt{-M_\alpha}} = \sqrt{-\frac{\rho}{C_{m_\alpha}}[a(C_{m_q} + C_{m_{\dot{\alpha}}}) + bC_{L_\alpha}]} \tag{5-17}$$

$$\omega_s = \sqrt{Z_\alpha M_q - M_\alpha} \approx \sqrt{-M_\alpha} = \sqrt{-\frac{1}{2}\rho V_A^2 \frac{S_w c_A}{I_y} C_{m_\alpha}} \tag{5-18}$$

式中，a 和 b 为常数；ω_s 与动压的 1/2 次方成正比；ζ_s 正比于 $\sqrt{\rho}$，主要随高度的变化而变化，同时受马赫数的影响。图 5-26 为战斗机典型纵向短周期运动阻尼随飞行高度和马赫数变化的曲线，形象地展示了这种关系。

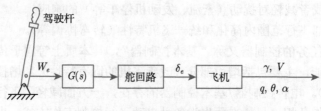

图 5-25　飞机纵向操纵结构示意图

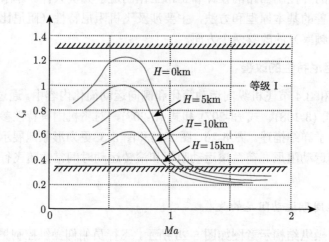

图 5-26　战斗机典型纵向短周期运动阻尼曲线

从图 5-26 中可以看出，飞机短周期运动阻尼随飞行高度增加而逐渐减小，随飞行速度变化不大，但在跨声速阶段，飞机的气动焦点随马赫数增大而快速后移，导致 $-M_\alpha$ 快速增大，使得 ζ_s 迅速减小。该型飞机仅在很小的范围内才具有较好的阻尼特性。

1）反馈的选择

由式 (5-17) 可知，从气动导数角度看，短周期运动阻尼 ζ_s 主要取决于 M_q、$M_{\dot{\alpha}}$ 和 Z_α，其中俯仰阻尼力矩大导数 M_q 起主导作用。图 5-27 为纵向短周期运动简化信号流图，有两种方法可以提高阻尼：一是通过 $q_K \rightarrow \delta_e$ 反馈，把俯仰角速度信号反馈到升降舵上，由此产生人工 M_q；二是通过 $\alpha \rightarrow \delta_k$ 反馈，把迎角信号反馈到直接力控制的襟翼上，由此产生人工 Z_α。

在信号流图 5-27 中，考虑到垂直风对短周期运动影响的作用位置，第一种方

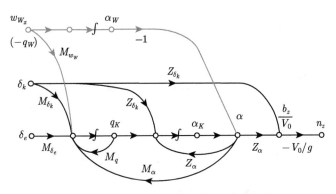

图 5-27 纵向短周期运动简化信号流图

案即 $q_K \to \delta_e$ 反馈，除了对短周期运动阻尼产生有利影响，还直接有利于降低 q_w 扰动对俯仰角速度的影响。飞机机体的 q_K 信号可以通过机载的角速度传感器（速率陀螺）精确、无滞后地测量，便于实现。$q_K \to \delta_e$ 反馈构成的控制器称为俯仰阻尼器（pitch damper），它作为内控制回路包含在纵向运动的每一种飞行控制器中。第二种方案即 $\alpha \to \delta_k$ 反馈，由于垂直风引起的风迎角 α_W 直接影响飞机迎角，通过迎角反馈到直接力控制的襟翼上，可以有效减小这种扰动。但这种方案应用较少，主要原因在于一般飞机缺少直接力控制面，而且迎角 α 的测量代价大（有时用测量载荷系数 n_z 替代）。

　　根据状态空间理论，q_K 和 α 构成了纵向短周期运动的完整状态向量，要有效改善短周期运动模态（即同时改善阻尼 ζ_s 和自然振荡频率 ω_s），则需要构建全状态反馈，即引入 $q \to \delta_e$ 反馈的同时引入 $\alpha \to \delta_e$ 反馈，这部分内容将在后续的飞机静稳定性改善中介绍。

　　2）俯仰阻尼器的作用

　　引入反馈系数为 L_q 的俯仰阻尼器后的纵向控制系统结构如图 5-28 所示，为了研究方便，忽略平尾舵回路的动特性，将其传递函数近似表示为 $G_M(s) = K_\delta$，同时忽略风的影响，则有 $q = q_K$。有几点需要说明：①由于飞机本体 δ_e 到 q 的静态增益为负，所以俯仰阻尼器引入的是正反馈，总体上仍是负反馈控制；②俯仰角速度反馈产生的平尾舵偏角具有减小俯仰角速度的特性，有助于提高阻尼；③对于机械操纵系统通常采用如图 5-21 所示的并联结构，此时舵回路处在阻尼器反馈回路中；④此时，飞行员操纵的是引入俯仰阻尼器后得到的等效飞机。

　　俯仰阻尼器控制律可以表示为

$$\delta_e = L_q K_\delta q \tag{5-19}$$

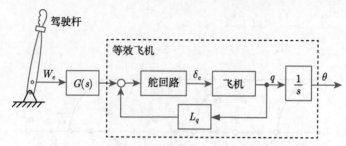

图 5-28   引入俯仰阻尼器后的纵向控制系统结构

δ_e 引起的 q 变化的传递函数可以表示为

$$\frac{q(s)}{\delta_e(s)} = \frac{M_{\delta_e}(s - Z_\alpha)}{s^2 - (M_q + L_q K_\delta M_{\delta_e} + M_{\dot\alpha} + Z_\alpha)s + [Z_\alpha(M_q + L_q K_\delta M_{\delta_e}) - M_\alpha]} \quad (5\text{-}20)$$

假设引入俯仰阻尼器后的纵向短周期运动阻尼为 ζ_{ds}, 自然振荡频率为 ω_{ds}, 对比式 (5-16) 和式 (5-20) 可得它们的表达式为

$$\omega_{ds} = \sqrt{\omega_s^2 + L_q K_\delta M_{\delta_e} Z_\alpha} \quad (5\text{-}21)$$

$$\zeta_{ds} = \frac{\zeta_s - \frac{1}{2} L_q K_\delta M_{\delta_e} T_s}{\sqrt{1 + L_q K_\delta M_{\delta_e} Z_\alpha T_s^2}} \quad (5\text{-}22)$$

由于 $M_{\delta_e} < 0$、$Z_\alpha < 0$, 所以相较于无阻尼器的系统, 引入俯仰阻尼器后, 有以下结论: ①通过选择适当的俯仰角速度反馈系数 L_q, 可以有效增大短周期运动阻尼比 ζ_s; ②引入阻尼器后, 会使得短周期运动自然振荡频率 ω_s 略有增大, 但影响要小于对 ζ_s 的作用。

俯仰阻尼器对操纵性的影响可以通过静态增益（静操纵性）来衡量。引入阻尼器之前, 根据图 5-25可得俯仰阻尼器纵向驾驶杆操纵量 W_e 到俯仰角速度 q 的静态增益为

$$K_s = -\frac{G(0) K_\delta M_{\delta_e} Z_\alpha}{\omega_s^2} \quad (5\text{-}23)$$

引入阻尼器后, 静态增益变为

$$K_{ds} = -\frac{G(0) K_\delta M_{\delta_e} Z_\alpha}{\omega_s^2 + L_q K_\delta M_{\delta_e} Z_\alpha} \quad (5\text{-}24)$$

两者间的静态增益比为

$$\frac{K_s}{K_{ds}} = 1 + \frac{L_q K_\delta M_{\delta_e} Z_\alpha}{\omega_s^2} \quad (5\text{-}25)$$

相较于引入俯仰阻尼器之前静操纵性降低了，并且静操纵性降低的程度与反馈增益 L_q 成正比。也就是说，引入阻尼器后，短周期运动阻尼特性的改善是以牺牲操纵性为代价的，实际上降低了一部分杆力灵敏度。当然，这种灵敏度的降低也不一定是不利的，它有助于减轻飞机低空大速度（大动压）飞行时易出现过载梯度过小的问题。

3）俯仰阻尼器控制律的改进

当飞机做曲线飞行时，俯仰角速度传感器测量值为

$$q_K = \dot{\theta}\cos\phi + \dot{\psi}\sin\phi\cos\theta \tag{5-26}$$

测量结果受飞机姿态角和姿态角速度间的耦合影响。当飞机处于水平协调转弯状态时，考虑到所遵循的协调转弯公式（参见 6.2.3 节）

$$\dot{\psi} = \frac{g}{V_0}\tan\phi \tag{5-27}$$

并有 $\theta \approx 0$，$\dot{\theta} \approx 0$，由此可得到一个总为正的测量信号：

$$q_K = \frac{g}{V_0}\frac{\sin^2\phi}{\cos\phi} \tag{5-28}$$

该信号通过阻尼器反馈回路使得升降舵正向偏转，从而使飞机低头转入下沉飞行，影响协调转弯机动的执行。同时，早期的阻尼器权限较小（通常只有 10%），较大的滚转角引起的稳态量测有可能使得阻尼器因输出饱和而失效。为此，解决方案通常有两种：一是根据飞机滚转角由式 (5-28) 给俯仰阻尼通道施加一个预置值平衡传感器的量测；二是在反馈通道中设置一个高通滤波器（又称清洗网络），滤除 q_K 的稳态量测值，此时阻尼器的控制律表示为

$$\delta_e = L_q K_\delta \frac{\tau s}{\tau s + 1} q \tag{5-29}$$

俯仰阻尼器具有减小飞机俯仰角速度的特性，会使得飞行员感觉对操纵指令的响应相对迟钝，引入清洗网络后，在趋于稳态时，相当于断开了阻尼回路，有助于提高飞机的静操纵增益，改善操纵性。

需要注意的是，阻尼器反馈可能会激发飞机的弹性振动，甚至使弹性振动不稳定（飞机弹性振动经速率陀螺测量后反馈到舵面上，从而引起飞机更大幅度的振动）。此时，过载传感器和角速度陀螺的安装位置与相对弹性自由度的波谷和波峰的位置关系起着决定性的作用。考虑到飞机的弹性振动频率固定，只要飞机的短周期振动和弹性特征运动模态之间，在频率方面有较大的间隔，也就是说飞机

刚性足够时，可在阻尼反馈回路中加入结构陷波器（trap-filter），滤除速率陀螺中弹性振动频率成分。

陷波器实质上是某一小频率范围内的带阻滤波器，双 T 陷波器是一种最常用的陷波滤波器，如图 5-29 所示。它由两个 T 型网络组成。一个 T 型网络由一个电阻和两个电容组成，另一个 T 型网络由两个电阻和一个电容组成，陷波频率约为 $f_n = 1/(2\pi RC)$。

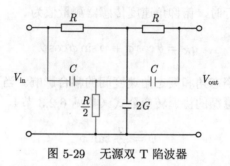

图 5-29　无源双 T 陷波器

俯仰阻尼器设计，主要作用是增大阻尼比 ζ_s，而短周期运动特性的改善还涉及自然振荡频率 ω_s 的调节，一般的方法是通过引入 α 反馈，构成全状态反馈，但需要增加一个迎角 α（或过载 n_z）传感器。由图 5-27 可知，$\dot{q}_K$ 可看成 α 和 q_K 的线性组合，因此可以采用 q_K 和 $\dot{q}_K$ 组合构建等效的全状态反馈，$\dot{q}_K$ 的获取可以通过 q_K 信号的延迟微分信号替代，此时阻尼器控制律为

$$\delta_e = \left(L_q q + L_{\dot{q}}\frac{s}{1+T_1 s}q\right)K_\delta = L_q K_\delta \frac{1+T_2 s}{1+T_1 s}q \tag{5-30}$$

相当于在阻尼反馈回路中串联一个超前-滞后滤波器，通过适当调节 L_q、T_1 和 T_2 三个参数，可以在大范围内改善短周期运动的固有频率和阻尼。采用这种形式反馈时，为消除协调转弯机动时稳态 q_K 量测问题，需要采用在俯仰阻尼通道加入预制值平衡稳态量测的方法解决。

4）俯仰阻尼器对飞行状态的适配

由短周期运动阻尼比 ζ_s 表达式 (5-17) 和自然振荡频率 ω_s 表达式 (5-18) 可知，它们与飞机的飞行状态密切相关。引入俯仰阻尼后的阻尼比公式 (5-22) 也表明，L_q 对 ζ_s 的改善效果还受 M_{δ_e} 等气动导数参数的影响。因此，采用常值的 L_q 设计，无法解决大包线飞行时改善飞机阻尼特性的问题，俯仰阻尼器的设计需要与飞行状态进行增益适配（gain scheduling）。

在式 (5-22) 中，对短周期运动阻尼 ζ_s 改善作用影响最大的是 $L_q K_\delta M_{\delta_e}/T_s$ 部分，其中 $\omega_s = \dfrac{1}{T_s} \approx \sqrt{-M_\alpha} \propto \sqrt{\dfrac{1}{2}\rho V^2}$。由式 (3-95) 可知 M_{δ_e} 与动压成正比。

因此，总的来说 L_q 不变时，其对 ζ_s 的改善作用正比于动压的 $1/2$ 次方。因此，在阻尼器设计时，反馈系数 L_q 要对动压进行适配，随动压的增大而减小，常见的调整规律如图 5-30(a) 所示。若考虑到飞机固有的 $\zeta_s \propto \sqrt{\rho}$，还可增加对高度 H 的适配（随高度的增大而增大），调节规律如图 5-30(b) 所示。同时 L_q 应有一定的限制，L_q 值太大，会使得 α 响应太慢，而 L_q 太小会使得阻尼器失去作用。

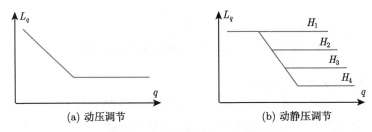

(a) 动压调节　　　　　　　　(b) 动静压调节

图 5-30　反馈增益 L_q 适配规律

5）舵回动特性对俯仰阻尼器的影响

在前面分析中，将舵回路简化为 $G_M(s) = K_\delta$，而完整的电液副舵机舵回路传递函数为式 (5-15)。一般情况下，还串联有助力器伺服环节，其可以通过式 (5-10) 加上位置反馈构成的惯性环节表示，因此完整的舵回路和助力器传递函数为

$$G_M(s) = \frac{K_\delta}{\left[\left(\dfrac{s}{\omega}\right)^2 + 2\zeta\dfrac{s}{\omega} + 1\right](T_\delta s + 1)} \tag{5-31}$$

一般情况下，电液副舵机舵回路的频带宽度远大于助力器的频带宽度，因此这里主要分析助力器伺服控制回路动特性的影响，此时舵回路近似为

$$G_M(s) = \frac{K_\delta}{T_\delta s + 1} \tag{5-32}$$

引入俯仰阻尼器后构成的飞机-阻尼器的开环传递函数为

$$G_H(s) = \frac{L_q K_\delta M_{\delta_e}(s - Z_\alpha)}{(T_\delta s + 1)(s^2 + 2\zeta_s \omega_s s + \omega_s^2)} \tag{5-33}$$

不同舵回路惯性时间常数下的根轨迹如图 5-31所示。在不考虑舵回路惯性时，由图 5-31(a) 可知，随着 L_q 的增大，短周期运动极点向负实轴运动，可以有效增大阻尼；当舵回路惯性较小时，由图 5-31(b) 可知，只有在一定范围内增大 L_q 可以增大阻尼；当舵回路惯性较大时，如图 5-31(c) 所示，调节 L_q 无法有效增大阻尼。因此，在舵回路设计时，舵回路的通频带应比飞机通频带大一个数量级，至少为飞机通频带的 $3 \sim 5$ 倍。

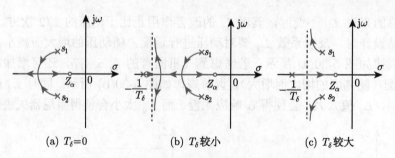

图 5-31　舵回路惯性影响的根轨迹分析图

6）俯仰阻尼器权限的影响

在阻尼器设计时，为了避免因阻尼反馈引起的舵偏角过大，使得用于飞行员操纵的有效剩余舵偏量过小而影响飞行员正常操纵问题，往往通过设定阻尼通路的限幅来限制阻尼器的权限。这种情况在早期机械操纵系统中比较常见，往往设定的权限小于正常舵面偏转量的 10%。如果再考虑舵回路和助力器伺服回路的死区非线性的影响，那么阻尼器产生的舵面偏转量可以表示为

$$\delta_e = f(D) = \begin{cases} 0, & |D| < \epsilon^o \\ D - \epsilon^o \mathrm{sign}(D), & \epsilon^o \leqslant |D| \leqslant \sigma^o + \epsilon^o \\ \mathrm{sign}(D), & |D| > \sigma^o + \epsilon^o \end{cases} \tag{5-34}$$

式中，$D = L_q K_\delta q$；ϵ^o 为舵回路及助力器的不灵敏区；σ^o 为俯仰阻尼器的设定权限。

同时考虑飞行员的操纵，总的舵面偏转角可以表示为

$$\delta_e = f(D) + G(s)K_\delta W_e \tag{5-35}$$

式 (5-35) 与飞机传递函数 $q(s)/\delta_e(s)$ 联立，可分析考虑非线性因素时飞机-阻尼器系统的特性。如用相平面或其他解析方法分析，必须忽略各元部件的惯性使系统降阶，甚至要求降为二阶，因此一般采用计算机仿真方法。考虑阻尼器权限和非线性因素时，操纵量为单位阶跃输入的仿真结果如图 5-32 所示。

比较图 5-32可以看出：与无阻尼器飞机相比，无论权限如何，有阻尼器时 $q(t)$、$\alpha(t)$ 响应都有显著改善，全权限时响应的平稳性明显优于小权限阻尼器系统，因此能获取更好的动态性能。现代电传操纵系统中的阻尼回路权限都较高或为全权限的。但即使是全权限，$q(t)$ 响应的超调量也很大。主要原因在于：由式 (5-33) 可以看出，分子有一个开环零点 $z = Z_\alpha$，在中空或高空时其值较大，即使将 ζ_{ds} 调整为最佳值，$q(t)$ 的超调仍会比较大。只有增大 L_q 使 $\zeta_{ds} > 1$，才能减小 $q(t)$ 的超调。若 $\zeta_{ds} > 1$，则式 (5-33) 的闭环极点将变成两个非周期环节，一个大根

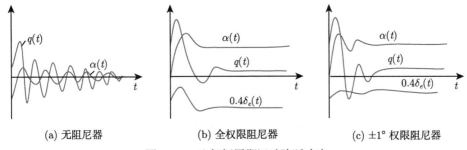

图 5-32 飞机短周期运动阶跃响应

和一个小根。随 L_q 增大，小根变小，会使 $\alpha(t)$ 的调节时间延长，而机动飞行时要求迎角能迅速变化，故 L_q 不能取得太大，这样 $q(t)$ 将有较大的超调。

2. 侧向滚转运动阻尼的改善

1）反馈的选择

在飞机的侧向运动中，简化的滚转运动模态传递函数如式 (3-196) 所示，可以写为

$$\frac{p_K(s)}{\delta_a(s)} = \frac{\overline{L}_{\delta_a}}{s - \overline{L}_p} = -\frac{\overline{L}_{\delta_a}}{\overline{L}_p} \frac{1}{T_R s + 1} \tag{5-36}$$

根据式 (3-115)、式 (3-116) 和式 (3-109)、式 (3-110)，滚转运动模态惯性时间常数和稳态增益可分别表示为

$$T_R = -\frac{1}{\overline{L}_p} = -\frac{1 - i_r i_p}{L_p + i_r N_r} \tag{5-37}$$

$$K_{\delta_a}^p = -\frac{\overline{L}_{\delta_a}}{\overline{L}_p} = -\frac{L_{\delta_a} + i_r N_{\delta_a}}{L_p + i_r N_p} = -\frac{2V}{b} \frac{I_z C_{L_{\delta_a}} + I_x i_r C_{n_{\delta_a}}}{I_z C_{l_p} + I_x i_r C_{n_{\overline{r}}}} \tag{5-38}$$

小展弦比机翼的飞机（b 较小）在超声速或大迎角飞行时，滚转阻尼力矩导数明显减小，T_R 和 $K_{\delta_a}^p$ 明显增大，滚转角速度动态响应相对变慢，同时侧向操纵滚转灵敏度（稳态响应）过大，飞行员难以操纵。

如图 5-33 所示的战斗机典型的滚转灵敏度曲线反映了这种情况。由式 (5-36) 可知，导致飞机滚转阻尼过小，滚转灵敏度过大的原因在于飞机的滚转阻尼力矩导数 $\overline{L}_p$ 过小，使得副翼-滚转角速度响应稳态增益过大，需要设计相应的滚转阻尼器（roll damper）。

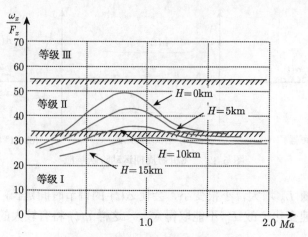

图 5-33　战斗机典型滚转灵敏度响应

　　滚转通道的信号流图如图 5-34 所示，在滚转自由度中，副翼是唯一的调节变量，只有引入反馈 $p_K \to \delta_a$，产生人工 $\overline{L}_p$，来适当提高滚转阻尼。如果可以测量 p_A（在翼尖处动压传感器的差值）代替 p_K 反馈，将有助于降低滚转突风 p_W 引起的扰动影响。考虑到飞机侧向运动包括滚转运动模态、螺旋运动模态和荷兰滚运动模态，相互耦合，相互影响。由式 (3-216) 可知，$p_K \to \delta_a$ 虽然增大了 $\overline{L}_p$，但不会影响螺旋运动模态的稳定性。再由式 (3-204) 可知，$p_K \to \delta_a$ 对荷兰滚运动自然振荡频率和阻尼均没有直接影响。综上可知，$p_K \to \delta_a$ 反馈是构建飞机滚转阻尼器的有效反馈。

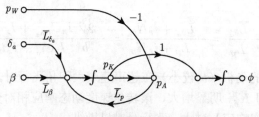

图 5-34　滚转通道的信号流图

　　需要说明的是，超声速飞机小展弦比大后掠翼设计，会降低副翼效率，同时随着飞行马赫数的增大，副翼效率也会降低。为了提高滚转机动性，现代战斗机（如 F16、苏 27 等）普遍采用了全动平尾设计，通过平尾差动和副翼/襟副翼差动共同实现飞机的滚转控制，而平尾差动控制是滚转控制的主通道，此时滚转阻尼器反馈将送入平尾的差动控制通道。

2）滚转阻尼器的作用

引入反馈系数为 I_p 的滚转阻尼器后的滚转操纵通道控制系统结构如图 5-35 所示，为了研究方便，忽略副翼舵回路的动特性，将舵回路传递函数近似表示为 $G_M(s) = K_\delta$，同时忽略风的影响，则有 $p = p_K$。同样有几点需要说明：①由于 δ_a 到 p 的静态增益为负（正的 δ_a 副翼"左上右下"偏转，飞机负向滚转），因此滚转阻尼器引入的是正反馈，总体上仍表现为负反馈控制；②滚转角速度反馈产生的副翼偏角具有减小滚转角速度的特性，有助于提高阻尼；③侧向杆位移 W_a 定义为向左压杆为正，因此图 5-35 中前向通路传递函数增益为负；④此时，飞行员操纵的是引入滚转阻尼器后得到的等效飞机。

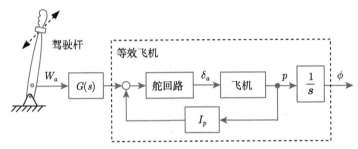

图 5-35　引入反馈系数为 I_p 的滚转阻尼器后的滚转操纵通道控制系统结构

滚转阻尼器控制律为

$$\delta_a = I_p K_\delta p \tag{5-39}$$

引入滚转阻尼器后，δ_a 引起 p 变化的传递函数可以表示为

$$\frac{p(s)}{\delta_a(s)} = \frac{\overline{L}_{\delta_a}}{s - \overline{L}_p - I_p K_\delta \overline{L}_{\delta_a}} \tag{5-40}$$

当考虑飞行员的侧向操纵量 W_a 时，W_a 与 p 之间的静态增益在引入阻尼器之前为

$$K = \frac{G(0) K_\delta \overline{L}_{\delta_a}}{-\overline{L}_p} \tag{5-41}$$

引入阻尼器之后为

$$K_s = \frac{G(0) K_\delta \overline{L}_{\delta_a}}{-\overline{L}_p - I_p K_\delta \overline{L}_{\delta_a}} \tag{5-42}$$

由式 (5-40)～式 (5-42) 可知，滚转阻尼器的作用可从三个方面分析：①从滚转阻尼角度分析，由于 $\overline{L}_p$ 和 $\overline{L}_{\delta_a}$ 本身为负，式 (5-42) 静态增益 $\overline{L}_{\delta_a}/(-\overline{L}_p -$

$I_p K_\delta \overline{L}_{\delta_a}$) 的绝对值减小，滚转阻尼增大；②从滚转运动模态响应快速性角度分析，引入滚转阻尼器后，增大了等效飞机的滚转运动模态根，从而加快了对滚转操纵的响应；③从操纵性角度来说，W_a 与 p 之间的静态增益在引入阻尼器之后，p/W_a 的静态增益减小，一方面直接降低了滚转操纵的灵敏度，另一方面相同的操纵下，飞机的倾斜角变小，因而减小了飞机的滚摆比 $\left| \dfrac{\phi}{\beta} \right|$，进而间接减轻了飞机的荷兰滚运动。

3）滚转阻尼器的几个问题

考虑飞行员侧向杆位移操纵量，同时考虑阻尼器的权限时，滚转阻尼器的控制律为

$$\delta_a = f(X) + G(s)K_\delta W_a \tag{5-43}$$

$$f(X) = \begin{cases} X, & |X| < \sigma_0 \\ \sigma_0 \mathrm{sign}(X), & |X| \geqslant \sigma_0 \end{cases} \tag{5-44}$$

式中，$X = I_p K_\delta p$；σ_0 为滚转阻尼器的设定权限。阻尼器权限对系统性能的影响与俯仰通道类似，在此不再赘述。

由式 (3-115)、式 (3-116) 定义的 $\overline{L}_{\delta_a}$ 和 $\overline{L}_p$，以及滚转力矩大导数公式 (3-109)、偏航力矩大导数公式 (3-110) 可知，$\overline{L}_{\delta_a}$ 和 $\overline{L}_p$ 与动压相关，同时副翼效率随着飞行马赫数的增大而降低。因此，为保持在全包线内滚转操纵性能的一致性，一般情况下 I_p 要随动压进行调节。同时，飞机在大迎角飞行时，为了确保飞行安全，需要限制飞机的滚转运动，因此在根据迎角 α 调节前向通路增益 $G(0)$ 的同时，在极端条件下关闭滚转阻尼通道。

4）偏航与滚转耦合的影响

在飞机侧向运动中，滚转和偏航运动高度耦合，滚转阻尼器设计时需要考虑这种影响，一般可通过 δ_a 和 ϕ 的传递函数加以分析。根据第 3 章式 (3-192) 和式 (3-191) 可得其简化形式为

$$\frac{\phi(s)}{\delta_a(s)} = \frac{K_\phi(s^2 + 2\zeta_\phi \omega_\phi s + \omega_\phi^2)}{(s - \lambda_R)(s - \lambda_S)(s^2 + 2\zeta_D \omega_D + \omega_D^2)} \tag{5-45}$$

式中，λ_R 和 λ_S 分别为滚转运动模态和螺旋运动模态的极点；ζ_D 和 ω_D 分别为荷兰滚运动模态的阻尼和自然振荡频率；ζ_ϕ 和 ω_ϕ 分别为共轭复数零点的阻尼和自然振荡频率。一般情况下，滚转运动模态的稳定性优于螺旋运动模态，因此有 $|\lambda_R| < |\lambda_S|$。

考虑式 (5-39) 所示的阻尼器控制律，在不同情况下对于 I_p 变化的根轨迹如图 5-36 所示。

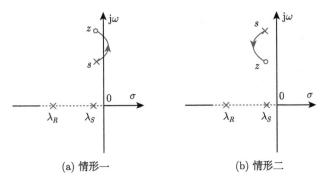

(a) 情形一　　　　　　　　　　　(b) 情形二

图 5-36　滚转阻尼系数 I_p 变化的根轨迹图

（1）当 $\dfrac{\omega_\phi}{\omega_D} > 1$ 时，根轨迹如图 5-36(a) 所示，$\dfrac{\omega_\phi}{\omega_D}$ 的值越大，稳定储备就越小，通常情况下，当 $\omega_\phi > \omega_D > |\lambda_R|$ 时，就必须考虑这两对共轭复数零点和极点对滚转阻尼器的影响。

（2）当 $\dfrac{\omega_\phi}{\omega_D} < 1$ 时，根轨迹如图 5-36(b) 所示，通过合理选取 I_p 可以使得复根的阻尼大于原飞机的阻尼，即滚转阻尼器使得荷兰滚运动衰减更快，在此情况下，可以不必考虑偏航和滚转的耦合影响。

（3）综合偏航与滚转运动的耦合问题，在设计阻尼器增益 I_p 时，一般先确定偏航阻尼器参数，再确定滚转运动传递函数 $\dfrac{p(s)}{\delta_a(s)}$，选定较为合理的滚转阻尼增益 I_p，再修改偏航阻尼参数，经过反复调整后，最终确定偏航阻尼参数和滚转阻尼参数。

（4）由根轨迹图 5-36 和式 (3-216) 可以看出，引入滚转阻尼增大 $\overline{L}_p$ 会使 $|\lambda_S|$ 减小，即螺旋运动模态极点向原点运动，对螺旋运动不利。

3. 侧向荷兰滚运动阻尼的改善

荷兰滚运动是侧向运动中较难分析的一种运动模态，其简化形式受滚摆比 $\left|\dfrac{\phi}{\beta}\right|$ 大小影响而不同。一般情况下采用二阶近似来描述荷兰滚运动，其特征方程、阻尼比和自然振荡频率可以用第 3 章式 (3-204)～式 (3-206) 近似表示，分别为

$$s^2 - (\overline{N}_r + Y_\beta)s + (\overline{N}_\beta + \overline{N}_r Y_\beta) = 0 \tag{5-46}$$

$$\omega_D = \sqrt{\overline{N}_\beta + \overline{N}_r Y_\beta} \approx \sqrt{\overline{N}_\beta} = V_0\sqrt{\rho}\sqrt{\frac{1}{2I_z}S_w b C_{n_\beta}} \tag{5-47}$$

$$\zeta_D = -\frac{\overline{N}_r + Y_\beta}{2\sqrt{\overline{N}_\beta + \overline{N}_r Y_\beta}} \approx -\sqrt{\rho}\frac{\dfrac{1}{4I_z}C_{n_{\overline{r}}}S_w b^2 + \dfrac{1}{2m}C_{Y_\beta}S_w b}{2\sqrt{\dfrac{1}{2I_z}S_w b C_{n_\beta}}} \tag{5-48}$$

　　由此可知，荷兰滚运动阻尼 ζ_D 主要取决于 $C_{n_{\overline{r}}}$，同时随着飞行高度的增加而减小；荷兰滚运动的自然振荡频率 ω_D 主要取决于 $\sqrt{C_{n_\beta}}$，同时随空速 V 增大而增大，随飞行高度增大而减小。如图 5-37 所示的战斗机典型荷兰滚运动阻尼曲线反映了这种情况，无法在全包线内满足 GJB 185-1986 对飞机侧向运动荷兰滚运动阻尼的要求。虽然依靠修改飞机气动外形，如加大垂直尾翼面积等设计手段，也可提高荷兰滚运动的阻尼，但是这样将使得飞机的阻力和结构重量大大增加，且加剧了飞机对侧风的响应，降低了飞机的整体性能。因此，在航向操纵系统中加入偏航阻尼器（yaw damper），是改善飞机荷兰滚振荡阻尼特性的一种行之有效的方法。

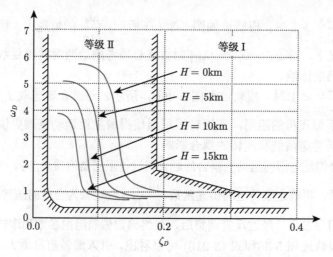

图 5-37　战斗机典型荷兰滚运动阻尼曲线

1）反馈的选择

　　荷兰滚运动阻尼 ζ_D 不足，主要是由 $\overline{N}_r$ 过小引起的，由信号流图 5-38 可知，唯一可以有效改善荷兰滚运动阻尼的反馈是通过 $r_K \to \delta_r$，产生人工 $\overline{N}_r$，从而构成经典的偏航阻尼器。如果能够通过在翼尖处加装的两个动压传感器之差来得到 r_A，还能够有效抑制风扰动的影响。另外，如果能够引入侧滑角 β 到直接侧力操纵面的反馈，可以产生人工 Y_β，同样也可以改善 ζ_D，但极少使用，因为这种反馈需要飞机具备直接侧力控制能力以及精确测量侧滑角。

　　与纵向短周期运动类似，根据状态空间理论，r_K 和 β 构成了荷兰滚运动的状态向量，要有效改善荷兰滚运动模态（即同时改善阻尼 ζ_D 和自然振荡频率 ω_D），需要构建全状态反馈，即引入 $r \to \delta_r$ 反馈的同时引入 $\beta \to \delta_r$ 反馈，这部分内容将在后续的飞机静稳定性改善中介绍。

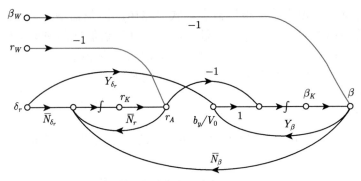

图 5-38 侧向荷兰滚运动近似信号流图

2）偏航阻尼器的作用

引入反馈系数为 K_r 的偏航阻尼器后的航向通道控制系统结构如图 5-39 所示，为了研究方便，忽略方向舵舵回路的动特性，将舵回路传递函数近似表示为 $G_M(s) = K_\delta$，同时忽略风的影响，则有 $r = r_K$。同样有几点需要说明：①由于 δ_r 到 r 的静态增益为负，所以偏航阻尼器是正反馈，总体上仍表现为负反馈控制；②偏航速率反馈产生的方向舵偏转角具有减小偏航角速度的特性，有助于提高航向阻尼；③脚蹬位移 W_r 定义为向"左前右后"为正，因此图 5-39 中前向通路传递函数增益为负；④同样此时，飞行员操纵的是引入偏航阻尼器后得到的等效飞机。

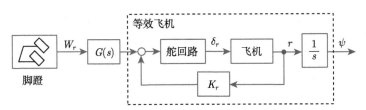

图 5-39 引入偏航阻尼器后的航向通道控制系统结构

偏航阻尼器控制律为

$$\delta_r = K_r K_\delta r \tag{5-49}$$

根据信号流图 5-38 可以得到忽略 Y_{δ_r} 影响下荷兰滚运动的特征方程为

$$s^2 - (\overline{N}_r + K_r K_\delta \overline{N}_{\delta_r} + Y_\beta)s + [Y_\beta(\overline{N}_r + K_r K_\delta \overline{N}_{\delta_r}) + \overline{N}_\beta] = 0 \tag{5-50}$$

偏航阻尼器的主要作用可以从以下几个方面进行分析：①比较式 (5-50) 和式 (5-46) 可知，引入偏航阻尼器后，等效的偏航阻尼力矩系数由 $\overline{N}_r$ 增大为 $\overline{N}_r + K_r K_\delta \overline{N}_{\delta_r}$，进而增大了荷兰滚运动阻尼，从而减小或减弱荷兰滚运动。②根据第 3 章螺旋运动模态特征根近似表达式 (3-216)，阻尼器增大 $\overline{N}_r$ 也有助于改善螺旋运动模态的稳定性。③偏航阻尼器会抑制飞机航向的快速变化，从而降低飞机转弯的机动性。④加装了偏航阻尼器以后，飞机偏航时，阻尼器输出信号使飞机的方向舵偏转，在产生偏航角速度的同时也产生一个滚转力矩，这个滚转力矩与交联滚转力矩效果相同，相当于增大了飞机的滚转交联力矩系数，有助于减弱荷兰滚运动。

飞机做转弯运动时，机载航向速率传感器的量测受到飞机姿态角的影响，可以表示为

$$r_K = -\dot{\theta} \sin\phi + \dot{\psi} \cos\phi \cos\theta \tag{5-51}$$

在协调转弯条件下 $\dot{\theta} = 0$，航向速率陀螺的稳态量测为

$$r_K = \frac{g}{V_0} \cos\theta \sin\phi \tag{5-52}$$

该信号通过阻尼器使得方向舵偏转，产生附加的阻尼力矩对 r_K 形成抑制作用，从而影响飞机正常的转弯机动。为了减小偏航阻尼器对稳态转弯的影响，通常在阻尼反馈通道中引入清洗网络，此时偏航阻尼器控制律为

$$\delta_r = K_r K_\delta \frac{\tau s}{\tau s + 1} \tag{5-53}$$

5.3.2　飞机固有频率特性的改善

5.3.1 节讨论了通过引入角速度反馈（即阻尼器）来改善飞机俯仰、滚转和偏航通道阻尼的原理和方法，但无论是纵向短周期运动模态还是荷兰滚运动模态，阻尼器对固有频率（自然振荡频率）影响不大。飞机固有频率的大小，对相应运动模态的稳定性和动态响应有着直接影响。固有频率过小，则运动模态的稳定裕度变小，瞬态响应衰减变慢；若固有频率为负，则运动模态不稳定，飞行员操纵困难。因此，飞行控制系统设计中，在改善飞机阻尼特性的同时，往往还需要解决固有频率特性的改善问题。

由表达式 (5-18) 和式 (5-47) 可知，飞机纵向短周期运动的自然振荡频率 ω_s 和荷兰滚运动自然振荡频率 ω_D 分别主要受静稳定力矩导数 C_{m_α} 和 C_{n_β} 的影响，即受到飞机静稳定性的影响。而飞机的静稳定性是反映飞机飞行品质的重要指标，随着现代飞机飞行包线的不断扩大，在亚声速和跨声速阶段，飞机的静稳定性往往不足。因此，飞机固有频率的改善问题本质上是飞机运动模态静稳定性的改善问题，故一般称为增稳，对应的飞行控制系统称为增稳系统（SAS）。

1. 短周期运动固有频率的改善

1）反馈的选择

对于飞机的纵向短周期运动，飞行员最关心的是其运动模态是否稳定，由式 (5-16) 可得，短周期运动模态的特征方程为

$$s^2 - (M_q + M_{\dot\alpha} + Z_\alpha)s + (M_q Z_\alpha - M_\alpha) = s^2 + c_1 s + c_2 = 0 \qquad (5\text{-}54)$$

由于 $M_q < 0$、$M_{\dot\alpha} < 0$ 和 $Z_\alpha < 0$，所以短周期运动模态的稳定性取决于其特征方程的常数项 $M_q Z_\alpha - M_\alpha$，又由于有 $M_q < 0$ 以及 $Z_\alpha < 0$，所以当 $-M_\alpha > 0$ 即 $C_{m_\alpha} < 0$ 时，短周期运动模态稳定。因此，短周期运动固有频率的改善，可以通过产生人工 C_{m_α} 或 M_α 的方法来达成。

从 C_{m_α} 角度来看，飞机的静俯仰力矩系数为

$$C_m = C_{m0} + C_{m_\alpha}(\alpha - \alpha_0) + C_{m_{\delta_e}}\delta_e \qquad (5\text{-}55)$$

当 C_{m_α} 负向不足时，可以通过引入 $\alpha \to \delta_e$ 反馈，当迎角 α 发生变化时，通过控制平尾的偏转产生附加俯仰力矩，从而产生人工 C_{m_α}。从 M_α 角度来看，根据短周期运动信号流图即图 5-27 可知，同样可以通过 $\alpha \to \delta_e$ 反馈来产生人工的 M_α。

因此，结合前述俯仰阻尼器设计，引入 $\alpha \to \delta_e$ 反馈的俯仰增稳系统结构如图 5-40 所示。

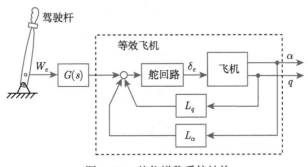

图 5-40　俯仰增稳系统结构

忽略平尾舵回路的动特性，设舵回路传递函数为 $G_M(s) = K_\delta$，增稳控制律表达式为

$$\delta_e = L_\alpha K_\delta \alpha + L_q K_\delta q + G(s) K_\delta W_e \qquad (5\text{-}56)$$

式中，第一项为增稳反馈，第二项为阻尼反馈，第三项为飞行员的操纵控制。需要说明的是：①由于俯仰通道前向通路中 $M_{\delta_e} < 0$（参考图 5-27），所以增稳控制律中 $\alpha \to \delta_e$ 和 $q \to \delta_e$ 均为正反馈，以保证闭环系统总体上为负反馈控制。②增

稳控制律中的 $q \rightarrow \delta_e$ 和 $\alpha \rightarrow \delta_e$ 构成了短周期运动的全状态反馈，根据线性系统理论，在忽略舵回路动特性的情况下，通过选择合适的反馈系数 L_q 和 L_α，理论上可以实现对短周期运动模态极点的任意配置，即可以同步改善短周期运动阻尼和自然振荡频率。

2）俯仰增稳控制的作用

借助短周期运动信号流图即图 5-27 可以方便得到引入俯仰增稳控制后等效的短周期运动模态特征方程，其表达式为

$$s^2 - [(M_q + L_q K_\delta M_{\delta_e}) + M_{\dot{\alpha}} + Z_\alpha]s + [Z_\alpha(M_q + L_q K_\delta M_{\delta_e}) + (-M_\alpha - L_\alpha K_\delta M_{\delta_e})] = 0$$
$$(5\text{-}57)$$

此时，等效短周期运动的阻尼比和自然振荡频率为

$$\omega_{ss} = \sqrt{Z_\alpha(M_q + L_q K_\delta M_{\delta_e}) + (-M_\alpha - L_\alpha K_\delta M_{\delta_e})} \tag{5-58}$$

$$\zeta_{ss} = \frac{(M_q + L_q K_\delta M_{\delta_e}) + M_{\dot{\alpha}} + Z_\alpha}{2\omega_s} \tag{5-59}$$

对照式 (5-54) 和式 (5-57) 和引入增稳控制律前后短周期运动 ζ_s 和 ω_s 表达式，可以得到以下结论：

（1）增稳反馈 $\alpha \rightarrow \delta_e$ 仅对特征方程常数项 c_2 有影响，其作用相当于使静稳定力矩大导数由 M_α 负向增大为 $M_\alpha + L_\alpha K_\delta M_{\delta_e}$（注意 $M_{\delta_e} < 0$），改善了飞机纵向静稳定性，也使得短周期运动的自然振荡频率 ω_s 由 $\sqrt{c_2}$ 增大为 $\sqrt{c_2 - L_\alpha K_\delta M_{\delta_e}}$。

（2）增稳反馈 $\alpha \rightarrow \delta_e$ 对特征方程一次项系数 c_1 没有影响，由于 $c_1 = 2\zeta_s\omega_s$，ω_s 的增大会使得 ζ_s 减小，需要通过 $q \rightarrow \delta_e$ 阻尼反馈系数 L_q 进行调节。

增稳控制律对飞机操纵性的影响也可以通过静态增益来分析，以 $\alpha(s)/W_e(s)$ 传递函数为例，在引入增稳控制律前后的静态增益分别为

$$K_s = \frac{G(0)K_\delta M_{\delta_e}}{\omega_s^2} \tag{5-60}$$

$$K_{ss} = \frac{G(0)K_\delta M_{\delta_e}}{\omega_s^2 + L_q K_\delta M_{\delta_e} Z_\alpha - L_\alpha K_\delta M_{\delta_e}} \tag{5-61}$$

为了便于分析 $\alpha \rightarrow \delta_e$ 反馈对操纵性的影响，假设 $L_q = 0$，可得到以下结论：

（1）由于 $M_{\delta_e} < 0$，因此静操纵增益减小，减小程度与 L_α 成比例，从而减小了飞行员操纵的杆力灵敏度。

（2）减小飞行状态变化对静操纵增益的影响，L_α 足够大时，$K_{ss} \approx \dfrac{-G(0)}{L_\alpha}$ 近似为常数，能有效改善杆力特性，便于飞行员操纵。

3）采用过载反馈的俯仰增稳控制律

在增稳控制律的实际应用中，考虑到迎角增量 $\Delta\alpha$ 和法向过载增量 Δn_z 之间的近似比例关系：

$$\Delta n_z = -\frac{qS_w C_{L_\alpha}}{G}\Delta\alpha \approx -\frac{V_0}{g}Z_\alpha\Delta\alpha \tag{5-62}$$

常用 $n_z \to \delta_e$ 反馈来替代 $\alpha \to \delta_e$ 反馈构建增稳控制律，其表达式为

$$\delta_e = L_{n_z}K_\delta n_z + L_q K_\delta q + G(s)K_\delta W_e \tag{5-63}$$

通过选择合适的反馈增益 L_{n_z}，同样可以有效改善飞机纵向静稳定性，提高短周期运动自然振荡频率 ω_s。同时，采用 $n_z \to \delta_e$ 还可以带来另外一个好处，即改善飞机的纵向操纵特性，其根本原因在于通过 $n_z \to \delta_e$ 反馈一定程度上实现了指令过载，从而改善了过载杆力特性。

另外，$\alpha \to \delta_e$ 反馈或 $n_z \to \delta_e$ 反馈对自然振荡频率的改善作用受 M_{δ_e}、Z_α 和增稳前的 ω_s 的影响，因此增稳控制律中反馈增益 L_α 或 L_{n_z} 的选取也存在飞行状态的适配问题，一般需要根据动压 q 进行反比例调节。

2. 荷兰滚运动固有频率的改善

1）反馈的选择

现代超声速战斗机一般具有细长的机身，小面积垂直尾翼的气动外形，C_{n_β} 往往较小，航向静稳定性不足，经常处于侧滑飞行状态，使得飞行阻力增大，机动性下降，不利于空战占位、瞄准和武器准确投放。同时，垂直尾翼的航向稳定性作用会因超声速飞行时的气动特性而下降，考虑到机身受力弹性弯曲等影响，飞行马赫数很大时，航向可能不稳定。

由于航向阻尼力矩大导数 $N_\beta \propto C_{n_\beta}$，航向稳定性不足时，$N_\beta$ 很小，甚至小于零。由式 (5-46)~式 (5-48) 可知，其在飞机侧向运动方程中的直接表现为荷兰滚运动模态自然振荡频率的 ω_D 不足。考虑到 C_{n_β} 和 N_β 与侧滑角 β 密切相关，参考荷兰滚运动信号流图 5-38，可以通过引入 $\beta \to \delta_r$ 反馈的方法，产生人工 N_β，提高荷兰滚运动 ω_D，称为航向增稳控制。

结合偏航阻尼器，忽略方向舵舵回路动特性，设其传递函数为 $G_M(s) = K_\delta$，航向增稳控制律可以表示为

$$\delta_r = -K_\beta K_\delta\beta + K_r K_\delta r + G(s)K_\delta W_r \tag{5-64}$$

式中，第一项为增稳反馈，第二项为阻尼反馈，第三项为飞行员操纵控制。同样需要说明的是：①由于航向通道前向通路中 $\overline{N}_{\delta_r} < 0$（参考图 5-38），所以控制

律中 $\beta \rightarrow \delta_r$ 为负反馈，$r \rightarrow \delta_r$ 为正反馈，以保证闭环系统总体上为负反馈控制。②控制律中的 $r \rightarrow \delta_r$ 反馈和 $\beta \rightarrow \delta_r$ 反馈构成了荷兰滚运动的全状态反馈，根据线性系统理论，在忽略舵回路动特性的情况下，通过选择合适的反馈系数 K_r 和 K_β，理论上可以实现对运动模态的极点进行任意配置，即可以同步改善荷兰滚运动阻尼和自然振荡频率。

2）航向增稳控制的作用

根据荷兰滚运动信号流图 5-38 可以得到忽略 Y_{δ_r} 影响下的等效荷兰滚运动特征方程为

$$s^2 - [(\overline{N}_r + K_r K_\delta \overline{N}_{\delta_r}) + Y_\beta]s + [Y_\beta(\overline{N}_r + K_r K_\delta \overline{N}_{\delta_r}) + (\overline{N}_\beta - K_\beta K_\delta \overline{N}_{\delta_r})] = 0 \quad (5\text{-}65)$$

等效的荷兰滚运动阻尼和自然振荡频率为

$$\omega_D = \sqrt{Y_\beta(\overline{N}_r + K_r K_\delta \overline{N}_{\delta_r}) + (\overline{N}_\beta - K_\beta K_\delta \overline{N}_{\delta_r})} \approx \sqrt{\overline{N}_\beta - K_\beta K_\delta \overline{N}_{\delta_r}} \quad (5\text{-}66)$$

$$\zeta_D \approx -\frac{(\overline{N}_r + K_r K_\delta \overline{N}_{\delta_r}) + Y_\beta}{2\sqrt{\overline{N}_\beta - K_\beta K_\delta \overline{N}_{\delta_r}}} \quad (5\text{-}67)$$

对照引入航向增稳控制前后 ω_D 和 ζ_D 表达式 (5-66)、式 (5-67) 和式 (5-47)、式 (5-48)，可以得到以下结论：

（1）增稳反馈 $\beta \rightarrow \delta_r$ 仅对特征方程的常数项有影响，其作用相当于增大静稳定力矩导数，改善了飞机航向静稳定性，也改善了短周期运动的自然振荡频率 ω_D。

（2）增稳反馈 $\beta \rightarrow \delta_r$ 对特征方程一次项系数没有影响，ω_D 增大会使得 ζ_D 减小，需要通过 $r \rightarrow \delta_r$ 阻尼反馈系数 K_r 进行调节。

（3）增稳反馈 $\beta \rightarrow \delta_r$ 中侧滑角 β 的测量中包含风侧滑 β_W，因此增稳反馈有助于减小侧风干扰。

（4）增稳反馈 $\beta \rightarrow \delta_r$ 有助于减小侧向运动中的侧滑，从而降低偏航运动和滚转运动的耦合（即减小 L_β 的影响），有助于协调曲线运动中副翼与方向舵的操纵。

（5）参照俯仰增稳作用分析，航向增稳控制对操纵性的影响也可分为两个方面，一方面是减小了航向静操纵性（即稳态增益），另一方面是降低了飞行状态变化对操纵性的影响。

航向增稳控制时，考虑到侧滑角 β 测量比较困难，且有 $\Delta n_y \approx \dfrac{V_0}{g} Y_\beta \Delta \beta$，因此常用侧向过载 n_y 反馈替代 β 反馈（由于 $Y_\beta < 0$，$n_y \rightarrow \delta_r$ 应为正反馈），同

时在阻尼反馈中引入清洗网络，消除稳态偏航角速度 r 的影响，得到的航向增稳控制律为

$$\delta_r = K_{n_y}K_\delta n_y + \frac{\tau s}{\tau s + 1}K_r K_\delta r + G(s)K_\delta W_r \qquad (5\text{-}68)$$

通过选择合适的反馈增益 K_{n_y} 和 K_r，可以同时改善荷兰滚运动模态的阻尼和自然振荡频率。对于航向增稳控制律中反馈增益 K_β 或 K_{n_y} 的飞行状态适配方面，通常需要考虑以下几个方面：

（1）自然振荡频率 ω_D 的改善作用受 $\overline{N}_{\delta_r}$、Y_β 的影响，需要根据动压 q 和高度 H 进行调节；

（2）飞机航向静稳定性受马赫数影响较大，在大马赫数时，航向静稳定性差，需要增大增稳反馈增益；

（3）飞机大迎角飞行时，垂直尾翼处气流受机头阻挡，方向舵效能降低，需要增大增稳反馈增益。

3. 侧向增稳系统

飞机侧向运动中，滚转与偏航的紧密联系且相互影响，因而在增稳控制设计时需要协同考虑。图 5-41 为战斗机典型侧向增稳控制结构图。其本质上是在航向增稳控制和滚转阻尼控制的基础上，引入横航向协调的副翼交联信号送入航向通道。

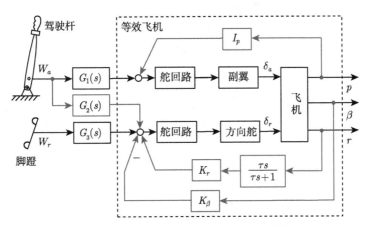

图 5-41 战斗机典型侧向增稳控制结构图

忽略副翼和方向舵舵回路动特性，设其传递函数分别为 K_{δ_a} 和 K_{δ_r}，可得侧向增稳控制律为

$$\delta_r = -K_\beta K_{\delta_r}\beta + K_r K_{\delta_r}\frac{\tau s}{\tau s + 1}r + G_2(s)K_{\delta_r}W_a + G_3(s)K_{\delta_r}W_r \qquad (5\text{-}69)$$

$$\delta_a = I_p K_{\delta_a} p + G_1(s) K_{\delta_a} W_a \tag{5-70}$$

该控制律的主要特点可从以下几个方面进行分析：

（1）航向控制通道中引入了侧滑角 β 反馈和偏航角速度 r 反馈，能够同时改善荷兰滚运动的阻尼 ζ_D 和自然振荡频率 ω_D，解决战斗机高空飞行时航向阻尼不足问题以及高空大马赫数和大迎角飞行时航向静稳定性不足的问题。

（2）飞机进入曲线飞行时，副翼或平尾差动是主要的操纵机构，为了减小侧滑需要辅助使用方向舵，为此在航向通道中引入了副翼交联信号 $G_2(s) K_{\delta_r} W_a$，以实现横航向的协调控制，但这种控制方式对参数极为敏感。

（3）现代战斗机大后掠角、三角翼、大长细比等气动布局特点，使得飞机的滚转静稳定性较好，即 C_{l_β} 较大，滚转通道一般不需要增稳，引入滚转角速度 p 反馈改善滚转阻尼特性即可。但有些飞机 C_{l_β} 过大，而航向稳定性（即 C_{n_β}）太小，因而飞机滚摆比 $\left|\dfrac{\phi}{\beta}\right|$ 很大，会产生严重的荷兰滚振荡运动，可以通过引入 $\beta \to \delta_a$ 反馈（反馈增益为 $-I_\beta$，相当于闭环 β 正反馈）以适当减小 C_{l_β}，此时副翼通道控制律改写为

$$\delta_a = -I_\beta K_{\delta_a} \beta + I_p K_{\delta_a} p + G_1(s) K_{\delta_a} W_a \tag{5-71}$$

（4）控制律中通过传感器测得的 β、p 和 r 信号中，往往包含有各种扰动引起的机体耦合高频振荡信号，需要加入适当的低通滤波器滤除。

（5）增稳控制律解决了横航向运动的动稳定性（阻尼）和静稳定性（自然振荡频率）的改善问题，但损失了飞机的操纵增益，降低了飞机对操纵指令的响应，是牺牲飞机操纵性为代价的，这也是增稳控制的主要问题所在。

5.3.3　飞机纵向长周期运动的改善

飞机纵向长周期运动也就是沉浮运动，同样也存在阻尼和固有振荡频率改善问题，但由于沉浮运动周期较长，响应比较缓慢，因此在人工操纵下的电传操纵系统中一般不需要对其进行改善。但是在通过自动飞行控制系统对飞机的姿态和轨迹进行控制时，则必须加以考虑，故在此做简要介绍。

飞机纵向长周期运动近似信号流图如图 5-42 所示，结合式 (3-148) 所示的长周期运动特征多项式可知，为了改善沉浮运动阻尼不足的情况，通常有两种方法：

（1）引入 $V_A \to \delta_T$ 反馈，直接产生人工 X_V；

（2）通过 $\delta_e \to \alpha \to Z_\alpha \to \dot{\gamma}$ 作用链，引入 $\theta \to \delta_e$ 反馈或 $\gamma \to \delta_e$ 反馈，提高阻尼。

对于第二种情况，$\theta \to \delta_e$ 反馈对纵向运动的两个自由度都能产生有利影响（可以改善短周期运动固有频率，但会降低运动阻尼），而且可以同时进行姿态角控制。$\gamma \to \delta_e$ 反馈对短周期运动不利，而且 γ 难以测量，所以一般不用这种反馈。

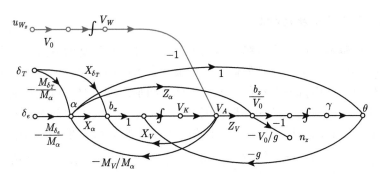

图 5-42 飞机纵向长周期运动近似信号流图

第一种 $V_A \rightarrow \delta_T$ 反馈阻尼了沉浮运动，而且对短周期运动没有明显的影响，但改善了动态调节因子，对抑制扰动具有重要作用。这种反馈是空速控制（推力控制）的重要组成部分，属于飞机航迹控制的标准反馈。

改善沉浮运动的自然振荡频率，就改变了飞机航迹响应的频带宽度。按照如图 5-42 所示的信号流图，可以考虑的反馈有 $\theta \rightarrow \delta_T$ 和 $\gamma \rightarrow \delta_T$。但是这两种反馈作用均比较弱，往往需要较高的控制器增益。

5.3.4 飞机扰动的抑制措施

飞机的主要扰动变量是风和紊流，它们直接影响飞机所受到的力和力矩，进而影响飞机三轴加速度和角加速度，这使得飞行员和乘客感到不舒服，同时使飞机结构承受附加的载荷称为阵风载荷。减轻阵风载荷是飞行控制的重要任务之一，对阵风响应的控制称为阵风载荷减缓控制（gust mitigation control，GMC）。

在处理这个问题时，必须首先确定阵风载荷减缓与哪些变量有关。虽然风梯度等是自然扰动过程，风速分量是动态风变化过程的状态，难以用典型函数描述，但从研究的直观性、简单性考虑，常用风速 V_W 及其产生的风侧滑角 β_W 和风迎角 α_W 来研究风扰动的影响。它们对飞行状态的静态影响可以用以下公式表示：

$$V_A = V_K - V_W \tag{5-72}$$

$$\alpha = \theta - \gamma - \alpha_W \tag{5-73}$$

$$\beta = \chi - \psi - \beta_W \tag{5-74}$$

这些信号对飞机运动的影响，可以通过图 5-27 和图 5-38 的信号流图来评估（在此未考虑纵向长周期运动模态）。显然，抑制扰动最有效的方式是采用有一种尽量无滞后地利用扰动方面的信息、并直接在干扰作用附近产生补偿反作用力的控制回路。这种思想实施的基本法则是：应该测量含有对阵风响应最早的状态变量，并把这些状态变量反馈给能直接控制这些状态变量的调节变量。

1. 纵向运动中的扰动抑制

根据上述基本法则，飞机纵向运动中存在三种抑制扰动的方法，分别是：

（1）$q_K \to \delta_e$ 反馈，就是俯仰阻尼反馈，它可以增大短周期运动阻尼，降低响应谐振峰值，从而降低扰动的影响。因此，阻尼反馈也是阵风载荷减缓的理想反馈，它能克服阵风引起的短周期谐振范围内的 q_K 过渡谐振问题，但在中等频率时，将明显提高纵向过载 n_z 的频率响应（可以通过短周期信号流图 5-27 中引入反馈前后的 $\dfrac{n_z(s)}{w_{W_x}(s)}$ 或 $\dfrac{\alpha(s)}{w_{W_x}(s)}$ 传递函数分析）。因此，用 δ_e 作为唯一的调节变量，不能完全补偿扰动的作用，扰动将被转移到其他自由度。

（2）$\alpha \to \delta_k$ 反馈，在前面已进行了简要分析，其本质是是一种直接升力控制，是直接在机翼上补偿阵风的影响，由此就能在整个频域内很好地降低阵风对 q_K 和 n_z 的频率响应。通过 $q_K \to \delta_e$ 和 $\alpha \to \delta_k$ 这两种反馈的组合，可以得到更好的阵风载荷减缓效果。

（3）$V_A \to \delta_T$ 反馈，增大了纵向长周期运动的阻尼，由式 (5-72) 可知，反馈量测 V_A 中无滞后地包含了风速 V_W，能够有效改善阵风扰动对飞机长周期运动状态变量的影响，对抑制扰动具有重要作用。该反馈是空速控制（推力控制器）的重要组成部分，属于飞机航迹控制器的标准反馈。

2. 侧向运动中的扰动抑制

同样根据抑制扰动的基本法则，在飞机侧向运动中，也存在三种抑制扰动的方法，分别是 $r_K \to \delta_r$ 反馈、$\beta \to \delta_Y$ 反馈和 $p_K \to \delta_a$ 反馈。这些反馈与偏航及滚转阻尼器反馈一致，因此侧向运动的偏航阻尼器和滚转阻尼器设计有助于改善飞机抑制扰动的能力，具体来说：

（1）$r_K \to \delta_r$ 反馈，通过前面偏航阻尼器分析可知，它对偏航自由度和滚转自由度均起作用，因此其不仅可以改善对滚转阵风（w_{w_y}）的响应特性，也改善了对偏航运动阵风（v_{w_x}）的响应特性，在荷兰滚运动谐振范围内，提高阻尼降低其谐振振幅。但是，与纵向通道类似，$r_K \to \delta_r$ 反馈对扰动作用的减小，是以中频范围内侧向加速度（或过载 n_y）幅值的明显增大为代价的。通过增稳控制，即 $r_K \to \delta_r$ 和 $\beta \to \delta_r$ 反馈，可以折中调节 r_K 和 n_y 响应特性。

（2）$\beta \to \delta_Y$ 反馈，本质上是一种直接侧力控制，是直接在机翼上补偿阵风的影响，由此就能在整个频域内很好地降低阵风对 r_K 和 n_y 的频率响应。通过 $r_K \to \delta_r$ 和 $\beta \to \delta_Y$ 这两种反馈的组合，还可以得到更好的阵风载荷减缓效果。

（3）$p_K \to \delta_a$ 反馈，主要作用于滚转通道，可以改进对滚转阵风（w_{w_y}）的响应特性。

对于侧向运动，用于阵风载荷减缓的基本控制器也仅对刚体自由度有效，并受到控制器结构、操纵系统和所使用的过程模型的不完善等因素的限制，只有把所有这三点都加以考虑，才能得到根本的改善。在大型飞机上，侧向阵风不仅激发荷兰滚振动，而且还激发机身一阶弯曲振动，这将严重影响乘坐舒适性，必须通过相应的控制措施予以降低。

5.4 飞机操纵品质的改善

5.4.1 飞机的操纵品质

根据飞机飞行品质规范，飞机的操纵品质分为静操纵品质和动操纵品质。飞机的静操纵品质主要是指飞机的稳态直线或曲线飞行中影响飞行员有关飞行品质评价的操纵力和操纵位移特性，主要涉及飞机平飞操纵位移和操纵力随飞行速度的变化特性，以及飞机在稳定曲线飞行中的单位过载操纵位移和操纵力特性。飞机的动操纵特性是指飞机对飞行员的操纵反应，也就是指飞机在接受操纵后的整个过渡过程的品质及其跟随能力。常用的操纵品质评价指标为杆力灵敏度和单位过载杆力等。

在 5.3 节中讲述了通过角速度反馈和气流角/过载反馈改善飞机的固有特性的方法，可以实现对飞机纵向和侧向运动阻尼、固有频率及干扰抑制等方面的改善，但相应的代价是飞机操纵性的下降，主要表现为飞机静操纵增益的损失。为解决增稳控制带来的操纵性问题，传统方案是采用控制增稳系统，即通过调节控制律 (5-56)、(5-68) 和 (5-71) 中的前向通路传递函数 $G(s)$ 的特性来平衡。电传操纵系统本质上就是取消了机械通路的三轴控制增稳系统，但控制形式更加灵活，根据飞行员的操纵装置到飞机舵面稳态偏转量之间的传递关系，可将电传操纵系统分为比例式和比例积分式两种电传控制律，这两种电传控制律在解决操纵性问题方面有较大差别，下面分别进行讨论。

5.4.2 比例式电传操纵品质的改善

1. 比例式电传控制律

比例式电传控制律就是传统意义上的杆舵对应式电传控制律，其主要特征是飞行员操纵指令也就是施加在操纵装置上的力/位移与由此产生的稳态舵偏量之间是比例关系。早期的机械操纵系统由于受机械杆系的限制，均为杆舵对应式控制律设计。因此，发展到电传操纵系统时，早期的电传控制律一般都沿用了这种控制律设计，其最大优点在于设计思想成熟，可以最大限度地借鉴以往飞行控制系统的设计成果，以确保系统的安全性和可靠性。

在忽略舵回路动特性、信号滤波、结构陷波器和重力补偿等影响条件下，典型的比例式电传控制律可以表示为形如式 (5-56)、式 (5-69) 和式 (5-70) 的表达

式，即

$$\begin{cases} \delta_e = L_\alpha K_\delta \alpha + L_q K_\delta q + G(s) K_\delta W_e \\ \delta_r = -K_\beta K_{\delta_r} \beta + K_r K_{\delta_r} \dfrac{\tau s}{\tau s + 1} r + G_2(s) K_{\delta_r} W_a + G_3(s) K_{\delta_r} W_r \\ \delta_a = I_p K_{\delta_a} p + G_1(s) K_{\delta_a} W_a \end{cases} \tag{5-75}$$

由式 (5-75) 可知，当无操纵信号（即 $W_e = W_a = W_r = 0$）时，控制律只起到增稳的作用，增稳反馈可以是气流角反馈也可以是过载反馈。当操纵信号不为零时，需要对指令支路中的 $G(s)$、$G_1(s)$、$G_2(s)$ 和 $G_3(s)$ 进行设计，以满足飞机操纵品质的要求，主要涉及以下几个方面：

（1）设计按飞行状态自动调节的指令支路操纵增益，以保证全飞行包线内获得满意的杆力灵敏度，同时避免因引入阻尼/增稳控制反馈导致的操纵性下降问题，平衡稳定性与操纵性之间的矛盾。

（2）平衡大机动和小机动飞行时的杆力灵敏度，确保大机动飞行时有较高的角加速度灵敏度和较小的杆力，以提供快速的机动响应能力；小机动飞行时有较小的角加速度灵敏度和较大的杆力，以提供精确的航迹控制能力。

（3）实现不同飞行状态下杆力的自动配平，减轻飞行员的操纵负担。

2. 指令支路的变增益控制

根据如图 5-24 所示的电传操纵系统结构图，可以将式 (5-75) 中的指令支路中的传递函数分为指令传感器和指令模型两部分，其中指令传感器指杆位移/杆力传感器、脚蹬传感器，输入输出呈比例关系，在此用 K_s 表示。指令模型主要是为满足对飞机操纵性要求而增加的可调环节，其传递函数用 $M(s)$ 表示。

下面以纵向通道为例，分析通过变增益控制改善飞机操纵性的基本原理，首先将纵向电传控制律改写为

$$\delta_e = L_\alpha K_\delta \alpha + L_q K_\delta q + K_s M(s) K_\delta W_e \tag{5-76}$$

根据 4.2.2 节关于操纵期望参数（CAP）操纵品质定义式 (4-3) 和前面关于操纵性要求的分析可知，杆力灵敏度是衡量飞机操纵性的重要指标，用以评价飞机对操纵指令的初始反应性能。飞机纵向操纵的杆力灵敏度定义为

$$M_{F_y} = \left. \frac{\Delta \ddot{\theta}}{\Delta F_y} \right|_{t=0^+} \tag{5-77}$$

式中，ΔF_y 为相对于平衡状态下的纵向杆力增量，相当于式 (5-76) 中的操纵量 W_e 的增量。

在如图 5-27 所示的纵向短周期运动信号流图的基础上，引入式 (5-76) 表示的纵向通道控制律后的信号流图如图 5-43 所示。

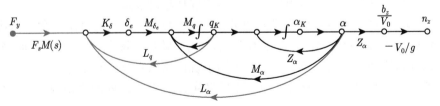

图 5-43　引入增稳控制律后的纵向短周期运动信号流图

进一步可以得到以杆力 F_y 为输入，俯仰角速度 q 为输出的传递函数为

$$\frac{\Delta q(s)}{\Delta F_y(s)} = \frac{K_s M(s) K_\delta M_{\delta_e}(s - Z_\alpha)}{\Delta(s)} \tag{5-78}$$

式中

$$\Delta(s) = s^2 - [(M_q + L_q K_\delta M_{\delta_e}) + M_{\dot{\alpha}} + Z_\alpha]s + [Z_\alpha(M_q + L_q K_\delta M_{\delta_e}) + (-M_\alpha - L_\alpha K_\delta M_{\delta_e})] \tag{5-79}$$

假设杆力输入增量 ΔF_y 为单位阶跃输入，则有

$$\Delta F_y(s) = \frac{1}{s} \tag{5-80}$$

进一步假设指令模型为 $M(s) = K_m$，可以得到输出 $\Delta q(s)$ 的表达式为

$$\Delta q(s) = \frac{K_s K_m K_\delta M_{\delta_e}(s - Z_\alpha)}{\Delta(s)} \frac{1}{s} \tag{5-81}$$

由杆力灵敏度的定义，此时纵向杆力灵敏度 M_{F_y} 的表达式为

$$M_{F_y} = \frac{\Delta \ddot{\theta}}{\Delta F_y}\bigg|_{t=0^+} = \frac{\lim\limits_{s \to \infty} s \Delta \dot{q}(s)}{\lim\limits_{s \to \infty} s \Delta F_y(s)} = \frac{\lim\limits_{s \to \infty} s^2 \Delta q(s)}{\lim\limits_{s \to \infty} s \Delta F_y(s)} = K_s K_m K_\delta M_{\delta_e} \tag{5-82}$$

代入俯仰操纵力矩大导数 M_{δ_e} 的表达式 (3-95) 可得

$$M_{F_y} = K_s K_m K_\delta \frac{1}{I_y}\left(\frac{1}{2}\rho V_0^2 S_w c_A C_{m_{\delta_e}}\right) \tag{5-83}$$

由式 (5-83) 可知，俯仰操纵力矩大导数 M_{δ_e} 与飞行状态密切相关，使得在不同的飞行高度和速度条件下的杆力灵敏度也在不断发生变化，在全包线飞行时，

无法保持相对一致的杆力灵敏度，影响了飞机的操纵性。在此可以采用指令模型变增益控制，根据飞机的飞行高度和速度，自动调节 K_m 的大小，以平衡大导数 M_{δ_e} 的影响，使得在全包线内杆力灵敏度值保持相对稳定。

图 5-44 为电传操纵系统中纵向通道指令模型典型变增益控制结构图，其基本调节规律是增益随动压增大（速度增大）而减小，随静压增大（高度减小）而减小，因此也称为传动比自动调节，其作用等同于机械操纵系统中的力臂调节器。由于采用了模拟电路或计算机软件实现，可变增益 K_m 与 M_{δ_e} 匹配更精确，对飞机操纵性改善效果也更好。

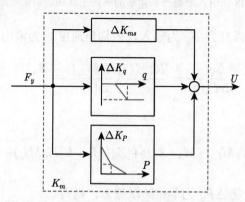

图 5-44　战斗机典型纵向传动比自动调节规律

衡量飞机操纵性的另一个重要指标是飞机的杆力梯度（或单位过载杆力），即衡量飞机产生单位过载所需要的操纵杆力指标，其表达式为

$$F_y^{n_z} = \left.\frac{\Delta F_y}{\Delta n_z}\right|_{t\to\infty} \tag{5-84}$$

杆力梯度 $F_y^{n_z}$ 与飞机杆力灵敏度 M_{F_y} 的乘积就是 CAP 指标。

同样，根据信号流图 5-43，可以得到杆力 F_y 为输入，纵向过载 n_z 为输出的传递函数为

$$\frac{\Delta n_z(s)}{\Delta F_y(s)} = \frac{-K_s M(s) K_\delta M_{\delta_e} V_0 Z_\alpha/g}{\Delta(s)} \tag{5-85}$$

综合式 (5-79)、式 (5-84) 和式 (5-85) 可得杆力梯度的表达式为

$$F_y^{n_z} = \frac{\lim\limits_{s\to 0} s\Delta F_y}{\lim\limits_{s\to 0} s\Delta n_z} = -\frac{Z_\alpha(M_q + L_q K_\delta M_{\delta_e}) + (-M_\alpha - L_\alpha K_\delta M_{\delta_e})}{K_s K_m K_\delta M_{\delta_e} V_0 Z_\alpha/g} \tag{5-86}$$

考虑到在短周期运动自然振荡频率中 M_α 的主导作用以及引入 α 反馈后的影响，

可以进一步得到

$$F_y^{n_z} \approx \frac{M_\alpha + L_\alpha K_\delta M_{\delta_e}}{K_s K_m K_\delta M_{\delta_e} V_0 Z_\alpha/g} \approx \frac{L_\alpha K_\delta M_{\delta_e}}{K_s K_m K_\delta M_{\delta_e} V_0 Z_\alpha/g} = \frac{L_\alpha}{K_s K_m V_0 Z_\alpha/g} \quad (5\text{-}87)$$

代入大导数 Z_α 表达式 (3-85) 可得

$$F_y^{n_z} = \frac{L_\alpha G}{K_s K_m \left[-\frac{1}{2} \rho V_0^2 S_w (C_{L_\alpha} + C_{D0}) - i_H T_\alpha \right]} \quad (5\text{-}88)$$

由式 (5-83) 和式 (5-88) 可以得到以下结论:

(1) 杆力梯度 $F_y^{n_z}$ 与迎角反馈系数 L_α 和重力 G 成正比,与指令模型稳态增益 K_m 和大导数 Z_α 成反比,因此通过调整 K_m 可以调节纵向操纵的杆力梯度。

(2) 通过迎角反馈系数 L_α 也可对杆力梯度 $F_y^{n_z}$ 进行调整,但受大导数 Z_α 的影响。为减小这种影响,可以将式 (5-76) 所示控制律中的 $\alpha \to \delta_e$ 反馈改为 $n_z \to \delta_e$ 反馈,降低杆力梯度 $F_y^{n_z}$ 对 Z_α 的灵敏度。

(3) 杆力灵敏度 M_{F_y} 与指令模型稳态增益 K_m 成正比,而杆力梯度 $F_y^{n_z}$ 与指令模型稳态增益 K_m 成反比,因此仅通过调节 K_m 对纵向 CAP 影响不大,但可平衡操纵品质对 M_{F_y} 与 $F_y^{n_z}$ 的要求。

3. 指令模型的选择

通过指令模型的变增益控制方法,可以解决飞机飞行包线内杆力灵敏度一致性问题,解决飞行员对操纵性的第一个关切问题。对于第二个关切问题,即平衡大机动和小机动飞行时的杆力灵敏度问题,则需要通过对指令模型的设计加以解决,通常有两种指令模型形式。

1) 非线性指令模型

由杆力灵敏度表达公式 (5-82) 可知,其与指令模型增益 K_m 成正比,指令模型增益 K_m 越大,杆力灵敏度 M_{F_y} 就越大。由平衡大小机动飞行杆力灵敏度要求可知,大机动飞行时要求较高的杆力灵敏度,需要选择较大的指令模型增益 K_m;小机动飞行时要求有较小的杆力灵敏度,需要选择较小的指令模型增益 K_m。由此根据所需杆力与指令模型输出的关系要求,可以得到如图 5-45 所示的非线性关系的指令模型。

2) 滞后网络指令模型

第二种常用的指令模型是滞后网络模型,其传递函数为

$$M(s) = \frac{K_m}{\tau_m s + 1} \quad (5\text{-}89)$$

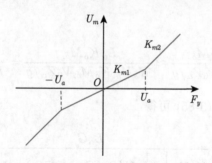

图 5-45　非线性指令模型

滞后网络的幅频特性曲线如图 5-46(a) 所示，该指令模型的幅值 $M(\mathrm{j}\omega)$ 具有低频段幅值大而高频段幅值小的特性。用指令模型的幅频特性代替杆力灵敏度表达式 (5-82) 中的 K_m 可得

$$M_{F_y} = K_s |M(\mathrm{j}\omega)| K_\delta M_{\delta_e} \tag{5-90}$$

当飞行员采用大杆力做大机动飞行时，由于杆力信号变化比小机动飞行时要缓慢得多，信号处于低频段（$\omega < 1/\tau_m$），对应指令模型 $M(\mathrm{j}\omega)$ 的幅值较大，对照式 (5-90) 可知，相应的杆力灵敏度 M_{F_y} 就较大，飞机对操纵指令响应的灵敏度较高。反之，当飞行员采用小杆力做小机动飞行时，杆力变化处于高频段（$\omega > 1/\tau_m$），指令模型 $M(\mathrm{j}\omega)$ 幅值衰减较大，相应的杆力灵敏度 M_{F_y} 就较小，飞机对飞行员操纵指令响应的灵敏度较低。正好符合大机动飞行需要较高的灵敏度、小机动飞行需要较低灵敏度的操纵要求。

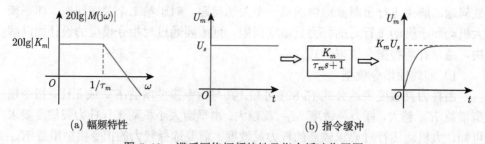

(a) 幅频特性　　　　　　　　　　　　　(b) 指令缓冲

图 5-46　滞后网络幅频特性及指令缓冲作用图

滞后网络指令模型还常被看成一种操纵指令的缓冲滤波器，如图 5-46(b) 所示，可实现对飞行员操纵指令的缓冲，在飞行员过猛操纵时降低舵面偏转速度，一方面减小舵面偏转对飞机结构的冲击，另一方面减小对机载液压系统的影响。

3）指令模型参数选择

指令模型参数选择涉及传感器增益 K_s、指令模型稳态增益 K_m 和滞后网络的惯性时间常数 τ_m，下面首先分析 K_s 和 K_m 的设计方法。

根据 CAP 表达式 (4-2)、杆力灵敏度 M_{F_y} 表达式 (5-82) 和杆力梯度 $F_y^{n_z}$ 表达式 (5-87) 可知，K_s 和 K_m 对操纵期望参数基本没有影响，其主要作用是平衡 M_{F_y} 和 $F_y^{n_z}$ 的大小。

CAP 的定义为

$$\mathrm{CAP} = \frac{\ddot{\theta}|_{t=0^+}}{n_z|_{t=\infty}} \approx \frac{\omega_s^2}{n_z/\alpha} \tag{5-91}$$

由式 (5-91) 可知，CAP 一般由短周期运动自然振荡频率 ω_s^2 和单位迎角稳态法向过载 n_z/α 确定，因此杆力传感器增益 K_s 和指令模型增益 K_m 的设计可通过以下步骤完成：

（1）按照给定飞行状态的单位迎角下稳态法向过载值 n_z/α，再根据飞行品质标准（图 4-3）查 ω_s^2、n_z/α 曲线来确定 CAP；

（2）按照各地飞行状态的稳态法向过载值 n_z/α，查 $F_y^{n_z}$-n_z/α 曲线确定杆力梯度 $F_y^{n_z}$；

（3）根据 CAP 和 $F_y^{n_z}$ 的值，确定大机动飞行时的最大杆力灵敏度 $M_{F_y\max}$；

（4）根据杆力灵敏度表达式 (5-82)，计算 $K_s K_m = \dfrac{M_{F_y\max}}{K_\delta M_{\delta_e}}$；

（5）在备选的杆力传感器中选取 K_s，再确定 K_m。

经过上述过程的反复设计，最终可以确定满足设计要求的杆力传感器参数 K_s 和指令模型参数 K_m。

指令模型的时间常数 τ_m 主要根据杆力梯度 $F_y^{n_z}$ 的设计规范来确定。在杆力梯度 $F_y^{n_z}$ 定义式 (5-84) 中代入指令模型传递函数 $M(s) = K_m/(\tau_m s + 1)$ 可得

$$F_y^{n_z} = \frac{\Delta F_y}{\Delta n_z}\bigg|_{\substack{t\to\infty\\\tau_m=0}} + (\tau_m s + 1)\bigg|_{\substack{t\to\infty\\\tau_m\neq 0}} \tag{5-92}$$

进一步可得到杆力梯度的对数幅频特性为

$$20\lg|F_y^{n_z}|_{\tau_m\neq 0} = 20\lg\left|\frac{\Delta F_y(s)}{\Delta n_z(s)}\right|_{\tau_m=0} + 20\lg|\tau_m s + 1|_{\tau_m\neq 0} \tag{5-93}$$

由式 (5-85) 可知，式 (5-93) 中等式右边第一项是一个二阶微分环节，因此在图 5-47 所示的杆力梯度对数幅频特性曲线中，阻尼振荡频率 ω_d 处存在最小值。

根据杆力梯度 $F_y^{n_z}$ 设计规范，需要满足两个条件：

（1）$20\lg|F_y^{n_z}|_{\min} \geqslant 23.86\mathrm{dB}$；

（2）在 $\omega = \omega_d$ 处的相移 $\phi \geqslant 30°$。

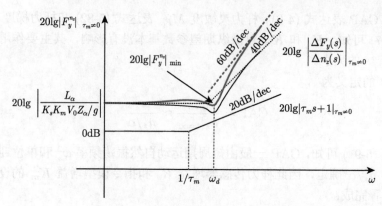

图 5-47　杆力梯度的对数幅频特性曲线

因此，通过选择合适的指令模型时间常数 τ_m，使得杆力梯度 $F_y^{n_z}$ 的频率特性满足上述两个条件即可。需要说明的是，由于式 (5-93) 中第一项的稳态增益受气动导数 $V_0 Z_\alpha$ 影响，即受动压 $q = \dfrac{1}{2}\rho V^2$ 影响，所以 τ_m 往往还需要根据动压进行调整。

4. 杆力配平和调效机构

飞机在飞行过程中，由于飞行速度的改变、飞机质心的变化（燃油消耗和投弹等）以及气动外形的改变（襟翼制动和扰流板偏转等）都会导致飞机力矩的不平衡，从而影响飞机的正常飞行。同时，飞行员操纵飞机时会因长时间施加杆力而产生疲劳。因此，在电传操纵系统设计中需要考虑杆力配平问题，以消除不平衡力矩和稳态飞行时的操纵杆力（以及脚蹬力）。

下面以飞行速度改变为例进行进一步说明。飞行员在操纵飞机飞行时，平飞加减速是常用的机动操纵之一。由式 (3-99) 或式 (3-101) 所示的纵向小扰动状态方程可知

$$\Delta\dot\alpha = \Delta q + Z_\alpha \Delta\alpha + Z_V \Delta V + Z_{\delta_e}\Delta\delta_e + Z_{\delta_T}\Delta\delta_T \tag{5-94}$$

以及

$$\Delta\gamma = \Delta\theta - \Delta\alpha \tag{5-95}$$

将式 (5-95) 代入式 (5-94)，并忽略 Z_{δ_e} 和 Z_{δ_T} 的影响可得

$$\Delta\dot\gamma = -Z_V \Delta V - Z_\alpha \Delta\alpha \tag{5-96}$$

飞机保持平飞，则有 $\Delta\dot{\gamma} = 0$ 和 $\Delta\gamma = 0$，进一步可得

$$\Delta\alpha = -\frac{Z_V}{Z_\alpha}\Delta V \tag{5-97}$$

由式 (5-97) 可知，就飞机本体而言，当飞机速度增大时，为保持平飞需要推杆以减小迎角，使得升力保持不变；飞机减速时，需要拉杆以增大迎角（在此未考虑飞机在跨声速阶段飞机质心后移的情况）。比例式电传控制律设计承袭了飞机本体的这一特性，称为正性速度稳定（positive speed stability，PSS）。为解决这一问题需要进行动压/马赫数配平。图 5-48 为某型战斗机飞行高度为 11km 时，不同马赫数 Ma 下的俯仰杆配平位置曲线，均处在推杆位置。

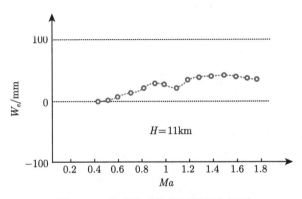

图 5-48　飞机空中飞行配平杆位置图

杆力配平分为人工配平和自动配平，其中，人工配平是由飞行员驱动配平舵机（又称调效机构）来实现的。自动配平是在飞行员不参与的情况下由自动配平系统完成的。现代飞行控制系统中，无论是飞行员通过电传操纵系统人工操纵飞机还是通过自动飞行控制系统自动控制飞机飞行，均有自动配平系统（或装置）参与工作，在此仅介绍飞行员通过电传操纵系统人工操纵飞机飞行时的自动配平，自动飞行控制系统中的自动配平将在第 6 章相关章节中介绍。

自动配平按配平的轴向可以分为俯仰配平、倾斜配平和航向配平，其中俯仰配平使用最多，也最具有代表性。在比例式电传操纵系统中，为尽可能减少对飞行员正常操纵的影响，通常采用开环方式实现俯仰操纵杆力的自动配平，系统结构如图 5-49 所示。自动配平模块通过马赫数传感器测量飞机的飞行马赫数 Ma（或通过动压传感器测量动压，此时的配平也称为动压配平）送入配平指令生成器，配平指令生成器通过类似如图 5-48 所示的配平规律，生成当量俯仰操纵杆位移信号与飞行员操纵指令综合后送入指令模型 $M(s)$，进而控制飞机舵面的偏转，实现飞机的俯仰自动配平。

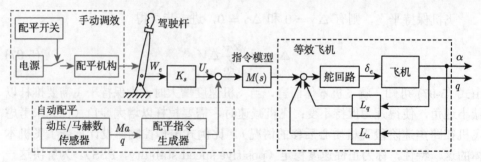

图 5-49　飞机俯仰配平结构图

战斗机的电传操纵系统中，一般设有手动调效装置（图 5-49），飞行员可以通过配平开关控制配平机构（电动机构）工作，产生机械位移量推动驾驶杆运动，实现俯仰杆力、倾斜杆力和脚蹬力的配平（即俯仰配平、倾斜配平和航向配平），从而抵消稳态飞行时的操纵杆力。

5.4.3　比例积分式电传操纵品质的改善

1. 飞行阶段与操纵指令

研究飞机操纵性问题本质是研究相关飞机状态变量对飞行员操纵指令的响应问题，并且在不同飞行阶段或飞行状态下，对不同的飞行状态变量的关注度也不同。以战斗机纵向通道操纵控制为例，在中、高速飞行阶段，飞行员比较关注对过载 n_z 的控制，以便能准确地实现作战机动；在低速飞行阶段，飞行员比较关注对迎角 α 的控制，以便能够准确控制升力；在火飞综合等空中精确轨迹跟踪阶段和终端飞行阶段（起飞/着陆阶段），飞行员更加关注对俯仰角速度 $\dot{\theta}$ 的控制以便实现精确的飞行姿态控制（需要说明的是，起飞/着陆阶段与空中精确任务跟踪阶段实现方式不同）。因此，对飞机操纵性的衡量指标也是多样的，如杆力过载梯度 $\left.\dfrac{\Delta F_y}{\Delta n_z}\right|_{t\to\infty}$、杆力迎角梯度 $\left.\dfrac{\Delta F_y}{\Delta \alpha}\right|_{t\to\infty}$、杆力俯仰角速度梯度 $\left.\dfrac{\Delta F_y}{\Delta q}\right|_{t\to\infty}$ 等。

在 5.3 节，通过 $\alpha \to \delta_e$ 反馈或 $n_z \to \delta_e$ 反馈改善了飞机纵向短周期运动的自然振荡频率，通过 $q \to \delta_e$ 反馈改善了阻尼特性。不妨假设增稳后等效飞机的自然振荡频率为 ω_s'、阻尼比为 ζ_s'。参照式 (3-140) 和式 (3-141) 以及信号流图 5-43 可得

$$\frac{\Delta q(s)}{\Delta F_y(s)} = \frac{K_s M(s) K_\delta M_{\delta_e}(s - Z_\alpha)}{s^2 + 2\zeta_s'\omega_s' s + (\omega_s')^2} \tag{5-98}$$

$$\frac{\Delta \alpha(s)}{\Delta F_y(s)} = \frac{K_s M(s) K_\delta M_{\delta_e}}{s^2 + 2\zeta_s'\omega_s' s + (\omega_s')^2} \tag{5-99}$$

$$\frac{\Delta n_z(s)}{\Delta F_y(s)} = -\frac{K_s M(s) K_\delta M_{\delta_e} V_0 Z_\alpha/g}{s^2 + 2\zeta'_s \omega'_s s + (\omega'_s)^2} \quad (5\text{-}100)$$

由式 (5-98)~式 (5-100) 可知，采用比例式电传控制律时，通过 F_y 指令，可以实现对飞机 α、n_z 和 q 的控制，但均无法精确控制，仅通过指令模型 $M(s)$ 也无法协调不同飞行阶段下对操纵性的不同要求。因此，需要一种能够对飞行状态参量实现精确控制的电传控制律——比例积分式电传控制律。

2. 比例积分式电传控制律

飞机纵向通道比例积分式电传控制律结构如图 5-50 所示，对应的控制律表达式为

$$\delta_e = K_s M(s) K_P K_\delta W_e + L_\alpha K_\delta \alpha + L_q K_\delta q + \int K_I (K_s M(s) K_\delta W_e + L_I K_\delta x_i) \mathrm{d}t$$

$$(5\text{-}101)$$

式中，x_i 为飞机纵向运动的某个状态参量（如 α、n_z、q 或 θ 等），在此称为指令参数；L_I 为指令参数反馈回路增益，指令参数反馈回路简称指令回路。

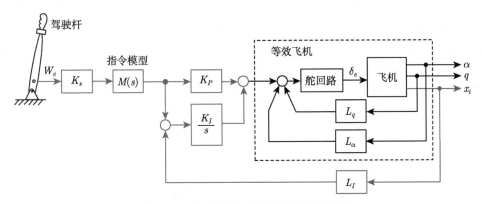

图 5-50　比例积分式电传控制律结构图

不失一般性，下面在指令参数 $x_i = n_z$ 情况下分析比例积分式电传控制律的控制效果。此时指令反馈回路采用过载 n_z 反馈，称为指令过载，该模式主要用于战斗机的中、高速飞行阶段。

假设飞机短周期运动自然振荡频率为 ω'_s、阻尼比为 ζ'_s，可以得到此时 F_y 为输入（或 W_e 为输入）、n_z 为输出的传递函数为

$$\frac{\Delta n_z(s)}{\Delta F_y(s)} = -\frac{K_s M(s)(K_P s + K_I) K_\delta M_{\delta_e} V_0 Z_\alpha/g}{s^3 + 2\zeta'_s \omega'_s s^2 + (\omega'_s)^2 s + K_I L_I K_\delta M_{\delta_e} V_0 Z_\alpha/g} \quad (5\text{-}102)$$

1）稳态性能分析

假设指令模型 $M(s)$ 的稳态增益为 K_m，根据式 (5-102) 可得飞行员操纵指令 F_y 到飞机过载 n_z 响应的稳态增益为

$$\left.\frac{\Delta n_z(s)}{\Delta F_y(s)}\right|_{s\to 0} = -\frac{K_s K_m}{L_I} \tag{5-103}$$

将式 (5-103) 与比例式控制律过载响应传递函数 (5-100) 对比可知，比例积分式电传控制律使得过载指令响应的稳态增益与飞机气动导数无关，仅与杆力传感器增益 K_s、指令模型 $M(s)$ 稳态增益 K_m 和指令反馈增益 L_I 有关，可根据对杆力梯度 $F_y^{n_z}$ 要求，选择合适的指令反馈增益 L_I 实现对指令参数 n_z 的精确控制。

由控制律表达式 (5-101) 可知，当系统趋于稳态时，为保持 δ_e 为常值，积分器 K_I/s 的输入必须为零，即指令模型 $M(s)$ 的输出就等于指令参数 x_i（此处为 n_z）的反馈值 $-L_I x_i$，此时指令模型 $M(s)$ 的作用就相当于将驾驶杆操纵量 W_e（位移或杆力）转换为指令参数 x_i 的一个环节，因此指令模型也称为指令生成环节。

2）稳定性分析

引入比例积分控制后，过载响应传递函数由式 (5-100) 表示的二阶系统变为由式 (5-102) 表示的三阶系统，稳定性受积分系数 K_I 和指令反馈增益 L_I 影响，同时还与飞机的气动导数 M_{δ_e}、Z_α 以及基准运动飞行速度 V_0 有关。

为了分析指令回路参数 K_I 和 L_I 对系统稳定性的影响，可将式 (5-102) 所示的特征方程改写为

$$1 + K_I L_I \frac{M_{\delta_e} K_\delta V_0 Z_\alpha/g}{s^3 + 2\zeta_s' \omega_s' s^2 + (\omega_s')^2 s} = 0 \tag{5-104}$$

由此得到系统的等效开环传递函数为

$$G(s)H(s) = K_I L_I \frac{M_{\delta_e} K_\delta V_0 Z_\alpha/g}{s^3 + 2\zeta_s' \omega_s' s^2 + (\omega_s')^2 s} \tag{5-105}$$

绘制出闭环系统随 $K_I L_I$ 变化的广义根轨迹如图 5-51所示。

考虑到反馈增益 L_I 根据杆力梯度 $F_y^{n_z}$ 的要求先行确定，由根轨迹图 5-51(a) 可知，积分常数 K_I 增大，系统闭环复ება极点右移，稳定性变差，因此 K_I 选取不宜过大；同时传递函数 (5-102) 中包含有一个闭环零点 $s = -K_I/K_P$，会减小系统阻尼，其作用随距虚轴距离减小而增强，因此 K_I 也不宜取值过小。此外，系统闭环极点位置不仅与 K_I 有关，还与飞机气动导数 M_{δ_e}、Z_α 和 V_0 有关，为保证飞机在全飞行包线内的稳定裕度要求，K_I 选取应随飞行高度、速度的变化自动调整。

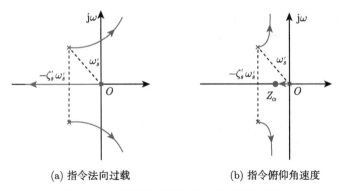

(a) 指令法向过载   (b) 指令俯仰角速度

图 5-51   不同参数指令下的广义根轨迹图

3）指令迎角分析

当图 5-50 和控制律表达式 (5-101) 中指令参量 $x_i = \alpha$ 时，即指令回路采用迎角 α 反馈，形成指令迎角电传控制律，该模式主要用于飞机低速飞行状态。在与指令过载同样假设条件下，可以得到杆力 F_y 为输入、迎角 α 为输出的传递函数为

$$\frac{\Delta\alpha(s)}{\Delta F_y(s)} = \frac{K_s M(s)(K_P s + K_I)K_\delta M_{\delta_e}}{s^3 + 2\zeta_s'\omega_s's^2 + (\omega_s')^2 s - K_I L_I K_\delta M_{\delta_e}} \tag{5-106}$$

该传递函数与指令过载时传递函数 (5-102) 相比，仅在分母多项式常数项和分子中相差一个系数 $-V_0 Z_\alpha/g$，因此，除了不需要考虑气动导数 Z_α 的影响，在稳定性、稳态性能分析以及参数 L_I、K_I 选取原则上基本一致。

杆力输入到迎角输出的稳态增益为

$$\left.\frac{\Delta\alpha(s)}{\Delta F_y(s)}\right|_{s\to 0} = -\frac{K_s K_m}{L_I} \tag{5-107}$$

与指令过载模式中式 (5-103) 相同，反馈系数 L_I 需要根据对迎角杆力梯度 F_y^α 的要求来确定。

系数 $K_I L_I$ 对闭环极点的影响根轨迹与图 5-51(a) 类似，积分系数 K_I 需要综合考虑稳定性和动态性能要求选取，同时与 M_{δ_e} 进行适配。

4）指令俯仰角速度分析

当图 5-50 和控制律表达式 (5-101) 中指令参量 $x_i = q$ 时，即指令回路采用俯仰角速度 q 反馈，形成指令角速度电传控制律，该模式主要用于飞机在空中飞行时需要准确控制飞机姿态的精确跟踪阶段。同样可以得到杆力 F_y 为输入、俯仰角速度 q 为输出的传递函数为

$$\frac{\Delta q(s)}{\Delta F_y(s)} = \frac{K_s M(s)(K_P s + K_I)K_\delta M_{\delta_e}(s - Z_\alpha)}{s^3 + 2\zeta_s'\omega_s's^2 + (\omega_s')^2 s - K_I L_I K_\delta M_{\delta_e}(s - Z_\alpha)} \tag{5-108}$$

该传递函数与指令过载和指令迎角模式下有较大差异。

杆力到俯仰角速度的稳态增益为

$$\frac{\Delta q(s)}{\Delta F_y(s)}\bigg|_{s\to 0} = -\frac{K_s K_m}{L_I} \tag{5-109}$$

其与指令过载和指令迎角模式时相同，因此反馈系数 L_I 的选取，可以根据对俯仰角速度杆力梯度 F_y^q 的要求来确定。

为分析此模式下 $K_I L_I$ 对稳定性的影响，求得此时系统等效开环传递函数为

$$G(s)H(s) = K_I L_I \frac{M_{\delta_e} K_\delta (s - Z_\alpha)}{s^3 + 2\zeta_s'\omega_s' s^2 + (\omega_s')^2 s} \tag{5-110}$$

系数 $K_I L_I$ 变化时的根轨迹如图 5-51(b) 所示。附加开环零点 $s = Z_\alpha$ 的存在，使得 K_I 的选取对系统稳定性影响减弱，通常可根据对俯仰角速度 q 响应的动态性能要求确定，并与 M_{δ_e} 适配。

在实际应用中，指令支路往往是过载 n_z 和俯仰角速度 q 按照式 (4-6) 所示 C^* 准则构建的一种综合反馈，如图 5-52 所示。反馈增益 L_{n_z} 和 L_{q2} 根据飞行状态进行调节，在空中飞行阶段以 n_z 指令反馈为主，在起飞/着陆阶段以 q 指令反馈为主，中间过渡状态采用较为均衡的综合反馈，以适应不同阶段的控制需求。

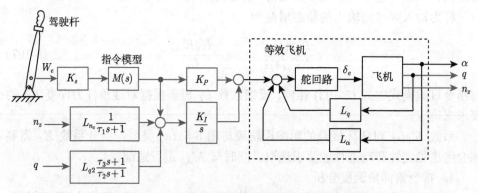

图 5-52　指令支路综合反馈电传操纵系统结构图

3. 指令支路设计与操纵品质

在比例积分式电传操纵系统中，飞机操纵性目标主要是通过指令支路设计来实现的，包括指令梯度和响应模型的选择与确定。

1）指令梯度的选择与确定

指令梯度的作用是把飞行员指令信号（力或位移）转换为被控制参数，如飞机俯仰运动的俯仰角速度、法向过载和迎角等；对于飞机滚转运动则为滚转角速度等。指令梯度是电传操纵系统控制律设计的基本参数之一，它表明了操纵输入与被控参数之间的定量关系，是评定飞机操纵性的重要指标。在全飞行包线范围内，规范要求都应有满意的操纵性，一般要求具备常值的指令梯度，且在最大杆力或位移处获得最大的控制参数，即不存在操纵杆力或位移的驾驶杆的"空行程"。

指令梯度设计与杆力梯度特性（在此指杆力与杆位移的关系）设计密切相关，由于杆力梯度往往是非线性的，存在杆力死区、分段线性特性等，因此对于电传操纵系统，要获得满意的操纵性，必须通过指令支路的参数设计，对杆力梯度特性进行修正。

如图 5-50 所示的比例积分式电传控制律中，由于指令反馈回路和积分器的共同作用，实现了对指令参数 x_i 的精确控制，操纵指令 W_e 与对应的指令参数 x_i 之间的稳态增益为 $-K_s K_m / L_I$，因此通过设置合适的指令模型（在此常称为指令生成环节）的增益 K_m，同时充分考虑杆力梯度特性，即可实现满足操纵性要求的指令梯度（如过载梯度、迎角梯度等）。常用的方法是通过非线性环节来实现。图 5-53 为飞机指令过载和指令迎角生成律，其中图 5-53(b) 和 (c) 为战斗机分别在指令过载和指令迎角工作模态下的指令模型/指令生成环节的非线性特性。

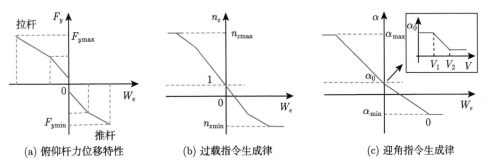

(a) 俯仰杆力位移特性　　　　(b) 过载指令生成律　　　　(c) 迎角指令生成律

图 5-53　飞机指令过载和指令迎角生成律

图 5-53(a) 为驾驶杆杆力位移特性曲线，W_e 为杆位移，F_y 为杆力，包含死区和分段线性特性。飞行员执行小机动操纵时，W_e 较小，对应的杆力梯度特性斜率较大，因此操纵的杆力灵敏度较小，有利于精确操纵控制；飞行员执行大机动操纵时，W_e 较大，对应杆力梯度特性斜率较小，此时杆力灵敏度较大，便于获得快速响应。

图 5-53(b) 为过载指令生成律，其在飞行员主要的操纵范围内保持恒定的指

令梯度，便于飞行员的操纵，结合图 5-53(a) 的杆力梯度特性即可实现对大机动飞行和小机动飞行时对杆力灵敏度的不同要求。同时，为了防止大幅度操纵时过载因快速增大而超限，在接近操纵位移最大/最小值附近，减小了指令梯度，并使得最大/最小位移处对应飞机指令过载的最大/最小值，消除了驾驶杆的"空行程"。

图 5-53(c) 为迎角指令生成律，拉杆和推杆操纵中，分别保持了相对恒定的迎角梯度，且拉杆时迎角梯度大于推杆时的迎角梯度，便于飞行员精确地控制飞机迎角。同时为了保证飞机在低速/起飞/着陆过程中配平驾驶杆力，对驾驶杆中立时的期望迎角（即配平迎角 α_0）进行了设计，随飞行速度的增大，驾驶杆中立迎角 α_0 减小。

2）响应模型的选择与确定

响应模型的作用是完成指令成型，抑制来自指令回路的高频干扰信号。一般通过设计非线性的响应模型可以抑制飞行员急剧操纵引起的不良响应，用以改善飞机的精确跟踪特性。常可选一阶惯性环节作为响应模型，作用类似于前述章节的指令缓冲滤波器，其时间常数 τ_m 一般为 $0.2 \sim 0.25\text{s}$。因为响应模型会增加等效系统的时间延迟，时间常数 τ_m 不宜过大。

4. 中性速度稳定

如式 (5-101) 所示的比例积分式电传控制律中引入的积分环节，其作用不仅仅在于提高了稳态精度，实现了对指令参数的精确跟踪控制，更重要的是能够实现飞机自动配平，在纵向力矩不平衡时，舵机能自动承担配平任务，无须飞行员干预，也就不存在比例式电传控制律的杆力配平问题。

飞机处于空中飞行阶段时，电传处于指令过载模式。稳态飞行时，图 5-50 所示控制律中积分环节输入端必然为零。若无杆力输入，则飞机指令参数即反馈量纵向过载 $n_z = 1$（剩余过载 $\Delta n_z = 0$），飞机处于平飞状态，无须飞行员进行杆力配平；飞行员执行平飞加减速机动时，飞行速度变化会引起瞬时飞机俯仰力矩的变化，但在趋于稳态时，积分器输入仍需保持为零，在没有飞行员直接干预的情况下，仍能自动保持飞机处于平飞状态（$n_z = 1$），无需动压配平装置。飞机跨声速飞行时，由于飞机质心的变化引起纵向力矩不平衡，同样在控制律自动调节作用下，稳态时仍将保持积分器输入端为零，无需马赫数配平。从飞行员看来，不论飞机处于何种速度，都可以在某个速度下做松杆等速平飞，这时的飞机好像是具有中性速度稳定（neutral speed stability，NSS）特性的飞机。

在此，把不需要飞行员施加稳态杆力或配平输入情况下，系统本身具有补偿随飞行速度变化所需平尾配平能力的控制律，称为中性速度稳定控制律。比例积分式电传控制律就是一种中性速度稳定控制律。

5.4.4 横航向电传控制律

横航向电传控制律与纵向电传控制律相比较，虽然控制的飞机操纵面和运动参数不同，但作为飞行控制回路，相互间具有相似之处。横航向控制电传操纵系统典型结构为如图 5-41 所示的控制增稳结构，控制律如式 (5-69) 和式 (5-70) 所示，方便起见，重写为

$$
\begin{cases}
\delta_r = -K_\beta K_{\delta_r}\beta + K_r K_{\delta_r}\dfrac{\tau s}{\tau s+1}r + G_2(s)K_{\delta_r}W_a + G_3(s)K_{\delta_r}W_r \\[2mm]
\delta_a = I_p K_{\delta_a}p + G_1(s)K_{\delta_a}W_a
\end{cases}
\tag{5-111}
$$

相关分析也可参照对应章节，在此主要对其改善操纵性方面进行进一步说明。

1. 滚转控制通道控制律

飞机的侧向运动响应主要是滚转角速度 p 和稳态倾斜角 ϕ，因此横向控制律构型一般指滚转角速度 p。通过滚转角速度反馈和指令支路的合理设计，可以在提高滚转动稳定性的同时，改善/消除滚转角速度振荡引起的倾斜角振荡，并在全包线范围内获得良好的横航向控制增稳能力。在副翼控制通道中，改善飞机操纵性方面需要注意以下几点：

（1）为了保证飞行包线内获得满意的杆力灵敏度 $\left(\dfrac{\Delta\ddot{\phi}(t)}{\Delta F_x(t)}\Big|_{t=0^+}\right)$，通常在指令支路设置按飞行状态调节的增益 $G_1(0)$，避免滚转角速度反馈导致操纵性能的降低，提高飞机对滚转操纵的快速响应能力。

（2）指令支路中指令梯度 $\left(\dfrac{\Delta p(t)}{\Delta F_x(t)}\Big|_{t\to\infty}\right)$ 设计应确保小操纵时梯度较低，以利于提供精确的航迹控制能力；大操纵时指令梯度较高，以迅速获得最大滚转角速度能力。

（3）为获得满意的滚转运动模态时间常数 T_R，横向指令滚转角速度控制律构型的反馈支路增益 I_p 应按飞行状态调参。

（4）在大迎角飞行时，应考虑迎角的耦合影响，与俯仰轴协调控制，同时要考虑大迎角飞行时的滚转限制，即指令支路增益随迎角调节。

（5）上述设计需求和限制，可能会导致侧向操纵的空行程问题，尤其是在大迎角飞行状态下会更加明显。这种空行程问题主要是在整个包线范围内相同的滚转角速度指令梯度造成的。

2. 航向控制通道控制律

航向通道电传控制律设计，应使得系统具有优良的控制增稳功能。航向（脚蹬）操纵使飞机产生偏航，主要体现在飞机的侧向过载 n_y、侧滑角 β 和偏航角速

度 r 等运动参数的响应，控制律设计中引入偏航角速度 r 反馈和侧滑角 β（或侧向过载 n_y）反馈，主要用于增大荷兰滚运动模态的阻尼和自然振荡频率，即改善飞机航向通道的固有特性。在航向控制的操纵性方面，主要考虑以下几个方面。

（1）衡量侧向操纵性指标称为"D^* 响应特性"，是分析系统对横航向操纵输入的动态大小随时间变化的一种响应准则。D^* 采用飞行员座位处侧向过载 n_y 和侧滑角 β 相结合的方法评价侧向飞行品质。

（2）按常规控制增稳功能定义，脚蹬操纵指令 W_r 与飞机运动参数构成闭环控制，其指令支路梯度为受控的主要运动参数。然而，方向舵受到结构强度限制，指令梯度通常是将脚蹬操纵限制改为对方向舵偏度限制，动压越大，允许偏转角度越小。

（3）交联解耦是电传操纵系统改善飞机横航向操纵性的重要措施，主要考虑以下几个方面：

一是利用副翼到方向舵的交联（控制律中的 $G_2(s)K_{\delta_r}W_a$ 项）来减小"滚转-侧滑"耦合，使得因副翼操纵产生滚转运动的同时产生的侧滑运动得到抑制，从而改善飞机滚转操纵特性。

二是设计按速度矢量滚转的控制律，考虑到侧滑角速度可以表示为

$$\dot{\beta} = -r + \alpha p + Y + \frac{g}{V}\cos\theta\sin\phi \tag{5-112}$$

因此，可以引入滚转角速度与迎角的乘积 αp 到方向舵的反馈，使飞机绕机体轴转动改为绕速度轴转动，以此来遏制滚转角速度对侧滑角的影响，尤其是在大迎角情况下改善滚转时的抗侧滑性能，并提高航向运动的荷兰滚运动模态阻尼。

三是由飞机力矩方程 (3-23) 中的第三子式

$$\dot{r} = (c_8 p - c_2 r)q + c_4 L + c_9 N \tag{5-113}$$

可知，通过引入滚转角速度和俯仰角速度的乘积 pq 到方向舵的反馈，可以有效减小螺旋运动模态稳态侧滑角，抑制侧滑漂移。并且滚转角速率到方向舵交联还可以有效提高大迎角飞行时的荷兰滚阻尼，实现横航向运动的精确解耦控制。

因此，在充分考虑交联解耦情况下，尤其是飞机在大迎角机动飞行时，飞机侧向运动的控制律如式 (5-114) 所示，对应的控制系统结构如图 5-54 所示。

$$\begin{cases} \delta_r = -K_\beta K_{\delta_r}\beta + K_r K_{\delta_r}\dfrac{\tau s}{\tau s + 1}r + G_2(s)K_{\delta_r}W_a + G_3(s)K_{\delta_r}W_r \\[2mm] \qquad + K_{\alpha p}K_{\delta_r}\alpha p + K_{pq}K_{\delta_r}pq \\[2mm] \delta_a = I_p K_{\delta_a}p + G_1(s)K_{\delta_a}W_a \end{cases} \tag{5-114}$$

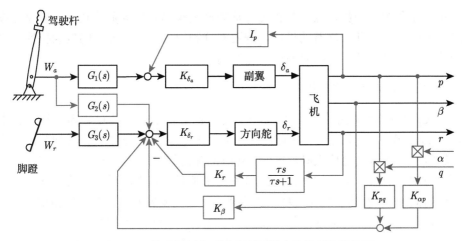

图 5-54 战斗机侧向通道典型解耦电传控制律结构图

5.4.5 起飞/着陆电传控制律

飞机的起飞/着陆阶段是一个短暂但风险较大的精确飞行阶段，其控制律设计必须能够使得飞行员方便地实施有效而协调的操纵。起飞/着陆过程中，良好的操纵特性和飞行品质对飞行安全极为重要。

1. 起飞/着陆纵向电传控制律

起飞/着陆过程中，尤其是在飞机进场阶段，需要精确控制飞机姿态，因此此时飞机纵向电传控制律比较适合采用指令俯仰角速度构型，但又与空中飞行阶段的指令俯仰角速度构型有所不同，最大差异在于起飞/着陆控制律一般采用比例式电传控制律。

起飞/着陆纵向控制律也由指令支路、前向支路和反馈支路等部分组成，指令支路包括指令速率限制、指令幅值限制、指令梯度和非线性前置滤波等。前向支路实现比例式控制，形成平尾舵面驱动指令。反馈支路通常采用俯仰角速度与迎角的混合（或单独的俯仰角速度）作为纵向控制主反馈，其中俯仰角速度有利于改善飞机响应特性，提高系统动稳定性；迎角反馈有利于对飞机俯仰姿态和航迹角实施有效控制，增加飞机速度稳定性以及补偿飞机静稳定性。因此，起飞/着陆状态纵向通道控制律通常可以表示为

$$\delta_e = L_q K_\delta q + L_\alpha K_\delta \alpha + K_s M(s) K_\delta W_e \tag{5-115}$$

$$\delta_e = L_q K_\delta q + K_s M(s) K_\delta W_e \tag{5-116}$$

起飞/着陆阶段要求飞行员完成多项高质量操纵任务，因此飞行员精神高度集中，工作负担重。控制律设计中，在提供满意的飞行品质的同时，必须尽量减轻

飞行员工作负担。例如，为了防止飞行员急剧大操纵导致的危险状态，应设计操纵速率限制。对于前馈增益的设计，既要充分利用操纵面全偏度的气动特性，又必须保证完成复飞拉起所需要的最小舵面偏度。

2. 起飞/着陆横航向电传控制律

起飞/着陆横航向电传控制律与空中飞行状态横航向电传控制律一样，要求保证飞机在起飞/着陆过程中具有良好的荷兰滚运动阻尼与自然振荡频率、良好的滚转特性及滚转角速度限制、减小滚转时的侧滑等。所以起飞/着陆横航向电传控制律与空中一致，但其控制律参数和系统性能应按起飞/着陆特点进行设计。

横航向起飞/着陆控制律同样由指令支路、前向支路和反馈支路等组成，通常采用滚转角速度 p、偏航角速度 r 和侧向过载 n_y 作为反馈信号。

滚转通道起飞/着陆指令支路梯度特性提供的灵敏度，一般应低于空中飞行阶段的操纵特性，使飞行员能够更精确地控制和修正；滚转通道反馈支路采用滚转角速度反馈，以期获得期望的滚转操纵特性，通过反馈增益设计获得满意的滚转运动模态时间常数。

航向通道起飞/着陆反馈支路采用偏航角速度和侧向过载混合反馈，以改善飞机荷兰滚运动特性。鉴于航向操纵的特殊性，为了满足强侧风着陆时的航向修正要求，方向舵偏度限制应为方向舵的最大偏度。偏航角速度反馈可以提高荷兰滚运动阻尼，改善动态响应品质。侧向过载反馈提高荷兰滚运动频率，提高抗侧滑能力，以减小侧向偏离。

3. 电传工作模态转换

飞机从起飞到着陆的全过程飞行中，必然要经历起飞/着陆模态与空中飞行模态的转换。在起飞过程中，比例式控制律的操纵响应使得飞机在起飞稳态爬升时，驾驶杆偏离中立位置，舵面保持一定的偏度，当转换到空中飞行模态时，需要注意以下问题：

（1）传统机械操纵系统在飞机起飞（或着陆）过程中收起（或放下）起落架时，由于气动力矩特性的变化，飞机会产生自动上仰（或下俯）运动。因此，起飞时飞行员伴随起落架的收起过程，需要适当向前推杆；而在着陆时飞行员伴随起落架放下过程，需要适当向后拉杆，以减小因起落架收放引起的气动力矩特性的变化。

（2）对于比例积分式电传，转换到空中飞行模态，积分环节的作用使得稳态飞行时尽管舵面也有一定偏度，但驾驶杆保持中立位置。因此，在收起起落架完成起飞的过程中，需要要求飞行员逐渐将偏离中立位置的驾驶杆推回到中立位置，否则在完成起飞/着陆向空中飞行模态转换后，飞机将产生上仰运动，显然是不允许的。这个过程与传统机械操纵系统在飞机起飞过程中伴随收起落架向前推杆的操纵习惯是一致的。对于着陆放下起落架的操纵过程与起飞时相反。

（3）对于比例式电传，飞机在起飞稳态爬升时，$n_z > 1$，收起起落架转换到空中飞行模态时，将接入过载反馈信号产生使飞机低头的舵面偏转，有助于减小因收起起落架引起的飞机上仰运动，相当于飞行员的向前推杆操纵；在着陆过程中，则一般要求飞行员在过载接近为 1 时放下起落架，避免大过载时放下起落架转入起飞/着陆模态控制律后，断开过载反馈引起飞机状态的突变。

综上所述，电传飞机的起飞/着陆与空中飞行模态控制律的转换瞬态是可以通过飞行员的合理操纵/适当修正而避免的，当然这种操纵修正会增加飞行员的工作负担，而且必须经过飞行仿真训练。

5.5 飞机机动性的改善

5.5.1 放宽静稳定性设计

放宽静稳定性（relaxed static stability，RSS），是指放宽了对飞机静稳定性的限制，它是主动控制技术中最重要的内容。实践已经证明，放宽静稳定性对提高飞机性能极为有利。飞机的静稳定性分为纵向静稳定性和侧向静稳定性，由于纵向放宽静稳定性应用较多，这里主要讨论纵向放宽静稳定性的问题。

1. 放宽静稳定性的效益

在传统飞机设计时，要求飞机具有足够的纵向静稳定性和操纵性，纵向静稳定性太强会导致操纵费力，不灵敏，机动性差；纵向静稳定性太弱又会使操纵过于灵敏，飞机难以控制。

衡量自由飞机俯仰静稳定性的主要指标是俯仰静稳定力矩导数 C_{m_α}，根据其定义式

$$C_{m_\alpha} = (\overline{X}_{\text{c.g.}} - \overline{X}_{\text{a.c.}}) \frac{\partial C_L}{\partial \alpha} \tag{5-117}$$

可知，飞机的质心 $\overline{X}_{\text{c.g.}}$ 和气动焦点 $\overline{X}_{\text{a.c.}}$ 的相对位置对飞机的纵向静稳定性和操纵性具有决定性影响。

常规飞机往往设计成静稳定的，如图 5-55 所示，飞机的质心位于气动焦点之前，且保持一定距离，即有一定的静稳定裕度，此时 $\overline{X}_{\text{c.g.}} - \overline{X}_{\text{a.c.}} < 0$（$C_{m_\alpha} < 0$）。对于放宽静稳定性的飞机，飞机的质心位置可以尽量靠近气动焦点，甚至与气动焦点重合或位于气动焦点之后，即中性静稳定的或是静不稳定的，此时有 $\overline{X}_{\text{c.g.}} - \overline{X}_{\text{a.c.}} = 0$（$C_{m_\alpha} = 0$）或 $\overline{X}_{\text{c.g.}} - \overline{X}_{\text{a.c.}} > 0$（$C_{m_\alpha} > 0$）。

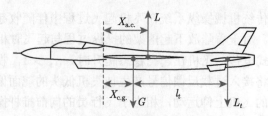

图 5-55　静稳定飞机

飞机要做定直平飞必须满足升力与重力相等、发动机推力与飞机受到的阻力相等，以及飞机质心的俯仰力矩等于零的条件。由此可以得到静稳定飞机定直平飞时的平衡方程为

$$
\begin{cases}
L + L_t = G \\
T = D \\
(X_{\text{a.c.}} - X_{\text{c.g.}})L + L_t l_t = 0
\end{cases}
\tag{5-118}
$$

由于静稳定飞机 $X_{\text{a.c.}} > X_{\text{c.g.}}$，即 $\overline{X}_{\text{a.c.}} > \overline{X}_{\text{c.g.}}$ 为了使飞机俯仰力矩配平，全动平尾需后缘向上偏转，以产生负升力 L_t，其对飞机机动性的影响有以下几个方面：

（1）所需的配平升力 L 增加，会使得飞机升致阻力增加，从而导致配平阻力 D 的增大，飞机巡航时发动机的燃油消耗将增大，航程减小。

（2）飞机超声速飞行时，气动焦点位置会出现后移，即 $\overline{X}_{\text{a.c.}}$ 增大，配平所需的 L_t 也将负向变大，导致配平阻力进一步增大。

（3）配平时需要平尾后缘向上偏转，减小了飞机用于爬高机动的可用平尾偏度，使飞机的机动性能变差。尤其是平尾配平偏度随着飞行高度的增加而增大，在升限时，平尾偏度几乎达到极限值，如果要保证平尾的可用偏度，就要增大平尾面积，会带来重量和阻力的增大，使飞机的机动性变差。

（4）配平时，有一部分升力必须克服平尾产生的负升力，才能使飞机保持平飞状态。若要保证飞机具有一定的机动能力，则要求机翼能够产生更大的升力，需要增大迎角或机翼面积，从而使得飞机的阻力增大，机动性能变差。

由此可见，常规飞机对静稳定性的苛刻要求，导致飞机的机动性能难以提高。采用放宽静稳定性设计的飞机，如图 5-56 所示，将会较好地解决上述问题。

静不稳定飞机亚声速定直平飞时的平衡方程同样为式 (5-118)，与静稳定飞机的不同之处在于此时 $\overline{X}_{\text{a.c.}} < \overline{X}_{\text{c.g.}}$，为了使飞机俯仰力矩配平，全动平尾需后缘向下偏转，以产生正的升力 L_t，其对飞机性能的影响有以下几个方面：

（1）有用升力增加。放宽静稳定性飞机配平时平尾升力 L_t 为正，其结果是增大了全机的升力，使得升力系数的最大值增加，升力曲线斜率增大；另外，在同一总升力系数下，静不稳定飞机所需的配平迎角减小，进而使升致阻力系数 C_{D_t} 减小。

（2）配平阻力减小。根据第 4 章式 (4-103) 和式 (4-39)，飞机最大平飞加速度 $a_{\max}$ 和最大上升率（爬升率）$V_{Z\max}$ 取决于发动机的最大剩余推力 $\Delta T_{\max}$。发动机推力一定时，配平阻力减小，提高了飞机平飞加速性能和爬升率。由于飞机静升限 $H_{\max}$ 为 $V_Z = 0$ 时的飞机飞行高度，同一高度上 V_Z 的增大，必然使得飞机静升限 $H_{\max}$ 增大。同时根据飞机巡航航程计算公式 (4-54)，由于配平阻力 D 的减小，飞机燃油消耗降低，飞机最大巡航航程 $R_{\max}$ 将增大。

（3）飞机机动性能提高。飞机的法向过载 $n_z = L/G$，放宽静稳定性飞机有用升力 L 的增加，使得法向过载 n_z 增大。由第 4 章飞机最大转弯角速度和最小转弯半径表达式 (4-115) 和式 (4-117) 可知，n_z 的提高，使得飞机转弯角速度增大，转弯半径减小，同时也使得飞机爬升、下降速率及拉起速率增加，提高了飞机的机动性。静不稳定飞机超声速飞行时，气动焦点后移，处于质心之后，但气动焦点与质心之间的距离与静稳定飞机相比要小很多，在平尾面积相同时，平尾的配平及操纵能力提高，由此可控制飞机产生较大的迎角和升力，使得超声速飞行时机动性也得到了提升。

（4）飞机重量减轻。放宽静稳定性飞机配平时，平尾只需提供较小的升力和较小的俯仰配平力矩，可适当减小平尾的面积，其重量也就随之减轻；另外，由于允许飞机质心后移，可减小前机身的长度，从而降低飞机的总重量。

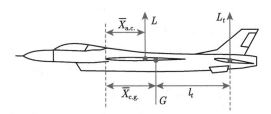

图 5-56　静不稳定飞机的质心与气动焦点

2. 配平升力与配平阻力

配平升力和配平阻力，是指在纵向静力矩平衡条件下飞机的升力和阻力。由第 2 章飞机俯仰力矩系数表达式 (2-132) 可知，飞机纵向静平衡力矩系数可以表示为

$$C_m = C_{m\alpha 0} + C_{m_\alpha}\alpha + C_{m_{\delta_e}}\delta_e \tag{5-119}$$

飞机俯仰力矩配平时有 $C_m = 0$，可得平尾配平偏角为

$$\delta_{e0} = -\frac{1}{C_{m_{\delta_e}}}(C_{m\alpha 0} + C_{m_\alpha}\alpha) \tag{5-120}$$

将纵向静稳定力矩导数公式 (2-98) 代入式 (5-120) 可得

$$\delta_{e0} = -\frac{1}{C_{m_{\delta_e}}}\left[C_{m_{\alpha0}} + (\overline{X}_{\text{c.g.}} - \overline{X}_{\text{a.c.}})C_{L_\alpha}\alpha\right] \tag{5-121}$$

再将式 (5-121) 代入飞机的全机静升力系数表达式

$$C_L = C_{L_0} + C_{L_\alpha}\alpha + C_{L_{\delta_e}}\delta_e \tag{5-122}$$

可得力矩配平时飞机的总升力系数为

$$C_L = C_{L_0} - \frac{C_{m_{\alpha0}}}{C_{m_{\delta_e}}} + \left[1 - \frac{1}{C_{m_{\delta_e}}}(\overline{X}_{\text{c.g.}} - \overline{X}_{\text{a.c.}})\right]C_{L_\alpha}\alpha \tag{5-123}$$

最后，将式 (5-123) 对 α 求导可得配平升力线斜率为

$$\frac{\mathrm{d}C_L}{\mathrm{d}\alpha} = \left[1 - \frac{1}{C_{m_{\delta_e}}}(\overline{X}_{\text{c.g.}} - \overline{X}_{\text{a.c.}})\right]C_{L_\alpha} \tag{5-124}$$

由于 $C_{m_{\delta_e}} < 0$，故由式 (5-124) 可知，在静稳定的情况下，质心位于气动焦点之前，即 $\overline{X}_{\text{c.g.}} < \overline{X}_{\text{a.c.}}$，有 $\dfrac{\mathrm{d}C_L}{\mathrm{d}\alpha} < C_{L_\alpha}$，表明了得到相同的升力值，配平时所需的迎角要大一些；而放宽静稳定性之后，$\overline{X}_{\text{c.g.}} > \overline{X}_{\text{a.c.}}$，有 $\dfrac{\mathrm{d}C_L}{\mathrm{d}\alpha} > C_{L_\alpha}$，表明得到相同的升力值，配平时所需的迎角要小一些。

静稳定与静不稳定情况在配平迎角上的差异，对现代高速飞机的阻力来说是非常重要的。为了适应跨声速和超声速飞行，现代高速飞机不得不采用小展弦比的大后掠角机翼或三角形机翼。这类气动外形机翼的升致阻力系数随迎角的增大而增长得特别快。这就使得在获得相同升力系数的情况下，静不稳定飞机要比静稳定飞机的配平阻力小得多。升力系数越大，两者阻力系数相差就越大，而且是非线性的关系。因此，在进行大过载机动飞行时，利用静不稳定的配平减小升致阻力，其效果相当明显。这样，在发动机提供相同可用推力的情况下，放宽静稳定性的飞机就可获得更大的稳定机动载荷。

但是，并非质心后移越多，配平阻力就减小得越多。质心后移越多，为配平所需的平尾偏度也越大，因平尾偏转所增加的阻力也就越大。当此项阻力的增加超过配平迎角的减小而减小的升致阻力时，再把质心后移是不可取的。

3. 静稳定性的补偿

采用放宽静稳定技术获得有用升力增大、配平阻力减小、机动性提高、飞机重量减轻以及航程增大等优点时，付出的唯一代价是飞机的静稳定性不足导致操

作性变差，因此必须通过飞行控制系统的设计加以补偿，来提高飞机纵向短周期运动的自然振荡频率。

根据第 3 章飞机纵向短周期运动状态方程 (3-131)，可得到升降舵激励作用下俯仰角速度和迎角响应的传递函数如下：

$$\frac{\Delta q(s)}{\Delta \delta_e(s)} = \frac{M_{\delta_e}(s - Z_\alpha)}{s^2 - (M_q + M_{\dot{\alpha}} + Z_\alpha)s + (M_q Z_\alpha - M_\alpha)} \tag{5-125}$$

$$\frac{\Delta \alpha(s)}{\Delta \delta_e(s)} = \frac{M_{\delta_e}}{s^2 - (M_q + M_{\dot{\alpha}} + Z_\alpha)s + (M_q Z_\alpha - M_\alpha)} \tag{5-126}$$

同时，考虑到法向过载 n_z 与俯仰角速度 q、迎角 α 的关系：

$$\Delta n_z - \frac{V_0}{g}(\Delta q - \Delta \dot{\alpha}) \approx -\frac{V_0}{g} Z_\alpha \Delta \alpha \tag{5-127}$$

综合式 (5-125)~式 (5-127) 可以得到如图 5-57 所示的飞机短周期运动简化动力学模型。

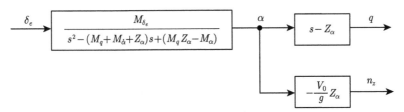

图 5-57　简化的飞机纵向短周期运动动力学模型

由飞机纵向短周期运动自然振荡频率表达式

$$\omega_n = \sqrt{M_q Z_\alpha - M_\alpha} \approx \sqrt{-M_\alpha} \tag{5-128}$$

可知，静稳定性补偿就是要补偿由于放宽静稳定性设计导致的飞机在亚声速飞行时 $-M_\alpha$ 不足的问题。由图 5-57 所示的动力学关系，可以分别通过迎角 α、法向过载 n_z 和俯仰角速度 q 反馈三种方式进行补偿。

迎角 α、法向过载 n_z 反馈补偿原理与 5.3.2 节部分相同，这里不再赘述。在此主要介绍俯仰角速度 q 反馈补偿的基本原理。

将根据图 5-57 得到的迎角 α 和俯仰角速度 q 关系式代入迎角反馈增稳控制律表达式 (5-56)，可得

$$\delta_e = K_\delta \frac{L_\alpha}{s - Z_\alpha} q + L_q K_\delta q + G(s) K_\delta W_e \tag{5-129}$$

考虑到 $Z_\alpha < 0$，可将式 (5-129) 改写为

$$\delta_e = K_\delta \frac{k_q}{T_q s + 1} q + L_q K_\delta q + G(s) K_\delta W_e \tag{5-130}$$

相当于引入了增益为 k_q、时间常数为 T_q 的延迟俯仰角速度 q 反馈，来代替迎角 α 反馈，对飞机纵向静稳定性进行补偿。对于不同的飞行状态，k_q 和 T_q 的取值不同，为了确保在全飞行包线内实现全补偿，补偿参数必须按高度和马赫数进行二维调参。

对于放宽静稳定性的三种补偿方案，由于迎角信号可以直接改变俯仰静稳定力矩导数 M_α，所以采用迎角反馈补偿是最直接有效的方案。然而，由于迎角传感器的精度较低、故障率高，因而在飞机上常用法向过载反馈补偿。延迟俯仰角速度反馈与迎角反馈补偿效果相近，但调参方法比较复杂，然而由于速率陀螺精度高、可靠性好，所以经常采用迎角（或法向过载）和俯仰角速度混合反馈补偿方案，这样既保证了补偿精度，又提高了可靠性。采用混合补偿方案时的增稳控制律一般表达式为

$$\delta_e = L_\alpha K_\delta \alpha + L_q K_\delta \frac{\tau s + 1}{T_q s + 1} q + G(s) K_\delta W_e \tag{5-131}$$

4. 静稳定性补偿的平尾舵偏量

静稳定性补偿本质上是通过牺牲一部分平尾舵偏量来实现的。在这种情况下，如果飞机做机动飞行时按计算要求的舵偏角超过了极限值，就会影响飞机的实际机动特性。

平尾舵偏量的大小与飞机机动性有关，法向过载能力是机动性的重要指标。为此，电传控制律设计时要对飞机达到最大法向过载所需的平尾舵偏量进行估算，若不超过极限值则是合理的。通常可以采用反算法进行估算，即在平尾极限偏角 $\delta_{e\max}$ 和配平舵偏量 δ_{e0} 已知时，由各状态的过渡过程曲线的稳态值计算出单位过载所需的平尾舵偏增量 $\Delta\delta_{e1}$，找出可用于机动的平尾偏度 $\Delta\delta_e = \delta_{e\max} - \delta_{e0}$。由 $\Delta\delta_e$ 和 $\Delta\delta_{e1}$ 的比值求出 $\Delta\delta_e$ 对应的法向过载 n_z，若大于或等于飞机容许最大过载 $n_{z\max}$，则实际舵偏量必然小于或等于极限偏角 $\delta_{e\max}$，否则飞机的机动性将受到限制。

5.5.2　直接力控制

常规飞机的飞行控制，是建立在力和力矩、航迹与姿态耦合的基础上完成的。要产生改变航迹的气动力，需要通过气动舵面的偏转产生力矩，进而改变飞机的姿态，引起迎角和侧滑角变化的方式来实现。这种操纵常称为"力矩操纵"或"间

接力操纵"。这种控制方式存在升力、侧力建立和航迹的改变比较慢、机动飞行时舵面偏度比较大、飞机的转动运动与平移运动耦合强烈、飞机快速跟踪轨迹的能力较弱等缺点。

直接力控制（direct force control，DFC）是通过多个操纵面的协调动作直接产生改变飞行轨迹的升力或侧力，从而完成非耦合的非常规运动。直接力控制消除了力与力矩的耦合、轨迹运动和姿态运动的耦合，从而缩短了操纵到轨迹改变的时间滞后。

飞机直接力控制包括用以改变垂直速度或高度的直接升力控制、改变侧移速度和侧向位移的直接侧力控制和改变飞行速度的直接阻力和推力控制。

1. 直接升力控制

直接升力控制主要用于控制飞机在垂直平面内的运动。直接升力的产生方法需要通过不同控制面的协调控制来实现，如水平鸭翼与升降舵配合，两者向同一方向偏转时，产生的升力方向一致，而各自产生的纵向力矩相互抵消即可产生直接升力；机动襟翼和升降舵配合，机动襟翼产生可控制的升力，该升力引起的纵向力矩由偏转升降舵来配平；机动襟翼和水平鸭翼配合，机动襟翼产生可控制的升力，其引起的纵向力矩由水平鸭翼来配平；扰流片与水平鸭翼配合，扰流片改变机翼的升力，升力变化引起的纵向力矩由水平鸭翼来配平；推力矢量控制，可直接产生可控的升力。

需要指出的是，参与直接力控制的控制面有以下要求：控制面应能引起正的和负的升力变化，才能在两个方向上修正轨迹偏差；合成的升力作用点必须在飞机质心附近；控制面必须快速可调。

从直接升力控制的目的来看，直接升力的作用点只要选在飞机质心处，就不会对飞机质心产生力矩，但实际上并非如此简单，而是直接升力的作用点的不同会产生不同的直接升力控制效果（或产生不同的直接升力控制模态）。

设产生直接升力的等效舵面偏转量为 δ_L，作用点与机翼平均气动弦前缘的距离为 X_{δ_L}，参考飞机纵向运动状态方程 (3-101)，可得

$$\begin{cases} \dot{\gamma} = -Z_\alpha \alpha - Z_{\delta_L}\delta_L \\ \dot{q} = M_q q + M_{\dot{\alpha}}\dot{\alpha} + M_\alpha \alpha + M_{\delta_L}\delta_L \\ \theta = \gamma + \alpha \end{cases} \tag{5-132}$$

根据式 (5-132) 可以得到直接升力等效舵面偏转 δ_L 激励作用下迎角 α 响应的传递函数为

$$\frac{\alpha(s)}{\delta_L(s)} = \frac{Z_{\delta_L}s + M_{\delta_L} - M_q Z_{\delta_L}}{s^2 - (M_q + M_{\dot{\alpha}} + Z_\alpha)s + (M_q Z_\alpha - M_\alpha)} \tag{5-133}$$

由此可得到直接升力控制舵面对飞机纵向状态参量的影响结构，如图 5-58 所示。需要强调的是，由于一般情况下 Z_{δ_e} 很小，所以可以认为平尾不具备直接控制航迹的能力，图中 $\delta_e \to \dot{\gamma}$ 通路可以忽略，而等效的直接升力舵面则提供了有效的通过 δ_L 直接控制航迹的通路。

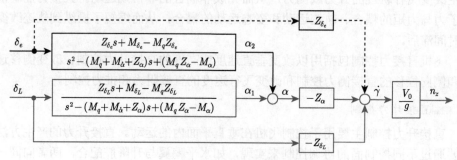

图 5-58　直接升力控制结构图

在直接升力作用下做稳态飞行时有 $\dot{q} = 0$，$\dot{\alpha} = 0$，$q = \dot{\gamma}$，再代入相关大导数可得

$$\begin{cases} mV_0\dot{\gamma} = Z_\alpha^A \alpha + Z_{\delta_L}^A \delta_L \\ M_q^A \dot{\gamma} + (X_{\text{c.g.}} - X_{\text{a.c.}})Z_\alpha^A \alpha + (X_{\text{c.g.}} - X_{\delta_L})Z_{\delta_L}^A \delta_L = 0 \end{cases} \tag{5-134}$$

由此可得

$$\dot{\gamma} = \left[\frac{(X_{\delta_L} - X_{\text{c.g.}}) + (X_{\text{c.g.}} - X_{\text{a.c.}})}{(X_{\text{c.g.}} - X_{\text{a.c.}}) + \dfrac{M_q^A}{mV_0}} \right] \frac{Z_{\delta_L}^A \delta_L}{mV_0} = \frac{X_{\delta_L} - X_{\text{a.c.}}}{X_{\text{c.g.}} - X_M} \frac{Z_{\delta_L}^A \delta_L}{mV_0} \tag{5-135}$$

式中，$X_M = X_{\text{a.c.}} - M_q^A/(mV_0)$ 称为机动点，$M_q^A = I_y M_q$。由于 $M_q < 0$，故机动点位于飞机气动焦点后一个很短距离处。此时飞机的稳态法向过载为

$$\Delta n_z = \frac{\Delta L}{G} = \frac{mV_0\dot{\gamma}}{G} = \frac{X_{\delta_L} - X_{\text{a.c.}}}{X_{\text{c.g.}} - X_M} \frac{Z_{\delta_L}^A \delta_L}{G} \tag{5-136}$$

1）单纯直接升力控制

单纯直接升力控制是指飞机迎角保持不变，俯仰角速度与爬升角速度近似相等，即 $\Delta \alpha = 0$、$\Delta \gamma = \Delta \theta$ 的一种控制方式，其运动过程如图 5-59 所示。

根据单纯直接升力控制时迎角保持不变的条件，由式 (5-134) 中第一式可得

$$\Delta n_z = \frac{Z_{\delta_L}^A \delta_L}{G} \tag{5-137}$$

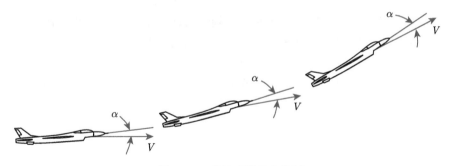

图 5-59　单纯直接升力控制

代入式 (5-136) 可得

$$X_{\delta_L} = X_{\text{c.g.}} + \frac{M_q^A}{mV_0} \tag{5-138}$$

由此可知，在单纯直接升力控制模态下，直接升力作用点 X_{δ_L} 应位于飞机质心 $X_{\text{c.g.}}$ 前一个很短的距离 $|M_q^A/(mV_0)|$ 处。

单纯直接升力控制一方面实现了迎角保持，可以在确保不损失安全性的条件下完成飞机的爬升下降和俯仰姿态的修正；另一方面建立了法向过载的直接控制通路，可以有效提升法向过载响应速度和控制精度。因此，单纯直接升力控制在着陆、空中加油、编队飞行和瞄准等飞行阶段非常有效。

2）机身俯仰指向控制

机身俯仰指向控制是指爬升角保持不变，迎角变化与俯仰角变化近似保持相等，即 $\Delta\gamma = 0$、$\Delta\alpha = \Delta\theta$ 的一种控制方式，其运动过程如图 5-60 所示。

图 5-60　机身俯仰指向控制

根据俯仰指向控制条件必有 $\dot\gamma = 0$ 成立，代入式 (5-135) 和式 (5-136) 可得

$$X_{\delta_L} = X_{\text{a.c.}} \tag{5-139}$$

$$\Delta n_z = 0 \tag{5-140}$$

要实现该模态，直接升力作用点需选在气动焦点上。当直接升力为正时，对飞机质心产生负力矩，使飞机低头产生负迎角增量，从而产生负的升力增量，与正的直接升力正好抵消。直接升力的效果只是改变俯仰角。如果加上不稳定俯仰角的定高控制，则飞机质心轨迹可保持水平，而俯仰角可在一定范围内任意选择。

这种非常规机动方式，在机头下俯时，有利于对地连续攻击；当机头上仰时，扩大了对纵向空中目标的攻击范围，通常情况下机头可上仰 $3° \sim 4°$。

3）垂直平移控制

垂直平移控制是指飞机俯仰角保持不变，$\Delta\theta = 0$，$\Delta\alpha = -\Delta\gamma$，即仅控制飞机的垂直速度，如图 5-61 所示。

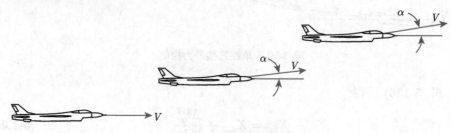

图 5-61　垂直平移控制

垂直平移控制模态与俯仰指向控制模态类似，主要区别在于没有定高控制而是引入了姿态角稳定控制。

在此工作模式下，以正的直接升力为例，直接升力引起垂直速度的增量，进而形成负的迎角增量，负的迎角增量产生负的升力增量和抬头力矩，会引起俯仰姿态的变化。由于引入了俯仰角稳定控制，维持了俯仰力矩的平衡从而使飞机得到一种不旋转的稳态垂直向上运动。飞机向前飞行的同时向上平移，且保持俯仰姿态不变。此模态可用于对空中目标的瞄准以及编队飞行中飞机间高低位置的调整。

2. 直接侧力控制

直接侧力控制就是通过直接改变侧力来控制飞机的侧向运动轨迹的一种控制方案。

常规飞机的转弯操纵中，飞行员侧杆使副翼偏转进而使飞机滚转，升力向量倾斜后产生水平分量，才能使飞机改变航向。同时，为使飞机在垂直方向上有足够的升力分量来平衡重力，使飞机不掉高度，飞行员还需适当拉杆。如果要求不带侧滑的协调转弯，飞行员还需用脚蹬操纵方向舵，以消除侧滑。从飞行性能要求来看，常规转弯能获得较大的转弯角速度，代价是时间滞后较长。若要求在短时间内改变航迹，或为了严格沿给定航迹飞行而需要修正偏差，使用直接侧力控制可大大缩短时间滞后。这就要求在飞机上安装直接侧力控制面，并使副翼和方向舵配合侧力控制面的偏转而做相应的偏转，以达到只产生侧力而不产生滚转力矩和偏航力矩的目的。与直接升力控制相似，直接侧力的作用点也可根据不同模态的需要来确定。

在直接侧力的作用下，飞机做定常盘旋飞行如图 5-62 所示。设直接侧力等效

控制面偏度为 δ_Y，直接侧力作用点相对于机头距离为 X_{δ_Y}，参考侧向小扰动状态方程 (3-116) 则有

$$
\begin{cases}
\dot\beta = -r + Y_\beta\beta + \dfrac{V_0}{g}\phi + Y_{\delta_Y}\delta_Y \\[2mm]
\dot r = \overline{N}_r r + \overline{N}_\beta\beta + \overline{N}_p p + \overline{N}_{\delta_Y}\delta_Y \\[2mm]
\chi = \psi + \beta
\end{cases}
\tag{5-141}
$$

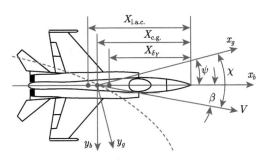

图 5-62　直接侧力控制示意图

在直接侧力作用下，实现飞机横向和航向的解耦控制，飞机做水平协调转弯运动，此时有 $p=0$、$\dot\chi = r$，并设气动侧向气动焦点为 $X_{\text{l.a.c.}}$，可以得到

$$
\begin{cases}
mV_0\dot\chi = Y_\beta^A\beta + Y_{\delta_Y}^A\delta_Y \\[2mm]
(X_{\text{c.g.}} - X_{\text{l.a.c.}})Y_\beta^A\beta + \overline{N}_r^A\dot\chi + (X_{\delta_Y} - X_{\text{c.g.}})Y_{\delta_Y}^A\delta_Y = 0
\end{cases}
\tag{5-142}
$$

通过式 (5-142) 可以得到

$$
\dot\chi = \frac{(X_{\delta_1} - X_{\text{c.g.}}) + (X_{\text{c.g.}} - X_{\text{l.a.c.}})}{\overline{N}_\beta/Y_\beta + \overline{N}_r^A/(mV_0)}\frac{Y_{b_Y}}{mV_0}\delta_Y
\tag{5-143}
$$

稳态的侧向过载为

$$
\Delta n_y = \frac{\Delta Y}{G} = \frac{mV_0}{G}\dot\chi = \frac{X_{\delta_Y} - X_{\text{l.a.c.}}}{X_{\text{c.g.}} - [X_{\text{l.a.c.}} - \overline{N}_r^A/(mV_0)]}\frac{Y_{\delta_Y}\delta_Y}{G} = \frac{X_{\delta_Y} - X_{\text{l.a.c.}}}{X_{\text{c.g.}} - X_{ML}}\frac{Y_{\delta_Y}\delta_Y}{G}
\tag{5-144}
$$

式中，$X_{ML} = X_{\text{l.a.c.}} - \dfrac{\overline{N}_r^A}{mV_0}$ 为侧向机动点到机头的距离，$\overline{N}_r^A = I_z\overline{N}_r$。

1）单纯直接侧力控制

单纯直接侧力控制是指飞机的侧滑角保持不变，飞机航向角与航迹偏航角近似相等的一种控制方式，即 $\Delta\beta = 0$、$\Delta\psi = \Delta\chi$。在单纯直接侧力控制下飞机的运动如图 5-63 所示。

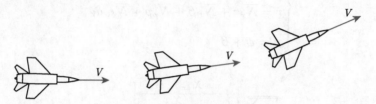

图 5-63 单纯直接侧力控制

由稳态时 $\Delta\beta = 0$，可得

$$\dot{\chi} = \frac{Y_{\delta_Y}^A \delta_Y}{mV_0} \tag{5-145}$$

$$\Delta n_y = \frac{Y_{\delta_Y}^A \delta_Y}{G} \tag{5-146}$$

$$X_{\delta_Y} - X_{\text{c.g.}} = X_{\text{l.a.c.}} - X_{ML} = \frac{\overline{N}_r^A}{mV_0} \tag{5-147}$$

式 (5-147) 表明，要实现单纯直接侧力控制，要求直接侧力作用点 X_{δ_Y} 在飞机质心 $X_{\text{c.g.}}$ 之前一个小的距离 $\dfrac{\overline{N}_r^A}{mV_0}$ 处。此外，在稳态盘旋时，还必须使副翼偏转 δ_a 并使得 $\overline{L}_r\dot{\chi} + \overline{L}_{\delta_a}\delta_a = 0$，以克服滚转交叉动态力矩导数 $\overline{L}_r$ 的影响。

单纯直接侧力控制可以消除在跟踪地面目标过程中，为修正航向偏差和瞄准偏差而出现的横滚摇摆现象，对地投弹时能显著提高飞行员瞄准目标的能力，在攻击空中目标时，可提高飞机的反应速度和改善瞄准精度。

2）机身偏航指向控制

机身偏航指向控制是指在不改变航迹偏航角的情况下，控制飞机的偏航姿态角，即 $\Delta\chi = 0$、$\Delta\psi = -\Delta\beta$，运动示意图如图 5-64 所示。

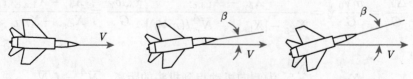

图 5-64 偏航指向控制

在此种控制模态下有 $\dot{\chi} = 0$，代入式 (5-143) 和式 (5-144) 可得

$$\Delta n_y = 0 \tag{5-148}$$

$$X_{\delta_Y} = X_{\text{l.a.c.}} \tag{5-149}$$

此时，直接侧力作用点 X_{δ_Y} 处于飞机侧向气动焦点 $X_{\text{l.a.c.}}$ 处，且稳态时直接侧力不影响侧向过载。飞机的直接侧力操纵舵偏转 δ_Y 产生的直接侧力引起飞机侧滑角 β 的变化，产生与直接侧力大小相等、方向相反的侧力平衡直接侧力的作用，使得飞机稳态侧向过载为零，从而实现在不影响飞机航迹偏航角的情况下的偏航指向控制。这种机身偏航指向控制机动方式在对空或对地攻击中可有效扩大飞机的攻击范围，一般偏航指向可使机头左右偏转 5°。

3）侧向平移控制

侧向平移控制是指在不改变航向角的条件下，实现对飞机侧向速度的控制，即 $\Delta\psi = 0$、$\Delta\chi = \Delta\beta$。侧向平移控制下飞机运动如图 5-65 所示。

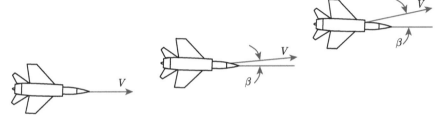

图 5-65　侧向平移控制

在侧向平移控制模态中，稳态时将产生一个恒定的侧向平移速度 V_y，而稳态侧向过载 $\Delta n_y = 0$，由侧向过载公式 (5-144) 可知，此时直接侧力作用点应处于飞机侧向气动焦点上。

侧向平移控制与偏航指向控制的不同之处在于侧向平移控制中引入了航向角稳定控制，在航向稳定的约束下，直接侧力引起的侧滑角增量一方面稳态时用于产生的侧力平衡直接侧力作用，另一方面侧滑角增量直接体现到航迹偏航角的增量上，产生侧向平移速度。侧向平移控制模态主要用于空中加油和编队飞行时侧向小位移修正。

5.5.3　机动载荷控制

机动载荷控制（maneuvering load control，MLC）就是根据飞机的机动状态，主动调节飞机机翼上的载荷分布，从而达到所要求的性能。大型飞机（如运输机、轰炸机）和小型飞机（如战斗机）在结构性能与执行任务上的差别，对机动载荷控制的设计目标和要求有所不同。

1. 大型飞机的机动载荷控制

对于大型飞机（运输机、轰炸机等），其机翼的面积较大，机翼承受的载荷也大，长时间在 $1g$ 过载下做巡航飞行，机翼根部会承受一定的弯矩。当进行机动时，机翼所承受的载荷增加，机翼根部的弯矩随之增大。因此，对于大型飞机的机动载荷控制的目标是重新分布机翼的升力，在保持总升力不变的情况下，使机翼的升力向翼根处集中，以减小其合成的升力对翼根的力臂，达到减小翼根弯矩的目的，并且在相同的安全系数下，减轻机翼的重量、改善结构疲劳。

机翼上的载荷分布与机动飞行有关，图 5-66 为大型飞机以 $n_z = 1g$ 巡航和机动飞行时机翼载荷分布。巡航时机翼上载荷一般呈椭圆分布，使机翼诱导阻力最小。机动飞行时，机翼上载荷同时增大，机翼弯矩从翼尖到翼根也迅速增大。若机翼载荷按虚线分布，则可有效降低弯矩。若能根据这种弯矩设计机翼，则可减轻机翼结构重量，提高巡航性能。

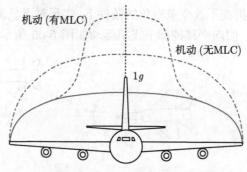

图 5-66　大型飞机机动载荷控制

实现大型飞机的升力向翼根靠近的方法如图 5-67 所示，主要有以下几种：

（1）对称向上偏转外侧副翼，使机翼外侧的升力减小；

（2）外侧襟翼向下偏转，使机翼内侧升力增加；

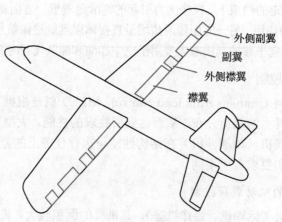

图 5-67　大型飞机机动载荷控制面

（3）外侧副翼与外侧襟翼综合运动，即副翼对称向上偏转，襟翼同时向下偏转；

（4）采用翼尖副翼对称向上偏转；

（5）利用其他辅助操纵翼面，如扰流片、前缘机动襟翼等。

机动载荷控制的结果，使飞机气动中心向内翼段移动，减小了翼根弯矩。一般可减小翼根弯矩 10% ～ 40%，结构减轻 5%，航程增加 30%。

上述机动载荷升力分布可能会增大机动飞行的阻力，但对于大型飞机，由于机动飞行时间短暂，为达到降低结构载荷的目的，降低一些升阻比是允许的。

2. 小型飞机的机动载荷控制

对于小型飞机，尤其是战斗机，机动载荷控制的目的是增大机翼的升阻比，以增强飞机的机动能力，提高飞机的作战效率。提高飞机的升阻比可以采取多种方式，如前述的放宽静稳定性方法，但采用机翼弯度控制是一种有效的方式。

机翼弯度控制，就是利用前缘襟翼与后缘襟翼的偏转，改变机翼剖面的弯度，使其弯度随飞行迎角的改变而改变，保证飞机在机动飞行时，使升力呈椭圆形分布，如图 5-68 所示。另外，也可通过改变翼型的厚度，或者在机身上安装可收放的大后掠附加机翼。

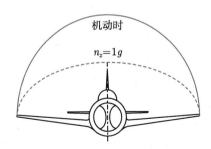

图 5-68 小型飞机升力分布

1）前缘机动襟翼控制

前缘襟翼一般可分为前缘机动襟翼和前缘缝翼，现代战斗机中，通常采用前缘机动襟翼来实现机动载荷控制。此时，前缘襟翼的向下偏转角度随飞行迎角 α 的增加而增加，从而改变了机翼弯度，减小了机翼气流分离，提高了战斗机的升阻比。一般前缘襟翼随迎角的最佳偏转规律是通过风洞试验得出的，通常为飞机迎角 α 和飞行马赫数 Ma 的函数，即 $\delta_{lf} = f(\alpha, Ma)$。作为这种控制方案的典型例子是 YF-16 飞机的机动载荷控制系统，其前缘襟翼偏转控制规律为

$$\delta_{lf} = \begin{cases} 1.6(\alpha - \alpha_0(Ma)), & \alpha \geqslant \alpha_0(Ma) \\ 0, & \alpha < \alpha_0(Ma) \end{cases} \tag{5-150}$$

式中

$$\alpha_0(Ma) = \begin{cases} 2°, & Ma < 0.6 \\ 2° + k_1(Ma - 0.6), & 0.6 \leqslant Ma < 0.9 \\ 6° + k_2(Ma - 0.9), & 0.9 \leqslant Ma \leqslant 1.0 \\ 11.6°, & Ma > 1.0 \end{cases} \qquad (5\text{-}151)$$

式 (5-150) 和式 (5-151) 中的 $\alpha_0(Ma)$ 是 YF-16 在不同马赫数下的配平迎角。根据上述两式得到的前缘襟翼随迎角和马赫数变化规律如图 5-69所示。

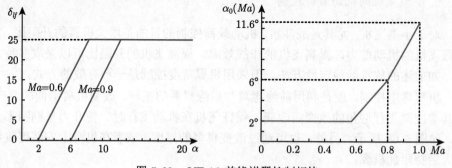

图 5-69　YF-16 前缘襟翼控制规律

需要说明的是，当 $Ma \geqslant 1$ 时，前缘襟翼的偏转会引起波阻剧增，此时前缘襟翼将处于收起状态。此外，前缘襟翼还与起落架收放联动。在起飞/着陆状态，起落架放下，此时 YF-16 的前缘襟翼固定偏转 25° 成为增升襟翼，改善起落性能；在飞行状态，起落架收起，前缘襟翼转为 α 和 Ma 自动调节。

YF-16 的前缘机动襟翼控制系统结构如图 5-70 所示，系统中除了引入 α 信息，还引入了经过清洗网络的 q 反馈，以增强前缘襟翼控制系统的动态阻尼。

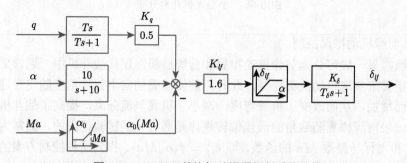

图 5-70　YF-16 前缘机动襟翼控制系统结构

YF-16 飞机的机动载荷控制使全翼展的前缘襟翼按上述最佳的规律自动偏转，改变机翼弯度以减小机翼大迎角的气流分离，增大升阻比，提高了飞机的机动性。例如，YF-16 在飞行高度 9000m，以最大推力做稳定盘旋，按前缘襟翼上述规律偏转时，稳定盘旋过载可提高 18%。

2）后缘机动襟翼控制

机动襟翼可由前缘襟翼、后缘襟翼组成，但实验结果表明，就改变翼型弯度和减小大迎角阻力，后缘襟翼的作用相对较小。因此，有些飞机如 F-16、F-18 等只采用单一的前缘机动襟翼进行机动载荷控制。考虑到后缘襟翼向下偏转，在相同迎角条件下，可以增大战斗机机翼的升力系数，进而提高飞机的机动性。因此，对于重型战斗机，往往会同时采用前缘和后缘机动襟翼控制。

通常情况下，战斗机的后缘襟副翼（作为后缘机动襟翼）的偏转角度 δ_{tf} 应随迎角 α 自动调节，其控制规律表达式为

$$\delta_{tf} = \begin{cases} 0°, & \alpha < \alpha_1 \\ k_{tf}(\alpha - \alpha_1), & \alpha_1 \leqslant \alpha \leqslant \alpha_2 \\ 5°, & \alpha > \alpha_2 \end{cases} \tag{5-152}$$

式中

$$k_{tf} = \frac{5}{\alpha_2 - \alpha_1} \tag{5-153}$$

后缘机动襟翼控制系统结构如图 5-71 所示。同样考虑到超声速飞行时波阻的影响，在 $Ma > M_{tf}$ 时（M_{tf} 为接近 1 的一个给定临界马赫数），断开后缘襟翼的随动控制，处于收起状态。

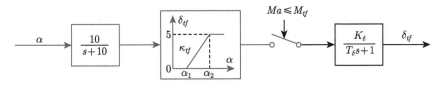

图 5-71　后缘机动襟翼控制系统结构

此外，后缘襟翼同样与起落架收放联动。在起飞/着陆状态，起落架放下，一般可通过人工或自动控制使后缘襟翼向下偏转到最大位置，成为增升襟翼，改善起降性能；在飞行状态，起落架收起，后缘襟翼转为 α 和 Ma 自动调节。

需要说明的是，机动襟翼按一定规律随 α 和 Ma 变化自动调节，还应考虑与平尾的交联，补偿襟翼调节给纵向配平带来的扰动即对纵向飞行品质的影响。此外，机动襟翼控制在改善飞机机动性的同时，可以增大飞机的最大允许飞行迎角和减小飞机最小飞行速度，即可以起到扩展飞机飞行边界的作用，由于工作原理和控制律相同，在后续 5.7 节"飞行边界控制"中不再单独讲述。

5.6　飞机乘坐品质的改善

5.6.1　阵风载荷减缓

飞机经常要飞越高紊流区，尤其在较低高度上飞行时更是如此，当然在巡航高度上也会出现晴空紊流。飞机弹性自由度大多具有弱阻尼特征，所以在紊流中很容易激发弹性自由度，对乘坐舒适性不利。在大型、弹性飞机上，结构振动表现得尤为明显，特征频率彼此越靠近，越容易同刚性飞机运动耦合。因此，由附加空气动力造成的飞机载荷，一方面明显地降低了飞行员和乘客的舒适性，另一方面在机体上出现的动态载荷降低了机体寿命。传统飞机设计时需要采用结构方面的技术措施以减缓阵风载荷的影响，但采用控制技术方面的措施减缓阵风效应，可以有效减轻飞机的结构重量，这种控制技术称为阵风载荷减缓（gust load alleviation, GLA）。

阵风载荷减缓就是研究如何利用主动控制技术来减小阵风干扰下可能引起的过载，从而达到减小机翼弯曲力矩和减轻结构疲劳的目的。

1. 阵风扰动量计算

飞机在大气中飞行，时常会受到来自各个方向气流的影响，从而使飞机产生过载，阵风载荷减缓主要是研究垂直风场扰动下的载荷减缓问题。

若飞机以相对速度 V 飞越一个空间范围有限的狭窄上升风场，如图 5-72 所示，那么阵风扰动首先影响迎角传感器。为了测量尚未受到飞机扰动的气流，迎角传感器要尽可能装在飞机头部的远前方。经过一个滞后时间 $\Delta t_1 = X_{\delta_L}/V_0$ 之后，阵风才作用到机翼上，并在这里引起升力 L、阻力 D 和俯仰力矩 M 的变化，这些变化可能具有复杂的过程，并具有时间滞后效应。为了补偿这种效应，必须在时间上协调一致地依据垂直风场特性偏转机翼上的直接升力舵面和尾翼上的操纵面（升降舵），从而在阵风出现的时刻获得正确的控制作用。

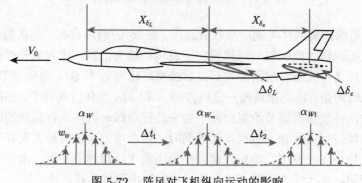

图 5-72　阵风对飞机纵向运动的影响

因此，在阵风载荷减缓控制系统中，阵风产生的风迎角 α_W 起着至关重要的作用，由于 α_W 无法直接测量，一般通过计算得到，表达式为

$$\alpha_W = \theta - \gamma - \alpha \tag{5-154}$$

式中，θ 比较容易测量；γ 可以通过式 (5-155) 计算得到：

$$\gamma = \arcsin \frac{\dot{H}}{V_K} \approx \frac{\dot{H}}{V_K} \tag{5-155}$$

传统升降速度测量信号中含有时间滞后，而且不是很准确，所以人们不得不采用气压高度的微分。但气压高度信号中含有测量噪声，所以只可能是一种滞后微分并通过垂直加速度信号互补滤波得到，计算公式为

$$\dot{H}(s) = \frac{s}{Ts+1}H(s) + \frac{T}{Ts+1}s^2 H(s) \tag{5-156}$$

当飞机俯仰角速度不为零时，迎角传感器测得的迎角 α_m 包含飞机俯仰运动引起的迎角增量 $\Delta\alpha$，为

$$\alpha_m = \alpha_{\log} - \Delta\alpha = \alpha_{\log} + q_K \frac{X_M}{V_0} \tag{5-157}$$

式中，$\alpha_{\log}$ 为不考虑俯仰运动影响的迎角值；X_M 为迎角传感器与飞机质心间的距离。

综合式 (5-154)~式 (5-157) 即可计算得到控制所需的风迎角 α_W，同时根据直接升力作用点与迎角传感器距离 X_{δ_L} 和平尾气动焦点与直接升力作用点距离 X_{δ_e} 可以计算得到两个延迟时间 Δt_1 和 Δt_2，分别为

$$\Delta t_1 = \frac{X_{\delta_L}}{V_0} \tag{5-158}$$

$$\Delta t_2 = \frac{X_{\delta_e}}{V_0} \tag{5-159}$$

2. 阵风载荷减缓控制器结构

阵风载荷减缓控制系统结构如图 5-73 所示。阵风载荷减缓控制需要同时对直接升力舵面及平尾进行控制，相应的控制律为

$$\Delta\delta_L = k_1 \alpha_{Wm} \tag{5-160}$$

$$\Delta\delta_e = k_{21}\alpha_{Wm} + k_{22}\alpha_{Wt} + k_{23}\Delta\delta_L + k_{24}\Delta\delta_L \tag{5-161}$$

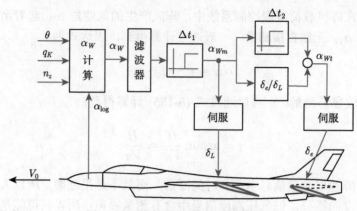

图 5-73　　阵风载荷减缓控制系统结构

这些控制分量必须在时间上准确地在各个点上发生作用，不能有时间滞后。此时，确定机翼远前方的 α_W 需要有足够的时间裕量，以补偿测量滞后、计算延迟时间和控制延迟，并时间精确地平衡机翼上的突风迎角 α_{Wm} 和平尾上的突风迎角 α_{Wt}。在控制律中，式 (5-160) 通过直接升力控制补偿阵风对机翼升力的影响。式 (5-161) 中第一项用于补偿机翼升力变化产生的俯仰力矩，第二项补偿阵风对尾翼升力的影响，第三项补偿直接升力舵面偏转产生的俯仰力矩，第四项补偿直接升力舵面偏转对平尾的下洗力矩。

3. 几点说明

几点说明如下：

（1）上述垂直阵风载荷减缓控制能够有效减缓飞机垂直方向的运动，但是阵风输入的或者吸收的能量将转变成水平运动，从而在上升阵风中水平加速度将增大，虽然这种能量的再分配系数较小，只具有次要意义，但是飞行试验表明，水平加速度的增大还是使人感到不舒服，只有通过快速的直接阻力控制，才能对上述不希望的效应有所补偿。

（2）为了实现阵风载荷减缓控制，飞机上必须要有相应的直接力控制面。如机翼上快速可调节的襟翼或副翼。但是这些操纵面必须要有不产生升力变化的工作点，即中立点，以便既能产生正的升力变化，又能产生负的升力变化。除此之外，也可在指定位置安装特殊的控制面，如 B-1 飞机在驾驶舱下方机身两侧安装了一对 $-30°$ 下反角的水平前翼。当其对称偏转时，可形成垂直控制力；差动偏转时，可形成水平控制力，从而实现阵风载荷减缓控制。

（3）阵风载荷减缓控制器本质上是一种按扰动补偿控制的方案。一般认为扰动变量 α_W 应当在 $0.1 \sim 10\text{Hz}$ 频率范围内接通，因为在这个频率范围内垂直风扰动对乘坐舒适性和飞行员操纵行为损害最为严重。在低频范围内，同样用接通扰动变量来抑制机翼的弯曲力矩。但当频率较高时，如果受到开环系统的激励，可能会有问题。为了防止出现这类问题，同时也为了降低谐振超调，有必要采用一种阻尼振动的控制器。通常，在闭环控制回路中可以用速度反馈来提高阻尼，可以把机翼翼尖速度的垂直分量反馈给装在外侧的对称副翼，或者直接反馈给直接升力操纵面。

5.6.2 主动颤振模态抑制

1. 基本概念

飞机实际是个弹性体，在飞行中空气动力的作用下，机身、机翼将会产生弹性形变，导致结构气动的弹性振动。在正常情况下，结构阻尼及空气阻尼能使弹性振动很快衰减，仅保持静态弹性形变。弹性形变的形式有弹性弯曲形变和弹性扭曲形变两种。通常这两种弹性形变的频率和阻尼随飞行速度的变化而变化，并不耦合。不管哪种弹性振动，其结果都是产生附加升力，并起阻尼作用。但是，随着飞行速度的增加，两种弹性振动的频率将接近，并趋于相同，形成耦合效应。当两种弹性振动的相位差为零时，各自产生阻尼，使形变衰减；当相位差为 90° 时，则产生耦合激励，在弯曲形变的节点处，扭曲形变最大，此时扭曲形变产生的附加升力与弯曲形变运动的方向一致，进一步增强了弯曲形变运动，进而产生谐振。

结构气动弹性振动引起的耦合使形变振动的幅度达到危险程度时，这种结构气动振动称为颤振。使结构气动弹性体发生临界颤振的速度称为临界颤振速度。颤振模态抑制（flutter mode control，FMC）就是设法提高颤振临界速度。

2. 基本原理

飞机颤振抑制与阵风载荷控制不同，除了要控制随机干扰，同时要对定常扰动进行控制，常用的方法有被动改变飞机结构质量和刚性分布、抑制颤振对控制回路的影响以及主动颤振抑制等三种方法，实际使用时往往采用多种方法的组合。

1）改变飞机结构质量和刚性分布

改变飞机结构质量和刚性分布是一种常规的颤振抑制方法，主要是通过将机体结构加粗、加重、改变材料、增大刚度、改变外挂物的位置等方法，使其结构刚度具有足够的颤振速度储备，满足最大动压下防颤振的要求。这种方法使得机体质量加大，从而影响飞机的机动性。

2）抑制颤振对控制回路的影响

机体的颤振信号易被飞行控制系统的过载传感器和迎角传感器测量，从而进入飞机的控制回路，引起控制舵面的振动，进而加剧飞机的颤振，产生剧烈的、危险的伺服颤振。这种影响可以通过在迎角和过载反馈回路中引入滤波器的方法，将高频结构振动信号从系统中滤除，使舵面对这种信号不敏感。

3）主动颤振抑制

现代的方法是采用人工阻尼来实现颤振的主动抑制，基本原理是：通过安装在机翼相应部位的传感器来感受机翼产生的弹性振动，并按照一定的控制律形成操纵指令来驱动相应舵面，借以改变翼面上的非定常气动力的分布，从而降低或改善机翼的气动弹性耦合效应，达到提高颤振速度的目的。颤振控制系统操纵面、传感器布局和简化原理如图 5-74 所示（B-52 飞机）。通常颤振抑制的操纵面可使用机翼的前、后缘襟翼或副翼，传感器可采用迎角传感器或加速度传感器。

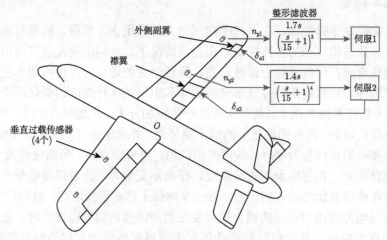

图 5-74　主动颤振模态抑制系统结构

采取这种方法可以有效地抑制颤振，减轻飞机的重量，提供足够的临界颤振速度裕量。

5.7　飞行边界控制

为了保证飞机的安全飞行，任何一种飞机均被限制在某些规定的包线（如高度与马赫数范围）内飞行。这种限制既取决于飞机气动力特性，又是对飞行员操纵飞机的限制。而且，即使在包线内飞行，在不同的飞行状态下，飞机的飞行参数也会受到各种限制。常见的受限制的飞行参数有迎角 α 和侧滑角 β、法向过载 n_z 和侧向过载 n_y、倾斜角速度 p 和倾斜角 ϕ、飞行马赫数 Ma、动压 q 和表速 V_{in}、最大飞行高度 H_{max} 和最小飞行高度 H_{min}、最大飞行速度 V_{max} 和最小飞行速度 V_{min} 等。

一般情况下，各类飞行包线所确定的边界是飞机飞行时的极限边界，为了便于对安全飞行区域的描述，在此将飞机飞行状态参数区域分为使用区域、极限区域、主要区域三个区域。以法向过载 n_z 为例，这三个区域的示意图如图 5-75 所示。

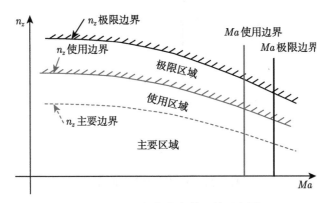

图 5-75　飞行状态参数区域示意图

使用区域由被容许的飞行参数数值（如飞行高度 H、速度 V、迎角 α、过载 n_z）等确定。一般情况下飞机不允许离开使用区域范围。在使用区域范围内，飞机的稳定性和操纵性应能确保飞行任务的有效执行。

主要区域位于使用区域之内，由对应的飞行参数确定。在主要区域内飞行，飞机的稳定性和操纵性能够确保飞行任务有效执行且飞行员的操纵负担较小。

极限区域位于使用区域之外，由对应飞行参数的极限值确定。为保证飞行安全，在任何情况下极限区域不允许被超越。当由于飞行员操纵等引起飞机超出使用区域进入极限区域时，即使在稳定性和操纵性恶化时，应仍能避免灾难性后果发生以及可以通过一般的驾驶方法来控制，且必须确保飞机能够安全返回使用区域。对于具有空中优势的战斗机，应具备短时间超出使用区域进入极限区域执行机动的能力。

极限区域之外飞机将失去稳定性和操纵性而变得不可控制。

通常情况下，飞机飞行过程中需要遵守的安全飞行标准如下：

（1）正常飞行条件下，在可容许的飞行参数范围内，飞机运动没有触发危及飞行安全的条件；

（2）飞行中每个状态参数均有一定的安全储备，并给出其使用的极限条件；

（3）飞行中对每个状态参数及给定的极限使用条件，在接近极限区域时，没有任何一种威胁飞行安全的发展趋势；

（4）飞机具有对飞行员来说明显的飞机逼近飞行状态使用区域边界标志、飞机操作使用区域标志和逼近飞行极限状态区域边界标志。

5.7.1　主要飞行参数的限制条件

1. 迎角限制条件

飞机迎角 α 直接影响升力 L 的大小，升力系数 C_L 与迎角 α 的关系曲线如图 5-76 所示。

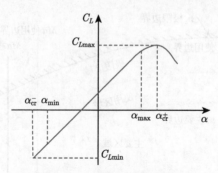

图 5-76　迎角升力系数曲线

在一定范围内，升力系数随迎角增大而增大，当迎角达到并超过临界迎角 α_{cr} 时，升力系数将随迎角增大而迅速减小，导致飞机失速，若飞行员没有采取正确的措施，飞机将进入失速螺旋，严重影响飞行安全，因此必须加以限制。

飞机的极限迎角 α_{lim} 确定了迎角的极限区域。极限迎角 α_{lim} 的大小一方面受临界迎角 α_{cr} 的限制，另一方面受大迎角飞行时侧向操稳特性下降的影响，因此通常情况下 $\alpha_{lim} \leqslant \alpha_{cr}$，并随着飞行马赫数 Ma 的增大而减小。

飞机迎角的使用区域由最大允许迎角 α_{max} 和最小允许迎角 α_{min} 确定。其中飞机最小允许迎角 α_{min} 主要受飞机发动机进气道喘振的影响，一般为一个负常值；最大允许迎角 α_{max} 的限制条件较多，主要包括以下几个方面：

（1）迎角储备裕度要求，一般为 $4°$；

（2）稳态滚转角速度响应要求，战斗机 $\omega_x = 30(°)/s$；

（3）飞行/起飞/着陆状态，起飞/着陆时允许迎角小于飞行状态的允许迎角；

（4）飞机的外挂或载荷；

（5）飞行马赫数，马赫数增大，α_{max} 减小。

2. 过载限制条件

过载限制主要是指对飞机法向过载 n_z 的限制，一般用最大允许过载 n_{zmax} 和最小允许过载 n_{zmin} 来定义飞机法向过载的使用区域，在此 n_{zmax} 和 n_{zmin} 分别是指飞机机动飞行引起的正常使用过载的最大值和最小值。影响飞机过载使用区域的主要因素包括：

（1）飞机结构强度的限制。

（2）飞行员承受过载能力的限制。

（3）空中飞行时允许迎角 α_{max} 的限制。

（4）超声速飞行时，平尾/水平安定面最大配平角度的限制。

（5）飞机的外挂或载荷的影响。法向过载 $n_z = L/(mg)$，为保持最大升力 L_{max} 不变，要求飞机质量（载荷）越大，n_{zmax} 越小。

（6）飞行马赫数的影响。亚声速时 $n_{z\max}$ 相对较大；超声速时由于焦点后移，平尾配平力矩增大，导致 $n_{z\max}$ 减小；跨声速时由于受到激波引起的附加载荷影响，$n_{z\max}$ 最小。

同样，飞机的侧向过载 n_y 也受到飞机结构强度、飞行员生理承受能力等条件的限制，一般情况下飞机的允许侧向过载 $n_{y\max}$ 远小于允许法向过载 $n_{z\max}$。

3. 表速和马赫数限制条件

根据动压的定义，飞机的最大飞行表速 $V_{\mathrm{in.max}}$ 直接受到最大允许动压 $q_{\max}$ 的限制，影响因素主要包括飞机的结构强度限制、大动压下的飞机颤振问题、大动压下的侧向的稳定性问题以及副翼反效现象等。

飞机表速 V_{in} 过小时，一方面会导致飞机升力过小或为维持升力而引起飞机迎角超限而失速，另一方面会导致飞机侧向运动的自发振荡并影响发动机工作的稳定性。

飞机飞行马赫数 Ma 过大时，会使飞机航向失去稳定性导致侧滑角 β 过大，进而产生侧向过载超限，且过程发展迅速，如不能加以很好的控制，会导致飞机迎角 α 和法向过载 n_z 超限，飞机进入失速。除此之外，发动机的热强度限制也会限制飞机的最大飞行马赫数。

4. 侧滑角及其他参数限制条件

飞机的失速迎角 α_{cr} 很大程度上取决于飞机的侧滑角 β，飞机侧滑角 β 减小，失速迎角 α_{cr} 边界将扩大，进而也会使得飞机允许迎角 $\alpha_{\max}$ 增大，因此需要对飞机最大允许侧滑角 $\beta_{\max}$ 进行限制。需要说明的是，$\beta_{\max}$ 随飞行马赫数 Ma 的增大而减小。

飞机通常情况下对极限倾斜角 $\phi_{\max}$ 和极限倾斜角速度 $p_{\max}$ 也有限制。飞机在低高度飞行时，过大的倾斜角会导致飞机失去高度；高高度飞行时，倾斜角过大会导致飞机进入螺旋。如果飞机倾斜角速度 p 超过最大允许倾斜角速度 $p_{\max}$，会导致飞机纵向和侧向之间的惯性交感现象，产生不受控制的位移运动、很大的角速度和角加速度、很大的迎角和侧滑角以及过载信号的快速变化等。

5.7.2 迎角和过载限制方案

毫无疑问，对于上述飞机飞行参数的边界限制，必然会加重飞行员的工作负担。而且，操纵不当甚至会导致飞行事故。为了解决这一问题，在电传控制律设计中，一般都有能够自动进行飞机飞行参数边界限制的设计，以实现飞行员期望的"无忧操纵"，从而达到既可极大地发挥飞机机动性能，又可保证飞行员与飞机安全的目的。

电传操纵系统中飞行参数边界限制应用最为广泛且最为重要的是对飞机迎角 α 和法向过载 n_z 的限制,其实现方式通常有以下几种:一是设计专用的极限限制通道,在飞机达到或超过允许迎角 $\alpha_{\max}$ 或允许过载 $n_{z\max}$ 时限制飞行员的纵向操纵;二是针对指令梯度或反馈支路进行设计,确保飞行员正常操纵下飞行参数不会越界;三是设计自动防失速系统,在飞机迎角超限时自动推杆,使飞机低头减小迎角。在此主要介绍前面两种战斗机常用的边界控制方案。

1. 极限限制通道设计

为了实现对飞机迎角和过载的极限限制和极限告警,某些飞机的电传操纵系统中设计有极限限制通道,其工作原理如图 5-77 所示。

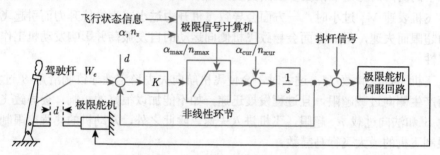

图 5-77　α/n_z 极限限制通道原理图

极限限制通道本质上是在极限限制舵机伺服回路前增加一个积分环节及负反馈构成的一个伺服控制回路,输入信号为 $W_e + d$,正常情况下的极限舵机输出杆随驾驶杆的运动而运动,且与驾驶杆之间保持一个常值间隙 d。下面以迎角的极限限制为例,分析极限限制通道的工作原理。

在迎角限制通路中,极限信号计算机根据当前飞机飞行状态计算出飞机允许的最大迎角 $\alpha_{\max}$,限制伺服控制回路中非线性环节输出的最大值,同时在积分器之前引入当前迎角信号 α_{cur},此时:

(1)当 $\alpha_{\mathrm{cur}} < \alpha_{\max}$ 时,积分器输入信号可以正常变化,极限舵机输出杆可以与驾驶杆随动;

(2)当 $\alpha_{\mathrm{cur}} = \alpha_{\max}$ 时,若飞行员拉杆,则由于非线性环节的限幅作用,积分器输入信号为零,极限舵机输出杆停止运动,飞行员拉杆克服间隙 d 后将顶杆,限制飞行员的操纵,从而限制迎角的进一步增大;

(3)当 $\alpha_{\mathrm{cur}} > \alpha_{\max}$ 时,由于非线性环节的限幅作用,积分器输入信号必定小于零,极限舵机输出杆向前主动顶杆,减小飞行员的拉杆量,从而减小飞机的迎角。

极限限制通道中过载限制原理与迎角限制原理相同,若要实现迎角和过载的同步限制，可以分别设置两个并联的迎角和过载限制前向通路，并在积分器之前设置一个最小值环节进行综合后再送入积分器。采用这种极限限制方式，还可以对飞机纵向运动中如大马赫数飞行时最大平尾偏转角等信号进行限制。

为了实现极限的告警功能，在极限限制通道中极限舵机伺服控制回路之前引入低频小幅振荡信号，使极限舵机输出杆抖动。当信号超限引起极限舵机输出杆顶驾驶杆时，带动驾驶杆抖动，从而告诉飞行员当前处于极限限制状态。

2. 迎角/过载限制器设计

考虑到飞机的迎角 α 和法向过载 n_z 存在如式 (5-62) 所示的近似静态比例关系。飞机在低速飞行时，飞机升力 L 对飞行迎角 α 敏感，为了维持足够的升力 L，需要较大的迎角 α，而此时对应的法向过载 n_z 则较小。飞机在高速飞行时则相反，维持升力所需的迎角 α 较小，但此时法向过载 n_z 较大。因此，飞机的迎角和过载限制的条件是不同的，图 5-78 为飞机迎角/法向过载限制边界。

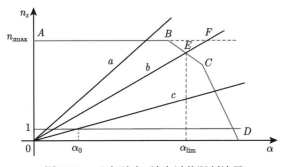

图 5-78　飞机迎角/法向过载限制边界

图 5-78中折线 $ABCD$ 为迎角和法向过载的共同边界，AB 为 n_z 限制边界，BCD 为 α 限制边界。线段 a、b、c 的斜率为不同动压下对应的纵向过载灵敏度 (n_z/α)，这些线段与 $n_z = 1$ 的水平线交点就是配平迎角 α_0，与 BCD 段交点即此动压下迎角限制边界值 $\alpha_{\max}$。

由上述分析可知，由于飞机法向过载和迎角之间存在静态关系，必将导致迎角/过载限制器的设计与被限制参数之间的关系十分密切，下面分别介绍法向过载限制器设计和迎角限制器设计方法。

1）法向过载限制器设计

由如图 5-78 所示的飞机迎角/法向过载限制边界可知，法向过载限制值在一定外挂/载荷条件下往往是一个固定值，一般可通过电传控制系统控制律中的指令支路设计来实现，而指令支路中包括指令梯度/指令成形和指令模型两部分。在俯仰控制通道中，指令梯度/指令成形的作用是将飞行员的俯仰操纵信号（杆位移

W_e）转换为被控制参数，如法向过载 n_z、迎角 α 或俯仰角速度 q 等。

在指令法向过载的比例积分式电传控制律设计中，通过指令梯度/指令成形的设计，驾驶杆的纵向位移 W_e 与法向过载 n_z 可以是线性的，也可以是非线性的（图 5-53(b)）。指令梯度/指令成形的设计，应保证在驾驶杆最大位移处获得规定的最大法向过载 $n_{z\max}$（或 $n_{z\min}$），从而一方面避免了飞行员讨厌的驾驶杆操纵"空行程"问题，另一方面可以有效限制飞机的法向过载的大小。

指令梯度/指令成形是电传操纵系统控制律设计的基本参数之一，它表明了飞行员的操纵输入与飞机运动响应（被控制参数）之间的关系。在实际系统实现中，通常还在指令模型（响应模型）之后再设置一个限幅器（图 5-79），可更加有效地限制飞机的法向过载。

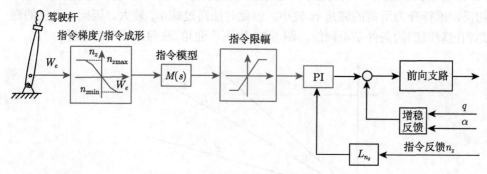

图 5-79　法向过载限制器结构图

2）迎角限制器设计

相较于法向过载限制器，飞机的迎角限制器设计相对比较复杂，图 5-78 所示的迎角和过载边界也说明了这个问题。迎角限制的边界值 $\alpha_{\lim}$ 通常包括三部分，其表达式为

$$\alpha_{\lim} = \alpha_0 + k_\alpha \Delta\alpha + k_{\ddot\theta}\ddot\theta \tag{5-162}$$

式中，α_0 为配平迎角；$\Delta\alpha$ 为柔和操纵或平飞加减速时的迎角增量；$k_{\ddot\theta}\ddot\theta$ 为操纵时的动态特性影响（限制迎角的增加趋势），同时还应当按照飞行状态进行调节。

电传操纵系统工作在迎角限制状态时，要求驾驶杆操纵位移不能存在"空行程"，而且要求迎角响应迅速、无超调，过载限制与迎角限制之间的转换平滑无振荡。迎角限制器通常有硬限制和软限制两种形式，硬限制如图 5-80(a) 所示，是一种驾驶杆纵向位移存在"空行程"的迎角限制器；软限制如图 5-80(b) 所示，是通过迎角梯度分段设计方法消除"空行程"的一种迎角限制器。

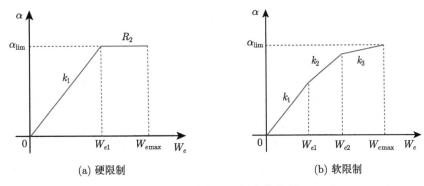

图 5-80　迎角硬限制和软限制

在迎角限制器具体设计中，通常可以采取根据当前迎角大小，自动调节指令支路的指令梯度（随迎角增大而减小）或反馈通路迎角反馈增益（随迎角增大而增大）的方法来实现。典型的迎角限制器结构如图 5-81 所示。

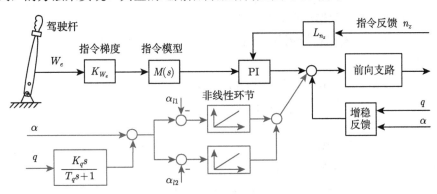

图 5-81　典型的迎角限制器结构

图 5-81 所示的迎角限制器中，引入了附加的迎角 α 与俯仰角加速度 $\dot{q}$ 综合反馈来调节迎角反馈增益，分段实现迎角限制功能。当飞机迎角 $\alpha \leqslant \alpha_{l1}$ 时，由于非线性环节的作用，附加迎角反馈不起作用，对迎角没有限制作用；当 $\alpha_{l1} < \alpha < \alpha_{l2}$ 时，迎角限制器上面一路反馈起作用，相当于增大了迎角反馈增益，从而降低了迎角指令梯度；当 $\alpha \geqslant \alpha_{l2}$ 时，迎角限制器两路反馈均起作用，迎角反馈增益进一步增大，迎角指令梯度进一步降低，从而实现了对迎角的限制。

在采用比例积分式电传控制律的电传操纵系统中，采用指令迎角模态时，通常还会在指令梯度/指令成形环节设计如图 5-53(c) 所示的非线性环节，确保在驾驶杆俯仰操纵到极限位置时，刚好取得 $\alpha_{\max}$ 或 $\alpha_{\min}$ 值，对指令迎角的极限值进行限制。在指令过载或指令角速度模态时，迎角限制器工作时，将会影响原有的指令过载或指令角速度模态，转入一种综合控制方式。

思　考　题

1. 飞机的操纵元件有哪些？主要作用是什么？

2. 什么是舵面的铰链力矩？影响舵面铰链力矩的因素有哪些？

3. 对比说明飞机比例式、积分式和均衡反馈式舵回路的特点，并说明舵回路的设计要求。

4. 电传操纵系统控制律结构图中可以分为哪三种支路？作用分别是什么？

5. 飞机俯仰阻尼器控制律是什么？它是如何改善短周期运动阻尼的？俯仰阻尼器设计时需要注意哪些问题？

6. 什么是清洗网络？偏航阻尼控制律中引入清洗网络的作用是什么？

7. 写出飞机俯仰增稳控制律表达式，绘制俯仰增稳控制律的结构图，分析俯仰增稳控制律改善飞机短周期运动阻尼和自然振荡频率的原理。

8. 航向增稳控制律为 $\delta_r = -K_\beta K_\delta \beta + K_r K_\delta r + G(s)K_\delta W_r$，分析航向增稳控制律是如何改善荷兰滚运动阻尼和自然振荡频率的。

9. 写出飞机侧向增稳控制的控制律表达式，绘制控制系统结构图，分析侧向增稳控制的作用。

10. 分析电传操纵系统中抑制扰动的措施。

11. 什么是变增益控制？电传控制律纵向通道的指令支路中变增益控制的基本规律是什么？

12. 什么是指令模型？分别分析非线性指令模型和滞后网络模型是如何平衡大机动和小机动飞行时杆力灵敏度要求的？

13. 什么是杆力配平？比例式电传控制律是如何实现杆力配平的？

14. 什么是比例积分式电传控制律？以纵向通道为例绘制比例积分电传操纵系统的结构图，并说明它是如何实现对指令参数无差控制的。

15. 分析不同飞行阶段与指令飞行参数的关系。

16. 以指令过载为例，说明比例积分式电传中，是如何设计指令支路控制律的。

17. 什么是中性速度稳定？比例积分式电传控制律是如何实现中性速度稳定的？

18. 什么是放宽静稳定性？采用放宽静稳定性设计是如何改善飞机机动性的？

19. 直接力控制的特点是什么？直接升力控制和直接侧力控制有哪几种控制方式？分别是如何实现的？

20. 什么是机动载荷控制？大型飞机和小型飞机通常是如何实现机动载荷控制的？

21. 分别写出典型的前缘机动襟翼控制律和后缘机动襟翼控制律。

22. 什么是阵风载荷减缓控制？写出典型阵风载荷减缓控制律，并分析阵风载荷减缓控制律的作用。

23. 什么是颤振模态抑制？常用的颤振模态抑制的方法有哪些？

24. 影响飞机迎角和过载限制值的因素有哪些？

25. 绘制极限限制通道原理结构图，分析实现迎角和过载限制的原理。

26. 绘制出迎角软限制系统结构图，分析实现迎角软限制的原理。

第 6 章 飞机自动飞行控制系统

近百年来，人就相当于最灵巧、最全面、最具适应能力的飞行控制器，在各种情况下以很高的安全性驾驶着各种类型的飞机。但是，飞行员的能力也是有限的，如有限的反应速度、长期连续负载情况下的精神负担能力和疲劳，以及有限的测量飞机运动参数的能力等。特别是随着飞机性能和飞行任务复杂程度的提高，在很多情况下仅靠飞行员很难完成既定任务，因此在一些飞行阶段或一些飞行任务过程中，由自动飞行控制系统来完成飞行员难以完成的飞行动作或任务是非常必要的。

6.1 基 本 概 念

6.1.1 主要功能

自动飞行控制系统，顾名思义，就是自动控制飞机实现空间运动的物理系统。早期的自动飞行控制系统就是指自动驾驶仪，功能比较单一，主要是实现飞机三轴姿态角以及高度、速度的稳定与控制。现代自动飞行控制系统日趋复杂，所实现的功能也越来越丰富，涵盖了飞机姿态和轨迹的自动稳定与控制两大部分，具体可以通过如图 6-1 所示的飞行控制系统任务层级进行说明。

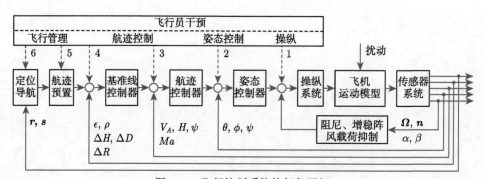

图 6-1 飞行控制系统的任务层级

如图 6-1 所示，现代飞行控制系统根据所实现功能的复杂度和相互关系，采用一种嵌套式的层级控制结构，由内而外，一般可以划分为六个任务层级，其中任务层级 1 属于电传控制系统部分，任务层级 2~6 均属于自动飞行控制系统的功能范畴，具体如下。

1. 任务层级 1

任务：提高飞机运动和阵风减缓的固有阻尼。

被控量：转动角速度（p、q、r）和加速度信号或过载信号（n_x、n_y、n_z）。

飞行员干预：通过主操纵元件输入控制信号，在控制增稳控制器辅助下手动操纵飞行。

2. 任务层级 2

任务：稳定空气动力状态和飞行姿态（简单的自动驾驶仪）。

被控量：迎角和侧滑角（α、β）、姿态角（θ、ϕ、ψ）。

飞行员干预：通过主操纵元件（输入控制）或者通过控制器操作设备（自动驾驶仪）。

3. 任务层级 3

任务：用常规机载自主手段稳定飞行航迹（简单的自动驾驶仪）。

被控量：飞行航迹参数，即空速 V_A 或马赫数 Ma、高度 H 和航向角 ψ。

飞行员干预：通过控制器操作设备。

4. 任务层级 4

任务：控制空速和高度的同时控制对地的飞行航迹（自动导航）。

被控量：飞行航迹角（χ、γ）、测向角（ϵ、ρ）和相对于基准线的偏差信号（ΔD、ΔH、ΔR）。

飞行员干预：通过控制器操作设备和导航操作设备。

5. 任务层级 5

任务：按地点和时间定义的可飞行航迹（自动导航）。

被控量：航路点、基准线、飞行高度。

飞行员干预：导航设备。

6. 任务层级 6

任务：按飞行任务及战场环境制订飞行航线计划。

被控量：飞行过程。

飞行员干预：飞行管理计算机、地面/空中指挥引导站。

6.1.2 系统组成

自动飞行控制系统与其他自动控制系统一样,也是由控制装置和被控对象(飞机)组成的,控制装置又可由测量元件/系统、控制器和执行元件组成。自动飞行控制系统的组成可以通过如图 6-2 所示的典型现代飞机飞行控制系统结构图加以说明。

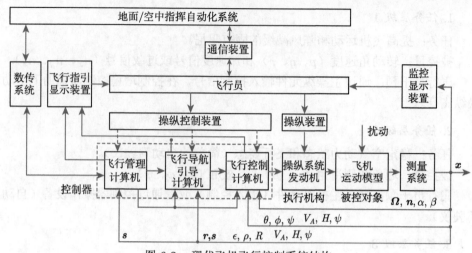

图 6-2   现代飞机飞行控制系统结构

1. 被控对象

一般意义上自动飞行控制系统的被控对象应该是本体飞机，但由于电传控制系统采用了阻尼反馈、增稳反馈以及控制增稳等措施对飞机本体性能进行了改善，因此从实际控制来讲，自动飞行控制系统控制的是经过电传控制系统改善后的等效飞机，其飞行品质满足相关规范要求。电传控制系统与本体飞机也构成了自动飞行控制系统的内回路。

2. 测量系统

测量系统是飞行控制系统的传感器，用于测量飞机的各种运动参数，通常是某个机载分系统如惯性导航系统、大气数据系统、微波着陆系统、数传系统等。不同的测量系统与自动飞行控制系统交联，可以实现不同的自动控制功能。例如，自动飞行控制系统与测量飞机三轴姿态角的惯性导航系统进行交联，可以实现飞机姿态角的稳定与控制，构成稳定回路；自动飞行控制系统与测量飞机质心位置的系统（如导航系统、数传引导系统）进行交联，可以实现飞机飞行轨迹的保持与控制，构成自动飞行控制系统的控制回路/制导回路。

3. 控制器

控制器也就是自动飞行控制计算机（flight control computer，FCC），主要用于将测量系统的输出信号、飞机当前状态信号以及基准状态信号等进行综合，处理为符合控制规律要求的控制信号。现代自动飞行控制器通常包括姿态控制器（飞行控制计算机）、轨迹控制器（导航引导计算机）和飞行任务管理器（飞行管理计算机），分别用于构成自动飞行控制系统的稳定回路、制导回路和任务回路。

现代飞机的机载自动飞行控制计算机有两种形式,一种是独立的机载设备,另一种是与电传计算机融合构成统一的飞行控制计算机。

4. 执行机构

执行机构根据控制器的输出信号,驱动飞机舵面偏转。三代以上战斗机采用电传控制系统控制/驱动飞机舵面偏转,因此电传控制系统就是自动飞行控制系统的执行机构。

6.1.3 基本参数要求

1. 姿态角自动控制系统的精度及瞬态响应

1)精度

滚转角在 ±60° 范围内,精度不低于 ±1.0°;俯仰角在 ±15° 范围内,精度不低于 ±0.5°;飞机进入自动控制后,滚转角小于 7° 时,航向角的精度不低于 ±0.5°。

2)瞬态响应

三个姿态角瞬态响应均要求平滑、迅速。对于俯仰角,人工强迫操纵自动飞行控制系统使 $|\theta|$ 变化 5° 后,返回初始状态的超调量不超过 1°;对于航向角,人工强迫操纵自动飞行控制系统使 $|\psi|$ 变化 5°,然后返回初始航向的超调量不超过 1°。

应允许在 360° 范围内选择航向。在改变航向的转弯过程中应建立滚转角,保证要求的转弯角速度并防止失速。在进入转弯和退出转弯过程中,滚转角的超调量不大于 1.5°。

3)转弯、滚转及侧滑角等方面的要求

自动飞行控制系统保证飞机自动协调转弯的过程中,稳态滚转角为 60° 时,失调的侧滑角应不大于 2°,侧向过载应不超过 0.03g。

在定高飞行状态下飞机以 60(°)/s 的滚转角速度从 $\phi = 60°$ 滚转至 $\phi = -60°$ 时,自动飞行控制系统应使侧向过载不超过 0.1g。滚转角速度大于 60(°)/s 时,侧向过载应不超过 0.2g。

侧滑角应不大于产生侧向过载为 0.02g 时的侧滑角,最大不超过 1°。

2. 轨迹自动控制系统的精度与瞬态响应要求

保持高度的精度随飞机高度及滚转角而异。根据有关资料,在 9100m 以下相对误差为 9m;在 9100 ~ 16700m,相对误差为 0.1%;在 16700 ~ 24400m,当 $\phi = 0°$ 时,相对误差由 0.1% 线性变化到 0.2%,当 $\phi = 0° \sim 30°$ 时,误差为 27m 及 0.4% 两值中的最大值。

保持马赫数的精度为 0.05Ma。

除动态及静态性能，还要求安全可靠，使用维护方便，能适应环境。

以上各种要求均因被控飞机的用途而异。例如，对民航客机主要要求平稳、舒适，滚转角和转弯调整时间可以长些，对歼击机要求迅速跟踪敌机，调整时间要短，无法提出统一的调整时间要求。

6.2　飞机姿态角的稳定与控制

飞机姿态角的稳定与控制是自动飞行控制系统的基本工作方式，也是实现飞机轨迹控制的基础。采用电传控制系统的飞机对飞机的稳定性、操纵性和机动性等各方面都进行了有效改善，使得等效飞机的闭环极点与本体飞机有着明显的差异，进而使得飞机在自动飞行控制系统控制下具有良好的稳定性、响应特性和控制精度。

飞机的姿态角的稳定与控制包括飞机俯仰角 θ、倾斜角 ϕ 和航向角 ψ 的稳定与控制。由于飞机侧向通道的交联耦合关系，飞机不能同时保持飞机倾斜角和航向角的稳定，因此战斗机一般规定当 $|\phi| \leqslant 7°$ 时，稳定飞机航向角 ψ，当 $|\phi| > 7°$ 时，稳定飞机的倾斜角 ϕ。同时对姿态角的稳定范围也有规定，通常俯仰角 θ 稳定范围为 $-40° \sim 40°$，倾斜角 ϕ 的稳定范围为 $-60° \sim 60°$，航向角 ψ 的稳定范围为 $-180° \sim 180°$。

6.2.1　俯仰角稳定与控制

1. 基本控制原理

1）比例式控制律

图 6-3 (a) 为俯仰角稳定与控制系统原理结构图。自动飞行控制系统通过机载垂直陀螺仪或惯性导航系统，测量飞机的俯仰角 θ（同时也测量倾斜角 ϕ 和航向角 ψ）形成反馈，与控制信号综合后送入电传控制系统控制舵面偏转，实现对飞机俯仰角的稳定与控制。综合考虑电传控制系统对飞机特性的改善以及舵回路对控制信号的滤波作用，可以得到等效原理结构如图 6-3(b) 所示。

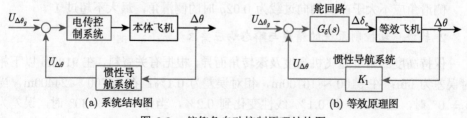

图 6-3　俯仰角自动控制原理结构图

忽略舵回路惯性，则有 $G_\delta(s) = K_\delta$，此时俯仰角控制的控制律可以表示为

$$\Delta\delta_e = K_\delta(U_{\Delta\theta} - U_{\Delta\theta_g}) = K_\delta K_1 \Delta\theta - K_\delta U_{\Delta\theta_g} = L_\theta(\Delta\theta - \Delta\theta_g) \tag{6-1}$$

式中，$\Delta\theta_g = U_{\Delta\theta_g}/K_1$；$L_\theta = K_\delta K_1$。

假设飞机处于等速水平直线飞行状态，受干扰影响，出现俯仰角偏差 $\Delta\theta = \theta - \theta_0 > 0$，$\theta_0$ 为平衡状态初始俯仰角，不妨假设 $\theta_0 = 0$。惯性导航系统测出偏差，输出与俯仰角偏差成比例的电压信号 $U_{\Delta\theta} = K_1\Delta\theta$。若外加控制信号 $U_{\Delta\theta_g} = 0$，则在控制律作用下，两者的偏差信号经舵回路后的控制量为 $\Delta\delta_e = L_\theta\Delta\theta > 0$，驱动平尾/升降舵下偏，产生下俯力矩使飞机俯仰角 θ 逐渐减小并最终返回初始俯仰角 θ_0，实现俯仰角稳定。

若有外加控制信号 $U_{\Delta\theta_g} > 0$，等同于给定俯仰角为 $\Delta\theta_g = U_{\Delta\theta_g}/K_1 > 0$，在式 (6-1) 控制律作用下产生 $\Delta\delta_e = -L_\theta\Delta\theta_g < 0$，驱动平尾/升降舵上偏，产生一个上仰力矩使得飞机俯仰角 θ 逐渐增大，直至最终 $\Delta\theta = \Delta\theta_g$，从而实现飞机俯仰角的控制。飞机俯仰角稳定与控制过程曲线如图 6-4 所示。

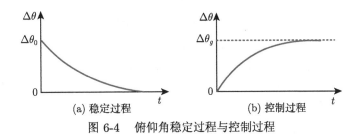

图 6-4　俯仰角稳定过程与控制过程

2）一阶微分信号的作用

式 (6-1) 所示的控制律是通过引入 $\theta \to \delta_e$ 反馈实现俯仰角稳定与控制的，该反馈可以改善飞机沉浮运动的阻尼，同时可以增大短周期运动的固有振荡频率，但会降低短周期运动的阻尼（参见 5.3.3 节）。为此，需要对式 (6-1) 所示控制律进行改进，引入俯仰角速度 $q \to \delta_e$ 反馈，补偿 $\theta \to \delta_e$ 反馈的不利影响，相应的俯仰角自动控制律为

$$\delta_e = L_\theta(\Delta\theta - \Delta\theta_g) + L_{\dot\theta}\Delta\dot\theta \tag{6-2}$$

式 (6-2) 是一种典型的比例微分（PD）控制律，$L_{\dot\theta}\Delta\dot\theta$ 用于改善俯仰角控制的阻尼特性，其作用可以通过图 6-5 加以说明。

图 6-5(a) 为控制调节过程中俯仰角偏差 $\Delta\theta$ 和俯仰角速度偏差 $\Delta\dot\theta$ 曲线，由控制律公式 (6-2) 可得如图 6-5(b) 所示的对应舵偏角 $\Delta\delta_{e1}$、$\Delta\delta_{e2}$ 及 $\Delta\delta_e$ 曲线。由图可知，在 $\Delta\theta$ 由正值减小的过程中，$\Delta\dot\theta$ 为负值，所产生的舵偏角 $\Delta\delta_{e2}$ 也是负值，因而 $\Delta\theta$ 在仍为正值的 t_1 时刻，平尾/升降舵就已提前回到基准位置，即

$\Delta\delta_e = 0$；而当 $\Delta\theta = 0$ 的 t_2 时刻，$\Delta\delta_e < 0$ 为负值，将产生抬头力矩，阻止飞机俯冲，这就是人工阻尼。在自动飞行控制系统中，俯仰角速度信号由俯仰角速度陀螺测量给出，是 $\Delta\theta$ 的微分信号，使舵偏角相位超前于位置信号 $\Delta\theta$。因而 $\Delta\dot\theta$ 反馈的作用也称为"提前反舵"，反映了飞行控制系统中引入俯仰角速度信号的物理本质。

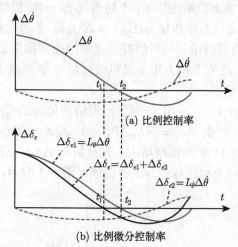

(a) 比例控制率

(b) 比例微分控制率

图 6-5　俯仰角稳定过程中 $\Delta\theta$、$\Delta\dot\theta$ 和 $\Delta\delta_e$ 曲线

2. 俯仰角稳定与控制过程分析

1）俯仰角稳定过程分析

设飞机做等速水平直线飞行，航迹俯仰角 $\gamma_0 = 0$，配平迎角为 $\alpha_0 > 0$，且有 $\alpha_0 = \theta_0$，俯仰角稳定控制律为式 (6-2) 所示 PD 控制律。

不妨假设 $\Delta\theta_g = 0$。飞机受扰后出现俯仰角初始偏差 $\Delta\theta_0 > 0$，在控制律作用下，产生舵偏角增量 $\Delta\delta_e > 0$，平尾/升降舵下偏，产生低头力矩 $M_{\delta_e}^A\delta_e$（其中 $M_{\delta_e}^A = I_y M_{\delta_e}$），使得飞机绕 Oy_b 轴反向转动，此时有 $q = \dot\theta < 0$，将产生一个纵向阻尼力矩 $M_q^A q$（其中 $M_q^A = I_y M_q$），阻碍飞机的低头运动，但开始时由于操纵力矩 $M_{\delta_e}^A\delta_e$ 大于阻尼力矩 $M_q^A q$，$\Delta\theta$ 将逐渐减小，但随着 $\Delta\theta$ 的减小，控制力矩减小，阻尼力矩也将减小，最终趋于稳态时纵向力矩平衡，有 $\Delta\theta = 0$，$q = 0$。

最初阶段飞机法向各力处于平衡状态，当飞机纵轴 Ox_b 向下转动时，空速 V_A 来不及转动，迎角 α 减小，产生迎角负增量 $\Delta\alpha = \alpha - \alpha_0 < 0$。随着飞机 Ox_b 轴向下转动，迎角负向增大，升力减小，等同于产生了一个垂直向下的力 $Z_\alpha^A\Delta\alpha$（其中 $Z_\alpha^A = mV_0 Z_\alpha$），使空速向下转动。随着俯仰角偏差 $\Delta\theta$ 的逐渐减小，控制力矩 $M_{\delta_e}^A\delta_e$ 减小，迎角负向增长变慢，到达某个临界值后，飞机纵轴 Ox_b 与空速 V_A 转动的速度相同，负迎角值不再增加。此后空速转动速度超过飞机纵轴，迎角

负值变小。直到趋于稳态时，保持法向力平衡，$\Delta\alpha = 0$。

前面已介绍了信号 $L_{\dot\theta}\dot\theta$ 的作用，这里不再赘述。俯仰角稳定过程曲线如图 6-6 (a) 所示。

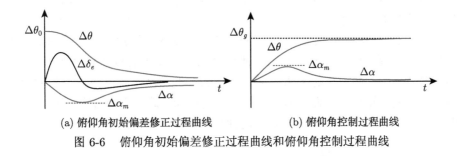

(a) 俯仰角初始偏差修正过程曲线　　　　　　　(b) 俯仰角控制过程曲线

图 6-6　俯仰角初始偏差修正过程曲线和俯仰角控制过程曲线

2）俯仰角控制过程分析

用类似的方法可分析俯仰角的控制过程，过渡过程曲线如图 6-6 (b) 所示。

控制俯仰角过程的快慢可以由最大迎角增量 $\Delta\alpha_m$ 体现。在 $\Delta\theta_g$ 相同的情况下，$\Delta\alpha_m$ 值越大，表明 $\Delta\theta$ 响应的过渡过程越快。根据第 3 章飞机纵向信号流图，可以得到飞机迎角增量 $\Delta\alpha$ 与飞机法向过载增量 Δn_z 的关系如下：

$$\Delta n_z \approx -\frac{V_0}{g}Z_\alpha\Delta\alpha \tag{6-3}$$

$\Delta\alpha_m$ 越大，过载增量 Δn_z 也越大，可能会超出最大允许过载 $n_{z\max}$；但若 $\Delta\alpha_m$ 过小，俯仰角控制过渡过程会比较长。为了综合两者的需求，需要合理选择增益 L_θ，同时对 $L_\theta(\Delta\theta - \Delta\theta_g)$ 进行限幅，此时在不考虑舵回路惯性条件下的控制系统结构如图 6-7 所示，ζ_s' 和 ω_{ns}' 分别为等效飞机短周期运动的阻尼比与固有振荡频率。

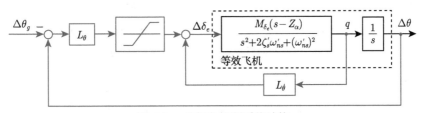

图 6-7　俯仰角控制系统结构

3. 扰动对俯仰角稳定性的影响

飞机在飞行过程中受到各种扰动的影响，下面对不同扰动作用下俯仰角稳定控制的影响进行分析。

1）初始迎角扰动的影响

假设飞机做等速直线平飞，初始迎角 α_0，初始俯仰角 $\theta_0 = \alpha_0$。受扰动影响，飞机产生一个迎角增量 $\Delta\alpha_0 > 0$，在俯仰角稳定控制律作用下，飞机迎角增量 $\Delta\alpha$ 和俯仰角偏差 $\Delta\theta$ 的修正过程如图 6-8 所示。由于初始迎角增量为正，将产生一个附加升力 $Z_\alpha^A \Delta\alpha$，拉动空速 V_A 上偏，同时静稳定力矩 $M_\alpha^A \Delta\alpha$（其中 $M_\alpha^A = I_y M_\alpha$）使得飞机纵轴 Ox_b 下偏，两种运动均使迎角减小。静稳定力矩使得飞机俯仰角减小时，控制律作用下使得平尾或升降舵上偏 $\Delta\delta_e < 0$，产生上仰力矩 $M_{\delta_e}^A \Delta\delta_e$。上仰力矩随下俯角增大而增大，迎角产生的下俯力矩随迎角的减小而减小。两力矩达到平衡，俯仰角不再负向增加。此后上仰力矩大于下俯力矩，俯仰角速度由负变正，趋于稳态时，俯仰角与迎角增量都逐渐回零。

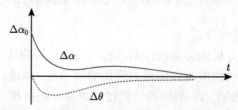

图 6-8　迎角扰动下俯仰角稳定过渡过程曲线

2）垂直阶跃风的影响

假设飞机等速平飞，进入垂直风场，这时相当于对飞机作用一个垂直阶跃风影响，在俯仰角自动稳定控制律作用下，飞机纵向运动过渡过程如图 6-9 所示。

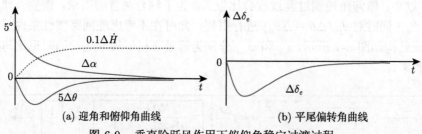

(a) 迎角和俯仰角曲线　　　　　　　　(b) 平尾偏转角曲线

图 6-9　垂直阶跃风作用下俯仰角稳定过渡过程

垂直阶跃风引起的动态响应与初始迎角偏差 $\Delta\alpha_0$ 引起的响应十分相似。飞机进入风速为 $V_W = w_W$ 的垂直向上风场（$w_W < 0$）瞬间，如图 6-10 (b) 所示，俯仰角保持不变，迎角瞬间增加，迎角增量为

$$\Delta\alpha_0 = -\alpha_W = -\arctan\frac{w_W}{V_A} \tag{6-4}$$

此时，地速 V_K 来不及变化（$\gamma = 0$），空速 V_A 下偏 $-\alpha_W$ 角度。在控制律、

静稳定力矩 $M_\alpha^A \Delta\alpha$ 和升力增量 $Z_\alpha^A \Delta\alpha$ 共同作用下，飞机俯仰角和迎角产生与初始迎角偏差 $\Delta\alpha_0$ 类似的调节过程。过渡过程趋于稳态时，如图 6-10 (c) 所示，有 $\theta_{ss} = \theta_0$，$\alpha_{ss} = \alpha_0$，由于垂直风仍始终存在，即 $\alpha_W \neq 0$，故有

$$\gamma_{ss} = \theta_{ss} - (\alpha_{ss} + \alpha_W) = -\alpha_W > 0 \tag{6-5}$$

飞机将以恒定爬升角 γ_{ss} 做等速爬升运动，垂直爬升速度 V_Z 的表达式如式 (6-6) 所示。这表明，飞机仅依靠俯仰角稳定控制是无法保持飞行高度的。

$$V_Z = \Delta\dot{H} = V_A \tan\gamma_{ss} = -w_W \tag{6-6}$$

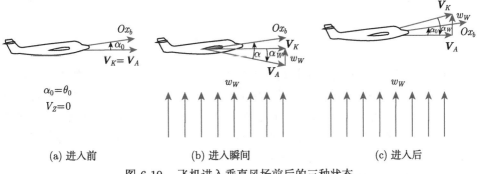

|(a) 进入前|(b) 进入瞬间|(c) 进入后|

图 6-10　飞机进入垂直风场前后的三种状态

3）常值干扰力矩的影响

飞机在飞行过程中，除了受到风的影响，还受来自飞机自身的干扰，如燃料消耗与流动、起落架的收放、作战时投掷炸弹和副油箱以及发动机推力不通过质心等，这些都会产生附加的干扰力矩，破坏飞机纵向力和力矩的平衡。因此，在飞机自动控制系统设计时，有必要事先估计出这些干扰，分析它们对系统造成的影响。

（1）过渡过程及稳态误差分析。

同样假设飞机做等速直线平飞，$\theta_0 = \alpha_0$，$\gamma_0 = 0$，俯仰角自动稳定采用如式 (6-2) 所示控制律。飞机受到常值干扰力矩 $M_f > 0$ 的影响时，飞机纵向运动过渡过程如图 6-11 所示。

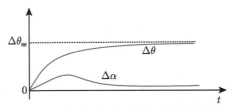

图 6-11　常值干扰力矩作用下的过渡过程

飞机因受到 $M_f > 0$ 的干扰力矩而抬头，俯仰角增大 $\Delta\theta > 0$，在控制律作用下使平尾/升降舵下偏 $\Delta\delta_e > 0$，产生俯仰恢复力矩 $M_{\delta_e}^A \Delta\delta_e < 0$ 以平衡 M_f。过渡过程结束后，为保持纵向力矩平衡，$\Delta\delta_e$ 将不再回零，存在固定的稳态偏角 $\Delta\delta_{\mathrm{ess}}$，使得

$$I_y M_{\delta_e} \Delta\delta_{\mathrm{ess}} + M_f = 0 \tag{6-7}$$

考虑到稳态时 $\Delta\dot{\theta} = 0$，因此有

$$\Delta\delta_{\mathrm{ess}} = L_\theta \Delta\theta_{\mathrm{ss}} \tag{6-8}$$

代入式 (6-7) 可得俯仰角稳态误差 $\Delta\theta_{\mathrm{ss}}$ 为

$$\Delta\theta_{\mathrm{ss}} = -\frac{M_f}{I_y M_{\delta_e} L_\theta} \tag{6-9}$$

式 (6-9) 表明，采用 PD 控制律的俯仰角控制系统，在常值干扰力矩作用下的稳态误差 $\Delta\theta_{\mathrm{ss}} \neq 0$，增大 L_θ 可以减小但不能消除 $\Delta\theta_{\mathrm{ss}}$，同时还必须兼顾系统的动态性能，$L_\theta$ 也不宜过大。对于迎角响应，过渡过程中俯仰角变化 $\Delta\theta$，必然会引起迎角变化 $\Delta\alpha$，而趋于稳态时，为保持飞机法向力平衡，飞机迎角必然会回到初始配平迎角 α_0，即 $\Delta\alpha_{\mathrm{ss}} = 0$。

（2）干扰力矩的成因及影响。

飞机的纵向运动中，干扰力矩来源主要有两种，分别是由飞机质心变化和飞机质量变化引起的。

①飞机质心变化的影响。

飞机在起飞/着陆过程中起落架的收放、燃油在油箱中的流动等都会引起飞机质心的变化。假设飞机质心移动距离为 $\Delta X_{\mathrm{c.g.}}$，可以表示为

$$\Delta X_{\mathrm{c.g.}} = \Delta\overline{X}_{\mathrm{c.g.}} c_A \tag{6-10}$$

式中，$\Delta\overline{X}_{\mathrm{c.g.}}$ 为相对于平均几何弦长 c_A 的质心移动距离，后移为正。可得产生的干扰力矩为

$$M_f = G\cos\theta_0 \Delta\overline{X}_{\mathrm{c.g.}} c_A \tag{6-11}$$

将式 (6-11) 代入式 (6-9) 可得质心变化产生的稳态误差为

$$\Delta\theta_{\mathrm{ss}} = -\frac{G\cos\theta_0 \Delta\overline{X}_{\mathrm{c.g.}} c_A}{I_y M_{\delta_e} L_\theta} \tag{6-12}$$

飞机稳定平飞时有 $G = L = \frac{1}{2}\rho V_0^2 S_w C_L$，并假设 $\theta \approx 0$，最后将式 (3-95) 代入式 (6-12)，可得

$$\Delta\theta_{\text{ss}} = -\frac{C_L \Delta\overline{X}_{\text{c.g.}}}{C_{m_{\delta_e}} L_\theta} \tag{6-13}$$

由于 $C_{m_{\delta_e}} < 0$，$C_L > 0$，质心前移时 $\Delta\overline{X}_{\text{c.g.}} < 0$，故有 $\Delta\theta_{\text{ss}} < 0$，飞机低头。

②飞机质量变化的影响。

飞机投掷炸弹、航空武器以及燃油消耗等，会引起飞机质量减小，而质心基本保持不变，也会产生干扰力矩。假设飞机质量减小，即重力增量 $\Delta G < 0$，则升力将大于重力，飞机速度 $\boldsymbol{V}_A$ 将上偏，飞行轨迹向上弯曲，即 γ 增大，考虑到 $\theta = \alpha + \gamma$，迎角 α 将减小，产生负的升力增量 $\Delta L < 0$，从而最终使升力和重力重新达到平衡，稳态时有

$$\Delta G = \Delta L = \frac{1}{2}\rho V_0^2 S_w C_{L_\alpha}\Delta\alpha_{\text{ss}} \tag{6-14}$$

设 $\Delta X_{\text{a.g.}} = X_{\text{a.c.}} - X_{\text{c.g.}}$ 为气动焦点到质心的距离，则飞机质量变化产生的干扰力矩 M_f 可以表示为

$$M_f = -\Delta G \Delta X_{\text{a.g.}} > 0 \tag{6-15}$$

飞机受干扰力矩 $M_f > 0$ 的作用，打破了原纵向力矩平衡，飞机上仰，俯仰角增大 $\Delta\theta > 0$，在控制律作用下平尾/升降舵下偏 $\Delta\delta_e > 0$，产生附加控制力矩 $M_{\delta_e}^A \Delta\delta_e$，使纵向力矩重新建立平衡，稳态时有

$$I_y M_{\delta_e}\Delta\delta_{\text{ess}} + M_f = 0 \tag{6-16}$$

由此可得到稳态时飞机俯仰角增量为

$$\Delta\theta_{\text{ss}} = -\frac{M_f}{I_y M_{\delta_e} L_\theta} \tag{6-17}$$

该表达式与式 (6-9) 完全一致。

由式 (6-14) 可知，稳态时将形成一个稳态的迎角增量 $\Delta\alpha_{\text{ss}} < 0$，以平衡重力的减小。同时相当于减小了飞机的静稳定力矩，因此干扰力矩 M_f 又可表示为

$$M_f = I_y M_\alpha \Delta\alpha_{\text{ss}} = \frac{1}{2}\rho V_0^2 S_w c_A C_{m_\alpha}\Delta\alpha_{\text{ss}} \tag{6-18}$$

综合式 (6-14)、式 (6-15) 和式 (6-18) 可得

$$\Delta X_{\text{a.g.}} = -\frac{C_{m_\alpha}}{C_{L_\alpha}}c_A \tag{6-19}$$

再将式 (6-15) 和式 (6-19) 代入式 (6-17) 可得

$$\Delta\theta_{\mathrm{ss}} = -\frac{C_{m_\alpha}c_A}{I_y M_{\delta_e} C_{L_\alpha} L_\theta}\Delta G \tag{6-20}$$

由于 $C_{m_\alpha} < 0$，$C_{L_\alpha} > 0$，$M_{\delta_e} < 0$，当飞机质量减小时，$\Delta G < 0$，则有 $\Delta\theta_{\mathrm{ss}} > 0$，飞机机头将上仰，且有 $\Delta\alpha_{\mathrm{ss}} < 0$，飞机将以 $\gamma_{\mathrm{ss}} > 0$ 爬升。需要说明的是，上述稳态结果是在假设飞机具有推力控制，能够保持空速 V_A 稳定的前提下得到的。

③干扰力矩作用下的系统等效结构图。

当控制系统处于稳态时，干扰力矩 M_f 由飞机平尾/升降舵偏转产生的操纵力矩加以平衡，因此干扰力矩的影响可以等效为附加舵偏角 $\Delta\delta_{ef}$ 的作用。同时根据第 3 章飞机纵向信号流图 3-4 可以得到

$$\Delta\dot\gamma = -Z_\alpha\Delta\alpha - Z_V\Delta V \tag{6-21}$$

假设空速保持稳定，则有 $\Delta V = 0$，固有

$$Z_\alpha\Delta\theta = -\Delta\dot\gamma + Z_\alpha\Delta\gamma \tag{6-22}$$

即

$$\Delta\gamma(s) = -\frac{Z_\alpha}{s - Z_\alpha}\Delta\theta(s) \tag{6-23}$$

最后，结合飞机质量和质心变化引起的干扰力矩表示式，建立的干扰力矩作用下俯仰角控制系统等效结构如图 6-12 所示。

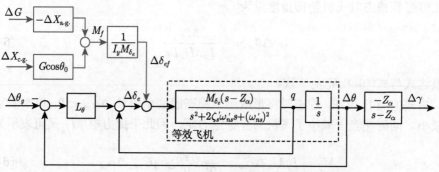

图 6-12　干扰力矩作用下的控制系统等效结构图

4）控制律的改进

由前述分析可知，采用式 (6-2) 所示俯仰角自动控制律，在常值干扰力矩作用下，存在稳态误差 $\Delta\theta_{\mathrm{ss}}$，这个误差与干扰力矩 M_f 大小成正比，与控制增益 L_θ 成反比。提高 L_θ 可以减小 $\Delta\theta_{\mathrm{ss}}$ 但无法消除，同时还需要兼顾动态性能，L_θ 也

不宜过大，因此其不适用于对控制精度要求较高的如进场着陆等飞行阶段。为了消除常值干扰力矩作用下的稳态误差，需要对式 (6-2) 所示控制律进行进一步改进，即提高控制系统的型别。

在早期的自动驾驶仪中，一般是通过采用 5.2.3 节所述速度反馈式舵回路或均衡反馈式舵回路的方法来实现的。现代飞机的电传控制系统均采用基于位置反馈的舵回路，消除控制系统稳态误差问题一般通过直接在控制器中引入积分环节的方法加以解决，此时飞机俯仰角控制系统控制律可表示为

$$\Delta\delta_e = L_\theta(\Delta\theta - \Delta\theta_g) + L_{\int\theta}\int(\Delta\theta - \Delta\theta_g)\mathrm{d}t + L_{\dot\theta}\Delta\dot\theta \qquad (6\text{-}24)$$

这是在飞机飞行控制系统中最常用的 PID 控制器，改进后的控制系统结构如图 6-13 所示。

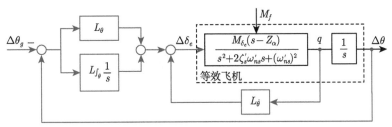

图 6-13　采用 PID 控制的俯仰角控制系统结构图

当飞机受到常值干扰力矩 M_f 作用时，平尾/升降舵必须偏转一定角度 $\Delta\delta_{\mathrm{ess}}$ 以产生一个操纵力矩来平衡 M_f 的影响。采用式 (6-24) 控制律时，所需的稳态 $\Delta\delta_{\mathrm{ess}}$ 将由积分器的输出提供，同时保持积分器输入端即 $\Delta\theta - \Delta\theta_g = 0$，从而消除了常值干扰力矩作用下的俯仰角稳态误差。同时，由控制系统结构图 6-13 可知，此时俯仰角控制系统为二型系统，在斜坡输入作用下也没有稳态误差，可以实现对匀速变化的俯仰角控制指令的无差跟踪。

在式 (6-24) 所示控制律中，引入的积分环节对控制系统的动态性能有一定影响，一般情况下 $L_{\int\theta}$ 的取值比较小，使得积分环节主要在稳态时起作用来改善稳态性能，在动态过程中作用小以降低对动态性能的影响。对于结构图 6-13，增大 $L_{\dot\theta}$ 有利于改善系统的动态性能，但实际上受到平尾/升降舵舵回路惯性的影响，情况有所不同。

图 6-14 为考虑舵回路惯性后俯仰角控制系统的结构图，舵回路增益 K_δ 在 L_θ 中体现，T_δ 为舵回路的惯性时间常数。考虑到系统阶次较高，在此仅通过系统的内回路也就是阻尼回路来分析 T_δ 的影响。

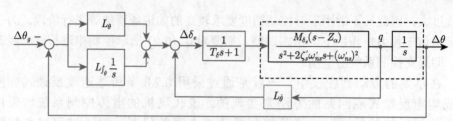

图 6-14　考虑舵回路惯性的俯仰角控制系统结构图

图 6-15 为舵回路时间常数 T_δ 不同取值情况下的阻尼回路根轨迹。由图可见，当 T_δ 不为零时，$L_{\dot\theta}$ 在一定范围内增大可以增大系统阻尼，但增大到一定值后，阻尼特性反而变差。因此，为了能够有效增大系统阻尼，在增加角速度信号反馈强度的同时，必须减小舵回路的惯性。一般将舵回路时间常数 T_δ 限制 $0.03 \sim 0.1\text{s}$，即要求舵回路的频带宽度至少为飞机的 $3 \sim 5$ 倍。

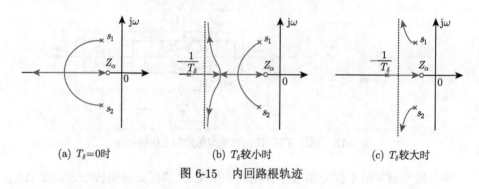

(a) $T_\delta = 0$ 时　　　　　(b) T_δ 较小时　　　　　(c) T_δ 较大时

图 6-15　内回路根轨迹

4. 纵向运动基本控制器

1）俯仰角基本控制器

对于飞行员，俯仰角 θ 是理所当然的控制变量，因为即使没有地平仪，飞行员也能准确地观测俯仰角。而且把俯仰角 θ 作为控制变量，不仅能用来改变飞行航迹（高度 H），也能用来改变空速 V_A，因此俯仰角控制器常作为自动飞行控制系统的基本控制器，成为高度控制器和速度控制器的内回路。航迹俯仰角 γ 虽然从高度控制观点看是更直接的被控制变量，然而对飞行员来说，航迹俯仰角 γ 是"看不见的"。在常规显示系统中，飞行员通过下降速度 $\dot H$，只能获得航迹俯仰角的间接信息，同时 $\dot H$ 和 γ 之间的关系还与航速 V_K 有关。在一些新型飞行控制系统中，航迹俯仰角 γ 被间接测量后，也可作为基本控制变量使用。

一般情况下，民航客机、运输机以及轰炸机等大型飞机常采用俯仰角控制器作为自动飞行控制系统纵向运动基本控制器，其结构如图 6-16 所示。

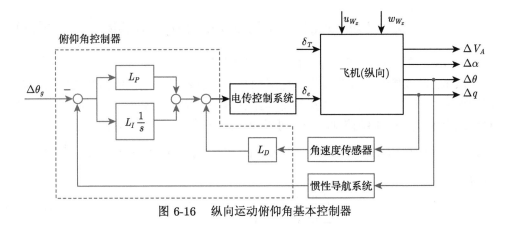

图 6-16 纵向运动俯仰角基本控制器

2）法向过载基本控制器

现代战斗机普遍采用电传控制系统作为自动飞行控制系统的执行机构。对于比例积分式电传，在飞行状态下，一般采用指令过载 n_z 模式控制，因此自动飞行控制系统送入电传的控制信号等效于给定过载 n_{zg}，如图 6-16 所示的俯仰角控制系统，其控制律 (6-24) 也可以表示为

$$-n_{zg} = L_P(\Delta\theta - \Delta\theta_g) + L_I \int (\Delta\theta - \Delta\theta_g)\mathrm{d}t + L_D\Delta\dot\theta \qquad (6\text{-}25)$$

因此，指令过载控制器可以看成自动飞行控制系统的基本控制器，而俯仰角控制律的作用就是将俯仰角偏差信号转换成给定的过载 n_{zg} 信号。

对于采用比例式电传控制律的战斗机，往往也会构建一个 n_z 控制器，作为纵向运动控制的基本控制器，其结构如图 6-17 所示。过载基本控制器一般采用比例积分式电传控制律，以提高过载的控制精度，同时引入俯仰角速度反馈，改善过载控制器的动态性能。

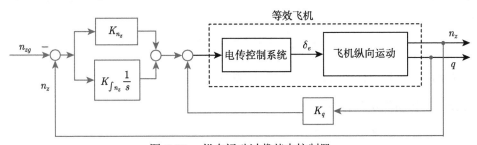

图 6-17 纵向运动过载基本控制器

忽略舵回路动特性，并把被控对象视为电传改造后的等效飞机，过载基本控制器控制律可以表示为

$$\delta_e = K_q q + K_{n_z}(n_z - n_{zg}) + K_{\int n_z}\int(n_z - n_{zg})\mathrm{d}t \tag{6-26}$$

3）基于过载基本控制器的俯仰角控制系统

以 n_z 过载控制器作为飞机纵向运动基本控制器时，飞机的俯仰角控制系统结构如图 6-18 所示。其中，飞机与基本控制器部分结构如图 6-17 所示，用于实现对过载指令 n_{zg} 的跟踪控制，一般可以简化为一个阻尼特性良好的二阶系统或一阶系统。图中的运动学模型根据式 (3-141) 和式 (3-142) 以及 $\Delta n_z \approx -\dfrac{V_0}{g}Z_\alpha\Delta\alpha$ 可得

$$\frac{\Delta\theta(s)}{\Delta n_z(s)} = -\frac{g}{V_0 Z_\alpha}(s - Z_\alpha) \tag{6-27}$$

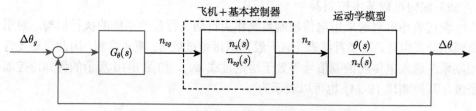

图 6-18　基于基本控制器的俯仰角控制系统

$G_\theta(s)$ 为耦合器，主要作用是将俯仰角偏差信号 $\Delta\theta_g - \Delta\theta$ 转换为给定过载信号 n_{zg}，其常见的传递函数为

$$G_\theta(s) = K_\theta\frac{\tau s + 1}{Ts + 1} \tag{6-28}$$

其为 PD 控制器与低通滤波器的组合，低通滤波器用于滤除高频噪声，PD 控制器用于实现俯仰角控制同时改善系统动态性能。此时俯仰角稳定控制律可以表示为

$$-n_{zg} = K_\theta\frac{\tau s + 1}{Ts + 1}(\Delta\theta - \Delta\theta_g) - \frac{1 - \cos\phi}{\cos\phi} \tag{6-29}$$

式 (6-29) 中等号右侧第二项用于飞机倾斜时的过载补偿。

6.2.2　滚转角稳定与控制

1. 基本控制律

滚转角稳定与控制是自动飞行控制系统的基本工作方式之一，滚转角控制器也是侧向运动控制中各种类型的航迹控制的基本控制器，这是因为：①通过控制滚转角 ϕ 使飞机升力转动，是飞机曲线飞行时最有效的控制方式；②滚

转角控制有着实际的需求，如直线飞行中必须保持升力在垂直平面内、起飞着陆时滚转角必须保持为零，以避免机翼擦地危险等；③滚转角控制也是改善螺旋运动的主要方法，不稳定的螺旋运动表现为 ϕ、ψ 的缓慢发散，因此对滚转角 ϕ 的控制有助于改善螺旋运动的稳定性，进而使得缓慢变化的航迹运动稳定。

滚转角自动控制的设计思想与俯仰角稳定与控制基本相同，以副翼偏转 $\Delta\delta_a$ 为调节变量引入 $\phi \to \Delta\delta_a$ 反馈实现滚转角控制，引入 $p \to \Delta\delta_a$ 反馈提高阻尼，同时在控制律中引入积分环节实现常值干扰力矩作用和斜坡控制指令作用下的无差控制。在忽略舵回路惯性（或满足舵回路带宽要求）条件下，滚转控制角的控制律可以表示为

$$\delta_a = I_\phi(\phi - \phi_g) + I_{\int\phi}\int(\phi - \phi_g)\mathrm{d}t + I_{\dot\phi}\dot\phi \tag{6-30}$$

上述控制律各变量前没有加增量符号 "Δ"，主要原因是：①飞机侧向基准运动时有 $\phi_0 = \beta_0 = p_0 = r_0 = 0$、$\delta_{a0} = \delta_{r0} = 0$ 成立，各变量增量与实际物理量相等；②为了描述方便，省略增量符号 "Δ"，在后续描述中默认其均为相对于基准运动的增量。

2. 侧向协调控制

飞机侧向运动中，滚转与航向高度耦合，必须进行协调控制，否则会产生较大的侧滑角 β。根据图 3-5 所示的飞机侧向运动信号流图，可得到的飞机侧向加速度表达式为

$$\frac{b_y}{V_0} = Y_\beta\beta + Y_{\delta_r}\delta_r + Y_{\delta_a}\delta_a \approx Y_\beta\beta \tag{6-31}$$

由式 (6-31) 可知，较大的 β 会产生较大的侧向过载，从飞行员的舒适度来说必须尽量消除飞机的侧滑。同时，$\beta = 0$ 也可以避免由侧滑产生的升力损失和阻力增大等不利影响。因此，在任何情况下，飞机的控制器都必须尽量使得飞机的侧滑角 $\beta = 0$。这就要求滚转角控制器对副翼进行控制的同时，必须同步控制飞机的方向舵，两者间无侧滑定常操纵偏转关系为

$$\delta_a = -\frac{g}{V_0}\frac{\overline{L_r}\,\overline{N_{\delta_r}} - \overline{L_{\delta_r}}\,\overline{N_r}}{\overline{L_{\delta_a}}\,\overline{N_{\delta_r}} - \overline{L_{\delta_r}}\,\overline{N_{\delta_a}}}\sin\phi \tag{6-32}$$

$$\delta_r = -\frac{g}{V_0}\frac{\overline{L_r}\,\overline{N_{\delta_a}} - \overline{L_{\delta_a}}\,\overline{N_r}}{\overline{L_{\delta_a}}\,\overline{N_{\delta_r}} - \overline{L_{\delta_r}}\,\overline{N_{\delta_a}}}\sin\phi \tag{6-33}$$

方向舵的控制 δ_r，可以按照式 (6-32) 和式 (6-33) 所导出的规律作为副翼 δ_a 的函数。需要强调的是，这种控制方式属于开环控制，且对飞机气动导数等参数

极为敏感，即便如此，由于其实现简单，在飞行控制系统中得到了广泛应用（参见图 5-41）。

3. 滚转角控制系统分析

考虑到侧向通道电传控制系统的典型结构（参见图 5-41），结合滚转角稳定与控制基本控制律，可以得到飞机滚转控制系统结构如图 6-19 所示。

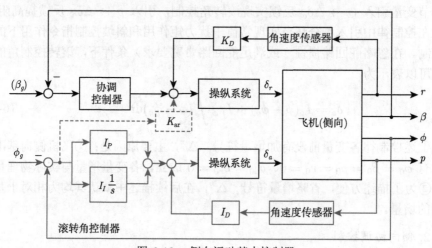

图 6-19　侧向运动基本控制器

在整个滚转角控制系统中，采用了式 (6-30) 滚转控制律，同时将副翼控制信号通过 K_{ar} 传递后送入方向舵控制通道，实现滚转和航向的协调控制。利用横航向电传控制律中设计的 $r \to \delta_r$ 反馈即偏航阻尼器，改善荷兰滚运动阻尼，并通过 β 反馈抑制侧滑角的产生，减小滚转与偏航运动的耦合作用。

在 $K_{ar} = 0$，仅采用 β 反馈减小滚转运动与偏航运动耦合时，滚转角控制的控制律为

$$\begin{cases} \delta_a = I_P(\phi - \phi_g) + I_I \int (\phi - \phi_g)\mathrm{d}t + I_D \dot{\phi} \\ \delta_r = K_D r - K_\beta \beta \end{cases} \tag{6-34}$$

下面通过某型飞机滚转角控制的响应曲线，简要分析控制律参数对滚转角控制的影响。基准运动时有 $\phi_0 = \beta_0 = p_0 = r_0 = 0$，$\delta_{a0} = \delta_{r0} = 0$，图 6-20(a) 为采用控制律 $\delta_a = 3(\phi - \phi_g) + 4p$，$\delta_r = 2r$，控制输入 $\phi_g = 10°$ 时的响应曲线；图 6-20(b) 为采用控制律 $\delta_a = 3(\phi - \phi_g) + 4p$，$\delta_r = 2r - 2\beta$，控制输入 $\phi_g = 10°$ 时的响应曲线；图 6-20(c) 为采用控制律 $\delta_a = 3(\phi - \phi_g) + 0.05 \int (\phi - \phi_g)\mathrm{d}t + 4p$，$\delta_r = 2r - 2\beta$，控制输入 $\phi_g = 10°$ 时的响应曲线。

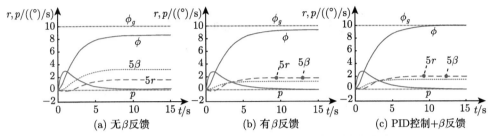

图 6-20 不同控制律参数条件下的滚转角控制响应曲线

总体而言：

（1）引入 $r \to \delta_r$ 反馈和 $p \to \delta_a$ 反馈后，侧向运动阻尼合适，动态性能较好，对滚转运动 $\phi_g \to \phi$ 传递特性简化作用明显，滚转控制通道基本可以等效为一个时间常数为 $2 \sim 3\mathrm{s}$ 的二阶系统，通过选择较大的 I_P 增益，即使没有积分环节，也可以获得较高的滚转角控制精度。

（2）对比图 6-20(b) 和 (a) 可以发现，引入 $\beta \to \delta_r$ 反馈，可以有效减小侧滑角 β，同时可以提高滚转角 ϕ 的控制精度。

（3）对比图 6-20(c) 和 (b) 可以发现，控制律中引入积分环节，可以消除滚转角 ϕ 控制的稳态误差。

（4）在控制律中按照式 (6-32) 和式 (6-33) 的关系，确定耦合增益 K_{ar}，可以进一步降低稳态时的侧滑角 β，此时控制律表达式为

$$\begin{cases} \delta_a = I_P(\phi - \phi_g) + I_I \int (\phi - \phi_g)\mathrm{d}t + I_D\dot{\phi} \\ \delta_r = K_D r + K_{ar}(\phi - \phi_g) - K_\beta \beta \end{cases} \tag{6-35}$$

式 (6-35) 控制律中将滚转角偏差信号 $\phi - \phi_g$ 同时送入副翼和方向舵通道，假设初始 $\phi - \phi_g > 0$，则有副翼通道 $\delta_a > 0$，飞机左滚转产生侧力分量 $L\sin\phi$ 拉动速度 $\boldsymbol{V}_A$ 左偏；同时方向舵通道 $\delta_r > 0$，产生负的偏航操纵力矩 $\overline{N}^A_{\delta_r}\delta_r$（其中 $\overline{N}^A_{\delta_r} = I_z\overline{N}_{\delta_r}$），驱动飞机纵轴 Ox_b 同步左偏，可以有效减小侧滑角 β。

战斗机典型滚转角控制律与式 (6-35) 类似，系统典型结构如图 6-21 所示。图中等效飞机表示为经过电传系统侧向增稳控制后的等效滚转通道传递函数，参见式 (5-40)。其中 $\overline{L}'_p = \overline{L}_p + I_p K_\delta \overline{L}_{\delta_a}$。$I_{\phi_0}\phi$ 反馈的主要作用是通过合适的参数选择，对消闭环系统的一对零极点，将滚转角控制系统等效为一个无零点二阶系统。送入方向舵通道的交联控制信号中引入了清洗网络 $T_1s/(T_1s + 1)$，以消除稳态影响。

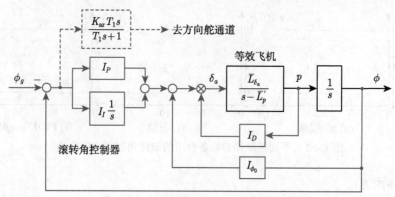

图 6-21　战斗机滚转角控制系统结构

6.2.3　航向角稳定与控制

飞机航向角的稳定与控制，既是飞机姿态角控制的重要组成部分，又是实现飞机自动导航、引导等航迹控制功能的基础。根据飞机侧向运动的特点，在航向控制时，需要同时控制飞机的方向舵和副翼以实现飞机滚转与航向的协调控制。一般飞机的航向控制器是在滚转角控制器也就是侧向运动基本控制器的基础上构建的。

1. 基本控制方式

1）方向舵控制方式

方向舵是控制飞机航向的主要操纵面，因此最直接的航向控制方式就是将航向偏差信号送入方向舵通道，控制方向舵偏转实现对飞机航向角的稳定与控制；同时副翼通道采用式 (6-30) 控制律（不考虑积分作用）单独实现飞机滚转角的稳定与控制，其控制律为

$$\begin{cases} \delta_a = I_\phi(\phi - \phi_g) + I_{\dot\phi}\dot\phi \\ \delta_r = K_\psi(\psi - \psi_g) + K_{\dot\psi}\dot\psi \end{cases} \tag{6-36}$$

显然这种控制律在修正航向偏差时，采用带侧滑的水平转弯，纵轴与空速协调性差，只适用于修正小角度。

2）副翼控制方式

如前所述，通过飞机滚转使得升力矢量倾斜，从而产生水平方向侧力分量来改变速度矢量方向是一种高效率的飞机水平航迹控制的方式。参考飞机侧向通道信号流图可以得到如图 6-22 所示的通过副翼改变飞机航向的信号传递关系。

由图 6-22 可知，直接将航向偏差信号引入副翼控制通道，通过副翼进行航向 ψ 控制可能是结构不稳定的，因此从控制角度需要引入倾斜角 ϕ 反馈，即采用倾

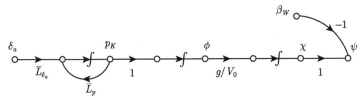

图 6-22 副翼控制航向信号流图

斜角控制作为航向控制的内回路（基本控制回路），对应的控制律为

$$\begin{cases} \delta_a = I_{\dot\phi}\dot\phi + I_\phi\phi + I_\psi(\psi - \psi_g) \\ \delta_r = K_r r - K_\beta\beta \end{cases} \tag{6-37}$$

其中，方向舵通道与式 (6-34) 中方向舵通道控制律相同，引入了偏航阻尼反馈 $r \to \delta_r$ 和抑制侧滑的 $\beta \to \delta_r$ 反馈。

假设存在航向偏差 $\psi - \psi_g > 0$，即飞机机头偏向应飞航向 ψ_g 右侧，在控制律 (6-37) 作用下，$\delta_a > 0$，飞机向左滚转 $\phi < 0$，升力随之左倾，产生向左的水平分量 $L\sin\phi$，拉动空速 V_A 向左偏转。此时机头指向 Ox_b 轴并没有转动，将产生侧滑角 $\beta < 0$，一方面在静稳定力矩 $\overline{N}_\beta^A\beta$（其中 $\overline{N}_\beta^A = I_z\overline{N}_\beta$）作用下使 Ox_b 向左偏转，修正航向；另一方面在方向舵控制律作用下 $\delta_r > 0$，产生航向修正力矩 $\overline{N}_{\delta_r}^A\delta_r < 0$（其中 $\overline{N}_{\delta_r}^A = I_z\overline{N}_{\delta_r}$），同时对航向进行修正使得 $\psi - \psi_g$ 减小。在控制律作用下趋于稳态时有 $\psi - \psi_g = 0$、$\phi = 0$、$\delta_r = \delta_a = 0$ 以及 $\beta = 0$。

在航向控制的过渡过程中，由于控制飞机机头指向 Ox_b 轴转动的偏航力矩主要来自于侧滑角偏差，因此会产生较大的侧滑角 β，尤其是对于航向静稳定性较差（即 N_β 较小）的飞机更是如此。同时由结构图 6-22 可以得到

$$\dot\psi \approx \frac{g}{V_0}\phi \tag{6-38}$$

因此在副翼通道中的 ϕ 反馈等同于 $\dot\psi$ 反馈，对航向角控制起阻尼作用，同时打破了航向控制结构中的两个积分环节串联，改善了控制系统的稳定性。

3）副翼与方向舵协调控制方式

要有效减小航向控制过程中侧滑角 β 的大小，要求确保空速 V_A 和机头指向 Ox_b 轴同步协调转动，为此可以将航向偏差 $\psi - \psi_g$ 信号同时引入副翼和方向舵通道，控制律为

$$\begin{cases} \delta_a = I_{\dot\phi}\dot\phi + I_\phi\phi + I_\psi(\psi - \psi_g) \\ \delta_r = K_{\dot\psi}\dot\psi + K_\psi(\psi - \psi_g) \end{cases} \tag{6-39}$$

上述控制律通过协调选取 K_ψ 和 I_ψ 参数，减小或消除航向控制时的侧滑角 β，但本质上是一种开环控制方案。为此可以在式 (6-39) 的基础上，再引入 β 反

馈构建闭环控制律：

$$\begin{cases} \delta_a = I_{\dot\phi}\dot\phi + I_\phi\phi + I_\psi(\psi - \psi_g) \\ \delta_r = K_{\dot\psi}\dot\psi + K_\psi(\psi - \psi_g) - K_\beta\beta \end{cases} \tag{6-40}$$

这种方法仍显被动，因为它必须在产生失调侧滑角 β 后，闭环补偿才起作用。考虑到控制副翼修正航向是通过飞机滚转产生的升力水平分量来完成的，因此可以考虑将飞机滚转信号引入方向舵通道形成一种航向协调控制律，其表达式为

$$\begin{cases} \delta_a = I_{\dot\phi}\dot\phi + I_\phi\phi + I_\psi(\psi - \psi_g) \\ \delta_r = K_{\dot\psi}\dot\psi - K_\phi\phi \end{cases} \tag{6-41}$$

4）基于基本控制器的航向角控制方式

现代飞机的航向角控制，一般都是在滚转角控制器内回路的基础上构建的，也是一种副翼和方向舵协调控制方案，其主要思路是将航向角偏差信号 $\psi - \psi_g$ 信号转换成给定滚转角信号 ϕ_g，送入滚转角控制器控制飞机滚转来实现对飞机航向角的修正，同时利用滚转角控制器原有的横航向协调控制措施减小侧滑，典型的控制律可以表示为

$$\begin{cases} \phi_g = -I_\psi(\psi - \psi_g) \\ \delta_a = I_{\dot\phi}\dot\phi + I_\phi(\phi - \phi_g) + I_{\int\phi}\int(\phi - \phi_g)\mathrm{d}t \\ \delta_r = K_{\dot\psi}\dot\psi + K_\phi(\phi - \phi_g) - K_\beta\beta \end{cases} \tag{6-42}$$

2. 航向角稳定与控制分析

对比式 (6-40) 和式 (6-42) 可以发现，在不考虑积分作用情况下，两种控制律本质上是相同的，式 (6-42) 也是协调控制律。下面分析式 (6-42) 所示控制律作用下飞机的航向角响应过程。

1）航向角稳定与控制过渡过程分析

假设当前航向角 ψ 小于给定航向角 ψ_g，即 $\psi - \psi_g < 0$ 时，根据控制律 (6-42) 第一式，生成滚转角控制指令 $\phi_g > 0$。控制律第二式为滚转角随动控制律，在 ϕ_g 作用下，飞机滚转角 ϕ 跟随 ϕ_g 变化，飞机将向右滚转 $\phi > 0$，升力随之右倾，其水平分量 $L\sin\phi > 0$ 拉动速度 V_A 向右转动。控制律第三式中引入了滚转角偏差信号 $\phi - \phi_g$ 送入方向舵通道，最初时 $\delta_r = K_\phi(\phi - \phi_g) < 0$，产正的偏航力矩 $\overline{N}_{\delta_r}^A\delta_r > 0$（其中 $\overline{N}_{\delta_r}^A = I_z\overline{N}_{\delta_r}$），驱动飞机纵轴 Ox_b 同步向右偏转，使得航向角偏差 $|\psi - \psi_g|$ 逐渐减小。$|\psi - \psi_g|$ 逐渐减小意味着 ϕ_g 减小，第二式滚转角控制作

用下，飞机滚转角 ϕ 也将逐渐减小，响应曲线如图 6-23 (a) 所示。侧滑角 β 的动态过程较为复杂，相关因素较多，如果不考虑气动导数 Y_{δ_r} 和 Y_{δ_a} 的影响，且认为飞机转动惯性大于平移惯性（一般如此），在 K_ϕ 不是很小的情况下，飞机纵轴 Ox_b 将先于 V_A 转动，产生负的侧滑角 β。速度 V_A 的转动随滚转角 ϕ 的变化有一个由慢变快再减慢的过程，因此侧滑角 β 总体上将表现为由负转正再逐渐趋于零的过程（图 6-23(a)）。趋于稳态时有 $\psi - \psi_g = 0$、$\phi = 0$、$\beta = 0$、$\delta_a = \delta_r = 0$。

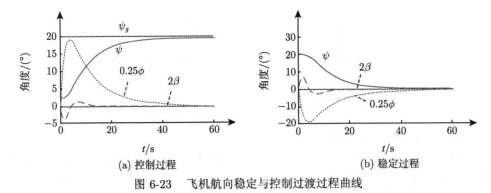

图 6-23　飞机航向稳定与控制过渡过程曲线

存在初始航向角偏差 $\Delta\psi \neq 0$ 的航向稳定过程与控制过程相似，在此不再赘述，其过渡过程曲线如图 6-23(b) 所示。

2）常值干扰力矩的影响分析

飞机在飞行过程中，受到诸如左右对称性不完全一致、某侧机翼战损导致气动力不一致以及两侧发动机推力不相等等因素的影响，会产生常值偏航干扰力矩 N_f。

假设飞机突然受到常值干扰力矩 $N_f < 0$ 作用并设 $\psi_g = 0$，飞机将产生左偏航运动，航向角从 $\psi = 0$ 开始逐渐减小，产生负航向角，即 $\psi < 0$。由于速度 V_A 转动较慢，飞机侧滑角将随着 ψ 的减小逐渐由 $\beta = 0$ 开始增大，形成正侧滑角，即 $\beta > 0$。同时在控制律 (6-42) 的作用下，$\psi - \psi_g < 0$ 生成正的 $\phi_g > 0$，即 $\phi - \phi_g < 0$，该信号一方面控制副翼"右上左下"偏转，飞机右滚转 $\phi > 0$；另一方面与 $\beta > 0$ 信号综合，控制方向舵后缘向右偏转，产生正的操纵力矩 $\overline{N}^A_{\delta_r}\delta_r > 0$，以逐渐平衡干扰力矩 N_f。过渡过程曲线如图 6-24 所示。趋于稳态时，若不考虑操纵交叉大导数 $\overline{N}_{\delta_a}$ 和 $\overline{L}_{\delta_r}$ 的影响，为保持偏航力矩平衡，必有

$$\overline{N}^A_{\delta_r}\delta_{\text{rss}} + \overline{N}^A_\beta\beta_{\text{ss}} + N_f = 0 \tag{6-43}$$

式中，$\overline{N}^A_\beta = I_z\overline{N}_\beta$，由于控制律 (6-42) 第二式为带积分的无差滚转控制律，稳态时必有 $\phi_{\text{ss}} - \phi_{\text{gss}} = 0$，结合控制律 (6-42) 第三式、式 (6-43) 以及 $N_f < 0$，可得 $\beta_{\text{ss}} > 0$、$\delta_{\text{rss}} < 0$。考虑到稳态时飞机侧向力平衡条件，由 $\beta_{\text{ss}} > 0$ 产生的负侧力，在忽略 Y_{δ_a} 和 Y_{δ_r} 的情况下，只能由飞机右滚转产生的升力水平分量来平衡，故

有 $\phi_{ss} > 0$。再结合 $\phi_{ss} - \phi_{gss} = 0$ 可得 $\phi_{gss} > 0$，最后根据控制律 (6-42) 第一式可得 $\psi_{ss} < 0$。由此可见，采用式 (6-42) 所示的航向电传控制律的飞机，在常值干扰力矩作用下，稳态航向角 ψ_{ss}、滚转角 ϕ_{ss} 和侧滑角 β_{ss} 均不为零。

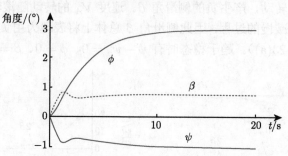

图 6-24　飞机常值偏航力矩作用下的过渡过程曲线

3）航向电传控制律的改进

航向电传控制律 (6-42) 中，ϕ_g 信号是根据航向偏差计算得到的，若 $|\psi - \psi_g|$ 较大，$|\phi_g|$ 也较大（参见图 6-23），一方面会影响飞行安全，另一方面可能产生不合理的航向修正过程。为避免上述问题，需要对 ϕ_g 进行限幅处理，一般情况下，对于运输机、轰炸机等大型飞机，要求 $|\phi_g| \leqslant 25°$，战斗机一般要求 $|\phi_g| \leqslant 40°$。

图 6-25 为战斗机航向控制系统典型结构图，其中 $\dfrac{1}{T_\psi s + 1}$ 为低通滤波器，用于滤除高频量测噪声。限幅器用于限制 $|\phi_g|$ 的最大值，从而限制航向修正过程中飞机的最大滚转角 ϕ_{max}。ψ 与 ϕ 之间的传递关系由横航向协调控制下（$\beta = 0$）根据图 6-22 得到，为

$$\psi = \chi - \beta_W = \frac{g}{s V_0}\phi - \beta_W \tag{6-44}$$

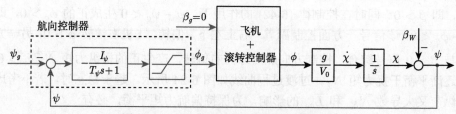

图 6-25　战斗机航向控制系统典型结构图

下面简单分析飞机受到侧风 v_W 影响时，航向角控制系统的稳态性能。为了描述方便，不妨假设 $\psi_g = 0$，则期望的航迹偏航角 $\chi = 0$。侧风 v_W 作用下产生风侧滑角 β_W，且有

$$\beta_W = \arctan\frac{v_W}{V_A} \tag{6-45}$$

若飞机基本控制器能实现协调控制，确保稳态时 $\beta_{ss} = 0$，则有

$$\beta = \beta_K - \beta_W = 0 \tag{6-46}$$

即 $\beta_K = \beta_W$，由此飞机的等效航向控制系统结构可以表示为图 6-25。航向控制系统趋于稳态时，必有

$$\dot{\chi}_{ss} = \frac{g}{V_0}\phi_{ss} = 0 \tag{6-47}$$

成立。结合控制律可得

$$\phi_{ss} = \phi_{gss} = -I_\phi(\psi_{ss} - \psi_{gss}) = 0 \tag{6-48}$$

式 (6-48) 表明，此时侧风扰动作用下航向控制没有稳态误差，即 $\psi_{ss} = \psi_{gss}$，但航迹偏航角存在稳态误差，飞机不能保持航迹，航迹偏差角为

$$\chi_{ss} = \beta_W \tag{6-49}$$

若控制律无法确保 $\beta_{ss} = 0$，则上述结论不成立，根据图 3-5，此时式 (6-47) 需表示为

$$\dot{\chi}_{ss} = \frac{g}{V_0}\phi_{ss} + Y_\beta\beta_{ss} = 0 \tag{6-50}$$

可得 $\phi_{ss} \neq 0$，则 $\phi_{gss} \neq 0$，进而可得 $\psi_{ss} \neq \psi_{gss}$，此时稳态的航向角 ψ_{ss}、滚转角 ϕ_{ss}、侧滑角 β_{ss} 以及航迹偏航角 χ_{ss} 均不为零。

此外，如图 6-25 所示的航向角控制系统是 I 型系统，在斜坡输入 $\psi_g = Rt$ 作用下必然存在稳态误差，其表达式为

$$\Delta\psi_{ss} = \frac{V_0}{gI_\psi}R \tag{6-51}$$

为进一步提高航向角控制系统的稳态性能，消除常值干扰力矩及斜坡输入下的稳态误差，可以在控制律中引入积分环节采用 PI 控制律，将式 (6-42) 中第一式替换为

$$-\phi_g = I_\psi(\psi - \psi_g) + I_{\int\psi}\int(\psi - \psi_g)\mathrm{d}t \tag{6-52}$$

有些场合也可以在式 (6-42) 的第三式中引入侧滑角积分信号，以消除侧滑角稳态误差。

3. 协调转弯控制

1）协调转弯条件

飞机在水平面内连续改变飞行方向时，保证滚转与偏航两者耦合最小，即 $\beta = 0$，并能保持飞行高度的一种机动动作，称为协调转弯（coordinated turn，CT）。

飞机空速 V_A 与纵轴 Ox_b 不能同步协调转动是产生侧滑角 β 的根本原因，侧滑角 β 使阻力增大，乘坐品质变差，不利于机动飞行也不利于导航、瞄准等作战需求，因此必须实现协调转弯。

飞机实现协调转弯应满足的条件是：①稳态的滚转角 ϕ_{ss} 为常值；②稳态的偏航角速度 $\dot\psi_{ss}$ 为常值；③稳态的升降速度 $V_{Zss}=0$；④稳态的侧滑角 $\beta_{ss}=0$。

下面分析飞机协调转弯时的飞行公式。方便起见，假设飞机协调转弯时俯仰角 $\theta=0$，空速为 V_0，飞机根据上述协调转弯条件与飞机协调转弯时受力分析（图 6-26），可以得到协调转弯时水平和垂直方向的力平衡方程为

$$\begin{cases} L\cos\phi = G = mg \\ L\sin\phi = mV_0\dot\psi \end{cases} \tag{6-53}$$

求解方程组 (6-53) 可得

$$\dot\psi = \frac{g}{V_0}\tan\phi \tag{6-54}$$

式 (6-54) 称为协调转弯公式，其限定了协调转弯时滚转角 ϕ 与偏航角速度 $\dot\psi$ 之间的关系，表明对于一定滚转角 ϕ 和飞行速度 V_0，只有一个对应的偏航角速度 $\dot\psi$ 可以实现协调转弯。

飞机做协调转弯时，偏航角速度 $\dot\psi$ 方向与地面坐标系 Oz_g 轴重合，为了进一步分析协调转弯时飞机的操纵原理，将 $\dot\psi$ 按图 6-27 所示，投影到飞机的机体坐标系坐标轴可以得到

$$\begin{cases} p_b = -\dot\psi\sin\theta \\ q_b = \dot\psi\cos\theta\sin\phi \\ r_b = \dot\psi\cos\theta\cos\phi \end{cases} \tag{6-55}$$

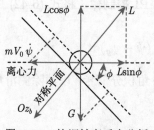
图 6-26　协调转弯受力分析

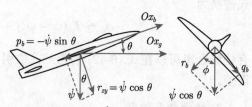
图 6-27　$\dot\psi$ 在机体轴上的投影

通常情况下，飞机俯仰角 θ 较小，故有滚转角速度 $p_b = -\dot\psi\sin\theta \approx 0$，可以忽略其影响，并将协调转弯公式 (6-54) 代入式 (6-55)，可得

$$\begin{cases} q_b = \dfrac{g}{V_0} \cos\theta \sin\phi \tan\phi \\[2mm] r_b = \dfrac{g}{V_0} \cos\theta \sin\phi \end{cases} \tag{6-56}$$

由式 (6-56) 可知，必须同时协调操纵飞机的副翼 δ_a、方向舵 δ_r 和平尾/升降舵 δ_e，产生式 (6-54) 和式 (6-56) 所限定的 ϕ、r_b 和 q_b，才能实现协调转弯飞行。

2）自动协调转弯控制律

飞机做自动协调转弯时，给定协调转弯滚转角 ϕ_g，根据协调转弯公式 (6-54) 计算出给定偏航角速度 $\dot\psi_g$，分别将 ϕ_g 和 $\dot\psi_g$ 作为控制信号送入副翼和方向舵通道。考虑到现代飞机舵回路均为位置反馈式舵回路，为了实现对 ϕ_g 和 $\dot\psi_g$ 的无差跟踪，均需采用 PI 控制律。同时为了消除侧滑角稳态误差，将侧滑角积分信号引入方向舵通道，由此可以得到飞机自动协调转弯控制律为

$$\begin{cases} \delta_a = I_{\dot\phi}\dot\phi + I_\phi(\phi - \phi_g) + I_{\int\phi}\displaystyle\int(\phi - \phi_g)\mathrm{d}t \\[3mm] \delta_r = K_{\dot\psi}(\dot\psi - \dot\psi_g) + K_\psi\displaystyle\int(\dot\psi - \dot\psi_g)\mathrm{d}t - K_{\int\beta}\int\beta\mathrm{d}t \end{cases} \tag{6-57}$$

需要说明的是，具有相互信号交联的侧向控制系统，形如式 (6-35) 所示的基本滚转控制器，也具备基本实现协调转弯的能力。通过式 (6-35) 副翼通道控制律建立飞机协调转弯所需的滚转角 ϕ_g，通过方向舵调节 K_β 减小侧滑角 β，若在此引入侧滑角积分信号消除侧滑角稳态误差，系统将按式 (6-38) 自动生成协调转弯偏航角速度 $\dot\psi_g$，实现自动协调转弯控制。

3）协调转弯时的纵向控制

由图 6-26 可知，飞机做协调转弯飞行时需保持一定的滚转角 ϕ，为保持飞行高度不变，必须操纵平尾/升降舵负向偏转，产生附加迎角增量 $\Delta\alpha > 0$，进而产生升力增量 ΔL 以补偿由升力矢量偏转引起的垂直方向升力分量的损失，即保持

$$(L + \Delta L)\cos\phi = G \tag{6-58}$$

此处 $L = G$ 为协调转弯前飞机平飞时的升力。求解式 (6-58) 可得升力增量 ΔL 为

$$\Delta L = \frac{1 - \cos\phi}{\cos\phi} G \tag{6-59}$$

升力增量 ΔL 又可表示为

$$\Delta L = \frac{1}{2}\rho V_0^2 S_w C_{L_\alpha} \Delta\alpha \tag{6-60}$$

由此可得附加迎角增量 $\Delta\alpha$ 的表达式为

$$\Delta\alpha = \frac{G}{\frac{1}{2}\rho V_0^2 S_w C_{L_\alpha}} \frac{1 - \cos\phi}{\cos\phi} \tag{6-61}$$

附加迎角增量 $\Delta\alpha$ 将产生附加的静稳定力矩，需要由平尾/升降舵附加偏转角度 $\Delta\delta_{e1}$ 产生附加操纵力矩来平衡，即有

$$M_\alpha \Delta\alpha + M_{\delta_e} \Delta\delta_{e1} = 0 \tag{6-62}$$

将式 (6-61) 代入式 (6-62)，求得这个附加的平尾/升降舵偏转角度 $\Delta\delta_{e1}$ 为

$$\Delta\delta_{e1} = -\frac{M_\alpha}{M_{\delta_e}} \Delta\alpha = -\frac{M_\alpha}{M_{\delta_e}} \frac{G}{\frac{1}{2}\rho V_0^2 S_w C_{L_\alpha}} \frac{1 - \cos\phi}{\cos\phi} \tag{6-63}$$

由于 $C_{L_\alpha} > 0$、$M_{m_\alpha} < 0$、$M_{m_{\delta_e}} < 0$，故有 $\Delta\delta_{e1} < 0$。

此外，由飞机协调转弯时偏航角速度在飞机机体轴上的投影公式 (6-56) 可知，飞机做协调转弯时，会产生一个恒定的俯仰角速度 $q_b > 0$，其引起的俯仰阻尼力矩也要靠平尾/升降舵附加偏转角 $\Delta\delta_{e2}$ 产生附加操纵力矩来平衡，即有

$$M_q q_b + M_{\delta_e} \Delta\delta_{e2} = 0 \tag{6-64}$$

将式 (6-56) 代入式 (6-64) 可得

$$\Delta\delta_{e2} = -\frac{M_q}{M_{\delta_e}} \frac{g}{V_0} \dot\psi \cos\theta \sin\phi \tan\phi \tag{6-65}$$

同样由于 $M_q < 0$、$M_{\delta_e} < 0$，故有 $\Delta\delta_{e2} < 0$

总的平尾/升降舵偏转角度 $\Delta\delta_e$ 为

$$\begin{aligned}
\Delta\delta_e &= \Delta\delta_{e1} + \Delta\delta_{e2} \\
&= -\frac{g}{M_{\delta_e}} \left(\frac{mM_\alpha}{\frac{1}{2}\rho V_0^2 S_w C_{L_\alpha}} \frac{1 - \cos\phi}{\cos\phi} + \frac{M_q}{V_0} \dot\psi \cos\theta \sin\phi \tan\phi \right) \\
&\approx -L_\phi |\phi|
\end{aligned} \tag{6-66}$$

式中，L_ϕ 为滚转角到平尾/升降舵之间的传动比。式 (6-66) 表明，无论是左协调转弯还是右协调转弯，即无论 ϕ 是正还是负，$\Delta\delta_e$ 总为负值。以俯仰角稳定的纵向通道控制律 (6-24) 为例，带有飞机滚转补偿的控制律为

$$\Delta \delta_e = L_\theta (\Delta \theta - \Delta \theta_g) + L_{\int \theta} \int (\Delta \theta - \Delta \theta_g) \mathrm{d}t + L_{\dot{\theta}} \Delta \dot{\theta} - L_\phi |\phi| \tag{6-67}$$

实际上，如图 6-17 所示，大多数战斗机纵向自动控制律具有 n_z 内回路，因此采用过载补偿更为简洁。飞机滚转时，$\phi \neq 0$，为保持平飞，有 $L\cos\phi = G$，此时飞机的应飞过载为

$$n_z = \frac{L}{G} = \frac{1}{\cos\phi} \tag{6-68}$$

与飞机无滚转平飞相比，所需的过载增量 Δn_z 为

$$\Delta n_z = n_z - 1 = \frac{1 - \cos\phi}{\cos\phi} \tag{6-69}$$

则考虑过载增量补偿时，图 6-17 中所示的给定过载 n_{zg} 表达式 (6-25) 变为

$$-n_{zg} = L_P (\Delta \theta - \Delta \theta_g) + L_I \int (\Delta \theta - \Delta \theta_g) \mathrm{d}t + L_D \Delta \dot{\theta} - \frac{1 - \cos\phi}{\cos\phi} \tag{6-70}$$

需要说明的是，表达式 (6-70) 中并不需要考虑协调转弯时 q_b 分量产生的附加阻尼力矩 $M_q^A q_b$ 的补偿问题，而是将其看成一个常值干扰力矩，可以通过上述 PI 俯仰角控制律实现自动补偿，并保持俯仰角稳态误差为零。

6.3 飞行航迹的稳定与控制

飞行控制的最终目的是使飞机以足够的准确度保持或跟踪预定的飞行轨迹即航迹。到此为止讨论了改善飞行品质或者稳定飞行姿态的控制器，但这类控制器不能使飞机始终保持在一条航迹上飞行。因此，必须由飞行员或者由外控制回路来引导飞机，这类通过外控制器自动控制飞机飞行航迹的系统称为制导系统，它是在姿态角控制系统的基础上形成的。

根据航迹坐标系和地面坐标系的关系，描述飞行航迹最直接的参数是：飞行航迹速度 $\boldsymbol{V}_K$、航迹俯仰角 γ 和航迹偏航角 χ。但这些参数都不能用传统的机载设备直接测量，需要采用惯性基准或者其他导航手段测量。因此，飞机上通常采用飞行高度 H、飞行航向角 ψ 以及飞行速度 $\boldsymbol{V}_A$（空速）作为飞机飞行航迹控制的基本参数，在巡航飞行段也常用飞行马赫数 Ma 代替空速 $\boldsymbol{V}_A$ 作为控制变量。采用上述控制变量，虽然设备和技术相对简单，但也必须付出一定的代价，在规定一条固定航迹时，航迹规定值直接与大气环境相关，即

$$\boldsymbol{V}_A = \boldsymbol{V}_K - \boldsymbol{V}_W \tag{6-71}$$

$$\psi = \chi - \beta_K = \chi - \beta - \beta_W \tag{6-72}$$

显然通过这些控制变量无法精确控制航迹。对于垂直平面内的飞行航迹，中高空飞行阶段一般通过气压高度确定，低空飞行阶段（起飞/着陆）通过无线电高度相对地面确定。为了沿水平面内固定航迹飞行，必须使用惯性基准、全球定位系统（global positioning system，GPS）或者地面引导系统（如伏尔导航系统（VOR）、微波着陆系统（MLS）等）对飞机进行定位。

自动飞行控制系统对飞行高度 H、飞行航向 ψ 以及飞行速度 V_A 这三个基本航迹控制变量都设有单独的控制器，每个控制器可以单独工作也可以协同工作，因此飞行员可以仅仅控制一个航迹参数，而将其他航迹参数留给控制器自动控制，实现飞行员与航迹控制器之间的协调控制。

6.3.1 高度与垂直速度控制

飞机的高度稳定与控制，是飞行航迹控制的重要组成部分，在执行编队飞行、对地轰炸、远距离巡航、进场着陆、地形跟随等任务时，均需保持高度的稳定。

1. 基本控制方式

飞行高度的稳定与控制不能仅仅通过俯仰角的稳定与控制来完成，因为飞机受垂直干扰风影响时，会产生高度漂移，不能实现高度稳定。当飞机存在高度偏差时，定义 $\Delta H = H - H_g$，即飞机当前高度 H 大于给定高度 H_g 时为正偏差，需要产生负的航迹俯仰角 γ 来消除。因此，从控制角度，采用航迹俯仰角 γ 作为高度控制的内回路构建高度控制系统是比较理想的选择。由纵向通道信号流图 3-4 可知

$$\Delta\dot{\gamma} = -Z_\alpha\Delta\alpha - Z_V\Delta V_A \tag{6-73}$$

式 (6-73) 显示了迎角 α 和空速 V_A 对飞行航迹的影响，在 $Z_\alpha \gg Z_V$ 并且 ΔV_A 不大时，特别是若在高度控制过程中同时保持速度稳定时，如图 6-28 所示，有

$$\Delta\dot{\gamma} = -Z_\alpha\Delta\alpha \tag{6-74}$$

式 (6-74) 表明迎角 α 是短时改变飞行航迹的最有效内操纵变量。在 $\dot{\gamma}$ 无法有效测量的情况下，可以采用 α 作为 γ 回路的内回路。

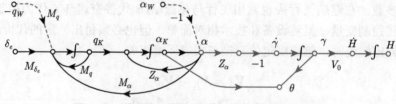

图 6-28 空速恒定情况下纵向通道简化信号流图

进一步考虑到在 $\alpha_W = 0$ 时有 $\theta = \alpha + \gamma$，取微分后可得

$$\Delta \dot{\alpha} = \Delta q_K - \Delta \dot{\gamma} \tag{6-75}$$

当 $q_K \gg \dot{\gamma}$ 时，短时的迎角变化主要取决于俯仰角速度 q_K。最后，俯仰角加速度 $\dot{q}_K$ 直接由升降舵偏转 δ_e 引起。

至此，可以构建出以升降舵偏转 δ_e 为控制变量，以 $[q_K \quad \alpha \quad \gamma \quad H]^T$ 为状态变量，由内到外分别由 q_K、α、γ 和 H 反馈构成的高度控制系统。由于 γ 无法直接测量，所以采用这种高度控制结构的飞机相对较少。考虑到

$$\Delta n_z = -\frac{V_0}{g}(Z_\alpha \Delta \alpha + Z_V \Delta V_A) \approx -\frac{V_0}{g} Z_\alpha \Delta \alpha \tag{6-76}$$

$$\Delta \dot{H} = V_0 \sin \Delta \gamma \approx V_0 \Delta \gamma \tag{6-77}$$

而物理量 q_K、n_z 和 $\dot{H}$ 均可由相应的传感器直接测量得到。由此形成了第二种高度控制系统构型，即以 $[q_K \quad n_z \quad \dot{H} \quad H]^T$ 为状态变量构建状态反馈的高度控制系统，这种控制结构被普遍应用于战斗机的高度控制。

考虑到俯仰角 $\theta = \gamma + \alpha_K = \gamma + \alpha + \alpha_W$，是航迹俯仰角 γ 和迎角 α 的线性组合，因此对于运输机、轰炸机等大型飞机以及无人作战飞机，往往以俯仰角控制作为纵向轨迹控制的内回路，从而形成了以 $[q_K \quad \theta \quad \dot{H} \quad H]^T$ 为状态变量的第三种高度控制系统构型。

2. 高度稳定与控制过程分析

1）基于俯仰角内回路的高度稳定与控制系统结构

上述三种高度控制方式中，主要介绍以俯仰角控制内回路的高度稳定与控制系统，其结构如图 6-29 所示。

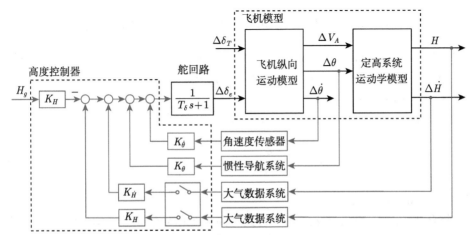

图 6-29 典型飞机的高度稳定与控制系统原理结构图

高度控制律为

$$\Delta\delta_e = K_{\dot\theta}\Delta\dot\theta + K_\theta\Delta\theta + K_{\dot H}\Delta\dot H + K_H(H - H_g) \tag{6-78}$$

也可表示为将高度偏差信号转换为给定俯仰角的控制形式，即

$$\begin{cases} -\Delta\theta_g = \dfrac{1}{K_\theta}[K_{\dot H}\Delta\dot H + K_H(H - H_g)] \\ \Delta\delta_e = K_{\dot\theta}\Delta\dot\theta + K_\theta(\Delta\theta - \Delta\theta_g) \end{cases} \tag{6-79}$$

式 (6-78) 控制律中，未考虑舵回路惯性，并且控制律各增益均包含了舵回路增益 K_δ。在实际飞机的高度控制系统中，$\Delta H = H - H_g$ 和 $\dot H$ 一般由机载大气数据系统测量，θ 信号由垂直陀螺仪或惯性导航系统测量，$\dot\theta = q_K$ 由角速度传感器测量。ΔH 用于实现飞机高度的稳定与控制，$\dot H$ 反馈相当于控制量的测速反馈，可有效改善高度控制系统的阻尼。俯仰角 θ 内回路的主要作用有三个，分别为：①作为基本控制器，还可以用于如速度 V_A 等其他状态量的控制；② θ 为迎角 α 和航迹俯仰角 γ 的组合，可以起到提前反舵、增大控制系统阻尼的作用（注意由于其反馈系数由俯仰角控制需求确定，无法根据高度控制的需要进行调节，故不能取代 $\dot H$ 反馈）；③在高度控制系统因故障等特殊原因断开时，能稳定飞机俯仰角，保证飞行安全。

图 6-29 中，飞机模型分为两部分，由式 (3-137)、式 (3-139) 以及式 (3-157) 或飞机纵向运动方程可以得到 $\Delta\delta_e$ 作用下，$\Delta\dot\theta$、$\Delta\theta$ 和 ΔV_A 的传递函数表达式。为了便于分析高度稳定与控制系统的工作性能，下面对飞机纵向轨迹运动即定高系统动力学模型做简要说明。

首先根据多变量函数的泰勒级数展开公式，对式 (6-77) 进行线性化，可得

$$\dot H = \dot H_0 + \Delta\dot H = V_0\sin\gamma_0 + V_0\Delta\gamma\cos\gamma_0 + \Delta V\sin\gamma_0 \tag{6-80}$$

式中，$\dot H_0 = V_0\sin\gamma_0$ 为初始高度变化率。若飞机在非平飞状态接通高度控制系统，则必须考虑这一初始条件，若在平飞状态接通，则有 $\dot H_0 = 0$。$\Delta V\sin\gamma_0$ 反映了速度变化对高度控制的影响。

进一步，根据式 (6-73) 和 $\theta = \alpha + \gamma$，可以得到

$$\Delta\gamma = \frac{-Z_\alpha}{s - Z_\alpha}\Delta\theta + \frac{-Z_V}{s - Z_\alpha}\Delta V \tag{6-81}$$

在此 $Z_\alpha < 0$，$Z_V < 0$。

结合式 (6-80) 和式 (6-81) 可以得到定高系统运动学模型结构如图 6-30(a) 所示。在飞机处于平飞状态时接通高度稳定系统，这时 $\dot H_0 = 0$，并假设飞机具有动

力补偿系统能保持速度稳定, 则有 $\Delta V = 0$, 此时定高系统运动学模型可以简化为如图 6-30(b) 所示。

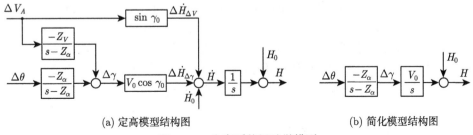

(a) 定高模型结构图 (b) 简化模型结构图

图 6-30 定高系统运动学模型

2) 高度稳定与控制过程分析

某大型飞机取控制律 $\Delta\delta_e = 4\Delta\dot\theta + 2\Delta\theta + 0.0125\Delta\dot H + 0.0025(H - H_g)$, 在通过动力补偿保持速度稳定条件下, 初始高度偏差 $\Delta H_0 = 100\text{m}$ 时的高度稳定过渡过程曲线如图 6-31(a) 所示。根据式 (6-78) 高度稳定控制律, 最初过渡过程中, 在初始高度偏差 $\Delta H > 0$ 作用下, 飞机升降舵快速下偏 $\delta_e > 0$, 产生下俯操纵力矩控制飞机俯仰角 θ 减小, 飞机航迹俯仰角 γ 随之减小, 飞机下降高度, ΔH 逐渐减小。随着上述过程的持续, 控制律中 $\Delta\theta$ 作用增强, ΔH 作用减弱, 在 t_1 时刻达到平衡使得 $\Delta\delta_e = 0$, 飞机航迹俯仰角也达到负的最大值 $-|\gamma_{\max}|$。在此之后, 升降舵反偏 $\Delta\delta_e < 0$, 飞机航迹俯仰角 γ 和俯仰角 θ 逐渐增大, 高度偏差 ΔH 继续减小, 趋于稳态时, 上述状态参数均逐渐趋向于零。

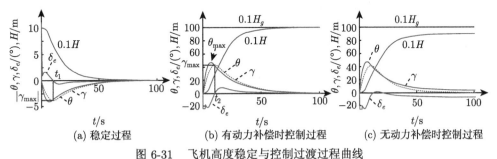

(a) 稳定过程 (b) 有动力补偿时控制过程 (c) 无动力补偿时控制过程

图 6-31 飞机高度稳定与控制过渡过程曲线

图 6-31(b) 为与高度稳定相同控制律, 飞机同样有动力补偿, 给定高度 $H_g = 1000\text{m}$ 时, 飞机高度控制过程的响应曲线。由于 $\Delta H = H - H_g < 0$, 故 θ、γ 以及 $\Delta\delta_e$ 符号与上述稳定过程相反, 变化趋势基本相同。需要注意的是, 由于升降舵偏转受机械位置限制, 设有 $\pm 25°$ 的偏角限幅。此外, 在控制过程中, 由于 $|\Delta H|$ 较大, 响应中飞机最大俯仰角 $\theta_{\max}$ 和最大航迹俯仰角 $\gamma_{\max}$ 也较大, 可能

超过定直爬升的最大航迹俯仰角限制，因此在实际控制律中，需要对式 (6-79) 中的 $|\Delta\theta_g|$ 进行限幅，以产生合理的爬升轨迹，并保证飞行安全。

图 6-31(c) 为没有动力补偿时的飞机高度控制的过渡过程曲线。与图 6-31(b) 比较可知，过渡过程曲线变化趋势基本相同，但趋于稳态时，由于飞机高度爬升，飞行速度降低 $\Delta V < 0$，为保持平飞 $\gamma_{ss} = 0$，需增大稳态迎角即 $\Delta\alpha_{ss} > 0$ 以产生足够的升力 L 来平衡重力 G，因此俯仰角也存在稳态误差 $\Delta\theta_{ss} = \Delta\alpha_{ss} > 0$。迎角增量 $\Delta\alpha_{ss}$ 产生的附加静稳定力矩需要附加的操纵力矩来平衡，故有 $\Delta\delta_{ess} < 0$。最后，为保持控制律方程 (6-78) 的平衡，则有 $\Delta H_{ss} < 0$，即存在高度控制稳态误差。

3）扰动作用对高度控制系统的影响

在此主要分析常值干扰力矩和垂直风对飞机高度稳定与控制系统稳态性能的影响。首先分析常值干扰力矩 $M_f > 0$ 的影响，稳态时有 $\Delta\theta_{ss} = \Delta\gamma_{ss} + \Delta\alpha_{ss}$，飞机平飞且速度稳定，则有 $\Delta\gamma_{ss} = \Delta\alpha_{ss} = 0$，故 $\Delta\theta_{ss} = 0$，则稳态时有

$$\begin{cases} M_f + M_{\delta_e}^A \Delta\delta_{ess} = 0 \\ \Delta\delta_{ess} = K_H \Delta H_{ss} \end{cases} \tag{6-82}$$

可得到常值干扰力矩作用下高度稳定的稳态误差为

$$\Delta H_{ss} = -\frac{M_f}{I_y M_{\delta_e} K_H} \tag{6-83}$$

飞机进入风速为 w_W 的垂直风场时，由飞机纵向运动信号流图 3-4 可知，垂直风对飞机纵向通道的影响分为两部分，一部分为垂直风产生的风迎角 α_W，参见式 (6-4)。另一部分为垂直风切变 w_{W_x} 产生的 $q_W = -w_{W_x}$，简单起见，在此假设垂直风在 Ox 方向的梯度为零即 $w_{W_x} = 0$，从而忽略 q_W 的影响。由公式

$$\begin{cases} \theta = \alpha_K + \gamma = \alpha + \alpha_W + \gamma \\ \dot{\gamma} = -Z_\alpha \alpha \end{cases} \tag{6-84}$$

可得

$$\Delta\gamma = \frac{-Z_\alpha}{s - Z_\alpha}(\Delta\theta - \alpha_W) \tag{6-85}$$

考虑垂直风影响时，定高系统简化动力学模型可以表示为如图 6-32 所示的结构。当趋于稳态时，$\Delta\gamma_{ss} = 0$，因此有 $\Delta\theta_{ss} = \alpha_W$，由稳态时高度控制律可得

$$\Delta\delta_{ess} = K_\theta \Delta\theta_{ss} + K_H \Delta H_{ss} = 0 \tag{6-86}$$

可得垂直风作用下，高度稳定的稳态误差为

$$\Delta H_{ss} = -\frac{K_\theta}{K_H}\Delta\theta_{ss} = -\frac{K_\theta}{K_H}\alpha_W = -\frac{K_\theta}{K_H}\arctan\frac{w_W}{V_A} \tag{6-87}$$

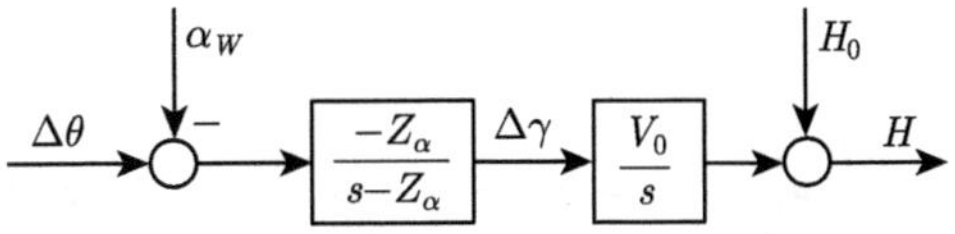

图 6-32　垂直风场影响的定高系统简化模型

3. 高度稳定与控制的几点说明

1）提高稳态性能的措施

为进一步提高高度控制系统的稳态控制精度，消除常值干扰力矩以及垂直风产生的稳态误差，在图 6-33 的基础上，通常有以下措施：

（1）控制律中引入高度偏差 ΔH 的积分信号，即将控制律表达式 (6-78) 改为

$$\Delta\delta_e = K_{\dot\theta}\Delta\dot\theta + K_\theta\Delta\theta + K_{\dot H}\Delta\dot H + K_H(H - H_g) + K_{\int H}\int(H - H_g)\mathrm{d}t \tag{6-88}$$

（2）断开 $\theta \to \delta_e$ 反馈，但必须同时增大 $K_{\dot H}$ 以补偿由此产生的阻尼不足问题；

（3）在 $\theta \to \delta_e$ 反馈通路中加入清洗网络，使得 $\theta \to \delta_e$ 反馈进入稳态时自动断开。

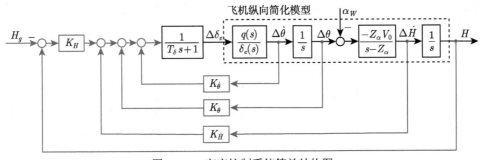

图 6-33　高度控制系统等效结构图

2）高度控制的工作方式

长期以来，自动飞行控制系统常规工作方式是将高度控制器接通瞬时所在的高度作为给定值 H_g 并保持，称为高度保持（altitude hold，AH）方式。另一种工作方式是高度捕获（altitude acquire，AA）方式，即预选任一个预定高度 H_g，由高度控制器在遵守一定约束条件下，自动地达到这个高度并保持。

高度捕获方式下，在接通高度控制器瞬间，可能出现大的控制偏差 ΔH，从而给基本控制器预置一个很大的俯仰角规定值 $\Delta\theta_g$（图 6-31(b)），这必须通过限

制予以避免。除此之外，应在适当的垂直加速度（即合适的 n_z）下以柔和的过渡方式改变高度。二者都可通过控制回路来实现，一种带俯仰角限制的高度控制器结构如图 6-34 所示。

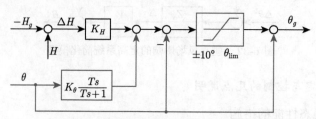

图 6-34　带俯仰角限制的高度控制器结构

图 6-34 中，给定高度的正向阶跃变化 $\Delta H < 0$，首先产生一个正的俯仰角。若 $\theta < 10°$，则 θ 反馈只通过高通滤波器才有效，因为限幅器前后符号相反的 θ 信号互相对消了。在高度给定值变化不大时，若飞机高度以高通滤波器的时间常数趋近给定值，那么经过滤波的 θ 信号就刚好补偿了控制误差 ΔH（调节信号约为零）。

若高度给定值阶跃变化很大，则组合信号 $K_H \Delta H - \theta$ 就被限制在 θ_{lim}，当达到 θ_{lim} 时，尽管仍存在大的控制偏差 ΔH，但操纵信号近似为零。这样，将以等俯仰角 θ_{lim} 达到新的高度。在达到新的给定高度值之前某个高度偏转 ΔH_1 位置，限制将不再起作用（$|K_H \Delta H - \theta| < \theta_{lim}$），这时基于高通滤波器向水平飞行的过渡过程就变成一个指数函数。当接近给定高度 H_g 时，控制器又转变成线性高度保持。

3）垂直升降速度控制问题

在起飞上升、变换飞行高度、改变巡航高度以及进场飞行等情况下，飞机较长时间处在等边界条件下的上升或下降飞行阶段。这类飞行阶段通过自动飞行控制系统的垂直速度保持（vertical speed hold，VSH）工作方式自动控制。这也与高度控制器一样，涉及恒定值控制，即用这种方式保持接通瞬时的垂直速度 $\dot{H}$。因而，飞行员在选择这种规定方式之前，必须驾驶飞机达到希望的垂直速度，并配平飞机。

$\dot{H}$ 控制器作为航迹控制器要优于姿态控制，所以在新型飞行控制系统中，它已替代姿态控制器作为基本控制器。只要保持 $\dot{H}$ 近似不变，垂直速度控制器甚至能补偿风和紊流的影响，因此升降舵 δ_e 作为唯一的调节变量就足够了。另外，也可以在 $\dot{H}$ 控制器的基础上，构成高度控制器。

$\dot{H}$ 控制器采用预置 $\dot{H}_g$ 控制飞机升降速度时，若 $|\Delta \dot{H}| = |\dot{H} - \dot{H}_g|$ 较大，则为避免空速变化，必须修正推力，即 $\dot{H}$ 预置控制器必须要与油门控制器一起使用。

4）采用 n_z 内回路的高度控制

在采用电传控制系统的现代战斗机飞行控制系统中，往往选择 n_z 代替 $\dot{H}$ 或者 C^* 作为预置变量，如战斗机的典型高度控制系统控制律为

$$\begin{cases} -\Delta n_{zg} = K_{\dot{H}}\Delta\dot{H} + K_H \dfrac{1}{\tau_H s + 1}(H - H_g) - \dfrac{1 - \cos\phi}{\cos\phi} \\ \Delta\delta_e = K_{\dot{\theta}}\Delta\dot{\theta} + K_{n_z}(\Delta n_z - \Delta n_{zg}) + K_{\int n_z}\displaystyle\int(\Delta n_z - \Delta n_{zg})\mathrm{d}t \end{cases} \tag{6-89}$$

控制律采用 n_z 内回路代替了 $\dot{H}$ 或 θ 内回路，由高度偏差 ΔH 生成给定过载 n_{zg}，低通滤波器用于滤除 H 的量测噪声，$\dot{H}$ 反馈用于增大阻尼，引入 $(1 - \cos\phi)/\cos\phi$ 用于补偿飞机滚转对升力的影响，并采用 PI 控制器实现对过载 n_z 的无差跟踪控制，除此之外还需要对 $|\Delta n_{zg}|$ 进行一定的限制。

6.3.2 速度与马赫数控制

飞机飞行速度和马赫数是十分重要的状态参数，也是航迹控制中三个主要参数之一。飞机自身质量较大，飞行速度变化缓慢，亚声速飞行时飞机的空速有较大的稳定储备，飞行员一般能及时操纵。此外，在传统巡航飞行时对速度的稳态精度要求不高，所以早期飞机往往没有速度自动控制系统。随着超声速飞机的出现，空速稳定性下降，有时甚至出现发散的沉浮运动。同时现代战机所执行任务复杂度的提高，对导航、引导、自动着陆等飞行航迹控制精度要求也不断提高，这都对空速的控制精度提出了严格要求。因此，空速或马赫数控制系统已成为现代飞行控制系统的一个重要子系统。

1. 速度控制的作用

1）保证低动压平飞的速度稳定性

飞机平飞时，必有 $\Delta\dot{\gamma} = \Delta\gamma = 0$，根据纵向通道信号流图 3-4 或式 (6-73) 可得

$$\Delta\alpha = -\frac{Z_V}{Z_\alpha}\Delta V_A \tag{6-90}$$

由于 $Z_V < 0$，$Z_\alpha < 0$，若空速 V_A 增大，要保持空速 V_A 方向不变，必须减小迎角 α，使升力增量为零。又因为平飞时 $\Delta\gamma = 0$，则有 $\Delta\theta = \Delta\alpha$，即空速 V_A 增大时，飞机必须低头以减小迎角。这就是飞行员为保持平飞，当飞机加速时总推驾驶杆使飞机低头的原因。

根据简化后飞机纵向长周期运动方程 (3-146) 可得

$$\Delta\dot{V}_A = (X_\alpha - g)\Delta\alpha + X_V\Delta V_A - g\Delta\gamma + X_{\delta_T}\Delta\delta_T \tag{6-91}$$

将 $\Delta\gamma = 0$ 和 $\Delta\theta = \Delta\alpha$ 代入式 (6-91) 可得

$$\Delta \dot{V}_A - \left[X_V - \frac{Z_V}{Z_\alpha}(X_\alpha - g) \right] \Delta V_A = X_{\delta_T} \Delta \delta_T \qquad (6\text{-}92)$$

式 (6-92) 表明，保持速度稳定性的条件为

$$X_V - \frac{Z_V}{Z_\alpha}(X_\alpha - g) < 0 \qquad (6\text{-}93)$$

由于速度阻尼导数 $X_V < 0$，故式 (6-93) 又可表示为

$$-X_V > -\frac{Z_V}{Z_\alpha}(X_\alpha - g) \qquad (6\text{-}94)$$

飞机在低动压飞行时，反映飞机机动性能的导数 Z_α 将减小，不等式右侧值将增大，增加了速度不稳定的可能性，故需要速度控制系统。

2）速度控制是航迹控制的必要前提

飞机的航迹控制实际上是通过控制飞机的角运动来实现的，这里有一个前提，那就是认为速度保持不变。但在飞机低动压飞行或长时间机动飞行时，就不能保证这个前提。图 6-35 为某型飞机分别在无速度控制和有速度控制时，俯仰角控制系统输入为 10° 的阶跃响应曲线。比较这两组曲线可以明显看出，对于无速度控制系统，如图 6-35(a) 所示，只通过操纵俯仰角 θ 来控制航迹俯仰角 γ，从而控制飞机的航迹是不可能的。这种速度变化对轨迹控制的影响通过式 (6-81) 也可得到明显的反映，若没有速度控制，飞机爬升时势能增加则动能必然减小，即 $\Delta V < 0$，根据式 (6-81) 将产生 $\Delta \gamma < 0$，从而对轨迹控制产生影响。

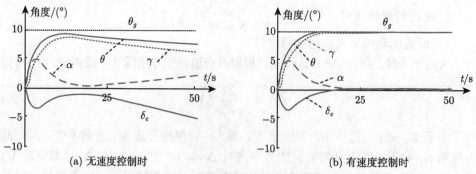

图 6-35　俯仰角控制系统响应曲线

3）保证跨声速飞行时的速度稳定性

由第 3 章的分析可知，一般情况下，飞机亚声速飞行时有大导数 $M_V > 0$，飞行速度增加 $\Delta V > 0$ 时，将产生上仰力矩使飞机爬升，从而导致飞行速度下降，此时飞机具有速度稳定性。飞机进入跨声速飞行时，随马赫数的提高飞机焦点快

速后移，使得大导数 $M_V < 0$，这时若速度增加 $\Delta V > 0$，将产生下俯力矩使飞机低头，使得速度继续增大，此时不再具有速度稳定性。因此，跨声速飞行时，需要采用马赫数自动配平系统或速度控制系统稳定飞行速度。

2. 速度控制的基本方式

将第 5 章纵向长周期运动信号流图 5-42 进行整理，可以得到如图 6-36 所示的等效信号流图。由此可知，控制速度的操纵变量有两个，一是升降舵（或全动平尾），另一个是发动机推力（或油门杆），两者都可以对空速产生影响，由此产生了不同用途下不同的速度控制方案。

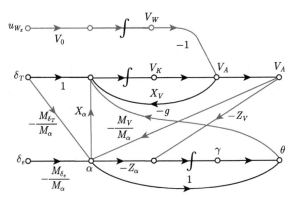

图 6-36 飞机长周期运动简化信号流图

1）升降舵控制速度

通过升降舵/平尾控制空速方案的物理实质是：升降舵 δ_e 改变俯仰角 θ 和迎角 α 从而改变重力在空速方向上的投影，引起飞行加速度变化，从而控制空速。由飞机纵向运动信号流图 3-4 可知，升降舵/平尾对空速变化的作用是通过 4 个积分器实现的，为使控制系统稳定，本来需要反馈所有 4 个状态变量。但是由于 α 经过 X_α 直接连接到积分器 V_A 的输入上，所以可以放弃反馈 α 这个状态变量，直接采用 θ 角控制回路作为控制器内回路，反馈 q_K 和 θ 作为状态变量，由此构成的速度控制系统如图 6-37 所示，典型的空速保持控制律如式 (6-95) 所示：

$$\Delta\delta_e = K_{\dot\theta}\dot\theta + K_\theta\theta - K_{\dot V}\dot V_A - K_V(V_A - V_{Ag}) - K_{\int V}\int(V - V_{Ag})\mathrm{d}t \quad (6\text{-}95)$$

该控制方案中，没有对发动机油门 δ_T 实施控制，推力 T 保持常值，因此对空速调节范围有限，一般需要飞行员手动控制飞机到预定空速，然后接通速度稳定保持当前的空速。图 6-37 中，若将空速 V_A 改为马赫数 Ma 则可实现马赫数保持。

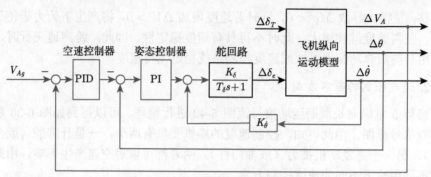

图 6-37　空速保持控制系统结构图

飞机纵向运动中，空速 V_A 为长周期运动变量，变化相对缓慢，q_K、α 属于短周期运动变量，变化较快。一般认为短周期运动结束较快，纵向力矩很快达到平衡，此后主要是长周期运动。因此，在研究速度控制系统时，图 6-37 中飞机的运动模型可以通过式 (3-146) 进行描述，稳态迎角增量 $\Delta\alpha$ 可通过式 (3-145) 计算，此时飞机简化纵向信号流图如图 6-36 所示。升降舵 δ_e 作用下空速 V_A 和航迹俯仰角 γ 的传递函数分别如式 (3-157) 和式 (3-158) 所示，而俯仰角 θ 可通过 γ 由 $\Delta\theta = \Delta\gamma + \Delta\alpha$ 计算得到，由此在发动机油门保持不变的情况下，可以得到飞机纵向长周期运动简化结构如图 6-38 所示。

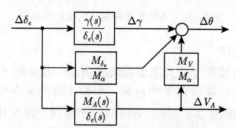

图 6-38　δ_e 作用下的飞机纵向长周期运动结构图

2）推力控制速度

飞机在着陆进近、自动引导等飞行阶段希望同时控制飞行高度和空速。这促进了推力控制也就是自动油门（auto throttle）的发展。高度控制任务已由升降舵/平尾承担，但为了能独立控制第二个航迹变量 V_A，必须把发动机推力作为第二个调节变量。所以需要用推力控制空速，由图 6-36 可知，用推力改变空速要比用升降舵更直接，即只经过一个积分器。除此之外，$V_A \to \delta_T$ 反馈还可以产生人工 X_V，从而改善沉浮运动的阻尼。

空速 V_A 和航迹俯仰角 γ 对油门 δ_T 和升降舵 δ_e 操纵指令响应之间的强烈耦合作用，一般不允许孤立使用 $V_A \to \delta_T$ 反馈。在第 3 章中已分析了飞机油门的纵向运动响应，单纯改变油门只能在过渡过程中改变空速，最终的稳态空速和迎角不变，但会使得飞行轨迹上升或下滑。出现上述结果的主要原因在于，根据图 6-36，由油门 δ_T 控制空速 V_A 的控制结构中，构成了一条 $V_A \to \dot{\gamma} \to \gamma \to \theta \to \dot{V}_K$ 的反馈通路，反馈增益 $H(s)$ 为

$$H(s) = \frac{1}{s} Z_V g \tag{6-96}$$

由于 $Z_V < 0$，故 $H(s)$ 为带有积分的负反馈，这个反馈会阻止任何空速变化。由于反馈回路积分器的存在，稳态时必有 $\Delta V_{Ass} = 0$，则一定有 $\Delta \alpha_{ss} = 0$ 和 $\Delta \theta_{ss} = \Delta \gamma_{ss}$，以及

$$\Delta \dot{V}_{Kss} = X_{\delta_T} \Delta \delta_T - g \Delta \gamma_{ss} = 0 \tag{6-97}$$

因此，单独控制油门时，稳态俯仰角 $\Delta \theta_{ss}$ 和航迹俯仰角 $\Delta \gamma_{ss}$ 为

$$\Delta \theta_{ss} = \Delta \gamma_{ss} = \frac{X_{\delta_T}}{g} \Delta \delta_T = \frac{1}{mg} \Delta T \tag{6-98}$$

式中，m 为飞机质量；ΔT 为油门变化引起的稳态发动机推力增量。

因此，正常情况下，单独使用自动油门并不能减轻飞行员的负担，飞行员必须承担与空速耦合的姿态控制，补偿由推力力矩造成的不平衡等问题。

3. 自动油门控制系统

1）自动油门控制系统结构

一般研究的自动油门控制器必须与姿态控制器或高度控制器同时作用，基本结构分别如图 6-39(a) 和 (b) 所示。

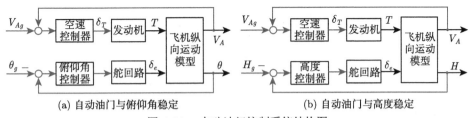

(a) 自动油门与俯仰角稳定　　　　(b) 自动油门与高度稳定

图 6-39　自动油门控制系统结构图

图 6-39(a) 所示自动油门控制系统中，通过引入了 $\theta \to \delta_e$ 反馈，飞机俯仰角 θ 保持稳定，油门 δ_T 作用下，俯仰角增量 $\Delta \theta = 0$，从而断开了 V_A 到 $\dot{V}_K$ 的反馈作用，推力的变化均于改变空速。此时有 $\Delta \dot{\gamma} = 0$，$\Delta \gamma = -\Delta \alpha$，同时对于快变量 q 有 $\dot{q} = q = 0$，且一般情况下 $M_{\delta_T} = Z_{\delta_T} = 0$，代入飞机纵向运动方程 (3-99) 可得

$$\begin{cases} 0 = M_V \Delta V_A + M_\alpha \Delta \alpha + M_{\delta_e} \Delta \delta_e \\ \Delta \dot{\alpha} = Z_\alpha \Delta \alpha + Z_V \Delta V_A + Z_{\delta_e} \Delta \delta_e \\ \Delta \dot{V}_A = X_\alpha \Delta \alpha + X_V \Delta V_A + X_{\delta_T} \Delta \delta_T \end{cases} \tag{6-99}$$

由此根据式 (6-99) 可得油门作用下空速响应的传递函数为

$$\frac{\Delta V_A(s)}{\Delta \delta_T(s)} = \frac{X_{\delta_T}\left(s - Z_\alpha + \dfrac{M_\alpha Z_{\delta_e}}{M_{\delta_e}}\right)}{s^2 - \left(X_V + Z_\alpha - \dfrac{M_\alpha Z_{\delta_e}}{M_{\delta_e}}\right)s - \left(Z_V - \dfrac{M_V Z_{\delta_e}}{M_{\delta_e}}\right)X_\alpha + \left(Z_\alpha - \dfrac{M_\alpha Z_{\delta_e}}{M_{\delta_e}}\right)X_V} \tag{6-100}$$

进一步考虑到 $Z_{\delta_e} \approx 0$，则有

$$\frac{\Delta V_A(s)}{\Delta \delta_T(s)} = \frac{X_{\delta_T}(s - Z_\alpha)}{s^2 - (X_V + Z_\alpha)s - Z_V X_\alpha + Z_\alpha X_V} \tag{6-101}$$

此时油门作用下速度响应的稳态增益为

$$K_{\mathrm{ss1}} = \left.\frac{\Delta V_A(s)}{\Delta \delta_T(s)}\right|_{s \to 0} = \frac{-X_{\delta_T} Z_\alpha}{-Z_V X_\alpha + Z_\alpha X_V} \tag{6-102}$$

式 (6-102) 表明，采用俯仰角稳定控制器与自动油门配合，可以通过油门实现对空速的有效调节。

图 6-39(b) 所示自动油门控制系统中引入了高度稳定控制器，则有 $\Delta \gamma = \Delta \dot{\gamma} = 0$，$\Delta \theta = \Delta \alpha$，$\dot{q} = q = 0$，同样在 $M_{\delta_T} = Z_{\delta_T} = 0$ 情况下，代入飞机纵向运动方程 (3-101) 可得

$$\begin{cases} 0 = M_V \Delta V_A + M_\alpha \Delta \alpha + M_{\delta_e} \Delta \delta_e \\ \Delta \dot{\alpha} = Z_\alpha \Delta \alpha + Z_V \Delta V_A + Z_{\delta_e} \Delta \delta_e \\ \Delta \dot{V}_A = (X_\alpha - g) \Delta \alpha + X_V \Delta V_A + X_{\delta_T} \Delta \delta_T \end{cases} \tag{6-103}$$

对比式 (6-103) 和式 (6-99)，将式 (6-100) 中的 X_α 替换为 $X_\alpha - g$ 即可得此时油门作用下空速响应的传递函数，忽略 Z_{δ_e} 影响时，稳态增益为

$$K_{\mathrm{ss2}} = \left.\frac{\Delta V_A(s)}{\Delta \delta_T(s)}\right|_{s \to 0} = \frac{-X_{\delta_T} Z_\alpha}{-Z_V(X_\alpha - g) + Z_\alpha X_V} \tag{6-104}$$

对比式 (6-104) 和式 (6-102)，由于 $X_\alpha > 0$，$X_\alpha - g < 0$，$Z_V < 0$，故有 $K_{\mathrm{ss2}} > K_{\mathrm{ss1}}$。主要原因在于采用俯仰角稳定控制器与自动油门配合时，为保持俯

仰角稳定，加大油门使空速增大时，迎角将减小 $\Delta\alpha < 0$，因此 $\Delta\gamma > 0$，飞机爬升将损耗部分发动机能量，从而使得飞机空速增量减小。

2）发动机模型

发动机的动态特性可以近似为一个惯性环节，其表达式为

$$G(s) = \frac{K_F}{T_F s + 1} \tag{6-105}$$

上述发动机模型输入为发动机油门位移 δ_T，输出为发动机推力 T。惯性环节增益 K_F 为单位油门杆位移产生的推力值，可由发动机校准推力曲线获得，在发动机使用范围内取推力曲线的平均斜率。若有多个发动机，K_F 为多个发动机的单位油门推力之和。时间常数 T_F 为油门杆位移到发动机推力改变的时间延迟，与发动机型别有关，一般在 $0.5 \sim 3$s。

3）自动油门控制律设计

设计自动油门控制器，首先需要考虑的是应当尽量准确地保持空速，尤其在使用自动油门控制器最频繁的着陆进场阶段。为了减小接地速度和着陆减速滑跑距离，空速在这个飞行阶段比最小空速只大 30% 左右，绝对不允许再继续减小，为此，需要较高的控制增益；其次为了补偿风切变的影响，自动油门控制器应具有积分特性，因此自动油门控制器常采用比例积分式电传控制律以提高稳态控制精度，但积分增益过大易导致系统振荡；再次，为增大控制系统阻尼，通常还需要引入速度微分信号，构建测速反馈控制系统结构。由此得到自动油门控制律为

$$\Delta\delta_T = \frac{K_T}{T_T s + 1}\left[K_P(V_{Ag} - V_A) + K_I \int (V_{Ag} - V_A)\mathrm{d}t - K_D \dot{V}_A \right] \tag{6-106}$$

式中，K_T 为油门伺服机构的传动比；T_T 为油门伺服机构时间常数；V_{Ag} 为给定空速。

一般情况下 $\dot{V}_A$ 难以直接测量，故采用 $\dot{V}_K$ 反馈作为自动油门控制的测速反馈。为此，需要用机载加速度计（或过载传感器）测量沿 Ox_b 轴的加速度 a_x（或过载 n_x）。考虑到机载加速度计测量值为

$$a_x = \dot{V}_K + g\sin\theta \tag{6-107}$$

为此需要准确测量飞机的俯仰角 θ，并按式 (6-107) 对加速度计的输出进行补偿。

4. 自动油门的推力平静问题

1）推力平静控制需求

自动油门控制飞机空速过程中，总会受到各种扰动的影响，如水平风切变将无滞后地影响飞机空速，收放着陆襟翼或前缘襟翼也必然附带改变空速会导致控制系统对发动机油门进行频繁调节，这种对推力的频繁干预可能导致以下问题：

（1）缩短发动机的寿命，增大飞机燃料消耗；

（2）产生发动机噪声对飞行员和乘客造成影响；

（3）产生对座舱压力以及供电和液压系统等设备的扰动。

与此同时，当飞机空速需要连续变化时，通过油门干预也将很费力，因此自动油门控制系统执行推力控制时，希望具有尽可能高的推力平静度，也就意味着自动油门控制系统需要在推力平静和控制精度要求之间做出折中。

2）互补滤波器

由图 6-36 可知，水平风沿 x 轴向的梯度 u_{W_x} 将无滞后地影响空速 V_A，而航速 V_K 的变化将滞后发生，并且与大导数 X_V 成正比。为了便于描述阵风引起的发动机推力不平静问题，在图 6-36 所示长周期信号流图的基础上，进一步忽略整个 $\delta_e \rightarrow \theta$ 通路对空速的影响，可得 V_W 作用下的 V_A 和 $\dot{V}_K$ 大小分别为

$$V_A = -\frac{s}{s - X_V} V_W \tag{6-108}$$

$$\dot{V}_K = -\frac{s X_V}{s - X_V} V_W \tag{6-109}$$

如果把受阵风影响的空速 V_A 和加速度 $\dot{V}_K$ 直接反馈给油门 δ_T，那么发动机推力 T 将变得不平静。常用的解决方法是分别对 V_A 和 $\dot{V}_K$ 通道引入一个一阶低通滤波器，构成互补滤波器。

下面以式 (6-106) 所示 PID 空速控制律为例说明互补滤波器的作用。首先由于控制律积分部分本身对高频噪声具有较好的滤波作用，系数 K_I 一般较小，故在研究推力平静问题时可以忽略阵风通过积分通路对油门的影响。将式 (6-108) 和式 (6-109) 代入式 (6-106) 可得

$$\Delta \delta_T = \frac{K_T}{T_T s + 1} \frac{1}{s - X_V} \left(\frac{k_1 s}{T_1 s + 1} V_W + \frac{k_2 X_V s}{T_2 s + 1} V_W \right) = G(s) \left(\frac{k_1}{T_1 s + 1} + \frac{k_2 X_V}{T_2 s + 1} \right) s V_W \tag{6-110}$$

式中，$G(s) = \dfrac{K_T}{(T_T s + 1)(s - X_V)}$；$T_1$、$T_2$ 分别为 V_A 和 $\dot{V}_K$ 滤波器的时间常数；$k_1 = K_1 K_P$、$k_2 = K_2 K_D$ 为综合控制律增益后两个反馈通路的比例系数。式 (6-110) 中由于 $X_V < 0$，因此两个反馈通路对阵风具有一定的互补作用，理论上只要取 $T_1 = T_2$，$k_1 + k_2 X_V = 0$ 就可以消除阵风对油门的作用，但是一方面由于 X_V 是一个随飞行状态变化的量，因此难以实现；另一方面也无法实现对低频阵风引起的空速变化进行及时补偿。

式 (6-110) 中 $s V_W$ 相当于对阵风的微分作用，因此对高频阵风有放大作用，需要进一步提高互补滤波器的滤波作用。为此进一步将式 (6-110) 变为

$$\Delta\delta_T = G(s)\left[\frac{(k_1 + k_2 X_V) + (k_1 T_2 + k_2 T_1 X_V)s}{(T_1 s + 1)(T_2 s + 1)}\right]sV_W \tag{6-111}$$

式 (6-111) 表征了阵风 V_W 对发动机油门的影响，V_W 在低频范围时，这个信号应尽量大，以提高发动机调节能力；V_W 在高频范围时，则应尽快抑制这个信号，为此可取 $k_1 T_2 + k_2 T_1 X_V = 0$，得

$$\Delta\delta_T = G(s)\left[\frac{k_1(1 - T_2/T_1)}{(T_1 s + 1)(T_2 s + 1)}\right]sV_W \tag{6-112}$$

此时，互补滤波器对 V_W 具有二阶滞后特性。在低频范围时，滤波器增益要足够大，以实现"接通扰动变量"进行空速补偿，并且增益为正，即要求 $T_1 > T_2$，以确保正 V_W 作用下增大推力使飞机加速。同时当阵风 V_W 的角频率高于 $1/T_1$ 和 $1/T_2$ 时，将被有效抑制。

需要说明的是，直接在自动油门控制系统的控制回路中引入具有式 (6-112) 特性的二阶滞后滤波器也可达到同样的效果，但控制回路的相位滞后将使得系统稳定性明显变坏，而采用两个一阶低通滤波器构建互补滤波的方法，可以相互独立地设计控制回路和扰动回路特性，从而平衡系统稳定性和推力平静控制的需求。

图 6-40 和图 6-41 分别显示了带有反馈通路互补滤波器和控制通路阵风滤波器的自动油门控制系统结构图。图中的积分控制通路中均引入了限幅非线性环节，主要用于改善空速偏差较大时积分作用过强可能引起的稳定性问题。图 6-41 中的阵风滤波器不能采用一阶低通滤波器，因为由式 (6-110) 可知（相当于 $T_1 = T_2$），其对 V_W 具有高通特性，无法消除高频阵风引起的推力不平静问题，同时对 V_W 低频增益过小，无法实现空速的及时补偿。

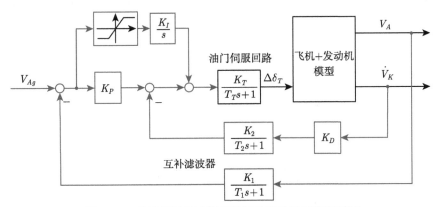

图 6-40 带反馈通路互补滤波器的自动油门控制系统

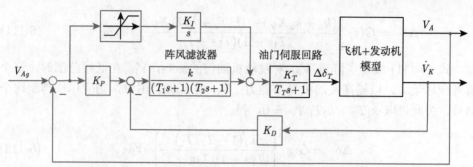

图 6-41　带控制通路阵风滤波器的自动油门控制系统

6.3.3　自动导航控制

　　飞机的导航,是指由机载导航系统为飞机在飞行中提供瞬时位置、方位等信息,引导飞机沿预定航线飞行的一种工作方式。导航系统与自动飞行控制系统交联可以实现自动导航,借此可自动控制飞机按预定航线飞行、自动进入预定目标区域或自动返回预定机场。

　　飞机导航系统依据其采用的技术可以分为惯性导航系统、无线电导航系统、天文导航系统、卫星导航系统等;根据是否需要借助飞机以外的设备测量和计算导航参数,又可分为自主式导航系统(如惯性导航系统、天文导航系统等)和非自主式导航系统(如无线电导航系统、卫星导航系统等)。

　　飞机自动导航控制系统是一种飞行航迹控制系统,从运动控制模态划分可分为侧向导航和垂直导航,分别实现飞机水平面内航迹控制和垂直平面内航迹控制。

　　1. 飞机预定航线的确定

　　自动按预定航线飞行是飞机自动导航控制的最基本工作模态,而预定的飞行航线也称为基准线,通常由若干个航路中途点按顺序连接所形成的折线构成,如图 6-42 所示。

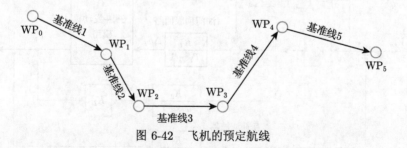

图 6-42　飞机的预定航线

　　惯性导航系统和卫星导航系统的航路点(way point,WP)通常是一组包含地理位置信息的坐标点,直接存储在导航计算机中,预定的应飞航线可通过相邻航路点坐标直接计算得到。无线电导航系统的航路点则一般由地面无线电信标台的位置确定，因此预定航线为相邻无线电信标台之间的连线。

2. 飞机相对于预定航线的位置

自动导航控制中，飞机相对于预定航线位置的确定，是实现按预定航线飞行的基础。假设在 $t = 0$ 时刻，飞机在航路点 A 上，该飞行阶段的目标为航路点 B，如图 6-43 所示。预定飞行航线是航路点 A 到航路点 B 连成的直线，用矢量 $\boldsymbol{r}_{AB}$ 表示。矢量 $\boldsymbol{r}_{AB}$ 在水平面内的投影与地面坐标系 Ox_g 方向间的夹角为 σ_c，称为地图航向角。在航路点 A 和 B 直线连接情况下，这个角度与预定水平测向角 ρ_c 一致。

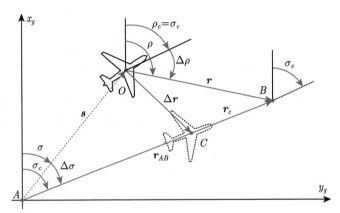

图 6-43　飞机相对预定航线的位置

飞行 t 时刻后，假设飞机期望到达的预定位置为 C 点，而实际到达的位置为 O 点，一般会偏离预定位置 C。飞机的当前位置矢量 $\boldsymbol{s}$ 在水平面上的投影与 Ox_g 轴方向在水平面上形成的对地航向角为 σ，它等于 A 点到 O 点的测向角。此时，飞机相对于预定位置的偏差矢量 $\Delta\boldsymbol{r}$ 可以表示为

$$\Delta\boldsymbol{r} = \boldsymbol{r} - \boldsymbol{r}_c = \begin{bmatrix} \Delta x \\ \Delta y \\ \Delta z \end{bmatrix} \tag{6-113}$$

式中，$\boldsymbol{r}$ 为 t 时刻飞机当前位置 O 点到目标点 B 的径向矢量；$\boldsymbol{r}_c$ 为 t 时刻预定位置 C 点到目标点 B 的径向矢量；Δx、Δy 和 Δz 为预定位置 C 处以 CB 方向为 x 轴向的地面坐标系内的各坐标轴的偏差，且规定飞机处于预定位置 C 的后方，左方和上方时偏差为正。

设飞机当前位置相对于目标点 B 的水平测向角为 ρ，俯仰测向角为 ϵ，斜距

（指到目标点方向矢量或径向矢量的长度）为 R，则由图 6-44 可求得

$$r = \begin{bmatrix} \cos\epsilon\cos\rho \\ \cos\epsilon\sin\rho \\ -\sin\epsilon \end{bmatrix} R \tag{6-114}$$

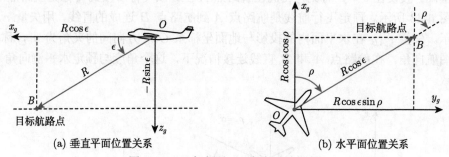

(a) 垂直平面位置关系   (b) 水平面位置关系

图 6-44 飞机相对于目标航路点位置

同样，设预定位置 C 点相对于目标点 B 的水平测向角为 ρ_c，俯仰测向角为 ϵ_c，斜距为 R_c，参照式 (6-114) 可求得 r_c，与式 (6-114) 一起代入式 (6-113) 可得

$$\Delta r = \begin{bmatrix} \cos\epsilon\cos\rho \\ \cos\epsilon\sin\rho \\ -\sin\epsilon \end{bmatrix} R - \begin{bmatrix} \cos\epsilon_c\cos\rho_c \\ \cos\epsilon_c\sin\rho_c \\ -\sin\epsilon_c \end{bmatrix} R_c \tag{6-115}$$

Δr 如图 6-45 所示，可通过相对于预定航线 r_{AB} 的距离偏差 ΔR、侧向偏差 D 和高度偏差 ΔH 表示（说明：ΔR 和 D 按图 6-45 所示位置为正，ΔH 为飞机位于预定航线上方为正）。进一步用增量表达 $R = R_c + \Delta R$、$\epsilon = \epsilon_c + \Delta\epsilon$ 和 $\rho = \rho_c + \Delta\rho$，并在俯仰测向角偏差 $\Delta\epsilon$ 和水平测向角偏差 $\Delta\rho$ 为小角度时，式 (6-115) 可以简化为

$$\Delta r = \begin{bmatrix} \Delta x \\ \Delta y \\ \Delta z \end{bmatrix} = \begin{bmatrix} \Delta R \\ \Delta\rho R + \rho_c\Delta R \\ -\Delta\epsilon R - \epsilon_c\Delta R \end{bmatrix} = \begin{bmatrix} \Delta R \\ D \\ \Delta H \end{bmatrix} \tag{6-116}$$

由式 (6-116) 可知，按预定航线或基准线飞行时，飞机水平面内航迹可以根据水平测向角偏差 $\Delta\rho$（或航向偏差 $\Delta\psi$）或侧向偏差 D 控制，而垂直平面内轨迹控制可以通过俯仰测向角偏差 $\Delta\epsilon$ 或高度偏差 ΔH 控制，其中按测向角偏差 $\Delta\rho$、$\Delta\epsilon$ 控制方式常用于无线电导航和飞机进场着陆控制；侧向偏离 D（或航向偏差 $\Delta\psi$）、高度偏差 ΔH 控制方式常用于惯性导航控制和卫星导航控制。

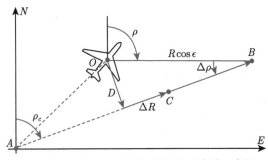

图 6-45 飞机相对预定航线的位置偏差示意图

3. 飞机按预定航线飞行的控制方式

飞机按预定航线飞行通常包括按航线操纵控制、按航迹操纵控制和综合操纵控制三种方式。

1）按航线操纵控制方式

按航线操纵控制方式下，导航系统根据选择的航路点序号，确定预定航线和预定航迹偏航角 χ_c，保证飞机严格按预定航线飞行。在该方式下，相邻航路点之间预定航线为大圆航线，自动导航控制需确保飞机与预定航线的侧向偏离 $D = 0$ 以及航迹偏差角 $\Delta\chi = 0$ （图 6-46）。为此在飞行控制系统中通常有两种实现方式，一是通过构建侧向偏离闭环控制系统，消除飞机与预定航线间的侧向偏离，这部分内容将在后续章节中进行讨论；另一种是由导航系统计算出应飞航向角 ψ_c，飞行控制系统中直接采用航向角控制方式实现。由图 6-46 可知，为确保航迹偏差角 $\Delta\chi = 0$，理论上应飞航向角 ψ_c 应为

$$\psi_c = \chi_c - \beta_K = \chi_c - \beta - \beta_W \tag{6-117}$$

在实际应用中，为了在修正航迹偏差角 $\Delta\chi$ 同时消除侧向偏离 D，并控制飞机平滑切入应飞航线，通常导航系统将根据飞机侧向偏离的大小，分三个区域以不同的控制规律计算出应飞航向角 ψ_c，如图 6-47 所示。

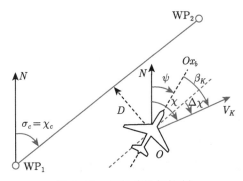

图 6-46 按航线操纵控制

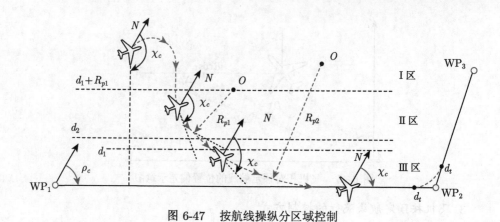

图 6-47　按航线操纵分区域控制

（1）Ⅰ区。

Ⅰ区为侧向偏离 $|D| > d_1 + R_{p1}$ 区域，此时飞机偏离预定航线距离较远，导航系统将选择垂直于预定航线的方向作为应飞航迹偏航角 χ_c，并通过式 (6-117) 计算出应飞航向角 ψ_c，送入飞行控制系统，控制飞机以最快的方式靠近预定航线。在实际执行过程中，当当前航向与应飞航向相差比较大时，导航系统通常先根据一个预设转弯半径的协调转弯运动，计算出不同位置的航向角，送入飞行控制系统，逐步将飞机调整到应飞航向。

（2）Ⅱ区。

Ⅱ区为侧向偏离 D 满足 $d_2 < |D| \leqslant d_1 + R_{p1}$ 条件的区域。为使飞机平滑切入应飞航线，在此区域控制飞机以滚转角 ϕ_0 做协调转弯运动，转弯半径为 R_{p1}，应飞航迹角 χ_c 为飞机所在位置圆弧切线与真北方向的夹角。其中 R_{p1} 的计算公式为

$$R_{p1} = \frac{V^2}{g \tan \phi_0} \tag{6-118}$$

（3）Ⅲ区。

Ⅲ区为侧向偏离 $|D| \leqslant d_2$ 的区域。为确保飞机平滑切入应飞航线，此时飞机的转弯半径 R_{p2} 按与侧向偏离 $|D|$ 成反比的规律生成，一般表达式为

$$R_{p2} = \frac{V^2}{gK|D| \tan \phi_0} \tag{6-119}$$

式中，K 为转弯系数。

在航线操纵控制方式下，飞机飞越目标航路点后，一般采用"切点转弯"方式完成与后续航线的连接航线控制。

2）按航迹操纵控制方式

按航迹操纵控制方式如图 6-48 所示，用于保证飞机沿最短路径飞向目标航路点，应飞航迹角 χ_c 为飞机与目标航路点连线与真北方向之间的夹角。此时，仅需

要控制 $\Delta\chi = 0$，有

$$\Delta\chi = \chi - \chi_c = \psi - \chi_c + \beta_K = 0 \qquad (6\text{-}120)$$

满足式 (6-120) 的航向角即飞机在按航迹操纵方式下的应飞航向角 ψ_c，其表达式与式 (6-117) 相同。

在航迹操纵控制方式下，当飞机飞越目标航路点后，一般采用"压点转弯"方式完成与后续航线的连接航线控制，也可继续沿当前航向飞行一定距离（如 2km）后，自动转入下一段航线飞行。

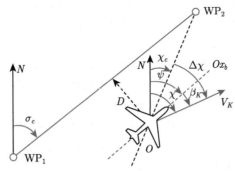

图 6-48　按航迹操纵控制

3）综合操纵控制方式

综合操纵控制方式如图 6-49 所示，主要用于保证飞机按预定航向角 ψ_0 切入目标航路点。在该操纵方式下，当飞机与目标航路点距离大于预设距离 d 时，采用按航迹操纵控制方式飞行，导航计算机输出到目标航路点的应飞航向。当距离小于预设距离 d 时，飞行航线控制分为两段，第一段仍按航迹操纵方式飞行，生成到半径为 R 的转换圆切点的应飞航向，转换圆位置由设定的目标航路点切入航向 ψ_0 和切入距离 d_0 决定。第二段为飞机飞过转换圆后，按航线操纵控制方式飞行，保证按预定切入航向角 ψ_0 和切入距离 d_0 飞越目标航路点。

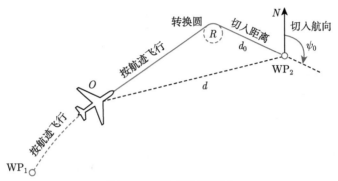

图 6-49　综合操纵控制

在整个飞行过程中，导航系统按阶段解算出飞机的应飞航向 ψ_c，飞行控制系统按航向角稳定与控制方式进行控制。

4）航路中途点连接航线控制

如图 6-42 所示，飞机的完整航线一般由几个经过航路中途点的航线线段构成，必然存在飞机接近或飞越航路中途点时两段航线的连接航线控制问题。连接航线控制一般有四种方式，如图 6-50 所示，分别为压点转弯、向点转弯、切点转弯和绕点转弯，其中：

（1）压点转弯方式如图 6-50(a) 所示，常用于按航迹操纵的导航飞行方式，飞机在飞越航路中途点后，按预设的转弯半径 R_p 飞行至转弯终点后，完成连接航线控制，自动进入下一航线飞行。

（2）向点转弯方式如图 6-50(b) 所示，前段航线为指向转换圆的切点（转弯起点）方向，航路中途点位于转弯终点。飞机到达转弯起点后，按转弯半径 R_p 转弯，飞越航路中途点后完成连接航线控制。

（3）切点转弯方式如图 6-50(c) 所示，常用于按航线操纵的导航飞行方式，转换圆与两段预设航线相切，飞机到达第一切点即转弯起点后开始转弯，到达第二切点即转弯终点后完成连接航线控制。

（4）绕点转弯方式如图 6-50(d) 所示，此方式下，转换圆圆心为中途航路点，两段航线均与转换圆相切，形成两个切点即转弯起点和转弯终点，飞机到达转弯起点后开始转弯，经过转弯终点后完成连接航线的控制。

无论哪种方式，在连接航线控制过程中，导航计算机均输出飞机的应飞航向角 ψ_c，飞行控制系统始终按航向角稳定与控制方式工作。

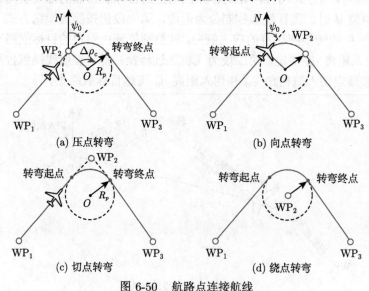

图 6-50　航路点连接航线

5）战斗机自动导航控制结构

现代战斗机中，典型自动导航控制系统结构如图 6-51 所示，导航计算机与飞行控制计算机独立配置，其中导航计算机根据设定的航路点信息和飞机本体位置信息以及导航操纵方式，解算出飞机应飞航迹偏航角 χ_c，减去偏流角（$\beta_K = \beta + \beta_W$）后得到应飞航向角 ψ_c，作为给定航向角 ψ_g 送入飞行控制计算机，再由飞行控制计算机执行航向角稳定控制律生成副翼（或平尾差动）和方向舵偏转信号，操纵舵面偏转，控制经电传改造后的飞机，修正飞机的侧向运动状态，实现飞机的侧向自动导航。

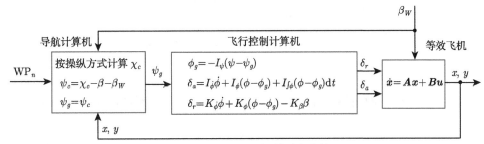

图 6-51　自动导航控制系统结构

4. 预定航线侧向偏离控制

自动导航中，还有一种直接将侧向偏离信号 D 送入飞行控制计算机实现按航线飞行的控制方法，称为侧向偏离控制。

1）侧向偏离控制律

飞机滚转使升力产生水平方向的分量，是控制飞机水平轨迹最有效的方法。因此，侧向偏离控制律一般是在式 (6-41) 或式 (6-42) 所示航向协调控制律的基础上，将侧向偏离信号送入副翼通道，形成的控制律为

$$
\begin{cases}
\Delta\psi_g = I_D(D - D_g) \\
\phi_g = -I_\psi(\psi - \psi_g - \Delta\psi_g) \\
\delta_a = I_{\dot\phi}\dot\phi + I_\phi(\phi - \phi_g) + I_{\int\phi}\int(\phi - \phi_g)\mathrm{d}t \\
\delta_r = K_{\dot\psi}\dot\psi + K_\phi(\phi - \phi_g) - K_\beta\beta
\end{cases}
\tag{6-121}
$$

式中，$\psi_g = \psi_c$ 为应飞航向角，即两个航路点连线的方向角；$\Delta\psi_g$ 为侧向偏离产生的航向修正信号。

假设飞机在侧向偏离控制过程中，飞机当前航向与应飞航向间的偏差为 $\Delta\psi$，再考虑飞机侧滑角 β、风侧滑角 β_W 以及侧向偏离符号定义，可得飞机侧向偏离速度为

$$\dot{D} = -V_0 \sin(\Delta\psi + \beta_K) = -V_0 \sin(\Delta\psi + \beta + \beta_W) \approx -V_0(\Delta\psi + \beta + \beta_W) \quad (6\text{-}122)$$

进一步结合协调转弯条件，可以得到侧向偏离控制系统的结构如图 6-52 所示。

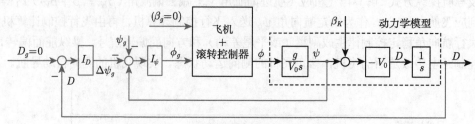

图 6-52　飞机侧向偏离控制系统结构图

2）侧向偏离修正过程

为了便于分析侧向偏离控制过程，将式 (6-121) 中前两式合并，并假设 $\psi_g = 0°$，可得

$$\phi_g = -I_\psi \psi + I_\psi I_D (D - D_g) \quad (6\text{-}123)$$

假设飞机位于应飞航线左侧，$D > 0$，$D_g = 0$，$\psi_0 = 0$。由控制律 (6-123) 生成飞机给定滚转角 $\phi_g > 0$，飞机滚转角基本控制器控制飞机向右滚转 $\phi = \phi_g > 0$，升力矢量右倾，产生向右的水平分量，拉飞机速度轴右偏，航迹角 χ 增大，侧向偏离 D 减小。同时在基本控制器协调控制下，驱动方向舵负向偏转，使得机体 Ox_b 轴协调右偏，航向角 ψ 增大。随着修正过程中 D 的逐渐减小和 ψ 的逐步增大，式 (6-123) 生成的 ϕ_g 逐步减小。当 D 和 ψ 两者贡献平衡时，飞机由右滚转进入水平飞行，此时 $\psi > 0$，$\chi > 0$，并达到最大值，侧向偏离 D 仍将继续减小。此后飞机将进入左滚转 $\phi_g < 0$，产生向左的升力水平分量，拉动速度轴左偏，χ 减小，同时通过协调控制使得 Ox_b 轴也左偏，ψ 减小。此后，随着 D 和 ψ 的减小，飞机左倾角度 ϕ_g 也逐渐减小，直至稳态时 $D = 0$、$\psi = 0$、$\chi = 0$ 和 $\phi = 0$。当飞机处于应飞航向右侧时，上述过程相反。

3）"之"字形航迹问题

侧向偏离修正过程中，若初始的侧向偏离过大，由控制律 (6-121) 第一式可知，可能会出现 $|\Delta\psi_g| > 90°$ 的情况，从而产生如图 6-53 所示的不合理修正航迹，称为"之"字形航迹。为避免上述情况，应对侧向偏离信号产生的 $\Delta\psi_g$ 进行限幅，或对最大允许的侧向偏离信号 $\Delta D = D - D_g$ 进行限幅，使得 $|\Delta\psi_g| \leqslant 90°$。同理，也需要对控制律 (6-121) 中第二式生成的 ϕ_g 进行限幅，否则飞机滚转角可能会大到不合理的程度。

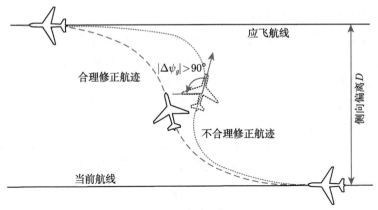

图 6-53 "之"字形航迹示意图

4）稳态误差分析

下面研究控制律 (6-121) 作用下的侧向偏离控制的稳态误差。考虑到发动机推力线基本与纵轴平行，所以绕纵轴的不平衡力矩较小，即副翼通道的常值干扰力矩小于升降舵/平尾通道和方向舵通道的常值干扰力矩。所以这里着重研究常值侧风干扰 v_W 引起的稳态误差。

当有 v_w 时，考虑到

$$\beta_W = \arctan \frac{v_W}{V_0} \approx \frac{v_W}{V_0} \tag{6-124}$$

并根据式 (6-122)，令 $\beta = 0$ 后可得飞机实际的侧向偏移速度为

$$\dot{D} = -V_0 \Delta\psi - v_W \tag{6-125}$$

稳态时 $D = \dot{D} = 0$，必须使机头朝向迎面来流方向，即要求

$$\Delta\psi_{\text{ess}} = -\frac{v_W}{V_0} = -\beta_W \tag{6-126}$$

无滚转力矩干扰时，$\delta_{a\text{ess}} = 0$，控制律 (6-121) 中令 $\dot{\phi} = \phi = 0$，则侧向稳态偏差为

$$D_{\text{ess}} = \frac{1}{I_D} \Delta\psi_{\text{ess}} = -\frac{1}{I_D} \beta_W \tag{6-127}$$

为消除侧风引起的上述稳态误差，常用的方法有：

（1）在 ψ 反馈通路中引入清洗网络；

（2）用延迟滚转角反馈即 $\dfrac{\phi}{\tau s + 1}$ 代替 ψ 反馈；

（3）直接用 $\dot{D}$ 反馈代替 ψ 反馈；

（4）控制律 (6-121) 中第一式中用 PI 或 PID 控制代替 P 控制。

5. 自动导航中的高度控制

在自动导航中，当两个航路点之间存在高度差时，在完成水平面内飞行航迹控制的同时需要完成垂直平面内飞行航迹控制，即同时要实现飞机飞行高度的控制。从控制的角度来说，导航计算机需要计算出飞机的应飞高度或高度偏差信号，送入飞行控制计算机，再由飞行控制计算机执行高度控制律或高度偏差控制律，从而实现自动导航中的垂直导航控制。

如图 6-54 所示，两个相邻航路点 WP_1 和 WP_2 的垂直高度分别为 H_1 和 H_2，设水平距离为 dx，则从航路点 WP_1 到 WP_2 的俯仰测向角为

$$\epsilon = \arctan \frac{H_2 - H_1}{dx} \tag{6-128}$$

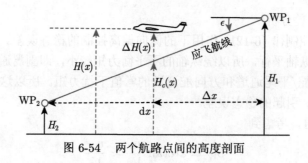

图 6-54　两个航路点间的高度剖面

两个航路点之间距 WP_1 水平距离 Δx 处，飞机的应飞高度为

$$H_c(x) = H_1 + \Delta x \tan \epsilon \tag{6-129}$$

飞机当前高度可通过机载大气数据系统测量得到，故可以得到飞机高度偏差为

$$\Delta H = H(x) - H_c(x) \tag{6-130}$$

在战斗机的自动导航控制系统设计中，通常将高度偏差信号 ΔH 和高度偏差变化率 $\Delta \dot{H}$ 同时送入飞行控制计算机，构成如图 6-55 所示的垂直导航控制系统。飞行控制计算机基本控制器为过载控制器，执行高度偏差控制律 (6-131)，生成应飞过载 n_{zg}。

$$-n_{zg} = \frac{K_H}{\tau_H s + 1} \Delta H + K_{\dot{H}} \Delta \dot{H} - \frac{1 - \cos \phi}{\cos \phi} \tag{6-131}$$

上述控制律中：第一项用于实现高度偏差控制，一阶惯性环节用于滤除高度量测噪声；第二项为垂直升降速度反馈，用于改善高度偏差控制系统的动态性能；第三项为飞机倾斜时的过载补偿量。

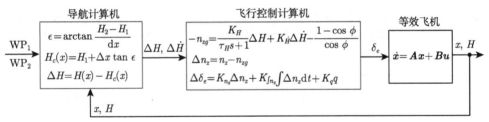

图 6-55   垂直导航控制系统结构图

6.3.4   自动着陆控制

1. 自动着陆的基本概念

进近着陆阶段是最复杂的飞行阶段,也是飞行事故多发阶段。这一阶段飞行高度低,对飞机安全的要求最高,尤其在终端进近时,飞机的所有状态都必须高精度保持,直到准确地在规定的点上接地。为保证进近着陆阶段的飞行安全,自动着陆技术的发展已历经大半个世纪,由于客观气象条件的原因,这项技术首先在英国受到重视,20 世纪 50 年代以后,美、法等国开始开展这方面的研究工作。

1)自动着陆系统

目前被国际民用航空组织(ICAO)采用的有三种标准,分别是:1948 年被采用的仪表着陆系统(ILS)、1979 年被采用的微波着陆系统(MLS)和 1992 年被采用的卫星导航着陆系统(GNNS)。相较而言,仪表着陆系统发展成熟,应用最为广泛,但存在下滑道唯一且固定、波束覆盖区小、多径干扰严重等缺点。微波着陆系统如图 6-56 所示,是仪表着陆系统的改进型,主要优点是导引精度高、波束覆盖区大,能提供各种进场航线和全天候导引功能,但造价较高,目前在军用领域应用较广。卫星导航着陆系统具有全天候定位能力、军用信号定位精度高、应用范围广和相对造价低的优点,但也存在受干扰时误差较大的缺点。

2)着陆等级

国际上将着陆等级划分为三级,即等级 I、II 和 III,最高级 III 又细分为 IIIa、IIIb 和 IIIc。着陆等级是按能见度条件进行分类的,在垂直方向上指允许的最小云雾底部的高度,也称为决断高度(DH),在水平方向指飞机对跑道的能见距离(RVR),每级规定了 DH 与 RVR 的组合区。

等级 I、II 只允许下滑波束引导控制器控制飞机进场到如图 6-57 所规定的 DH、RVR 组合区内,到达决断高度后飞行员手动操纵继续着陆,或执行复飞再次进行着陆。IIIa 允许飞机利用自动拉平系统完成自动着陆,此时飞行员在飞机接地后接管对飞机的控制。IIIb 允许飞机自动拉平及拉平后的滑跑控制,飞行员在飞机接地后，只需在跑道的中途接管控制。Ⅲc 允许飞机自动完成着陆的全过程控制，目前还没有能提供具有该能力的系统。等级 Ⅲa 及 Ⅲb 的决断高度 DH 及 RVR 随飞机类型及各航空公司而不同。例如：英国航空公司三叉飞机 RVR 为 100m，DH 为 3.6576m；法国航空公司 A300 飞机的 RVR 为 135m，DH 为 6.096m；而英国和法国航空公司联合生产的协和飞机的 RVR 为 200m，DH 为 10.668m。

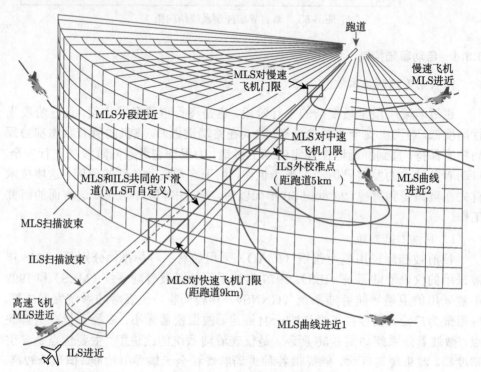

图 6-56　MLS 和 ILS 的对比

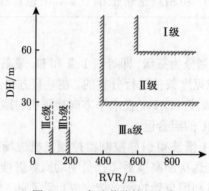

图 6-57　自动着陆等级定义

2. 仪表着陆系统

1）工作设备

仪表着陆系统（ILS）工作时，飞机上需有无线电接收设备，地面需有无线电信标台。信标台包括航向信标台（localizer，LOC）及下滑信标台（glide slope，GS），它们各自提供着陆基准。另外，为了指示飞机相对于跑道入口处的精确距离与时间，在地面还设置了外、中、内三个指点信标台（即 OM、MM 和 IM），在机上用灯光和音响信号形式给出穿过指点信标台的信息。各信标台在机场的配置如图 6-58 所示。

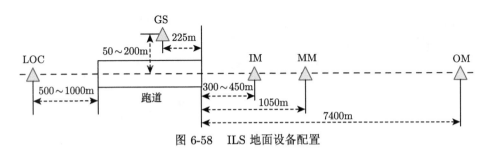

图 6-58　ILS 地面设备配置

LOC 用于提供进近基准线，如图 6-59 所示，它向跑道两侧分别发射频率为90Hz 与 150Hz，载波频率为 108 ～ 112MHz 的高频无线电调幅波，形成水平方向两个载频相同、信号强度相同且对称的两个波束，波束作用范围为 ±2.5°，两波束相交形成一条等信号线即跑道中心线。飞机通过机载无线电接收机收到的两个波束信号强度比，转换为相对于进近基准线的航向角偏差信号 $\Delta\rho$ 用于着陆控制，自动修正飞机航向。

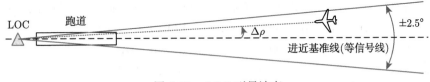

图 6-59　LOC 引导波束

GS 用于提供下滑基准线，如图 6-60 所示，它向着陆下滑的上下两个方向分别发射频率为 90Hz 和 150Hz 的无线电调幅波，载波频率范围为 329.3 ～ 335MHz。两个波束相互重叠形成一条等信号线，即下滑波束中心线，其仰角一般为 2° ～ 4°，两个波束作用范围为 ±0.5°。飞机通过机载无线电接收机收到的两个波束信号强度比，转换为相对于下滑基准线的下滑角偏差信号 $\Delta\epsilon$ 用于着陆控制，自动修正飞机沿下滑基准线飞行。

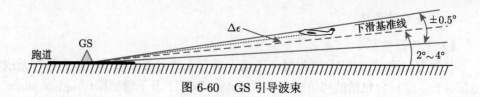

图 6-60　GS 引导波束

2）着陆过程

以民用飞机为例，标准的终端进近和着陆程序如图 6-61 所示，可以分为五个阶段，分别为进场航线、起始进近、中间进近、终端进近和复飞。

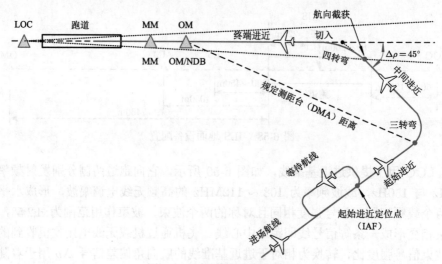

图 6-61　标准进近着陆航线

进场航线为引导飞机从空中交通服务（air traffic service，ATS）航路网络到达终端机动区（terminal maneuvering area，TMA）边界上的一段航线。飞机沿进场航线飞行至起始进近定位点（inital approach fix，IAF）后，若进场航线没有空位则转入等待航线，若有空位则进入起始进近航线继续飞行。飞机到达规定测距台（DMA）距离后，执行程序转弯（三转弯）进入中间进近航线继续飞行。当飞机进入 LOC 作用范围时，机载无线电接收机产生航向截获信号，此后飞机在航向波束偏差 $\Delta\rho$ 信号的控制下，切入进近基准线（四转弯），进入终端进近。

在终端进近段如图 6-62 所示，飞机首先以 $300 \sim 500\mathrm{m}$ 高度定高飞行，同时缓慢减速到不小于最小空速的 30%（$V_A = 1.3V_{\text{stall}}$）。以定高 $H = 500\mathrm{m}$，下滑基准线仰角 $\epsilon_c = 2.5°$ 为准，飞机飞行至距跑道约 $11.5\mathrm{km}$ 时，进入下滑信标台作用范围，机载无线电接收机产生下滑截获信号，此后飞机在下滑偏差 $\Delta\epsilon$ 信号控制下切入下滑基准线，进入下滑飞行，同时维持下降速度约为 $-3.5\mathrm{m/s}$。当飞机经过中指点信标台时，对应飞行高度约为 60m。当飞机下降至 30m 高度时，断开下滑偏差信号，改用无线电高度信号控制。飞机继续下降至 15m 高度开始拉平飞机，同时把下降速度从约 $-3.5\mathrm{m/s}$ 减至 $-0.5\mathrm{m/s}$，空速略小于 V_{stall}。在接地前约 6m 高度上，尽快修正侧滑到零，发动机空转。接地后飞机减速并在航向信标台引导下滑跑。

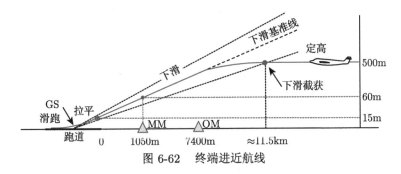

图 6-62　终端进近航线

在着陆过程中，飞机下降到相应的决断高度（DH）时，若飞行员仍没有足够的能见距离（RVR），则可进入复飞状态，引导飞机做复飞机动，以便安全中止终端进近。

3. 航向波束引导

飞机沿中间进近航线进入航向信标台波束作用范围，产生航向截获信号后，将进入航向波束引导状态，飞机的侧向运动受机载无线电接收机发出的航向波束偏差 $\Delta\rho$ 信号的控制，完成飞机水平航迹的控制，切入进近基准线并沿进近基准线飞行。

1）飞机与进近基准线的位置关系

要建立航向波束引导控制系统结构图，首先要确定飞机相对于进近基准线的位置关系，进而确定其侧向运动的运动学模型。如图 6-63 所示，飞机相对于进近基准线的水平偏差角可以表示为

$$\rho = \arcsin\frac{D}{R} \approx \frac{D}{R} \tag{6-132}$$

式中，R 为飞机质心到航向信标台的距离；D 为侧向偏离距离。无风时 $V_0 = V_K$，飞机的侧向运动速度可以表示为

$$\dot{D} = -V_0 \sin(\chi - \psi_0) \approx -V_0(\chi - \psi_0) \tag{6-133}$$

考虑到航向波束引导控制的内回路采用侧向运动的基本控制器，可以认为侧向运动是协调的，故有

$$\dot{\chi} = \dot{\psi} = r = \frac{g}{V_0}\phi \tag{6-134}$$

此外，由图 6-63 可得

$$\Delta\psi = \chi - \psi_0 + \beta_K = \chi - \psi_0 + \beta - \beta_W \tag{6-135}$$

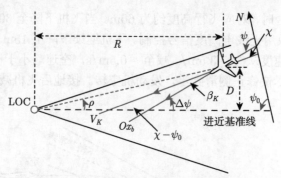

图 6-63　飞机与进近基准线的位置关系

综合式 (6-132) ~ 式 (6-135) 可得飞机侧向运动参数与航向波束偏差角 ρ 之间的关系如图 6-64 所示。

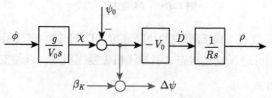

图 6-64　航向波束引导运动学关系

2）航向波束引导控制系统

航向波束引导控制系统结构如图 6-65 所示。

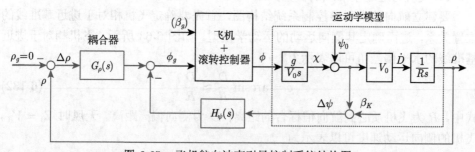

图 6-65　飞机航向波束引导控制系统结构图

图 6-65 中航向波束耦合器 $G_\rho(s)$ 是将波束偏差角信号 $\Delta\rho$ 转换为滚转指令 ϕ_g 的装置。飞机与侧向基本控制器（滚转控制器）在侧向航迹运动分析中，在忽略舵回路动态特性条件下，可近似简化为一阶惯性环节，传递函数为

$$\frac{\phi(s)}{\phi_g(s)} = \frac{1}{T_\phi s + 1} \tag{6-136}$$

同时，考虑到航向波束引导运动学模型中存在两个积分环节串联的情况，为保证控制系统的稳定性，根据全状态反馈理论，需要引入 $\chi \to \phi_g$ 反馈，由于 χ 角测量困难，常采用的 $\Delta\psi \to \phi_g$ 反馈代替，反馈通路传递函数为 $H_\psi(s)$。

3）航向波束引导耦合器设计

根据图 6-65，并设 $\beta = 0$ 时有 $\beta_K = \beta_W$，可得

$$\rho(s) = \frac{g/R}{T_\phi s^3 + s^2 + (g/V_0)H_\psi(s)s + (g/R)G_\rho(s)} (G_\rho(s)\rho_g + H_\psi(s)\beta_W) \quad (6\text{-}137)$$

稳态时有

$$\rho_{ss} = \rho_g + \frac{H_\psi(s)}{G_\rho(s)}\bigg|_{s=0} \beta_W \quad (6\text{-}138)$$

只有当 $H_\psi(s)$ 具有微分特性时，在定常风扰动 β_W 作用下控制误差才为零，但会导致式 (6-137) 中分母缺项而使系统不稳定，需要引入 $\dot{\rho}$ 反馈，即 $G_\rho(s)$ 必须具有比例微分（PD）特性。因此，$H_\psi(s)$ 和 $G_\rho(s)$ 可选为

$$H_\psi(s) = \frac{K_\psi \tau_\psi s}{\tau_\psi s + 1} \quad (6\text{-}139)$$

$$G_\rho(s) = \frac{K_\rho + K_{\dot{\rho}}s}{\tau_\rho s + 1} \quad (6\text{-}140)$$

式 (6-140) 中的 $\dfrac{1}{1 + \tau_\rho s}$ 用于滤除 ILS 无线电信号 $\Delta\rho$ 中包含的高频噪声（典型值为 $\tau_\rho = 7.5\text{s}$），但会使得高频部分失去微分特性。同时由图 6-64 可知，当 $\beta = 0$ 时，$\Delta\psi$ 和 ρ 有如下关系：

$$\Delta\psi = -\frac{R}{V_0}\dot{\rho} \quad (6\text{-}141)$$

式 (6-141) 表明 $\Delta\psi$ 与航向波束偏差角速度 $\dot{\rho}$ 成正比，而 $H_\psi(s)$ 为高通清洗网络，保留了 $\dot{\rho}$ 的高频部分，因此通过合适的参数选择，可与 $G_\rho(s)$ 中的微分部分构成互补滤波，形成完整的 $\dot{\rho}$ 反馈。此时有

$$\phi_g = \frac{K_{\dot{\rho}}}{\tau_\rho s + 1}\Delta\dot{\rho} + \frac{K_\psi(R/V_0)\tau_\psi s}{\tau_\psi s + 1}\Delta\dot{\rho} \approx K_{\dot{\rho}}\Delta\dot{\rho} \quad (6\text{-}142)$$

在式 (6-138) 中仅考虑了常值风扰动的影响，实际情况是在进场着陆过程中，飞机常会受到梯度侧风的作用，在此以受到 v_{W_z} 为例，则有

$$\rho_{ess} = \rho_{ss} - \rho_g = \frac{K_\psi \tau_\psi}{K_\rho}v_{W_z} \neq 0 \quad (6\text{-}143)$$

为消除梯度侧风作用下的静差，通常有两种方法：一是在耦合器 $G_\rho(s)$ 中引入 $\Delta\rho$ 的积分信号，将 PD 控制改为 PID 控制；二是根据协调控制时 $\dot\psi = \dfrac{g}{V_0}\phi$ 的关系，用延迟滚转角反馈替换高通滤波的航向角反馈，构成系统结构如图 6-66 所示。

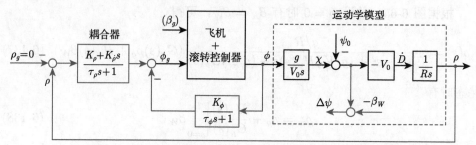

图 6-66　采用延迟滚转角反馈的飞机航向波束引导控制系统结构

图 6-66 所示的航向波束引导控制系统结构中，由于没有引入 ψ 反馈，所以无论是在常值侧风还是梯度侧风作用下，航向波束偏差角的静差始终为零。因此，在自动着陆的最后阶段一般采用滚转延迟反馈的控制系统结构。

此外，由于航向波束引导控制系统的前向通路增益与 R 成反比，随着飞机的进近过程，R 将逐渐减小，控制系统的阻尼特性也将变差，甚至会变得不稳定。所有基于角度测量的定位系统都存在这种影响，称为"漏斗效应"。为此一方面要求系统必须有足够的阻尼储备；另一方面，可以将耦合器的比例增益 K_ρ 设计成随 R 调节的可变增益，考虑到飞机上不一定能测得 R，由于进近着陆过程中 R 与高度相关，可利用随高度变化的 K_ρ 来近似替代。

需要说明的是，航向波束引导控制系统可以确保在进近着陆阶段稳态 $\Delta\rho_{ess}=0$，$\chi_{ss}=\psi_0$，$\phi_{ss}=0$。然而在有侧风时，虽能确保侧滑角 $\beta=0$，但存在偏流角，$\Delta\psi_{ss}=-\beta_W$，即机头需指向来流方向，以消除侧滑角 β，进而消除侧力 Y，使飞机沿着进近基准线飞行。因此，在飞机接地前不远处，必须把飞机对准着陆跑道，即在约 6m 高度上迅速、无超调地完成偏流角修正。

4. 下滑波束引导

如图 6-62 所示，飞机在终端进近时，进入下滑信标台波束作用范围，产生下滑截获信号后，将进入下滑波束引导状态，飞机的纵向运动受机载无线电接收机发出的下滑波束偏差 $\Delta\epsilon$ 信号的控制，完成飞机下滑航迹的控制，切入下滑基准线并沿下滑基准线飞行。

1）飞机与下滑基准线的位置关系

要建立下滑波束引导控制系统结构，首先要确定飞机相对于下滑基准线的位置关系，进而确定其纵向运动的运动学模型。如图 6-67 所示，飞机下滑基准线

的俯仰测向角为 $\gamma_c = \gamma_g = -2.5°$，飞机相对于下滑基准线的下滑波束测向角为 ϵ（位于下滑线下方为正），期望的相对于下滑基准线的下滑波束测向角为 $\epsilon_g = 0$，下滑波束偏差角 $\Delta\epsilon = \epsilon - \epsilon_g = \epsilon$。

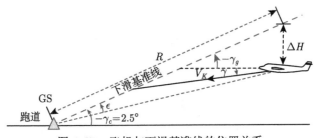

图 6-67　飞机与下滑基准线的位置关系

飞机相对于下滑基准线的高度偏差为

$$\Delta H = H - H_g = R\sin(-\gamma_g - \epsilon) - R\sin(-\gamma_g) \approx -\epsilon R = -\Delta\epsilon R \qquad (6\text{-}144)$$

飞机相对于下滑基准线的高度偏差变化率为

$$\Delta\dot{H} = V_K\sin(-\gamma) - V_K\sin(-\gamma_g) \approx -\Delta\gamma V_K \qquad (6\text{-}145)$$

综合式 (6-144) 和式 (6-145) 可得下滑波束引导运动学模型如图 6-68 所示 $(V_0 = V_K)$。

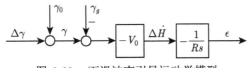

图 6-68　下滑波束引导运动学模型

2）下滑引导控制系统

下滑波束引导控制系统结构如图 6-69 所示，飞机的纵向基本控制器在此采用过载控制器（大飞机往往采用俯仰角基本控制器），飞机和基本控制器的传递函数基本可以近似为一个阻尼特性较好的二阶系统，可以近似为

$$\frac{n_z(s)}{n_{zg}(s)} = \frac{1}{\left(\dfrac{1}{\omega_{n_z}}\right)^2 s^2 + 2\dfrac{\zeta_{n_z}}{\omega_{n_z}}s + 1} \qquad (6\text{-}146)$$

下滑耦合器 $G_\epsilon(s)$ 用于将下滑波束偏差信号 $\Delta\epsilon$ 转换为纵向过载指令信号 n_{zg}（相对于平飞时的过载增量给定值）。

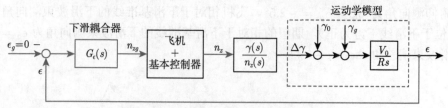

图 6-69　下滑波束引导控制系统结构

由飞机纵向运动方程 (3-101) 可知

$$\dot{\gamma} = -Z_\alpha \Delta\alpha - Z_V \Delta V \tag{6-147}$$

飞机在沿下滑道飞行至拉平阶段过程中，空速基本保持不变，即 $\Delta V = 0$。同时根据

$$\Delta n_z = -\frac{V_0}{g} Z_\alpha \Delta\alpha \tag{6-148}$$

可得图 6-69 中 γ 与 n_z 间的传递函数为

$$\frac{\gamma(s)}{n_z(s)} = \frac{g}{V_0 s} \tag{6-149}$$

同样考虑到前向通路中存在两个积分环节串联的情况，根据全状态反馈理论，可引入 γ 反馈或 $\dot{H}$ 反馈，考虑到 γ 不易直接测量，故一般采用 $\dot{H}$ 反馈，以取得较好的阻尼特性。此时下滑波束引导控制系统结构如图 6-70 所示。

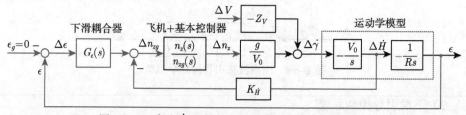

图 6-70　采用 $\dot{H}$ 反馈的下滑波束引导控制系统结构

需要说明的是，上述控制系统中 $\Delta\epsilon$ 由机载无线电接收设备直接测量给出，$\Delta\dot{H}$ 则需要在无线电高度表量测 $\dot{H}$ 的基础上，减去一个沿下滑基准线下滑时的固定下降速度值（$-3.5 \sim -4.5 \mathrm{m/s}$）。

3）下滑波束引导耦合器设计

上述下滑波束引导控制系统是 I 型系统，常值输入下没有稳态误差，因此下滑耦合器可以采用基本的比例控制器，即

$$G_\epsilon(s) = K_\epsilon \tag{6-150}$$

考虑到和航向波束引导系统一样，前向通路增益与 R 成反比，也存在"漏斗效应"，需要对 K_ϵ 进行增益适配。由于一般无法直接测量 R，需要采用辅助方法计算。

假设飞机近似在下滑基准线上飞行（$\Delta H = 0$），通过无线电高度表测量出飞机对地高度为 H，则有

$$R = -\frac{H}{\sin \gamma} \approx -\frac{H}{\sin \gamma_c} \tag{6-151}$$

然而，只有在到达着陆跑道的平坦地形上才能使用这个高度信号，因此一般采用另一种方法。假设已知航迹速度 V_K 且为常数，由于从外指点信标台到接地点的飞行距离 R_{OM} 已知，则可求得

$$R = R_{OM} - \int_0^t V_K \mathrm{d}t \approx R_{OM} - V_K t \tag{6-152}$$

尽管上述方法得到的 R 并不精确，由于仅用于 K_ϵ 的增益补偿，控制器可以补偿这种影响。同时为了进一步改善下滑波束引导系统的阻尼特性，可以考虑在下滑耦合器中引入一个超前网络，来提高系统的稳定裕度。此时

$$G_\epsilon(s) = K_\epsilon \frac{\tau_1 s + 1}{\tau_2 s + 1} \tag{6-153}$$

式中，$\tau_1 > \tau_2$。

4）稳态误差分析

如图 6-70 所示的下滑波束引导控制系统中，由于采用了过载基本控制器，由常值俯仰干扰力矩和垂直风扰动引起的过载变化将被基本控制器自动修正。当水平风扰动引起的常值空速变化 ΔV 时，将产生稳态控制误差：

$$\Delta \epsilon_{\text{ess}} = \frac{Z_V V_0}{K_\epsilon g} \Delta V \tag{6-154}$$

为消除此类静差，可以考虑在下滑波束引导耦合器中引入积分环节，变为 PI 控制（下滑过程中通过自动油门稳定空速的情况除外）。

5. 自动拉平控制

飞机沿下滑基准线下降至 15m 高度时开始拉平，把下降速度从约 -3.5m/s 减小至接地时允许的下降速度 -0.5m/s，所以飞机必须在规定的高度（15m）上离开下滑线，并以连续的过渡过程飘落，并达到规定的俯仰角，以保证安全接地。要完成 Ⅲ 级自动着陆，必须有自动拉平系统。

1）拉平轨迹设计

拉平轨迹的设计思想是：飞机的垂直下降速度 $\dot{H}$ 随着高度 H 的下降而相应减小，最简单的就是使飞机每个瞬间的下降速度和它当前的高度成比例，即

$$\dot{H}(t) = -CH(t) = -\frac{1}{\tau}H(t) \tag{6-155}$$

此时的拉平航迹曲线（图 6-71 的规定轨迹）就是式 (6-155) 的解，即

$$H(t) = H_0 e^{-t/\tau} \tag{6-156}$$

式中，H_0 为拉平开始时的高度（约为 15m）；τ 为拉平时间常数（约为 5s），为保证从下滑到拉平的平滑过渡，一般选择与 H_0 成比例；$H(t)$ 为无线电高度表测出的相对于着陆跑道的高度。

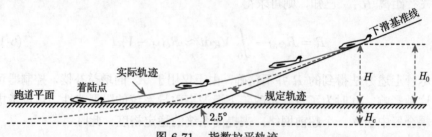

图 6-71　指数拉平轨迹

采用式 (6-155) 设计的拉平轨迹存在两个问题：一是到达高度为零（接地点）的时间为 $t \to \infty$，从而使得着陆距离 $s \to \infty$，接地时下降速度 $\dot{H} = 0$；二是在地面附近升力因地面效应而增大，抵消了一部分下降速度。为此在最终拉平轨迹设计中，在所测得的无线电高度的基础上，再加上几米量级的高度 H_c（称为跑道高度），构成新的拉平轨迹方程：

$$\dot{H}(t) = -\frac{1}{\tau}\left(H(t) + H_c\right) \tag{6-157}$$

满足上述方程时，飞机接地速度为 $H(t) = 0$ 时的值，即

$$\dot{H}_{\mathrm{jd}} = -\frac{1}{\tau}H_c \tag{6-158}$$

根据设定的接地速度值（约 $-0.5\mathrm{m/s}$）和时间常数 τ 可计算出跑道高度 H_c。进一步还可求得拉平距离为

$$s = \tau V_0 \ln\left(-\frac{H_0}{\tau \dot{H}_{\mathrm{jd}}}\right) = \tau V_0 \ln\left(\frac{\dot{H}_0}{\dot{H}_{\mathrm{jd}}}\right) \tag{6-159}$$

2）拉平控制系统设计

自动拉平控制的设计目标就是使得飞机的下降速度和高度满足式 (6-157)，也就是

$$H(t) + H_c + \tau \dot{H}(t) = 0 \tag{6-160}$$

自动拉平系统本质上是一个垂直升降速度随动系统，因此将式 (6-160) 等号左侧的综合信号经过拉平耦合器 $G_{\dot{H}}(s)$ 后，送入纵向基本控制器，即可构成如图 6-72 所示的飞机自动拉平控制系统。

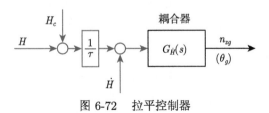

图 6-72 拉平控制器

为提高控制精度，拉平耦合器 $G_{\dot{H}}(s)$ 一般采用 PI 控制器，同时为确保 $H(t)+H_c+\tau\dot{H}(t)>0$ 时产生负给定过载（或给定俯仰角）增量，因此拉平耦合器传递函数为

$$G_{\dot{H}}(s) = -K_{\dot{H}}\left(1 + \frac{1}{T_1 s}\right) \tag{6-161}$$

拉平控制器中所用的 H 和 $\dot{H}$，均来自无线电高度表，其中 $\dot{H}$ 中包含高频噪声，尤其是进入跑道的地面不平坦时，需要设置滤波器进行抑制。但滤波器会使信号产生延迟，因此一般采用互补滤波的方法进行补偿，在此引入垂直加速度计信号进行补偿，结构如图 6-73 所示。

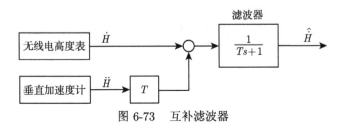

图 6-73 互补滤波器

需要说明的是，上述拉平控制器是一个简洁的线性控制器，放弃了水平距离的测量，这样飞机接地点必将与当时风的状况有关，使得飞机接地点有相对较大的散布区域，接地速度也会有较大的变化。飞机在整个下滑过程中，空速基本保持为常数，推力也近似为零。但在拉平过程中将减小空速，使得接地时差不多达到失速速度 V_{stall}，与此对应，需要调节推力，约在 10m 高度上推力减小到空转推力。

6.4 飞机变化航迹的控制

前面章节中简述了用于控制飞行速度 V、高度 H 或者航向 ψ 三个航迹分量之一的单项控制器，这些控制器基本上都是线性控制器。早先它们是为了把飞机稳定在固定飞行航迹（或基准线）的自动飞行控制系统中各种单项工作方式而设计的。然而，飞机的自动控制还涉及实时变化航迹的控制问题，尤其是战斗机执行不同的作战任务时，飞行航迹需要根据战场环境和敌我态势动态生成，需要对实时变化的飞行速度 V、高度 H 和航向 ψ 等航迹参数进行同步控制。下面主要对飞机地形跟随控制和作战引导控制两种变化航迹控制问题进行介绍。

6.4.1　地形跟随控制

战斗机通常有三种突防战术，分别是高空高速突防、低空高速突防和隐身突防。随着防空武器、地空导弹、雷达技术的日益完善，高空突防成功的概率不断下降，迫使飞行器的突防任务向低空发展，以便有效地利用地形的起伏和敌防御雷达的死区，躲避敌防御系统的袭击，从而使超低空突防技术成为现代空军的一种新的战术手段。第二次世界大战后，低空防撞技术的出现标志着低空突防技术的形成，20 世纪 50 ～ 60 年代逐步形成了第一代地形跟随系统（terrain following system，TFS），该系统实现的轨迹如图 6-74 的轨迹 1 所示。到了 70 年代，地形跟踪已用于实际空战和空袭之中，成为行之有效的超低空突防的主要技术，也成为发展其他技术的基础。除地形跟随，属超低空突防技术的还有地形回避（terrain avoidance，TA）技术，实际轨迹如图 6-74 中的轨迹 2 所示，即不改变飞行高度而利用飞机侧向机动，穿插地形空隙飞行；对敌火力点和突起的高建筑障碍做出及时反应的障碍回避（obstacle avoidance，OA）技术；依靠存储于计算机中的三维地形信息与探测到的沿途地形相匹配（terrain matching，TM）技术，即在低空突防中，为减少探测地形时雷达辐射而引起的自我暴露，且不受外界电子干扰的影响，开始采用自主给出地形信息的数字地图技术。

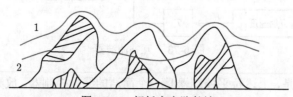

图 6-74　超低空突防航迹

1. 地形跟随理想航迹

地形跟踪系统是典型的飞行航迹控制系统，但与前面所叙述的航迹控制的不同之处在于，给定航迹是根据外界地形变化的一种变化航迹，由机载计算机根据实测地形信息，按地形跟随要求，不断实时计算而给出的。所以在设计地形跟随控制系统之前，应规定理想跟随轨迹及相关考虑因素。

如图 6-75 曲线 1 所示，超低空突防的目的是通过降低飞行高度来减小被敌方发现的危险，但由于飞机结构及机动能力等因素，降低飞行高度也同时增加了飞机撞地危险，如图 6-75 曲线 2 所示。因此，如何选择合适的安全间隙高度 H_0，是决定理想地形跟随轨迹的第一步。由图 6-75 所得的综合曲线 3 可决定安全间隙高度 H_0，它的范围一般在 30～300m，最佳高度为 60m。

为评价地形跟随系统的性能优劣，需要建立一条参考航迹作为实际飞行评价的依据。当然，不同飞行任务对选择参考航迹的要求是不同的。但一般都须受飞行极限和操纵极限的限制，同时必须保证飞行安全，具体要求如下：

（1）航迹应设置在一定的离地间隙 H_0 高度之上；

（2）航迹的斜率必须限制在最大航迹俯仰角和最大下滑角允许范围之内；

（3）实现该航迹的法向过载不能超过允许的极限值；

（4）航迹在山顶的航迹俯仰角为零，即以"平飞推越"过山顶；

（5）尽可能缩短飞机在最大正负过载下的飞行时间，以及飞越障碍物的飞行时间；

（6）在满足全部飞行约束条件时，尽可能贴地飞行。

图 6-76 显示了飞越孤立山峰的理想航迹，分七个阶段描述。

（1）平飞段 a：法向加速度 $a_z = 0$，航迹俯仰角 $\gamma = 0$，高度 $H = H_0$。

（2）拉起段 b：以最大正法向加速度拉起，$a_z = a_{z\max}$ 且 γ 由零增大至 $\gamma_{\max}$。

（3）爬升段 c：以最大航迹俯仰角爬高，$a_z = 0$，$\gamma = \gamma_{\max}$。

（4）推越段 d：法向加速度 $a_z = a_{z\min}$，γ 由 $\gamma_{\max}$ 减至零，再减小到 $\gamma_{\min}$，顶峰处 $\gamma = 0$，$H = H_0$。

（5）下降段 e：以最大下滑角下滑，$a_z = 0$，$\gamma = \gamma_{\min}$。

（6）拉平段 f：以最大正法向加速度拉平，$a_z = a_{z\max}$，γ 由 $\gamma_{\min}$ 增大至零。

（7）平飞段 g：法向加速度 $a_z = 0$，$\gamma = 0$，$H = H_0$。

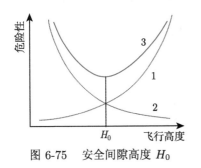

图 6-75　安全间隙高度 H_0

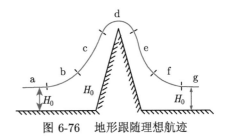

图 6-76　地形跟随理想航迹

2. 地形跟随系统组成

飞机低速飞行时，飞行员可根据雷达显示及当时的飞行状态判断如何飞越障碍物，这是早期的人工操纵地形跟随。在高速飞行下的地形跟随，必须采用如

图 6-77 所示的以导航系统、地形跟随计算机、飞行控制系统为主体构成的地形跟随系统。工作原理是：由前视雷达测得飞机前下方地形信息，输入地形跟随计算机，计算机将地形信息、飞机机动约束条件以及当前的飞行状态参数，按事先设置的航迹算法给出航迹控制信号至飞行控制系统，使飞机做俯仰机动，完成地形跟随任务。雷达高度表的作用是：一方面，当飞机在平坦地形上空飞行时，由于前视雷达回波信号较弱，系统主要靠高度表工作；另一方面，飞行过程中，由于风干扰而造成飞机突然掉高时，可根据高度表信息做紧急拉起。

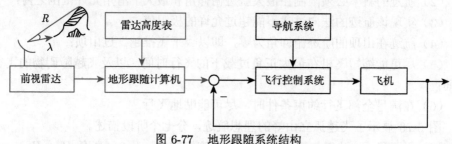

图 6-77　地形跟随系统结构

3. 适应角法控制律设计

地形跟随系统如何根据雷达信息，结合飞机极限及当前飞行状态参数，给出飞行控制指令，其算法的类型繁多。本节主要论述一种原理简单、实现较方便、效果较好并已获得广泛应用的适应角法。适应角法是由下述角指令法改进产生的。

1）角指令法

飞机跟随地形时，设地形跟随雷达的中心轴线与机体轴 Ox_b 重合，此时的角运动几何关系如图 6-78 所示。为飞越山峰，飞机的应飞航迹俯仰角为

$$\gamma_{\mathrm{FL}} = \lambda + \theta + \frac{H_0}{R} \tag{6-162}$$

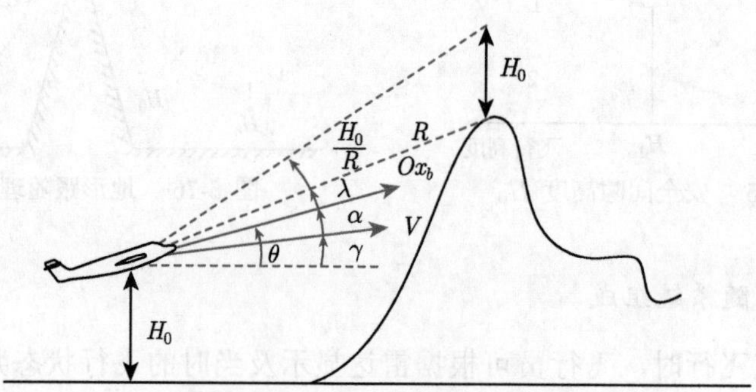

图 6-78　角运动的几何关系

式中，λ 为雷达扫描角；R 为斜距。应飞航迹俯仰角与实际航迹俯仰角之差 $\Delta\gamma$ 为

$$\Delta\gamma = \gamma_{\mathrm{FL}} - \gamma = \lambda + \alpha + \frac{H_0}{R} \tag{6-163}$$

由式 (6-163) 可知，地形跟随角控制指令由迎角信号和地形跟随雷达信号综合产生。由角控制指令得到的地形跟随航迹如图 6-79 所示。虽然它可完成超低空障碍飞越，但其缺点是过早地拉起飞机。雷达探测到高峰后，飞机一直以此信息所生成的航迹俯仰角向着高峰飞越，从而使飞机飞行高度一直增大。两峰间的航迹接近平飞，且下滑过程太慢，没有充分发挥飞机的机动能力。

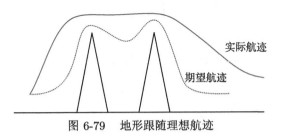

图 6-79　地形跟随理想航迹

2）适应角法

为改善角指令控制算法的航迹，在其算法基础上引入抑制函数 F_s，形成了目前广泛使用的适应角法。抑制函数 F_s 的基本目的是使飞机遇障时不立即产生过大的拉起角，而且使飞机在接近障碍物时充分利用其机动能力及时拉起。适应角法的应飞航迹俯仰角表达式为

$$\gamma_{\mathrm{FL}} = K_\gamma \left(\lambda + \theta + \frac{H_0}{R} - F_s \right) \tag{6-164}$$

F_s 的选取需要综合考虑雷达测得的斜距 R、飞机飞行速度 V、当前航迹俯仰角 γ、最大法向过载 $n_{z\max}$ 和最小法向过载 $n_{z\min}$，即

$$F_s = f(R, V, \gamma, n_{z\max}, n_{z\min}) \tag{6-165}$$

F_s 永远为正，即在飞行过程中总是起减小航迹俯仰角 γ_{FL} 的作用，使得飞行航迹的拉起推迟。雷达测得的斜距 R 对值 F_s 起主要作用。R 较大，离障碍物较远时，可选择较大的 F_s，以推迟拉起点；随着 R 减小，F_s 的作用也逐渐消失，以保证飞越障碍点。F_s 与 R 的关系经优化后可用三段线性函数表示为

$$F_s(R) = \begin{cases} 0, & 0 < R \leqslant R_1 \\ C_1(R - R_1), & R_1 < R \leqslant R_2 \\ C_1(R_2 - R_1) + C_2(R - R_2), & R > R_2 \end{cases} \tag{6-166}$$

式 (6-166) 中参数典型值为 $C_1 = 0.2566 \times 10^{-4}\text{rad/m}$，$C_2 = 0.4809 \times 10^{-4}\text{rad/m}$，$R_1 = 500\text{m}$，$R_2 = 2500\text{m}$。

为保证安全，飞行速度 V 对 F_s 的影响应这样考虑：高速飞行的 F_s 值小于低速飞行的值，以防止高速飞行接近障碍物时不能及时拉起而撞毁。

最大法向过载直接影响轨迹曲率，因此影响飞机的乘坐品质，如要求软乘坐品质（指乘坐舒适）应使 F_s 小，对硬乘坐品质则可取较大的 F_s 值。

γ 的角增益 K_γ，其主要作用是充分发挥飞机机动能力，使飞机能尽快拉起，K_γ 只取决于航迹俯仰角 γ，一般表达式为

$$K_\gamma = \begin{cases} 1.5, & \gamma \geqslant 0 \\ 1.0, & \gamma < 0 \end{cases} \tag{6-167}$$

表明 K_γ 的作用只是在爬升过程中增强角指令，而下滑时，考虑到安全问题时不对 γ_{FL} 进行增强。

3）地形跟随控制律设计

通过式 (6-164)，可以得到飞机的应飞航迹俯仰角 γ_{FL}，因此地形跟随控制系统本质上就是一个航迹俯仰角 γ 的随动控制系统。考虑到

$$n_z \approx \frac{V_0}{g}\dot{\gamma} \tag{6-168}$$

因此采用法向过载 n_z 作为地形跟随控制系统的内回路（基本控制器）是一个有效的选择，一方面过载 n_z 反馈起到了 $\dot{\gamma}$ 反馈（γ 的测速反馈）的效果，有利于改善地形跟随控制系统的动态性能；另一方面，通过引入限幅器可以有效实现对 n_z 的限制，避免跟随轨迹频繁起伏和乘坐品质下降。

此时，地形跟随控制系统结构如图 6-80 所示，对应地形跟随控制律为

$$\begin{cases} n_{zg} = G_\gamma(s)(\gamma_{\text{FL}} - \gamma) \\ \gamma_{\text{FL}} = K_\gamma\left(\lambda + \theta + \dfrac{H_0}{R} - F_s\right) \end{cases} \tag{6-169}$$

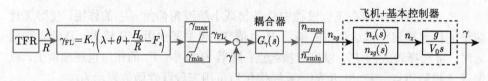

图 6-80　采用过载基本控制器的地形跟随控制系统结构图

在地形跟随控制系统中，若将飞机与过载控制器简化为一阶惯性环节 $\dfrac{1}{Ts+1}$，此时被控对象可以简化为一个典型的二阶系统，传递函数为

$$G(s) = \frac{g}{V_0 s(Ts+1)} \tag{6-170}$$

增益与飞行速度 V_0 成反比，为此可以将耦合器传递函数取为与飞行速度成正比的比例式控制律，即

$$G_\gamma(s) = K_V V_0 \tag{6-171}$$

并根据地形跟随控制系统的性能要求选取合适的 K_V 数值。

4. 自动地形跟随控制系统安全保障措施

自动地形跟随控制系统工作时，系统控制飞机随地形起伏贴近地面飞行，飞行高度很低，对系统安全性和可靠性均提出了很高的要求，除了采用余度技术，还需要采用一些特殊的措施，在此主要介绍一下自动拉起功能。

从飞行安全角度出发，低空飞行的自动控制系统（如地形跟随、无线电高度稳定等）一旦出现某些可能危及飞行安全的情况，飞行控制系统应将飞机自动拉起，在俯仰和倾斜自动控制时，飞机一般首先进行倾斜改平而后自动拉起。常用的拉起信号如下。

（1）高度低限拉起：当飞机离地高度低于某一设定的极限高度时，系统自动接通自动拉起，脱离危险高度。

（2）防撞拉起：装有防撞雷达的系统，当前方障碍物与飞机相距小于安全距离时，在防撞指令作用下，系统接通自动拉起，即爬高避免碰撞前方物体。

（3）俯冲速度限制拉起：当高度低于某一设定值且垂直下降速度超过允许值时，自动拉起飞机。

（4）负过载限制拉起：飞机过载低于最小允许过载时。

（5）设备故障拉起：地形跟随雷达故障或无线电高度表故障时等。

自动拉起状态接通后，应点亮相应指示灯或发出音响信号，飞机逐渐建立起一定的爬升角开始爬升。当飞机爬升到一定高度后，自动拉起指令消失，系统转入姿态角保持，直到飞行员进行干预。滚转轴与俯仰轴应按一定逻辑进行配合控制（如首先滚转改平至 $\phi < 90°$，才开始俯仰拉起和滚转改平同步控制）。自动拉起原理如图 6-81 所示。

拉起指令可以是预先设定的俯仰角 θ_g，也可能直接是给定某个固定过载 n_{zg}，拉起过程持续一定时间。改平指令一般是滚转角指令 $\phi_g = 0$。飞行控制系统中纵向和侧向分别采用过载基本控制器和倾斜角基本控制器作为自动拉起的最终执行控制器。

当低空突防飞行控制系统具有自动投弹（或自动拉起甩投轰炸）功能时，拉起指令也可能来自轰炸计算机，只要自动拉起投弹条件满足，就开始进入自动拉起机动投弹控制，飞机自动完成拉起投弹、滚转及改平等一系列动作。

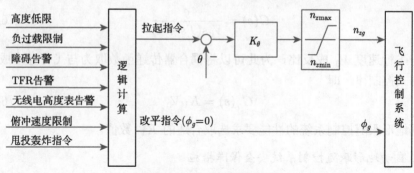

图 6-81　自动拉起原理图

6.4.2　自动引导控制

现代空战中,由于受到机载装备能力的限制,作战飞机往往无法依靠自身雷达等装备完整感知战场态势,从而做出最优作战决策。指挥自动化系统依靠其强大的战场态势感知能力,在高速数据链的支持下,可以同时实现对多架战机进行引导控制,对作战目标实施攻击,在空战体系中发挥着越来越重要的作用。

1. 引导作战过程

指挥自动化系统控制战机对远距目标实施打击的引导作战全过程如图 6-82 所示,大致可以分为三个阶段,四种工作模式。

第一阶段称为指挥引导模态。战机受机载雷达探测距离的限制,在远距状态下(图 6-82 中 A 点位置)无法直接探测到作战目标。指挥自动化系统(地面/空中)利用其探测到的目标位置和状态信息,结合战机本机状态、载荷情况以及战场环境信息,连续对战机的引导轨迹进行实时规划和优化,计算出引导战机飞行的应飞高度 H_g、速度 V_g(或马赫数 Ma_g)和航向 ψ_g,通过数据链传送给作战飞机后,由战机的机载飞行控制系统实现对航迹引导参数的跟踪控制,完成引导轨迹的控制。该阶段持续到战机和目标间距离进入战机机载雷达探测范围(图 6-82 中 B 点位置),进入第二阶段。

第二阶段有两种工作模式。第一种称为机上搜索模态,此时由指挥自动化系统将目标的位置和状态信息通过数传系统传送给战机的机载火力控制系统。战机机载雷达开机,火力控制计算机根据目标和本机信息及雷达能力,以最快发现目标为优化指标,实时解算引导航迹,并将应飞的高度 H_g、速度 V_g 和航向 ψ_g 三个航迹参数送入机载飞行控制系统,由飞行控制系统控制飞机,实现对目标的快速搜索。第二种称为机上引导模态,该模态主要用于在作战空域有其他战机(称为长机)并已发现目标的状态下,由长机向本机发送目标信息,本机的工作过程与第一种工作模式相同。第二阶段将持续到本机机载雷达发现目标(图 6-82 中 C 点位置)。

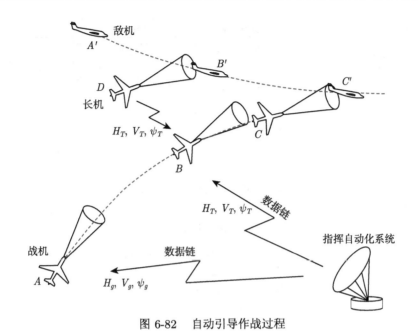

图 6-82 自动引导作战过程

第三阶段称为自主引导模式。该模式下，由火力控制计算机与飞行控制计算机进行交联，实现火飞综合控制。根据作战目标的不同，有不同的控制策略。如果是一对一空战，一般以先敌达到武器发射条件为指标，进行战机位姿的快速调整；若是一对多空战，则以保证战机安全条件下实现持续目标攻击为优化指标。在此模式下，为实现战机的快速位姿调整，火力控制计算机送入飞行控制计算机的交联控制信息一般直接送到飞行控制系统的基本控制器回路，即交联信息一般为给定过载 n_{zg} 和给定倾斜角 ϕ_g。

2. 引导作战的控制需求

战斗机远距引导作战过程四种工作模式的控制结构分别如图 6-83 ~ 图 6-85 所示。

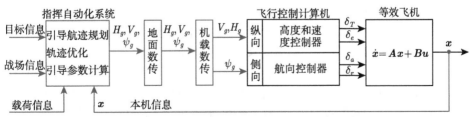

图 6-83 指挥引导控制

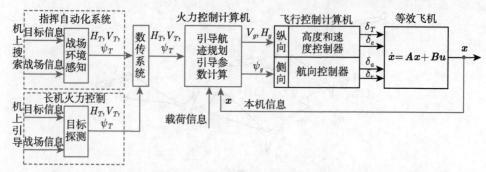

图 6-84   机上搜索和机上引导控制

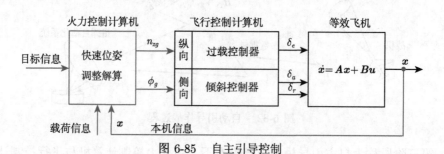

图 6-85   自主引导控制

在此，对引导航迹规划及优化等算法不做研究，主要关注飞行控制系统在引导控制中的控制需求问题。由图 6-83 ～ 图 6-85 可以看出，飞机引导控制过程中，水平引导航迹控制涉及倾斜角基本控制器（自主引导模态）和航向控制器，这两种控制器结构与前述内容相同。垂直引导航迹控制涉及过载基本控制器（自主引导模态）和高度速度控制器，过载控制器为纵向运动基本控制器，而高度速度控制器因存在强耦合作用，与独立的高度控制器、速度控制器有所不同。

3. 引导控制中的高度和速度控制

1）程序控制

纵向运动中，常规的高度和速度控制往往是相互独立的两个控制器，如图 6-86 所示，分别通过平尾或升降舵和发动机油门进行控制。两个控制器工作时，往往一个工作在稳定状态，另一个工作在控制状态，例如，进行空速/马赫数调节时，需要稳定高度，进行高度转换时，需要稳定空速。

由于这种控制结构控制器设计简单，不需要考虑相互间的耦合问题，所以也被广泛应用于飞机引导控制。在实际的垂直平面引导航迹控制过程中，为了实现从当前的 (H_0, M_0) 到期望的 (H_g, M_g) 的控制，一般采用程序控制的方式实现，控制过程分为若干个控制子程序：水平加速/减速、等速爬升/下降、加速爬升/下降、减速爬升/下降等。等速爬升和下降的速度，往往为几个预选的固定马赫数。在程序控制下，飞机垂直平面内的引导航迹为一系列折线段的组合，如图 6-87 所示。

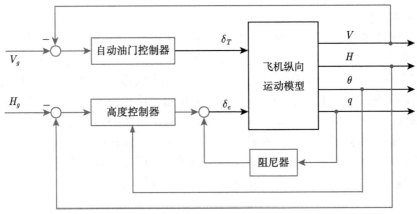

图 6-86 高度、速度独立控制

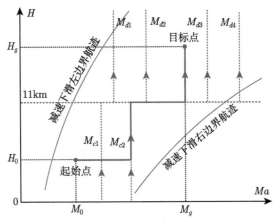

图 6-87 自主引导垂直剖面程序控制图

垂直引导航迹的程序控制过程中，往往需要注意以下几个问题：

（1）要根据起始的 (H_0, M_0) 和目标 (H_g, M_g)，选择合适的程序控制子程序，并合理利用加速下滑和减速爬升程序以减少燃料消耗；

（2）尽可能在平流层边界 11km 高度层进行平飞加速控制；

（3）为避免频繁控制发动机油门，一般会设计若干个典型油门位置下的程序爬升马赫数，如图 6-87 所示的 M_{c1}、M_{c2} 等；

（4）为确保引导过程中的飞行安全，如图 6-87 所示，需要设置左右两条减速下滑航迹作为垂直引导轨迹的使用边界，当引导过程到达边界时，必须沿边界之内飞行；

（5）为避免目标 (H_g, M_g) 超出正常使用范围，还需要以左右减速下滑边界为依据进行检查和修正。

2）耦合控制

垂直引导航迹的程序控制是一种简单易行的控制方法，但显然不是最优的，在对航迹控制精度要求较高时，由于高度和速度之间的强耦合作用，相互独立的控制方式会带来不足。飞机的航迹控制本质上是对飞机总能量的控制，飞机势能和动能随时间的变化对精密航迹引导具有重要作用，这种物理关系是设计航迹控制器的基础。例如，当 $H_0 > H_g$，$Ma_0 < Ma_g$ 时，常规的独立控制方式将使得平尾或升降舵下偏降低高度，同时减小推力减小空速，这样可能会以危险的方式减小空速。若初始和目标总能量相同，则仅需通过平尾或升降舵就可同时消除这两个控制偏差。这个例子也表明，发动机推力不仅仅控制速度，实际也控制了飞机的总能量。

现代飞机的纵向运动航迹控制器，是对平尾或升降舵和油门两个调节变量的全状态反馈的一种耦合控制器，如图 6-88 所示。这种耦合的一体化控制系统能够更加准确、有效地实现飞行的航迹引导控制。

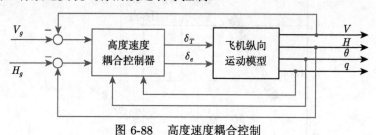

图 6-88　高度速度耦合控制

思 考 题

1. 简述飞机飞行控制系统的六个任务层级。

2. 假设某型飞机俯仰角自动稳定系统控制律为 $\delta_e = L_\theta(\Delta\theta - \Delta\theta_g) + L_{\dot\theta}\Delta\dot\theta$：①说明控制律各项的作用并分析常值干扰力矩对控制精度的影响，并提出控制律改进措施；②简要分析舵回路惯性时间常数 T_δ 对俯仰角控制系统的影响。

3. 以第二题采用的控制律为例，分析垂直阶跃风对飞机俯仰角稳定与控制系统的影响。

4. 分析在俯仰角稳定控制系统中，飞机质心变化和飞机质量变化对飞机纵向运动的影响。

5. 试分析以过载基本控制器为内回路的俯仰角控制系统的工作原理。

6. 写出典型的滚转角控制的控制律，绘制滚转角控制系统的结构图，分析控制律中每项的作用。

7. 假设某型飞机采用式 (6-42) 所示航向角控制律，试分析初始航向角 ψ_0 大于给定航向角 ψ_g 时的航向角控制过程。

8. 试分析飞机侧滑角对航向角控制的影响，并说明航向角控制律是如何减小或消除侧滑角的。

9. 什么是协调转弯？分析说明协调转弯的条件以及在协调转弯过程中应如何控制飞机的舵面？

10. 试推导定高系统运动学模型，并绘制其原理结构图。

11. 采用式 (6-78) 所示的高度控制律时，若初始高度大于给定高度，试分析飞机的高度修正过程，并说明俯仰角内回路在高度控制中的作用。

12. 假设某战斗机采用如式 (6-89) 所示的高度控制律，试分析当初始高度小于给定高度时，飞机高度的控制过程并说明控制律中每一项的作用。

13. 绘制出空速保持控制系统的结构图，并说明通过平尾或升降舵稳定空速的工作原理。

14. 分析说明单独通过油门调节无法实现飞机速度控制的原因。

15. 绘制出两种典型的自动油门控制系统结构图，分析其能够实现空速控制的基本原理和特点。

16. 什么是推力平静问题？自动油门控制系统中如何实现推力平静？

17. 推导飞机相对于预定飞行航线的位置关系，分析说明自动导航中实现按预定航线飞行常用的控制方式。

18. 飞机沿预定航线飞行通常有哪三种操纵控制方式？特点是什么？

19. 绘制典型的战斗机自动导航控制系统结构图，分析说明导航计算机和飞行控制计算机各自的任务分工。

20. 分析侧风对自动导航系统的影响，并说明减小或消除侧风影响的方法。

21. 写出飞机典型侧向偏离控制的控制律表达式，分析当飞机位于预定航线右侧时飞行航迹的修正过程。

22. 什么是"之"字形航迹问题？如何消除？

23. 分析侧风对飞机侧向偏离控制的影响，说明常用的解决办法。

24. 绘制出垂直导航控制系统结构图，分析其工作原理。

25. 简要说明飞机自动着陆的整个过程。

26. 推导航向波束引导运动学模型。

27. 绘制航向波束引导控制系统结构图，设计航向波束引导耦合器控制律，并说明其作用。

28. 推导下滑波束引导运动学模型。

29. 绘制下滑波束引导控制系统结构图，设计下滑波束引导耦合器控制律，并说明其作用。

30. 写出拉平轨迹方程，绘制自动拉平控制系统结构图，说明拉平耦合器的作用。

31. 简要说明地形跟随控制系统的组成及各部分的作用，绘制地形跟随控制系统结构图。

32. 写出地形跟随适应角法的表达式，并说明各项的含义以及 F_s 和 K_γ 选取方法。

33. 简要说明战斗机自动引导作战过程以及各阶段的控制需求和特点。

34. 简要说明自动引导中垂直平面轨迹控制的两种方案的特点。

第 7 章　先进飞行控制系统

传统飞机的各控制系统，如飞行控制、火力控制、推进等基本上是独立设计并独自完成其功能的。各子系统之间的信息交互很少，大量信息汇集到飞行员，由飞行员协调控制各系统工作，这使得飞行员负担较重。特别是在复杂的战场环境下，受估算精度、动作准确性和反应时间等固有生理因素限制，由人工操纵难以实现有利攻击方式，飞行员并不能充分发挥飞机整机作战效能。

先进技术的快速发展，尤其是机载计算机计算能力的迅速提高，使飞机各控制系统的综合设计和实现都实现了跃升。例如，主动控制、随控布局、电传操纵、推力矢量等可提高飞机的机动性、航程和操稳性能；在传感器、航电、控制律、作动器、气动和推进等多个子系统中，软件和硬件不断更新交联。如何确保它们在一起安全有效地工作成为一个新的难题。综合飞行控制系统应运而生，其目的就是实现飞行、火力、推进等相关机载系统的集成，实现多任务、多功能的自动或半自动飞行综合控制；把飞机整体作为控制对象进行以飞行控制为基础的综合控制，实现飞机在整个战斗飞行过程中的自动或半自动控制与决策。

综合飞机控制技术是现代飞行控制技术发展的必然趋势，是现代战机功能不断强大、系统日趋复杂之后，向综合化、自动化和智能化方向发展的必由之路。

7.1　综合飞行/火力控制系统

7.1.1　综合飞行控制

1. 发展历程

综合飞行控制技术始于 20 世纪 70 年代的美国，从飞行/火力综合、飞行/推进综合、飞行/火力/推进综合、飞行轨迹优化到推力矢量控制，美国的研究和应用水平始终处于国际领先地位。俄罗斯及欧洲各国也争相展开综合飞机控制技术研究。如今，飞行/火力综合技术已应用于现役第三代、第四代战机，飞行/推进综合及推力矢量技术在第四代战机和部分第五代战机改型上也得到了应用。

飞行/火力综合可以实现快速精确的瞄准攻击，并可完成一些由人工无法完成的机动攻击。之后，系统综合包括了几乎所有与作战、飞行有关的系统，如推进、导航、通信、任务管理等。将飞行/推进综合，可以增强航迹、姿态控制能力，实现发动机多模态控制；将飞行/推进综合后再与导航系统综合，可以实现准确的四维航迹控制、低空突防控制等。将任务、飞行和作战三方面进行综合，并提高综合化、自动化、智能化水平，使系统具有自主任务规划、自主飞行决策和自动机动攻击等能力，这是未来作战飞机的发展方向。

2. 基本功能与定义

综合飞行控制系统可划分为以下几个典型的功能子系统。

（1）本机信息系统：提供本机方位、姿态、运动的信息，涉及的系统有导航定位、大气数据计算机、本机传感器（速度陀螺仪、加速度计、动静压传感器、迎角传感器、侧滑角传感器等），通常可使用多传感器融合技术得到准确可靠的本机运动信息。

（2）目标信息系统：主要给飞行员提供一幅完整、清晰的目标信息图像，包括目标传感器、目标跟踪器、探测数据处理器。通过测量目标的距离、方位、运动状态，利用光电探测器形成目标图像，进而利用传感器数据融合，进行目标运动状态估计和攻击态势分析。

（3）综合飞行/火力控制系统：火力控制系统的任务是接收目标信息、本机信息及飞行员输入信息并计算攻击参数，确定攻击武器、攻击模式，生成攻击方案，在瞄准过程中连续计算攻击条件及偏差，为自动操纵机动攻击提供依据。综合飞行/火力控制通过飞行/火力耦合控制器，根据火力控制攻击要求生成操纵指令以实施飞机控制，并根据不同高度、速度、状态及不同攻击模式选用不同综合控制律，以生成实施不同攻击策略的控制指令。该指令可用于自动/辅助飞行员进行飞行控制；辅助飞行员控制时，在平显或多功能显示器上提供攻击指引信息。

（4）综合飞行/推进控制系统：综合飞行/推进控制系统将飞机操纵指令进一步分解，确定输出到各作动器、舵面或发动机矢量喷管等其他设备。飞行/推进控制直接涉及飞行安全，因此需要很高的可靠性。其控制律要满足飞行品质要求，还要通过超控耦合器将自动控制指令与飞行员指令综合起来。现代飞行控制系统已不限于使用传统气动舵面操纵，改变机翼形状、发动机进气道、推力大小和推力方向等具有飞行控制能力的方法，都是飞行控制系统的组成部分。

（5）座舱显示/控制系统：现代座舱能够显示飞行/火力/推进综合控制信息和常规飞行信息，主要显示设备是平显和多功能显示器。综合显示控制系统为飞行员提供工作状态、攻击模式、目标位置、攻击范围、攻击条件、瞄准误差及由传感器得到的目标图像与参数等；对地攻击中显示距末端投放机动时间和投放时间；俯冲攻击时有拉起预警；航线飞行时显示路由信息及油量、导航图等；在人工/自动/半自动操纵时给出操纵提示，自动修正控制权限，改变攻击方案，调整攻击参数。

7.1.2 综合飞行/火力控制系统的基本组成及特点

综合飞行/火力控制（integrated fire and flight control，IFFC）技术是 20 世纪 70 年代中期美国提出的一种航空技术。它以飞机主动控制技术为基础，通过飞行/火力耦合器将能解耦操纵的飞行控制系统和攻击瞄准系统综合成一个武器自动投放系统，是实现武器系统自动攻击的关键技术。

国内外对 IFFC 技术的仿真和试飞验证结果表明，IFFC 系统具有现存火力控制系统所不可比拟的攻击能力，在性能上有重大的改善，在空-空机炮攻击中扩大了作战范围，实现了全向攻击；获得首次射击机会的时间缩短了一半；射击次数和射击持续时间提高了 3 倍；命中率提高了 2 倍；在空-地轰炸攻击中，实现了非水平机动武器投放；同时，极大地提高了攻击机的机动生存能力，减轻了飞行员的战斗工作负担。

IFFC 系统原理结构如图 7-1 所示，它出目标及其位置与运动信息、目标状态估计器、飞行控制系统、火力控制系统、飞行/火力耦合器和超控耦合器等组成，其核心是具有飞行控制和火力控制规律的数字计算机。通过光/电跟踪器和角跟踪雷达，与目标状态估计器计算得到目标运动信息，结合攻击机传感器提供的状态信息，火力控制系统经过火力控制解算预测目标的未来位置，自动生成投放（或发射）点和到达投放（或发射）点前的飞行轨迹，一方面可通过平显为飞行员提供状态显示并形成操纵控制指令，另一方面可送入飞行/火力耦合器形成自动控制指令，由超控耦合器实现手动、自动和半自动控制方式的平滑切换，将控制指令输入电传飞行控制系统，操纵飞机跟踪目标进行攻击。这里，飞行员可只起监控作用，进行自动投放（或射击）炸弹（或机炮）；也可按平显提供的信息操纵飞机连续地生成飞行轨迹，引导飞机到达投放（或发射）点，实现手动或半自动武器攻击。

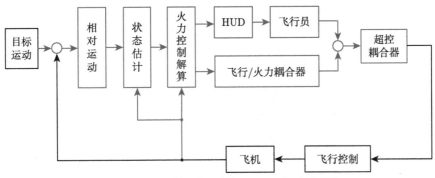

图 7-1　IFFC 系统原理结构（HUD 指平显系统）

据此，IFFC 系统具有如下功能特点：

（1）飞机采用主动控制技术，获得多自由度解耦控制功能，或者至少载机飞行控制能部分地实现飞行状态和飞行姿态间的解耦控制。

（2）飞行控制系统能在火力控制系统的耦合下，操纵飞机进行自动攻击。

（3）采用适合于自动机动攻击的火力控制系统。

下面主要介绍 IFFC 系统结构中的目标状态估计器、火力控制系统建模、飞行/火力耦合器和超控耦合器。

7.1.3　目标状态估计器

目标状态估计器是 IFFC 系统中的一个重要组成环节。在火力控制系统解算时，除需攻击机的状态参数，还应有目标机的运动速度、加速度和视线加速度等参数。但是，现有的机载测量装置不仅无法直接提供目标机运动的所有参数，而且所提供的测量值噪声较大，须滤波处理。目标状态估计器通过处理机载雷达测量信息、攻击机自身传感器等提供的信息，得到目标位置、速度和加速度的精确估值。目标状态的估计精度将直接决定火力控制解算的精度，从而影响整个攻击系统的武器投放命中率。

对于单机动目标跟踪问题，一般来说它是一个自适应滤波过程。基本要素包括数据形成和处理、机动目标建模、机动检测和机动辨识、滤波与预测、跟踪坐标系和滤波状态变量的选取。理论上，单目标跟踪问题已经基本解决。但是，由于机载雷达的测量体制对估计器的估计精度影响较大，常规的估计器设计方法无法满足系统的精度和实时性要求。

1. 机动目标建模

机动目标建模是一个重要而又复杂的问题。在其构造过程中，考虑到缺乏目标运动的精确数据和存在一些不可预测现象，如周围环境的变化、飞行员的主观操作等，需要引入状态噪声。例如，当目标做匀速直线运动时，加速度可看成具有随机特性的扰动输入，并假设它服从零均值白色高斯分布，这时可直接使用卡尔曼滤波；但当目标发生转弯或逃避等机动时，加速度变成非零均值时间相关的有色噪声过程，常采用白化噪声和状态增广方法以满足滤波算法需要。

至今，所有机动目标模型均考虑了目标发生机动的各种可能性，建立了适合任何情况和任何目标机动类型的全局统计模型。典型代表是传统的辛格模型，其机动加速度概率密度函数近似服从均匀分布。每种具体战术任务下的机动在全局统计模型中发生概率很低，导致辛格模型的精度较低，因而应时刻考虑目标的当前机动性。

可以定性地认为，若机动加速度均值较大（如对近距格斗弹或者机炮攻击的目标，基本上是以较大的加速度做逃逸机动），则下一时刻仍以该加速度进行机动的概率较大，或者说，下一时刻的机动加速度将在当前加速度周围较小范围内波动；若机动加速度均值较小（如巡航飞行的目标或者中、远程导弹攻击的目标基本上做匀速直线飞行或匀加速飞行），则下一时刻的机动仍将在当前加速度周围较小的范围内波动。

2. 估计器模型和滤波

跟踪滤波器的设计依赖于坐标系体制。坐标系不同，所选择的状态变量将不同。在满足实时性条件下，选择一种适当的坐标系，以便保证良好的跟踪性能，这是极其重要的问题。

通常，有两种坐标系可供选择：球面坐标系和直角坐标系。由于探测器的测量往往是在球面坐标系中进行的，所以在球面坐标系中测量方程是线性的，但状态方程是非线性的；在直角坐标系中，状态方程可线性表示，但测量方程是非线性的。若仅在一种坐标系中建立滤波和预测模型，则须对方程进行适当处理，不可避免地会产生模型误差。鉴于上述情况，可采用混合坐标系。将球面坐标系中的测量数据变换到直角坐标系中，在直角坐标系中完成预测后，再变换到球面坐标系中完成测量残差的计算。

滤波与预测是跟踪系统的基本要素。当目标做非机动运动时，采用线性自回归滤波、α-β 滤波、α-β-γ 滤波以及卡尔曼滤波等方法即可很好地跟踪目标。当目标发生机动时，采用上述方法跟踪滤波器通常会发散，解决办法是应用基于卡尔曼滤波的各种自适应滤波与预测方法。相关滤波算法可参考相关文献。

7.1.4 火力控制系统建模

下面分别针对空-空机炮、空-空导弹和空-地轰炸模态，简要介绍在 IFFC 系统中火力控制系统的建模与指令解算问题。

1. 空-空机炮模态

在空-空机炮模态中，无论是歼击机采用的与固定炮架相连的射击瞄准具，还是轰炸机采用的与活动炮架相连的射击瞄准系统，甚至平显/武器瞄准计算系统和综合多功能火力控制系统，都需计算机炮应提前目标方向之前多大角度发射。通过计算提前角的光学瞄准具，计算并修正目标的运动、弹道的运动轨迹以及发射点和观察点之间的位差所引起的瞄准总修正角，其中主要计算和修正目标运动所引起的瞄准角偏差。

空-空机炮模态具有两种基本的结构形式：直接操纵跟踪线式火力控制系统-指挥仪式火力控制系统、直接操纵武器线式火力控制系统-扰动光环式火力控制系统。后者结构简单、使用方便且造价较低，但其稳定性较差，在 IFFC 系统中不予采用。指挥仪式火力控制系统结构复杂、造价高，但有明显的优点：

（1）光/电跟踪器和角跟踪雷达测量的目标运动信息，与卡尔曼滤波器估计的跟踪线角速度和目标加速度，经计算可得瞄准角偏差，供飞行员或飞行/火力耦合器使用，以便操纵飞机消除瞄准偏差。

（2）直接通过跟踪瞄准误差跟踪线，攻击机的动力学特性对火力控制解算的影响较小，能保证在跟踪目标时具有较好的稳定性，适合于进行自动机攻击。

IFFC 系统要求飞行/火力耦合器提供瞄准角偏差信息和较稳定的跟踪性能，故采用指挥仪式火力控制系统，其原理结构如图 7-2 所示。它由目标跟踪部件、计算部件和武器线传动部件组成，各信号之间的关系如图 7-3 所示。

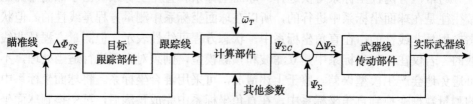

图 7-2　　指挥仪式火力控制系统原理结构

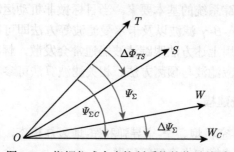

图 7-3　　指挥仪式火力控制系统的信号关系

图 7-3 中，O 为发射点或观察点，OT 为跟踪线，OS 为瞄准线，OW_C、OW 分别为计算武器线和实际武器线，$\Psi_{\Sigma C}$、Ψ_{Σ} 分别为计算和实际总修正角，$\Delta\Psi_{\Sigma}$ 为总修正角误差，$\Delta\Phi_{TS}$ 为跟踪瞄准误差。该系统首先通过目标跟踪部件使跟踪线实现对瞄准线的跟踪；然后将输出的跟踪信号、目标的信号和其他有关参数一起输入计算部件，实时解算计算武器线位置 W_C；最后通过武器线传动部件使实际武器线跟踪计算武器线位置，使之处于正确的方向。

2. 空-空导弹模态

纵观国外 IFFC 研究计划，主要对空-空机炮、空-地机炮和空-地轰炸三个攻击模态进行了研究，仅在综合飞行/武器投放（IFWC）计划中考虑了制导武器（导弹）的发射。

空-空导弹的发射必须解决导弹、载机及目标间的态势是否满足导弹允许发射的条件,以及该怎样操纵飞机去满足导弹的发射条件。以往的研究仅限于计算导弹的允许发射区域问题,攻击的瞄准操纵过程是由飞行员来完成的。但是,导弹的攻击与机炮攻击一样,也存在着攻击占位时间、瞄准时间的要求。若由飞行员的操纵来完成攻击瞄准,则会影响攻击机的作战效能。

以某雷达半主动制导中程空-空导弹发射的火力控制问题为例,其典型发射攻击方式是迎头拦射,需计算允许发射距离、允许发射误差和瞄准偏差信息。

1)允许发射距离

在空战中,敌机的四周有一个方位和距离的动态区域,攻击机以某种方位进入该区域内发射导弹可击中目标,区域的边界称为导弹发射包线。它由导弹的性能、目标的特性和本机的状态所决定。导弹发射包线的实时计算非常困难,多采用将预先计算得到的包线数据存于机载计算机中,通过查表插值或曲线拟合的方法计算最大及最小允许发射距离,可表示为

$$\begin{cases} R_{\max} = f(H_A, M_A, H_T, M_T, n_y, n_z, q, a) \\ R_{\min} = g(H_A, M_A, H_T, M_T, n_y, n_z, q, a) \end{cases} \tag{7-1}$$

式中,H_A 和 M_A 分别为攻击机的飞行高度和马赫数;H_T 和 M_T 分别为目标机的飞行高度和马赫数;n_y 和 n_z 为目标的机动过载;q 和 a 为发射导弹时的目标进入角和目标前置(离轴)角。

2)允许发射误差

由于导弹自身具有制导能力,所以在发射导弹时攻击机的指向允许在理想航向的周围有一定的偏差,即导弹的允许发射误差。影响允许发射误差的因素同样包括 H_A、M_A、H_T、M_T、n_y、n_z、q 和 a,实时计算也非常困难。

实际上,允许发射误差与允许发射距离的本质是相同的,它们从两个不同的角度反映了导弹的发射条件。若当前目标距离 R 在最大与最小允许发射距离之外,即 $R \notin [R_{\min}, R_{\max}]$,则允许发射误差为 0;若 $R \in [R_{\min}, R_{\max}]$,则可通过反向插值算法求出将当前目标距离作为最大或最小允许发射距离的边界条件时的目标前置角。

3)瞄准偏差信息

火力控制与飞行控制的综合,目的是实现攻击瞄准的自动化。采用消除瞄准偏差的方案是一种直接而有效的选择。通常,拦射攻击算法基于三维前置追踪原理。在作战的每一时刻,攻击机在每个点一定存在一个最佳的飞行方向,使发射导弹的机会最大,飞机当前飞行方向与最佳方向之差即瞄准偏差,飞机整个攻击过程的飞行轨迹即近似最优的轨迹。

为了实现方便,可采用最简单的牛顿梯度迭代优化方法,通过改变攻击机指

向求取最优飞行方向。问题归结为求出改变攻击机指向的梯度方向：

$$G_a^i = \frac{f(H_A^i, M_A^i, H_T^i, M_T^i, n_y^i, n_z^i, q^i, a+\Delta a) - f(H_A^i, M_A^i, H_T^i, M_T^i, n_y^i, n_z^i, q^i, a-\Delta a)}{2\Delta a}$$

(7-2)

式中，Δa 为 a 的小扰动变化量。通过 i 次迭代，可求出最佳的目标前置角。

3. 空-地轰炸模态

传统的轰炸方法主要是飞机进行垂直于地面的机动，如俯冲轰炸、退出俯冲轰炸和俯仰轰炸。IFFC 研究计划的轰炸算法采用机动进入投弹方式，以便在敌方高射炮或地-空导弹防御下提高生存力，同时尽量保持进攻武器的投放精度。美国先进战术战斗机改进计划 AFTI/F-16 研究的自动机动攻击系统（automated mobile attack system，AMAS），验证了大过载、机翼倾斜的机动转弯轰炸，并与常规高度、直线、机翼水平的轰炸方式进行了比较。

以水平甩投机动轰炸为例，其几何关系如图 7-4 所示。

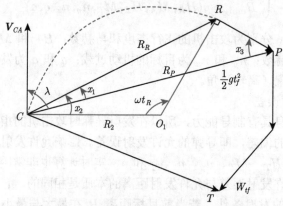

图 7-4　水平甩投机动轰炸的几何关系图

本机速度 $\boldsymbol{V}_{CA}$ 的转弯平面以 O_1 为原点，R_2 为转弯半径，以恒定角速度 ω 进行水平转弯机动飞行投弹。本机由点 C 开始转弯，同时开始瞄准，且实时计算并修正飞机姿态。炸弹由释放点 R 沿 $\boldsymbol{V}_{CA}$ 方向朝命中点落下，若计算的目标未来位置与实际命中点 T 重合，则命中目标。也就是按照转弯角速度不变和相对气流的本机速度不变的假设，沿这一轨迹连续地计算投放点。

7.1.5　飞行/火力耦合器

飞行/火力耦合器是实现 IFFC 技术的关键，将原来分离的飞行控制子系统和火力控制子系统有机地综合起来，是整个综合控制系统的核心，是联系飞行控制系统与火力控制系统的枢纽。飞行/火力耦合器的主要功能是根据火力控制系统解算出的信息，向飞行控制系统提供合适的控制信号，操纵攻击机按要求的方向飞行，实现精确而持续的瞄准和攻击。

设计飞行/火力耦合器时，飞机的动力学模型采用纵向、横航向耦合的非线性微分方程组，飞行控制系统采用数字三轴电传操纵控制增稳系统。飞行/火力耦合器的设计要求是将火力控制系统解算出的信号分配到三轴电传操纵控制增稳系统的三个通道中，通过三轴电传控制增稳系统控制飞机实现精确而持续的瞄准和射击。同时飞行/火力耦合器设计应满足以下技术要求：

（1）若要引入如 p、q、r 角速度信号，则须经结构滤波器，以防止结构模态振荡；

（2）希望系统快速而无振荡地消除瞄准误差（空-地轰炸模态除外）；

（3）系统具有足够的鲁棒性；

（4）耦合器输出指令须经过限幅处理；

（5）若考虑飞行员指令输入，则应平滑处理耦合器输出指令与飞行员输入指令的综合。

下面分别对空-空机炮模态、空-空导弹模态和空-地轰炸模态的飞行/火力耦合器设计进行说明。

1. 空-空机炮模态

为使耦合器能进行有效的精确攻击，要求攻击机调整姿态使俯仰瞄准角偏差 e_{LV} 和方位瞄准角偏差 e_{LW} 为零，以保证正确的武器轴线指向；同时为使攻击机相对目标具有较稳定的瞄准和射击能力，要求武器轴线旋转角速度跟踪期望值。图 7-5 为三通道耦合控制结构，图中 K_x、K_z、K_{y11}、K_{y12}、K_{y21}、K_{y22} 均为比例系数。FTQ 和 FTR 为传递函数，SNFQ1、SNFQ2、SNFR 为结构陷波器。

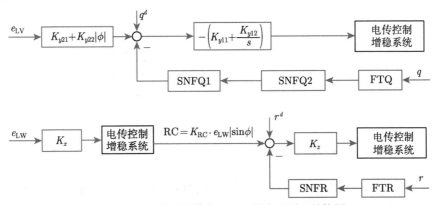

图 7-5　空-空机炮模态 IFFC 耦合器原理结构图

　　在纵轴，引入 e_{LV} 可消除高低角偏差；引入 q^d 可使攻击机的俯仰角速度跟上瞄准线的俯仰角速度，使纵向实现持续的瞄准；引入滚转角 ϕ 的反馈信号是对攻击机在滚转时要发生的掉高现象起一定的补偿作用。

　　在横航向，将 e_{LW} 引入滚转通道，通过攻击机的滚转而产生偏航运动来消除方位角偏差，并使横航向实现持续瞄准。没有采用滚转角反馈构成其稳定回路是为了加快消除横航向瞄准角偏差。将 r^d 和 RC 引入偏航通道具有以下特点：

　　（1）当攻击机滚转接近 90° 时，主要用方向舵消除方位角偏差；

　　（2）更好地消除侧滑，实现协调控制。

　　耦合器的参数设计需要通过系统的仿真才能确定。为了调试方便，在假定目标机运动真实值的情况下，进行 IFFC 系统的仿真，初步确定耦合器的参数值，然后把目标状态估计器联入 IFFC 系统，修正耦合器的参数值。

2. 空-空导弹模态

　　在空-空导弹攻击过程中，只要求载机所携导弹进入攻击区，因而消除其瞄准角偏差的要求不如机炮模态高，即在精度、误差上可以放宽要求。在设计耦合器时，可以简化其结构如图 7-6 所示，以提高其鲁棒性。

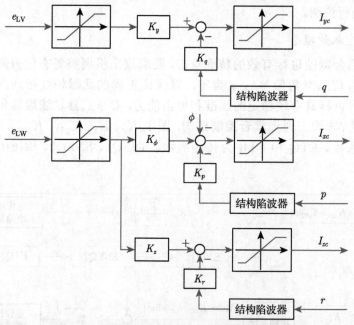

图 7-6　空-空导弹模态 IFFC 系统原理结构图

　　图 7-6 中纵向通道比例系数 K_y 选取直接影响系统消除瞄准偏差的过程，以及最后系统静差的大小。若系统纵向阻尼不够，则还须引入角速度 q 反馈，对 K_q

进行设计以改善阻尼。此外，指令和前向通道的限幅环节是为了防止俯仰偏差太大，产生飞行员和飞机不能承受的过载和大的角速度信号。

横航向通道结构与纵向通道结构类似。由于滚转通道和偏航通道是相互交联的，所以将方位瞄准偏差信号同时引入滚转通道和偏航通道中。考虑到导弹发射时攻击机不能做大机动，在设计滚转通道时，引入 ϕ 反馈信号，使得系统在消除瞄准偏差的同时，将机身改平。

3. 空-地轰炸模态

空-地轰炸模态的飞行/火力耦合器的主要功能是在保持定高的状态下，按照火力控制方程给出的倾斜角指令，形成飞行控制需要的控制指令，操纵飞机按要求的方向飞行。提高轰炸精度的关键是保证滚转通道的快速性和高度保持的精确性。除一般性要求，在设计耦合器时还应满足能协调转弯和希望飞机的姿态倾斜角快速跟踪给定角的要求。

在空-地轰炸模态中，由于地面目标静止，因而从目标状态估计器得到的信息均可测且平滑，为保证系统快速性可不加低通滤波器。火力控制系统解算出操纵飞机做倾斜转弯机动并瞄准目标的指令，即给定高度和给定倾斜角作为耦合器的输入。由于火力控制系统解算给定倾斜角，因而耦合器必须消除侧滑，保证协调转弯。空-地轰炸模态 IFFC 原理结构如图 7-7 所示。

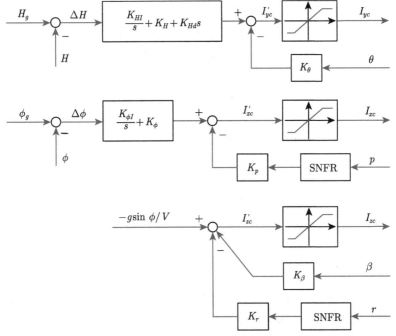

图 7-7 空-地轰炸模态 IFFC 原理结构图

图 7-7 中纵向通道耦合器采用由内向外设计方法，即先保证姿态稳定和控制器参数的局部优化，再保证高度控制。飞机的航迹控制是通过对飞机的姿态控制来实现的。引入 θ 反馈信号是为了改善飞机纵向姿态的控制品质，应用高度反馈控制和 PID 控制结构是为了稳定并精确控制高度。

横航向通道中，由副翼通道通过引入 ϕ 和 p 反馈及 PI 控制结构完成对期望倾斜角的准确跟踪。由于只有一个航向速率能协调滚转角和真空速，若能保证三者的正确关系，即保证了协调，则

$$r = -\frac{g\sin\phi}{V} \tag{7-3}$$

因此，在方向舵通道，将其作为期望指令，引入 β 和 q 反馈以保证协调转弯。

7.1.6   超控耦合器

在 IFFC 系统中，超控耦合器用于根据控制指令实现手动控制、自动控制以及半自动控制（飞行员参与的自动攻击）三种工作方式的平滑自动切换。美国在 20 世纪 80 年代初进行了飞行员参加的 IFFC 自动跟踪模拟试验，目的是评价 IFFC 系统的飞行品质，研究飞行员与高增益、高带宽自动导引系统相互配合的性能。试验结果证明飞行员能够平滑地与 IFFC 相配合，去攻击各种目标，并且有效地提高了飞行员在自动跟踪下的性能。可见，将飞行员保留在控制回路中，采用适当的人-机接口可提供良好的系统性能。

飞行员根据作战方式需要，可通过超控耦合器选择任意一种攻击方式：

（1）手动方式，即完全由飞行员操纵驾驶杆控制飞行及掌握攻击时机并瞄准射击，这是常用的一种控制方式。

（2）自动方式，即由 IFFC 系统及飞行/火力耦合器操纵飞行和攻击瞄准，这种方式只在终端武器投放阶段使用。

（3）半自动方式，即飞机由飞行员和飞行/火力耦合器联合分权操纵，目的是加速消除瞄准误差，减小首次瞄准时间，做到先敌攻击。这种方式通常在攻击的初始阶段使用。

研究表明，手动方式评价等级最低，效益较差，自动方式的效果居中，而有人参与的半自动攻击评价等级最高，效益最好。

7.2   综合飞行/推进控制系统

综合飞行/推进控制（integrated flight propulsion control，IFPC）技术是指把飞机与推进（包括进气道、发动机和尾喷管）系统综合考虑，在整个飞行包线内最大限度地满足飞行任务的要求，以满足推力管理，提高燃油效率和飞机的机

动性,有效地处理飞机与推进系统之间的耦合影响,更好地改善飞机的整体性能,并减轻飞行员的负担。

美国1973年首先利用F-111飞机的进气道和TF30发动机提出研究IFPC技术,其原因是飞机机体/进气道/发动机之间存在严重的耦合作用,可使系统产生发散的横向振荡、畸变系数超过限制、不稳定的荷兰滚和长周期振荡,甚至可能产生发动机熄火。这种耦合作用在现代高性能作战飞机上表现尤为明显。一方面,现代飞机要求必需的操纵面实现主动控制功能,利用变几何进气道、推力矢量喷管和变循环发动机等先进技术装置,增加了更多有利的控制方案;另一方面,这也带来了强烈的耦合效应,严重影响飞机和推进系统的性能、稳定性和控制。只有对飞行控制和推进控制进行综合设计,克服不利的耦合作用,利用有利的耦合作用,才可以改善和提高飞机的生存性和任务的有效性。

1996年俄罗斯最新型的三翼面、带矢量喷口的苏-37飞机采用了高度一体化的IFPC技术,在机动性和敏捷性方面取得令人瞩目的成就,能完成著名的"眼镜蛇"、"钟摆"和"360° 小半径筋斗"等多种过失速机动动作。近20年,我国也开展了IFPC技术的研究,奠定了一定的技术基础。

IFPC技术在战术技术要求与约束条件下,寻找最优的发动机/机体整体布局,以便在整个飞行包线内得到有效的外流气动特性(即低阻)、好的飞行品质以及高质量的内流气动特性(即高推力、宽广的发动机工作范围)等。尤其是推力矢量技术的出现,推进系统直接参与了飞行控制,飞行与推进系统的综合控制已是必然趋势。

7.2.1 推进系统的基本控制参数

具有高品质的推进系统控制,是实现飞行/推进综合控制、完成高性能飞行控制的基础。发动机、进气道和推力矢量喷管控制是实现推进控制的主要环节。

1. 发动机

目前,现代飞机主要采用燃气涡轮发动机和涡轮风扇发动机。前者克服了活塞式发动机的飞行速度不能提高到接近或超过声速的缺点,使飞机飞行速度超过声速的3倍。后者降低了排出气流的平均速度,减少了排气动能损失。在起飞状态,涡轮风扇发动机推力增加,耗油率降低;低速飞行条件下,推进效率较高,涵道比越大,推进效率越高;亚声速飞行时,在非加力状态下加力式涡轮风扇发动机比加力式涡轮喷气发动机的经济性更好;在超声速飞行时,若涵道比适当,两种加力式发动机经济性接近。因此,加力式涡轮风扇发动机适用于多种工作状态的军用飞机,如图7-8所示。

图 7-8　涡轮风扇发动机

飞行范围的日益扩大，对发动机的要求越来越高。一台简单类型的发动机已不可能同时满足各种性能要求，必须设法改变发动机的热力循环，使得在亚声速飞行时，按涡轮风扇发动机工作，耗油率低；而在超声速飞行时，则通过变几何部件来改变内外涵的流量比，转为涡轮喷气发动机工作，以发出最大推力，这就是变循环发动机。

为了适应飞机飞行条件的不断变化，如起飞、滑跑、升降、巡航、追击敌机、低空突防等，需要最大限度地发挥推进装置的潜力，最有效地使用推进装置以满足飞机对推进装置的要求。具体来说，在最大状态下，要能发出最大推力，以满足飞机起飞爬高的要求；在巡航状态下，耗油率要小，以满足经济性的要求；慢车状态则要求转速尽可能地低，但又能连续稳定地工作。既要推进装置的启动、加速、减速、加力启动等过渡过程的时间尽可能地短，同时又要保证动力装置能稳定、可靠地工作。在各种工作状态及飞行条件下，保证它不出现超转、过热、超载、喘振、熄火等现象。

发动机控制就是利用选择的控制量，如燃油流量、尾喷口面积等的控制作用，使发动机的某些参数，如发动机转速、压气机出口空气压力、涡轮进口燃气温度等，按需要的规律变化，从而保证发动机的性能。对于双转子涡轮喷气和涡轮风扇发动机，可选择低压转子转速 n_L、高压转子转速 n_H 和涡轮前燃气总温 T_3^* 为控制参数。对于加力发动机，可选择内外涵加力燃烧室的供油量 W_{f1} 和 W_{f2} 为控制参数，既直接反映加力推力水平的内外涵加力温度，也可控制加力温度的内外涵加力燃烧室的油气比。

2. 进气道

随着飞机飞行范围的不断扩大和飞行机动性能的不断提高，进气道的工作对发动机的影响越来越大。不仅影响发动机推力的大小，而且还影响发动机的可靠性。因此，必须对进气道进行调节，以便协调进气道和发动机的流量。目前，主要有下列三种方法：

（1）设计放气和吸气结构。在高速飞行时，进气道的可用空气流量大于发动机所需的空气流量，多余的空气通过进气道侧表面可调鱼鳞板或发动机短舱进行放气。在起飞时，利用进气道侧表面的鱼鳞片进行吸气。

（2）可移动中心锥的轴对称进气道。移动中心锥的位置，使进气道外部流动的部分超声速气流发生适当偏离，恢复进气道入口处的激波系位置，便于改变进气道喉部面积，保证通过进气道的适当空气流量。

（3）可调二元矩形进气道，既可改变前沿倾斜角，又可改变中心锥位置，从而更便于改变进气道喉部面积，并使超声速气流部分偏离。

用移动中心锥的方法来调节进气道，迎面阻力增加最多；用旋转前沿转角来改变进气道口面积的方法，迎面阻力增加较少；采用放气的方法时，迎面阻力增加最少。因此，进气道的调节，可能是几种方法的组合。

3. 推力矢量喷管

现代飞机对尾喷管的设计要求，不但使发动机产生反作用推力，应用其调节装置改变发动机的工作状态，而且要求安装反推力装置，改变推力的方向和大小以缩短飞机着陆的滑行距离。带有消声装置的尾喷管，还可以使发动机的噪声衰减。推力矢量/反向推力可以提供有效的俯仰力矩和侧滑力矩，不同方向的反向推力可获得俯仰和侧向直接力控制，如图 7-9 和图 7-10 所示。在短距起降飞机中，IFPC 系统的推力矢量/反向推力可得到较好的空-空格斗、空-地格斗以及巡航机动能力。

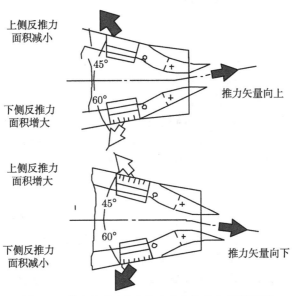

图 7-9 推力矢量/反向推力产生俯仰力矩原理图

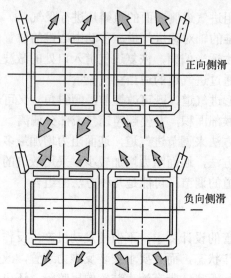

正向侧滑

负向侧滑

图 7-10　反向推力产生侧滑力矩原理图

进气道、发动机和喷管各部分的工作密切相关、相互影响。进气道工作的不稳定影响到下游发动机的压气机及燃烧室等部件的工作，发动机各可变几何面积的变化以及压气机的失速与喘振会影响上游进气道的工作，喷管节流面积的变化和推力方向的变化也将影响发动机性能。

7.2.2　性能寻优控制

随着可以控制多个发动机变量的全权限数字电子发动机控制（digital electronic engine control，DEEC）系统的出现，以自适应模型为基础的性能寻优控制（performance seeking control，PSC）系统得以发展，目的是优化飞机机体/推进系统的准稳态性能。该系统在 NASA 的 F-15HIDEC 研究机上试飞验证了几种优化模式：①保持同样推力下使燃油流量最小；②保持同样推力下使风扇涡轮前温度最低；③在最大工作状态（全加力）或军用状态下使推力最大；④敏捷减速。

1. 系统组成及原理

典型的 PSC 系统算法流程如图 7-11 所示，由估值、模型化和优化三个部分组成。其中估值过程是对低/高压涡轮效率、高压涡轮面积变化、风扇和高压压气机空气流量等五个部件偏差参数进行卡尔曼滤波估值。这些参数考虑了发动机在飞行中偏离了标称值的情况，依据部件的偏差生成发动机模型的计算公式，利用推进系统模型（control and propulsion system model，CPSM）估算求最优解所需的非测量发动机参数。由于 CPSM 利用实际发动机在飞行中的参数偏差可更新发动机模型，所以它可以反映各台发动机之间的差别，这就是 PSC 的自适应特点。飞行中的测量参数用于检查模型数据,并直接输入卡尔曼滤波器和 CPSM。用线性规划算法可确定在模型精度范围内和所规定的约束条件下的局部最佳值。在 CPSM 和线性规划优化之间进行迭代,最终可确定最佳的发动机工作点。

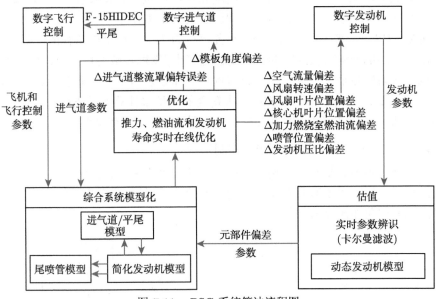

图 7-11　PSC 系统算法流程图

2. 控制效益分析

1)燃油流量最小模式

巡航飞行时保持推力不变的情况下,达到燃油流量最小。试验表明,纯推进力保持在 ±2% 的变化范围内,耗油率减少了 2%。由于优化是对发动机核心机和加力燃烧室进行折中,当核心机的推力增大时,可减少加力燃油流量,因加力燃烧的效率较低,故节省加力燃油量可带来超声速飞行时较大的好处。

2)最小风扇涡轮进口温度(fan turbine inlet temperature,FTIT)模式

巡航和加速时保持纯推进力不变情况下其温度最低,以延长发动机的寿命。在亚声速飞行时,在高空 FTIT 降低约 100°F,而在低空则相当小。在超声速飞行时,机体阻力减少可减小需用推力,从而 FTIT 降低。若只考虑总温度影响,则预计每 70°F 的温度下降将使发动机寿命延长一倍,尤其对大功率状态,发动机工作温度接近于极限值特别重要。

3)最大推力模式

加速飞行时在最大推力状态和军用状态下,能使推力最大。试验表明,在整个马赫数范围内可以增加 10% 以内的推力。由于优化过程主要增大了核心机的

效率，因而相对超声速飞行时推力增大较小。同时，FTIT 的限制值也会限制推力的增加。

4）敏捷减速模式

敏捷减速模式下飞机快速到达低高度和亚声速状态。试验表明，当马赫数由 1.98 降至 1.1 时，利用该模式减速时间比过去减小 50%。

可见，PSC 带来了巨大的效益，目前已成为 IFPC 中最受重视的一种控制模式。从本质上讲，PSC 是在线实时发动机/进气道/飞机参数的自适应优化技术，而发动机失速裕度自适应控制只能事先将优化规律以表格形式存储在计算机中，优化性能不如 PSC。当然，PSC 算法要求精确的模型来计算实际飞机的性能，包括机体、发动机、进气道和尾喷管的模型，这是 PSC 的固有缺点。

7.2.3　带推力矢量的综合飞行/推进控制系统

以某型带推力矢量和水平鸭翼的三翼面歼击机为例，该机装有两台双轴涡轮喷气发动机，尾喷管安装具有反推力能力的俯仰/偏航矢量喷管。综合飞行/推进控制系统流程图如图 7-12 所示。

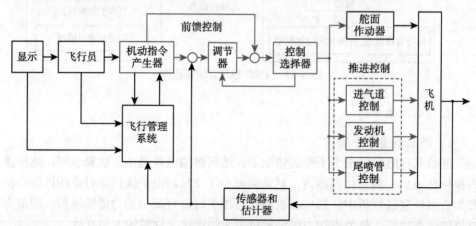

图 7-12　综合飞行/推进控制系统流程图

利用递阶、分散的思想把综合系统划分成若干个子系统，按子系统模块对各飞行模态进行控制律设计。机动指令产生器功能就是把飞行员指令或飞行管理提供的信息转化为飞机的飞行变量组合，产生希望的飞机过渡过程响应。控制器计算跟踪期望轨迹所需的控制量，并对计算出的输出反馈结构进行优化。控制选择器输出按一定控制逻辑构成执行指令，使各气动面、进气道、发动机和尾喷管协调匹配获得最佳性能。一方面向飞行控制系统发出操纵信号，控制飞机的姿态和轨迹；另一方面又向发动机系统发出控制信号，控制进气锥位置伺服装置和油门，以控制飞机的推力。这样，就把飞行控制和推力控制融为一体，达到综合控制的目的。

对于带推力矢量的飞机，通过改变喷口气流方向而获得矢量推力，使得在空中的受力情况发生了变化。除了为飞机提供前进动力，还能在飞机的俯仰、偏航、滚转和反推力方向上单独或同时提供发动机内部推力，因此在飞行/推进系统建模中，需在相应的力方程和力矩方程中，增加三轴推力矢量的对应项。在大迎角过失速下亚声速飞行时，由于飞行速度低，空气动力作用在飞机舵面上产生的力矩不大，采用推力矢量可为飞机获得高度机动飞行所需要的力和力矩，可以部分或者全部取代常规操纵面或取代其他装置所产生的外部气动力。推力矢量控制的飞机具有过失速机动能力，增强了飞机法向过载能力，大大减小了转弯半径，从而极大地提高了飞机的作战效能和生存力。

7.3 综合飞行/火力/推进控制系统

在综合飞行/火力、飞行/推进的基础上，进一步对各子系统进行功能综合，以提高飞机整机作战效能。综合飞行/火力/推进控制系统原理结构如图 7-13 所示。

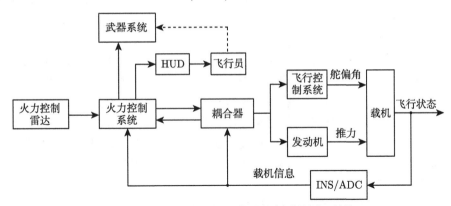

图 7-13 综合飞行/火力/推进控制系统原理结构

载机惯性导航系统（inertial navigation system，INS）和大气数据计算机（air data computer，ADC）测量并处理载机飞行信息，再送至综合火力控制系统及耦合控制单元。火力控制雷达将测得的目标信息送至火力控制系统，火力控制系统根据目标信息与载机信息来判断是否满足载机武器发射条件，并将攻击态势信息送至平显系统（HUD）供飞行员观察空战态势。

为了满足载机武器发射条件，完成攻击任务，火力控制系统需不断通过耦合器向飞行控制系统、发动机控制系统发出控制指令，飞行控制系统通过调整气动布局和舵面偏转角，推力控制系统通过控制发动机推力，实现飞机飞行状态的综合控制，从而实现根据相对于目标的攻击态势不断调整载机飞行状态最终达到攻击要求，这就是综合飞行/火力/推进控制技术的基本原理。

7.4　飞行管理系统

飞行管理系统（flight management system，FMS）是协助飞行员完成从起飞到着陆各项任务的系统，可管理、监视和自动操纵飞机，实现全航程的自动飞行，是当今先进飞机上广为采用的一种新型机载设备。它集导航、制导、控制、显示、性能优化与管理功能于一体，实现飞机在整个飞行过程中以优化的方式自动管理与控制，是综合化的自动飞行控制系统。该系统能够大量节省燃油，极大地减轻飞行员的工作负担，提高飞机快速出动能力，保证飞机的飞行安全和飞行品质。

7.4.1　发展历程

飞行管理相关机载系统的发展主要分为区域导航系统、性能管理系统、飞行管理系统、四维导航系统和战术任务飞行管理系统五个阶段，主要如下。

（1）20 世纪 60 年代末到 70 年代初：区域导航系统。美国利用机载数字计算机、显控装置，给飞行员和自动驾驶仪提供用于水平和垂直导航的制导信息，使航线飞行更直接。

（2）20 世纪 70 年代中期：性能管理系统。中东石油危机爆发，由于燃料不足和价格上涨，美国飞机公司研制了商用的性能数据计算机系统，把飞机手册提供的各种性能图表以表格形式存放在机载计算机，供飞行员实时查询最优推力调节、巡航高度和当前周围条件的空速等，但不与自动驾驶仪和自动油门系统交联，也不具备导航能力。后来将其与驾驶仪和自动油门系统综合，构成性能管理系统。该系统能够计算飞机的爬高、巡航和下降剖面，通过驾驶仪和自动油门系统，控制飞机按预定的垂直剖面飞行。

（3）20 世纪 70 年代末：飞行管理系统。通过合并性能管理系统与区域导航系统形成了今天的飞行管理系统。典型的飞行管理系统有很大的导航数据库，其计算机系统还与侧向自动驾驶仪耦合，具有自动导航能力，可提供自起飞到目的地的水平轨迹制导。它从对巡航段的优化发展到按最少燃料或按最小直接操作成本为性能指标的垂直剖面优化，提供定义该剖面的垂直轨迹和垂直制导能力。这种能对飞机进行综合管理的飞行管理系统，可实现飞机的自动飞行与最佳性能管理，大大地减轻了飞行员的负担，并可获得很好的经济效益。

（4）20 世纪 70 年代末到 80 年代初：四维导航系统。随着航空事业的发展，空中的飞机越来越多。为了提高机场的吞吐量，保证飞行安全，空中交通管制（air traffic control，ATC）由调整各飞机间隔距离，改为调整时间间隔，即对飞机进行时间控制。为了适应这一要求，开始了四维导航系统的研制。四维导航系统是在三维导航系统的基础上，通过对软件的修改，引入四维导引算法，而发展成的新一代飞行管理系统。它能提供四维制导能力，可很好地吸收空中耽搁时间，节省燃油消耗，可使飞机按规定的时间精确地到达指定地点，误差不大于 5s。

（5）20 世纪 80 年代后：战术任务飞行管理系统。美国空军提出了战术任务飞行管理系统的概念，从而开始了军机飞行管理系统的研制。

国外飞行管理系统主要应用情况如表 7-1 所示。从表中可以看出，波音、麦道、空中客车三大飞机制造公司生产的飞机都广泛地采用了飞行管理系统。美国、欧洲及俄罗斯都在自己的飞机上装备了自己研制的飞行管理系统。与此相比，我国在这方面差距较大，目前只有部分院校和研究所进行一些探索性研究。

表 7-1　国外飞行管理系统主要应用情况

国家	公司	产品功能	装备机型
美国	Sperry	性能管理	B-707、B-727、B-737、DC-8、DC-9、MD-82
		飞行管理	B-757/767、B-747-400、DC-10、A310、A320
	Amber	飞行管理	L-1011
	Deleo	飞行管理	B-747
	Lear Sicgler	飞行管理	B-737-300
英国	Smith	性能管理	B-737、B-727-200
		飞行管理	A300-600、A-310
法国	Stena	性能管理	A300、ATR-42
俄罗斯	—	飞行管理	TU-204
德国	—	四维飞行管理	新型客机

7.4.2　基本组成与定义

飞行管理系统是由许多计算机、传感器、无线电导航系统、控制组件、电子显示仪表和警告系统构成的一个大系统。为了实现它的各种功能，一般都由四个子系统构成，如图 7-14 所示。

（1）处理子系统，即飞行管理计算机系统，包括飞行管理计算机和显控装置等部分，是飞行管理系统的核心。

（2）执行子系统，即飞行控制系统、推力控制系统，有的还包括飞行增稳系统，是飞行管理系统的执行机构。

（3）显示子系统，包括电子飞行仪表系统、发动机仪表与中央告警系统、航姿系统和磁航向系统等。

（4）传感器子系统，包括大气数据计算机、惯性导航系统、无线电导航设备（测距装置、甚高频全向信标、OMEGA 导航和仪表着陆系统等）、多普勒导航仪及无线电高度表等。

由图 7-14 可见，飞行管理计算机好比人的大脑，用于思维、决策和发送命令；执行子系统可比作人的手和脚，通过它们来操纵飞机；通过传感器子系统和显示子系统观察飞机的运动，并把信息传递给飞行管理计算机。由这四个子系统实现其各自的功能，代替飞行员的功能，实现对飞机的自动飞行管理。

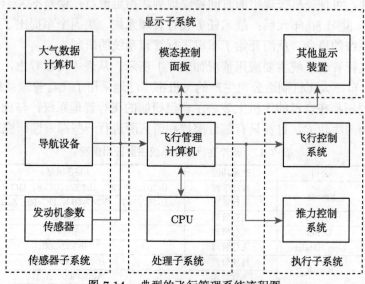

图 7-14　典型的飞行管理系统流程图

　　A310 飞机配置了典型的飞行管理系统，其组成如图 7-15 所示，主要由导航系统、仪表系统、自动飞行系统和飞行管理计算机系统构成。飞行管理计算机系统作为 FMS 的核心部件，主要功能是：接收来自各种传感器输入的当前阶段飞

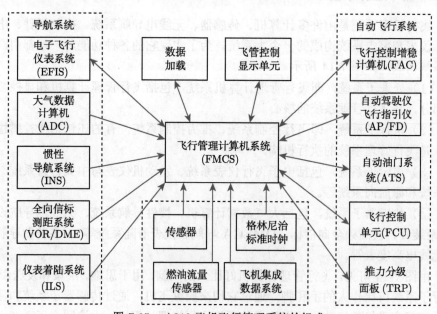

图 7-15　A310 飞机飞行管理系统的组成

机的位置、速度、姿态等导航信息以及发动机状态和燃油状态数据，并利用所存储的有关飞机和发动机性能及导航数据资料，对比飞行计划以及飞行轨迹预测进行导航计算、性能优化，实现水平导航和垂直导航，生成飞行制导指令输出给自动驾驶仪/飞行指引系统和自动油门系统，实现自动飞行，同时将飞机当前的信息传输给不同的显示仪表进行实时显示。

7.4.3　主要功能

ARINC 702A-3-2006《先进飞行管理计算机》规定，典型飞行管理系统应具有综合导航功能、飞行计划管理、轨迹预测、飞行导引、性能优化、推力管理、人机接口等主要功能。归纳起来，主要包括综合导航、性能计算和制导功能，以及其他显示与监控功能。

1. 综合导航

根据飞机导航数据库，组合来自各传感器的导航信息，通过信息融合获得高精度的飞机位置、速度、姿态信息，实时计算实际的导航性能（actual navigation performance，ANP），具体如下。

1）导航参数计算

通过融合 ADS（大气数据系统）、IRS（惯性导航系统）、GPS、VOR、DME（测距机）等导航传感器数据，实时计算飞机的水平及垂直方向的最优位置、速度、姿态、航向、航迹角、风速、风向等状态信息。针对多种导航传感并存的状况，通常采用下述组合导航模式优先级：

（1）ADS-IRS/GPS；

（2）ADS-IRS-DME/DME；

（3）ADS-IRS/VOR/DME；

（4）单纯 ADS 模式，并运用内部逻辑规则选择最佳组合模型。

2）导航性能计算

结合飞机导航数据信息，对比导航数据库中的所需导航性能（required navigation performance，RNP），实时计算飞机的 ANP，验证导航系统的运行状态，通过综合显示系统实时显示。RNP 是飞行管理计算机定义的导航性能和精度要求，其缺省值包含在导航数据库中。

3）无线电导航管理

实现对 VOR/DME 导航系统的管理：一方面根据飞行计划和飞机当前状态选择最佳的 VOR/DME 导航台；另一方面根据选定的导航台频率信息进行自动调谐，向 VOR/DME 导航系统发送调谐指令。

4）GPS 管理

飞行管理系统向 GPS 提供初始位置信息以减少 GPS 接收机选星的计算时间。

5）导航模式管理

通过提供友好的人机操作界面，根据用户设定和故障设定选择不同的导航组合模式。

2. 性能计算

飞机沿着预定航线飞行时，飞行速度和高度等纵向剖面参数是决定飞机飞行经济成本的重要参数。根据 ARINC 702A-3-2006，飞行管理计算机系统在性能管理方面，应该能够计算显示和控制需要的参数，预测飞机飞行进程中的性能和飞行数据，例如，计算最优速度、推力参数，监控飞机的燃油消耗、飞机的重量。在各飞行阶段，根据具体的要求，计算出飞行剖面，并提供制导输出，包括下列一种或几种指标的组合：最小飞行燃油消耗、最小飞行成本、最小飞行时间、最大爬升/下降角、最大爬升/下降速率、最大续航时间等。飞行管理计算机在飞行全过程，依据飞行计划信息、飞机和发动机性能数据、飞行员输入数据、环境参数等进行性能计算，实现飞行剖面最优化。

1）垂直剖面轨迹优化

垂直轨迹生成可分为最优基准轨迹生成和非最优基准轨迹生成。

非最优基准轨迹一般根据飞行手册及传统操作模式生成。等表速（CAS）/等马赫数（Ma）爬高/下降轨迹是一种典型的非最优轨迹，由于它利于人工操作而一直沿用。飞机离场转入爬高段后，飞机首先以等表速爬高，到某一高度飞行速度达到某一马赫数后转入等马赫数爬高飞行，直至巡航高度。在巡航高度上加速至巡航马赫数做等高等速飞行，接近下降开始点时将速度减速至下降马赫数开始下降。进入下降段后发动机处于慢车状态，飞机先以等马赫数飞行，到某高度后转人等表速下降。垂直剖面飞行轨迹如图 7-16 所示。整个垂直剖面又可分为

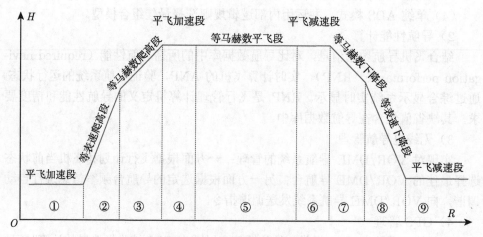

图 7-16　垂直剖面飞行轨迹

平飞加速、等表速爬高、等马赫数爬高、平飞加速、等马赫数平飞、平飞减速、等马赫数下降、等表速下降、平飞减速等九段。

最优基准轨迹是按某种性能指标或几种性能指标的组合达到最优而设计的垂直基准轨迹。性能指标主要包括飞行最小燃油消耗、最小成本、最小时间、最大爬升/下降航迹角、最大爬升/下降速率、最大续航时间等。计算最优基准轨迹的方法很多，最经典的如能量状态法。

2）水平剖面轨迹优化

水平轨迹，又称地面轨迹，是飞机飞行轨迹在水平面上的投影。当飞行员通过显控组件选择飞行航线、途中航路点、起飞机场、目标机场和相应的标准仪表离场路线（standard instrument departure distance，SIDD）和标准的终点到达路线（standard terminal arrival route，STAR），编写飞行计划后，即可对实际的地面轨迹进行综合。地面轨迹由航路中各支路和支路与支路之间的转移等轨迹连接而成。在波音 767 的飞行管理系统中，按照支路的起点和终点的不同划分了 15 种不同类型的支路。但每条支路与其转移的轨迹均由直线段或圆弧段构成。因此，为了综合地面轨迹方便，把途中的航路点分为普通航路点和有航向或方位角要求的最终航路点。地面轨迹的综合，就是按照飞行计划确定的、依次编排的各航路点直线或圆弧段连接起来，如图 7-17 所示，形成支路及支路间的转移。航路点距离较长时，支路轨迹应按大圆轨迹形成，较短时则也可按等航向或等方位角形成。图中，WP_1 为支路 1 的起始航路点，WP_3 为支路 2 的终点航路点，飞机从 WP_1 飞向 WP_3。飞行轨迹由支路 1、支路 2 及它们之间的转移弧线构成。转移起始点为 P_2，终止点为 Q_2。

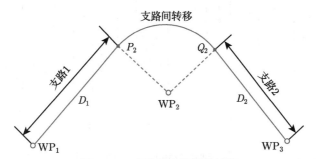

图 7-17　支路及支路间的转移

3）性能数据库

性能数据库是性能管理的基础。为了完成优化计算，除要知道单位时间代价和单位燃油代价，在巡航阶段要知道飞机的升力特性、极曲线、发动机推力和耗油率之间的关系；在爬高阶段，由于发动机处于额定状态，因而需要知道额定状态下推力与耗油率之间的关系；在下降阶段，发动机处于慢车状态，需要知道慢车状态的推力和耗油率之间的关系。

性能数据库中的数据普遍以曲线形式表示，无解析表达式。这些曲线既可按离散点存放，也可以拟合成函数存放，库中只存放有关的系数。若以离散点存放，则在运算过程采用拉格朗日插值等插值方式，运用数据比较直观，且不需要提前做曲线拟合，但存储数据的空间略大。若以函数形式存放，则要将曲线参数化，数据存储量较小，如波音 737-300 和波音 767-200 的极曲线和耗油率曲线就是以一个平滑的多项式表达式表示的。例如，升力曲线可以表示为马赫数、高度、迎角、襟翼位置等的函数；阻力系数可表示为马赫数、升力系数、迎角、襟翼位置、起落架位置等的函数。

3. 制导功能

制导是飞机沿基准轨迹飞行时飞机受到外界的扰动、风的扰动和导航的不确定性引起偏离基准轨迹后做出的一种决策。

1）垂直制导

垂直制导功能模块如图 7-18 所示。由性能管理模块计算的飞行剖面数据存放在制导缓冲区内作为基准信号。垂直位置模块接收导航模块的速度和高度信号，与基准信号做比较，产生误差信号，作为制导的基础。

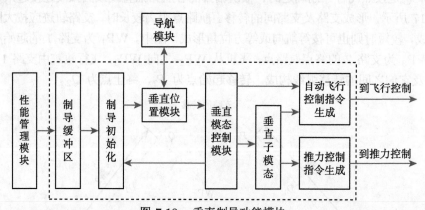

图 7-18　垂直制导功能模块

在垂直剖面飞行中，飞行控制系统可以控制高度、速度和轨迹；自动油门系统可以控制推力、速度。在飞行过程中要求支路与支路之间平滑过渡，因此模态切换需遵循一定的规律。例如，一般情况下爬升阶段要严格控制速度，采用升降舵控制速度，油门杆处于额定状态。而在巡航阶段，则用油门杆控制速度，升降舵保持高度。爬高到巡航的过渡段（高度获取段），升降舵应选取高度获取模态，属轨迹控制，如果用油门杆控制推力，则油门杆和升降舵均不在速度控制模态，切换到巡航段时速度会有较大偏差，因此油门杆选用速度控制模态比较合适。其他模态切换类似。对于典型垂直剖面，飞行控制系统/自动油门系统的控制模态如图 7-19 所示。

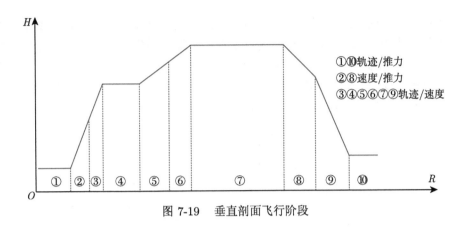

图 7-19 垂直剖面飞行阶段

图 7-19 中，①②③为爬高段，④⑤⑥⑦为巡航段，⑧⑨⑩为下降段。升降舵/自动油门在飞行管理中的制导组合称为制导模态。其中：①为平飞加速段，采用轨迹/推力模态，油门杆控制推力，油门处于额定推力状态。②为爬高段，采用速度/推力模态，升降舵控制速度。当速度误差小于 5m/s 时采用速度跟踪模态，否则采用速度跟踪加速模态，油门杆处于额定推力状态。③为爬高-巡航过渡段，采用轨迹/速度模态，升降舵控制轨迹，用高度截获模态，油门杆控制速度，用速度跟踪模态。④、⑦为巡航段，采用轨迹/速度模态。升降舵控制轨迹，用高度保持模态，油门杆控制速度，采用速度跟踪模态。⑤、⑥为阶梯爬升（下降）段，可采用轨迹/速度模态，也可采用垂直速度/速度模态。用升降舵控制垂直速度（V/S模态），油门杆控制速度（速度模态）。轨迹控制模态为升降舵的高度获取模态。⑧为下降段，采用速度/推力模态，升降舵控制轨迹，同爬高段②，油门杆控制推力，处于慢车状态。当有轨迹要求时，也可用升降舵控制轨迹，用轨迹角控制模态。⑨为高度截获段，同③。⑩为平飞减速段，同①。

在巡航段如有加（减）速的情况，制导保持轨迹/速度模态不变。

2）侧向制导

侧向制导功能模块如图 7-20 所示。飞行员通过显示控制器组件选择航线、航路点等，编写实际待飞的飞行计划后，电子飞行仪表系统（electronic flight instrument system，EFIS）计算航线上各段飞行支路的有关参数，并存放在制导功能模块的缓冲区内；制导时，制导初始化按支路依次排列的顺序，向制导缓冲区提取支路的有关参数，为侧向位置模块提供数据。侧向位置模块接收导航模块提供的飞机位置参数。与制导初始化提供的基准参数比较，产生轨迹误差和计算飞机相对于转移点和转弯点的位置。侧向位置输出的误差信号，经侧向模态控制模块按期望的航线要求，选择相应的制导律。然后在侧向控制模块中根据上述选择的制导律和提供的误差信号，计算相应的滚转姿态指令信号。送到飞行控制计算机，操纵飞机做相应的机动飞行。飞完一条支路后，依次重复计算，由此完成存放的实际飞行航线的各侧向支路，比较飞机实际的与期望的位置，产生加到飞行控制计算机的滚转姿态指令信号等功能，使飞机能从起飞地点沿期望的航线（基准轨迹）自动地飞抵目的地。一旦飞机在飞行途中受到外界的干扰而偏离基准轨迹后，由于侧向制导的功能，也能使飞机回到基准轨迹上精确飞行。

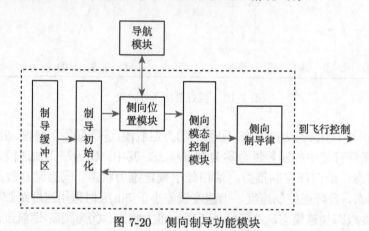

图 7-20   侧向制导功能模块

7.4.4   战术飞行管理系统

民航的飞行管理系统，主要考虑飞行交通管制，优化飞行航线，减少油耗以节约营运成本。至于军机，则需考虑战术飞行管理。

战术飞行管理系统概念是 1982 年由美国空军莱特航空实验室与麦道公司提出的，它是在综合飞行/火力控制研制计划、综合飞行轨迹控制研制计划以及先进的地形跟随/回避研制计划的基础上，针对 20 世纪 90 年代先进的战斗机提出的。该系统是一种全任务综合管理系统，其功能和目标是协调、管理和控制已有的综合飞行/火力控制和综合飞行/推进控制等系统，以能量管理和四维导航等技术为基础，自动生成和执行飞行计划和轨迹指令，增强飞机在复杂和存在多种威胁的环境下执行战术任务的有效性及其生存能力，并减轻飞行员的工作负担。随后，美国、日本、中国等在飞行综合控制研究的基础上，开始了军机的飞行管理系统概念和关键技术的研究。

根据指挥系统提出的战术任务要求，战术任务飞行管理系统实时感知飞机及有关子系统的状态和周围环境（包括天气、地形、威胁以及友军）的信息，实时进行任务及飞行轨迹的规划，生成导航和制导指令，相应地控制飞机的力及力矩（包括气动力及推力），使飞机沿所要求的飞行轨迹飞行。与此同时，按生成的指令控制飞机相关的子系统，以某种最佳方式（以生存性、任务有效性及能量消耗等进行衡量）完成突防和攻击等各种典型战斗任务。

未来战斗机上战术飞行管理实现的功能主要是：在多兵种协同作战中，攻击机与友机之间、攻击机内部各系统之间须在不同层次上实现信息共享，多种探测器获取的信息需进行数据融合，获取精确和可靠的信息。在航空电子综合系统的基础上，根据执行不同的战术任务及不同的任务段，对攻击机资源进行动态分配，组成适应战术任务需求的综合控制模态的控制系统，以便有效地完成战术任务。战术飞行管理系统在预规划的战术任务的基础上，能根据作战态势信息在线实时再规划，生成战术飞行控制指令。在未来恶劣的作战环境中，战术飞行管理系统起着辅助决策和咨询的作用，需要把所做出的决策、战术预案及实时作战态势信息直观地显示给飞行员，并由其最终选择，因而应有先进的综合显示系统和人机接口界面。

未来战斗机战术飞行管理与综合飞行控制的逻辑结构如图 7-21 所示。图中上

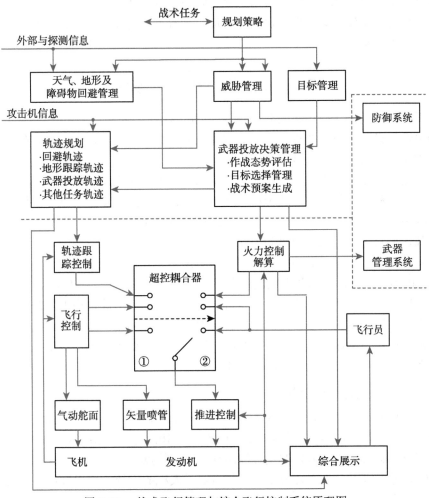

图 7-21　战术飞行管理与综合飞行控制系统原理图

半部分为战术飞行管理系统，是整个系统结构的最顶层，下半部分为相应的交联飞行控制系统，构成系统结构的底层。

战术飞行管理系统一般由下列模块组成：

（1）规划策略模块实现航迹规划的调度管理，定义任务目标以及进行可用的优先级选择，并顺序调度其他功能模块的执行。

（2）天气、地形及障碍物回避管理模块产生飞机回避指令。

（3）威胁管理模块对现今航线的威胁进行识别，并产生相应的指令。

（4）目标管理模块对作战实体的威胁以及对攻击目标进行识别，选择并捕获、锁定攻击目标，输出攻击目标的相关信息以及威胁的有关信息。

（5）轨迹规划模块根据威胁、天气、障碍物和地形回避的要求重新规划飞机的飞行航迹，根据武器投放的战术预案实时规划攻击轨迹。

（6）武器投放决策管理模块根据地形、天气、威胁及攻击目标状态，完成武器投放战术预案。

7.5　无人机飞机管理系统

无人驾驶飞机（unmanned aerial vehicle，UAV）简称"无人机"，是指利用无线电遥控设备和自备的程序控制装置操纵的不载人飞行器。无人机实际上是无人驾驶飞行器的统称，从技术角度定义可以分为无人固定翼飞机、无人垂直起降飞机、无人飞艇、无人直升机、无人多旋翼飞行器、无人伞翼机等。与载人飞机相比，无人机具有体积小、造价低、使用方便、对作战环境要求低、战场生存能力较强等优点。由于无人驾驶飞机对未来空战有着重要的意义，世界各主要军事国家都在加紧进行无人机的研制工作。

美国无人机技术领跑世界，最早于 1939 年开始研制无人靶机。从 20 世纪 50 ~ 60 年代开始，美国相继成功研制了"火蜂"、"先锋"、"猎人"、"捕食者"和"全球鹰"等战术或战略无人侦察机，以及"捕食者"改进型无人侦察作战飞机，先后应用于越南战争、海湾战争、科索沃战争和阿富汗战争中。我国无人机技术发展也极为迅速，主要代表有"翼龙"系列、"彩虹"系列等中空长航时察打一体多用途无人机，以及一些高空高速无人机等。

7.5.1　无人机飞行控制特点

无人机的主要功能是搭载任务载荷至工作地点，完成指定的情报收集、空中侦察、远程监视、对地/空目标打击等任务。典型的无人机系统构成如图 7-22 所示，相较于有人机，无人机的飞行控制具有以下特点：

（1）无人机以自主飞行为主，飞行员对无人机的操控一般通过地面控制站完成，因此无人机的机载飞行控制系统更为简洁。

（2）无人机对飞行控制的自主化、智能化要求更高，对导航系统的可靠性和精度提出了更高的要求，一般要求采用卫星导航、惯性导航、天文导航等多种方式构建组合导航系统。

（3）为实现无人机的自主起降控制，需要高精度的起降引导系统如差分卫星导航系统、微波着陆系统的支持。

（4）无人机执行的任务划分更趋于专业化，任务载荷较为单一，加上高性能的数据链/通信链路的支持，无人机的飞行管理、任务规划往往可以依托地面控制站完成，使得机载飞行管理和飞行控制系统更易于融合。

（5）滞空时间是无人机的一项重要性能指标，无人机的飞行控制系统还需要兼顾交联系统的资源和信息共享、调度、优化和管理工作。

因此，无人机飞行控制系统的综合化程度更高，通常以无人机系统整体性能最优为目标，通过系统综合化设计，实现高的信息交换和资源共享，达到飞行性能、飞行能力以及重量、成本、可靠性、维护性等方面的显著改善，实现飞行管理、导航管理、飞行控制以及其他机载系统协调控制功能。因此，无人机的飞行控制系统就是一般意义上的飞机管理系统。

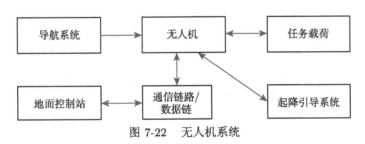

图 7-22　无人机系统

7.5.2　无人机飞机管理系统结构

1. 总体结构

典型的无人机飞机管理系统结构如图 7-23 所示，主要由飞机管理计算机（vehicle management computer，VMC）、飞行控制计算机、舵面操纵子系统、飞行传感子系统和导航子系统组成，其中有些无人机的飞行控制计算机与飞机管理计算机采用一体化设计，相关飞行控制功能集成到飞机管理计算机中实现。

无人机的飞机管理系统与有人机飞行控制系统类似，除舵面操作子系统中的舵回路，主要包括三个回路，分别是增稳回路、稳定回路和导航制导回路。

1）增稳回路

增稳回路主要通过阻尼和增稳反馈，改善无人机的固有特性，同时无人机飞行员可通过地面控制站向无人机发送操纵指令，实现对无人机的人工操纵控制，实现飞行控制系统任务层级的第一层级功能。

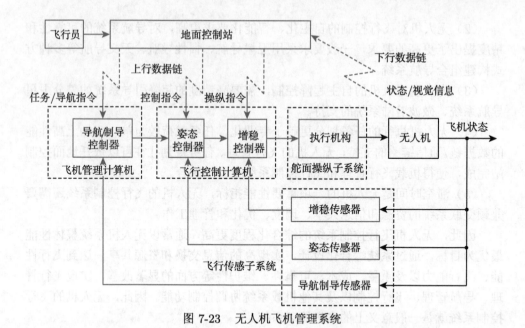

图 7-23　无人机飞机管理系统

2）稳定回路

稳定回路主要实现对无人机绕质心转动的角运动进行控制，确保无人机的稳定飞行。它包括稳定控制和指令控制两项基本功能，即一方面，可确保无人机受到外部干扰后，通过稳定回路的自动修正，使无人机自动恢复到理想平衡状态下稳定飞行；另一方面，可在接收到地面控制站或飞行管理计算机的控制指令时，自动调节飞机的飞行姿态，实现姿态指令的跟踪控制。稳定回路主要实现飞行控制系统任务层级的第二层级功能。

3）导航制导回路

导航制导回路主要实现对无人机质心运动的控制，即无人机飞行轨迹的控制，实现飞行控制系统任务层级的第三以上层级功能。根据导航制导指令（或任务指令）产生的形式不同，导航制导一般可分为预置导航制导、寻的制导、遥测导航制导和复合导航制导等多种形式。

（1）预置导航制导：指飞行前离线规划好无人机的飞行轨迹，并将导航指令（或导航参数）预置于导航制导回路的存储装置（导航计算机）中，再在飞行的各个阶段读取相关指令或参数对飞机加以控制，以确保无人机按预置的航迹飞行。

（2）寻的制导：指的是通过无人机飞行员或任务计算机设定目标位置和任务，由飞机管理计算机依据无人机与目标的位置偏差，实时计算无人机飞行轨迹，生成控制指令，控制无人机实现实时飞行轨迹的跟随控制，完成寻的任务。

（3）遥测导航制导：指由地面或空中指挥站对目标和无人机的位置进行实时

探测,实时解算生成无人机的控制指令信息,通过遥控指令或制导波束等形式,完成无人机的导航制导任务。

(4)复合导航制导:通常指前三种方式中任意两种控制方案的组合,如预置导航制导和寻的制导的组合,无人机先采用预置导航方式接近目标,然后采用寻的制导方式对目标进行探测或攻击。

2. 控制模式

无人机在正常工作时,主要的控制模式一般可分为人工遥控飞行模式、半自主飞行模式和自主飞行模式,三种模式的转换关系如图 7-24 所示。

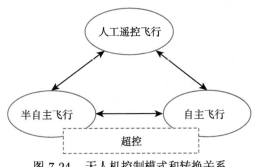

图 7-24 无人机控制模式和转换关系

三种控制模式可自由进行转换,超控模态为自主和半自主模式下的子模式,可在自主和半自主模式下接通,人工遥控模式下没有超控子模式。一般情况下,无人机控制模式的转换由无人机飞行员通过地面控制站控制,在地面控制站与无人机间的数据链路不可用的情况下,将无条件转为自主飞行模式。

1)自主飞行

自主飞行模式结构如图 7-25 所示,任务数据预加载在任务管理系统中,飞机管理计算机在飞行中从任务管理系统中获取目标航路数据和飞行操纵指令等任务信息,生成对无人机的控制指令,送入飞行控制计算机,飞行控制计算机再通过

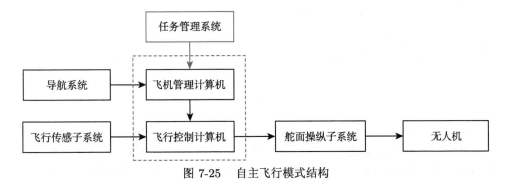

图 7-25 自主飞行模式结构

高度、速度和姿态保持等控制律，解算出舵面操纵指令，通过舵面操纵子系统驱动舵面偏转，控制无人机按照预先加载的任务航迹飞行。

2）半自主飞行

半自主飞行模式结构如图 7-26 所示，无人机在执行任务过程中，地面控制站可通过数据链对飞机的飞行状态进行一定的干预。无人机飞行员可通过地面操作软件或操纵装置改变无人机的飞行高度、速度、姿态等基本飞行状态参数。无人机将保持收到的干预指令，直到指令时间结束或指令完成后再返回原来的任务计划。

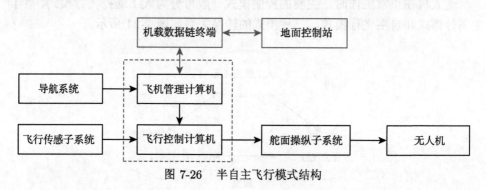

图 7-26　半自主飞行模式结构

3）人工遥控飞行

人工遥控飞行模式结构如图 7-27 所示。此模式下，无人机的高度、速度、姿态、位置等飞行状态信息连同机载前视摄像头捕捉的飞行员视角图像信息通过下行数据链传送到地面控制站，显示给地面控制站的无人机飞行员。飞行员通过人工判断后通过地面站操纵软件或操纵装置发出操纵/控制指令，再通过上行数据链送到无人机的飞机管理/飞行控制计算机，人工控制无人机的飞行。

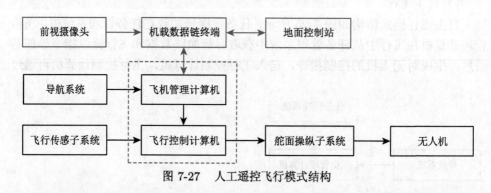

图 7-27　人工遥控飞行模式结构

4）超控飞行

超控飞行模式是自主和半自主飞行模式的子模式，在该模式下，无人机飞行员可通过地面控制站的飞行员操纵装置（驾驶杆、脚蹬等），短时间悬挂自主或半自主飞行，经视距链路连续遥控操纵无人机，在地面控制站的操纵装置回中后，将重新接通自主或半自主飞行模式。

3. 飞机管理系统与地面控制站的交互

无人机飞行过程中，飞机管理系统需要不断地与地面控制站进行信息交互，用于无人机的控制和飞行状态的显示。这些交互的信息可分为上传信息和下传信息。

1）上传信息

地面控制站上传到无人机的信息一般可分为"连续"指令、"离散"指令和"离散 + 设置值"指令。其中，"连续"指令类似于有人机飞行员操纵装置生成的指令，如俯仰操纵指令、滚转操纵指令、油门指令、脚蹬指令、制动指令等，主要用于链路延迟较短的实时飞行控制。"离散"指令主要是指用于对无人机飞行状态选择和控制的各种开关操作指令。"离散 + 设置值"指令主要用于在链路延迟较大时，对飞机进行比较精确的非实时控制。

2）下传信息

无人机下传到地面控制站的信息主要包括无人机的飞机信息、任务信息、导航信息、飞行状态信息、飞行控制信息、控制指令回传信息、故障信息、时间信息以及前视视频信息等。为了有效利用数据链带宽，一般对于重要的信息采用固定周期传输形式，而其他信息则采用动态传输形式。

7.5.3　无人机飞机管理系统功能

无人机飞机管理系统管理不同余度的飞行控制、导航等机载系统状态，提供飞行管理、导航管理、飞行控制以及交联系统管理等核心能力，同时具备余度管理、自检测、应急处置、供电管理等辅助功能。

1. 飞行管理

无人机飞机管理系统的飞行功能主要包括任务数据加载、自主起降、正常飞行任务执行、机载系统故障后的应急处置以及数据链路故障后按预定计划进行一定的自主决策功能。任务数据加载一般在飞行准备阶段进行，由任务管理计算机发送至飞机管理计算机。任务数据包括基本飞行参数、飞机场参数和备降机场参数等。

正常任务执行时，飞机管理计算机根据任务数据的指令飞行，同时将目标点数据下传至地面控制站。任务执行过程中，飞机管理计算机持续对是否到达目标点进行判断，将判断结果发送至任务计算机同时下传到地面控制站。无人机到达预定目标点后，任务管理计算机给飞机管理计算机发送任务指令，完成对目标点的侦察、探测和攻击等任务，或重新向飞机管理计算机发送下一个目标点数据，控制无人机继续飞行，直至所有目标点和相关任务均完成，飞机管理系统向任务计算机和地面控制站报告任务完成信息。

无人机飞行管理一般具有在线任务调整能力。在正常任务执行时，可由地面控制站进行任务的人工调整。在无人机发生严重故障或临时任务取消时，可由地面控制站发送任务调整或终止指令。在链路失效的情况下，飞机管理系统将根据系统状态和预定逻辑决策是否终止执行任务。

2. 导航管理

现代无人机一般采取卫星导航、惯性导航、引导雷达导航等多种导航方式并用的组合导航方式，有些军用无人机还会引入天文导航方式构成组合导航系统。无人机飞机管理系统需要完成组合导航计算、导航系统管理与控制功能。其中组合导航滤波、导航计算由导航计算机完成，组合导航系统管理与控制由飞机管理计算机完成。

导航系统采用的组合导航方案，需要结合无人机任务需求进行优选组合。无人机管理系统还可以根据地面控制站的要求选择组合导航方式。一般情况下，差分卫星导航和引导雷达导航常用于无人机起降阶段，也可与惯性导航构成组合导航方式；卫星导航、惯性导航有的还包括天文导航构成的组合导航方式，常用于无人机爬升、巡航、执行任务、返航、下滑等除起降阶段外的飞行阶段。

导航系统工作时，飞机管理计算机负责接收导航系统的导航信息供飞机管理计算机和飞行控制计算机使用。同时，飞机管理计算机根据导航系统状态，按照预定的逻辑选择合理的组合导航方式，并下传到地面控制站。各导航设备工作的故障信息同时通报给飞机管理计算机，以便飞机管理计算机及时对导航系统故障进行隔离，并对组合导航方式进行管理。

3. 飞行控制

飞行控制是无人机飞机管理系统的核心功能，涉及飞机管理计算机、飞行控制计算机、飞行传感子系统、舵面操纵子系统、导航子系统和起降引导系统等机载设备或系统。通常有人工遥控飞行、自主飞行和半自主飞行三种控制模式，可实现不同控制模式下对无人机舵面的控制，具体实现的功能将在 7.5.4 节中阐述。

飞行控制功能中还包括发动机控制和管理功能，主要实现发动机的状态监控、启动和停车、应急指令控制（如空中启动、停车控制）以及各飞行阶段的自动油门控制。

飞行控制功能中一般还包括起落架收放、减速板收放、前轮操纵控制、制动控制等功能。

4. 交联系统管理

无人机飞机管理系统与无人机液压系统、供电系统、机电系统、发动机系统、前轮制动系统、起落架系统、机载数据链路系统以及任务系统等诸多系统交联，并对部分机载系统进行管理和控制。交联系统中，飞行安全相关信息将送至飞机管理计算机，用于飞行任务相关或飞行控制相关的功能转换。飞机管理系统计算机对这些信息进行监控和管理，保证飞行安全。

7.5.4 无人机飞行控制律

飞行控制律作用于无人机的整个飞行过程，包括发动机开车、起飞、爬升、巡航、任务执行、返航、下降、自主着陆等各个飞行阶段，以及飞行中故障状态下的应急处置等。同时还需确保飞行控制模态转换时不会产生不可接受的瞬态响应。无人机飞行控制律按飞行控制任务层级可分为内回路控制律、自主飞行控制律、飞行管理控制律、重构控制律以及其他控制律等。

1. 内回路控制律

内回路控制部分主要实现无人机的三轴增稳控制、自动配平控制、横航向协调控制等，以确保无人机在整个飞行包线内具有良好的飞行品质。同时为确保无人机的飞行安全，一般应实现减小飞行状态限制控制律，如迎角限制、过载限制、姿态限制和表速限制等。

2. 自主飞行控制律

自主飞行控制律与有人机自动飞行控制律基本相同，主要包括三轴姿态控制与保持、速度控制与保持、高度控制与保持、水平航迹控制与保持、自动导航、自动引导/制导、自主起飞、自主进场着陆（包括自主航向截获与控制、自主下滑截获与控制、自主地面滑跑）等控制律。

3. 飞行管理控制律

飞行管理控制律中，主要包括飞行阶段管理、导航模式的选择、导航参数的计算、制导指令的计算、飞行控制模式转换以及飞行状态信息管理等。

4. 重构控制律

现代无人机一般采用非常规气动布局，并大量采用复合舵面设计，如"V"型垂尾使得传统方向舵变为升降方向舵，升降舵与副翼融合变为升降副翼、后缘襟翼与副翼融合成为襟副翼等，从而使得各舵面间具有一定的功能冗余，从而实现单个甚至多个舵面故障状态下的重构控制。与此同时，通过无人机不同系统间的信息共享和飞行状态参数间的信息冗余，有的无人机还可实现角速度、过载、姿态、大气数据信息故障状态下的重构控制。在极端情况下还可为无人机飞行员提供直连控制。

5. 其他控制律

除上述控制律之外，无人机飞行控制律还包括前轮、制动、减速板和油门控制指令解算控制律以及应急处置控制律，如应急返航、应急复飞、应急反向着陆等。

　　在典型的无人机飞行管理系统中，飞行控制律分布于飞机管理计算机和飞行控制计算机中，如图 7-28 所示。其中，飞机管理计算机（VMC）主要完成飞行管理、导航、制导、油门和起落架收放指令的计算和控制，飞行控制计算机（FCC）主要完成三轴增稳、配平、横航向协调、自动飞行控制以及前轮、制动等指令的计算。

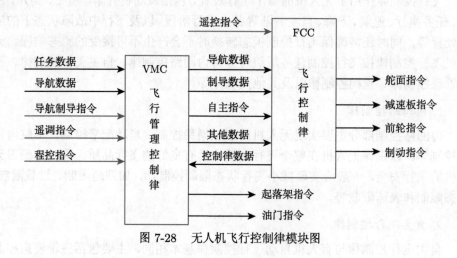

图 7-28　无人机飞行控制律模块图

思　考　题

1. 说明飞行/火力综合控制系统的结构图特点。
2. 飞行/火力耦合器设计的技术要求有哪些？
3. 什么是操控耦合器，操控耦合器的工作方式有哪些？
4. 什么是综合飞行/推进控制系统？其核心是什么？
5. 简要说明飞行/推进综合控制中的性能寻优控制的原理。
6. 什么是综合飞行/火力/推进控制？简要说明其系统结构和工作原理。
7. 说明飞行管理系统的功能和基本组成。
8. 飞行管理系统的核心是什么？
9. 无人机飞行控制的特点是什么？
10. 无人机飞机管理系统的基本结构是什么？
11. 无人机飞机管理系统的主要功能有哪些？
12. 无人机的控制模式有哪些？

参 考 文 献

蔡满意. 2007. 飞行控制系统 [M]. 北京：国防工业出版社.

陈廷楠. 2010. 飞机飞行性能品质与控制 [M]. 北京：国防工业出版社.

董朝阳，张文强，等. 2020. 无人机飞行与控制 [M]. 北京：北京航空航天大学出版社.

高金源，李陆豫，冯亚昌，等. 2003. 飞机飞行品质 [M]. 北京：国防工业出版社.

郭锁凤，申功璋，吴成富，等. 2003. 先进飞行控制系统 [M]. 北京：国防工业出版社.

刘林，郭恩友，等. 2003. 飞行控制系统的分系统 [M]. 北京：国防工业出版社.

鲁道夫・布罗克豪斯. 1999. 飞行控制 [M]. 北京：国防工业出版社.

申安玉，申学仁，李云保，等. 2003. 自动飞行控制系统 [M]. 北京：国防工业出版社.

宋翔贵，张新国，等. 2003. 电传飞行控制系统 [M]. 北京：国防工业出版社.

吴森堂. 2013. 飞行控制系统 [M]. 2 版. 北京：北京航空航天大学出版社.

吴文海，等. 2007. 飞行综合控制系统 [M]. 北京：航空工业出版社.

杨一栋，王新华，龚华军，等. 2015. 飞行综合控制 [M]. 北京：国防工业出版社.

Parmadi B N. 2013. Performance, Stability, Dynamics and Control of Airplanes [M]. 2nd ed. 北京：航空工业出版社.

Yechout T R. 2014. Introduction to Aircraft Flight Mechanics Performance, Static Stability, Dynamic Stability, Classical Feedback Control, and State-Space Foundations [M]. 2nd ed. Washington D.C.: American Institute of Aeronautics and Astronautics Inc.

附　　录

附录 A　主要符号表

符号	说明	符号	说明
$\boldsymbol{A}$	展弦比/状态矩阵	O	原点
$\boldsymbol{B}$	输入矩阵	P	静压
$\boldsymbol{C}$	输出矩阵	$\boldsymbol{Q}$	飞机所受合力矩
C_L、C_D、C_Y	升力、阻力和侧力系数	$\boldsymbol{Q}^A$、$\boldsymbol{Q}^F$	气动合力矩、推力合力矩
C_l、C_m、C_n	三轴力矩系数	$\boldsymbol{R}$	飞机所受合力/斜矩
$\boldsymbol{D}$	转换矩阵/阻力/侧向偏离	$\boldsymbol{R}^A$、$\boldsymbol{R}^F$	气动合力、推力合力
E	能量	S	距离
F	发动机推力	S_w	机翼面积
G	飞机重量	T	温度/发动机推力
H	高度/动量矩	V	飞行速度/体积
$\boldsymbol{I}$	单位矩阵	$\boldsymbol{V}_A$	空速
$\boldsymbol{I}_b$	转动惯量矩阵	$\boldsymbol{V}_K$	地速
J	性能函数	$\boldsymbol{V}_W$	风速
K	增益	X	x 轴向力
K、$K_{\max}$	升阻比、最大升阻比	$X_{\mathrm{a.c.}}$、$\overline{X}_{\mathrm{a.c.}}$	焦点位置、焦点相对位置
L	滚转力矩/升力	$X_{\mathrm{c.g.}}$、$\overline{X}_{\mathrm{c.g.}}$	质心位置、质心相对位置
M	俯仰力矩	$X_{\mathrm{l.a.c.}}$	侧向气动焦点位置
Ma	马赫数	Y	y 轴向力/侧力
N	偏航力矩	Z	z 轴向力
a	加速度/声速	p	滚转角速度/静压
b	翼展	q	俯仰角速度/动压
c、$\overline{c}$	弦长、平均弦长	r	偏航角速度
c_r、c_t	翼根弦长、翼梢弦长	p_K、q_K、r_K	飞机相对地面转动角速度
c_A	平均气动弦长	p_A、q_A、r_A	飞机相对空气转动角速度
e	机翼剖面形状效率因子	p_W、q_W、r_W	空气相对地面转动角速度
f、$\overline{f}$	机翼弯度、相对弯度	$\boldsymbol{s}$	位置矢量
g	重力加速度	t、$\overline{t}$	机翼厚度、相对厚度
h	高度	u	x 轴向速度
i_H、i_F	平尾、发动机安装角	v	y 轴向速度
k	增益	w	z 轴向速度
l	长度	x	位置坐标
m	质量	y	位置坐标
$\dot{m}$	质量流	z	位置坐标
n	过载系数	z_F	推力偏心矩
n_x、n_y、n_z	机体系三轴过载		

符号	说明	符号	说明
Γ	上反角	Φ	滚转角/姿态角
Δ	偏差量	Ψ	航向角
Θ	俯仰角	$\mathbf{\Omega}$	飞机角速度矢量
Λ	机翼后掠角		
α、α_W	迎角、风迎角	ζ_D、ω_D	荷兰滚阻尼、振荡频率
β、β_W	侧滑角、风侧滑角	η_e	升降舵偏转效率系数
γ	航迹俯仰角	θ	飞机俯仰角
δ	舵面偏转角	λ	梯形比
δ_e、δ_a、δ_r	升降舵、副翼、方向舵偏转角	μ	航迹滚转角/气体黏度系数
δ_{lf}、δ_{tf}	前、后缘襟翼偏角	ρ	水平测向角/密度
δ_T	发动机油门	σ	均方差/特征根的实部
ϵ	下洗角/俯仰测向角	ϕ	飞机滚转角
ζ	阻尼比	χ	航迹偏航角
ζ_s、ω_s	短周期运动阻尼、振荡频率	ψ	飞机航向角
ζ_p、ω_p	长周期运动阻尼、振荡频率	ω	角速度

附录 B   气动大导数表达式

序号	名称	表达式	编号
1	X_V	$\dfrac{1}{mV_0}\left[-\dfrac{1}{2}\rho V_0^2 S_w(C_{D_{\overline{V}}} + 2C_{D0}) + V_0 T_V\right]$	(B-1)
2	X_α	$\dfrac{1}{m}\left[\dfrac{1}{2}\rho V_0^2 S_w(C_{L0} - C_{D_\alpha}) + T_\alpha\right]$	(B-2)
3	$X_{\dot\alpha}$	$-\dfrac{1}{m}\dfrac{c_A}{2V_0}\left(\dfrac{1}{2}\rho V_0^2 S_w C_{D_{\overline{\dot\alpha}}}\right)$	(B-3)
4	X_q	$-\dfrac{1}{m}\dfrac{c_A}{2V_0}\left(\dfrac{1}{2}\rho V_0^2 S_w C_{D_{\overline{q}}}\right)$	(B-4)
5	X_{δ_e}	$-\dfrac{1}{m}\left(\dfrac{1}{2}\rho V_0^2 S_w C_{D_{\delta_e}}\right)$	(B-5)
6	X_{δ_T}	$\dfrac{1}{m}T_{\delta_T}$	(B-6)
7	Z_V	$\dfrac{1}{mV_0^2}\left[-\dfrac{1}{2}\rho V_0^2 S_w(C_{L_{\overline{V}}} + 2C_{L0}) - i_F T_{\overline{V}}\right]$	(B-7)
8	Z_α	$\dfrac{1}{mV_0}\left[-\dfrac{1}{2}\rho V_0^2 S_w(C_{L_\alpha} + C_{D0}) - i_F T_\alpha\right]$	(B-8)
9	$Z_{\dot\alpha}$	$-\dfrac{1}{mV_0}\dfrac{c_A}{2V_0}\left(\dfrac{1}{2}\rho V_0^2 S_w C_{L_{\overline{\dot\alpha}}}\right)$	(B-9)
10	Z_q	$-\dfrac{1}{mV_0}\dfrac{c_A}{2V_0}\left(\dfrac{1}{2}\rho V_0^2 S_w C_{L_{\overline{q}}}\right)$	(B-10)
11	Z_{δ_e}	$-\dfrac{1}{mV_0}\left(\dfrac{1}{2}\rho V_0^2 S_w C_{L_{\delta_e}}\right)$	(B-11)
12	Z_{δ_T}	$-\dfrac{1}{mV_0}i_F T_{\delta_T}$	(B-12)
13	M_V	$\dfrac{1}{I_y V_0}\left[\dfrac{1}{2}\rho V_0^2 S_w c_A(C_{m_{\overline{V}}} + 2C_{m0}) + z_F T_{\overline{V}}\right]$	(B-13)
14	M_α	$\dfrac{1}{I_y}\left(\dfrac{1}{2}\rho V_0^2 S_w c_A C_{m_\alpha} + z_F T_\alpha\right)$	(B-14)
15	$M_{\dot\alpha}$	$\dfrac{1}{I_y}\dfrac{c_A}{2V_0}\left(\dfrac{1}{2}\rho V_0^2 S_w c_A C_{m_{\overline{\dot\alpha}}}\right)$	(B-15)
16	M_q	$\dfrac{1}{I_y}\dfrac{c_A}{2V_0}\left(\dfrac{1}{2}\rho V_0^2 S_w c_A C_{m_{\overline{q}}}\right)$	(B-16)
17	M_{δ_e}	$\dfrac{1}{I_y}\left(\dfrac{1}{2}\rho V_0^2 S_w c_A C_{m_{\delta_e}}\right)$	(B-17)
18	$M_{\dot\delta_e}$	$\dfrac{1}{I_y}\left(\dfrac{1}{2}\rho V_0^2 S_w c_A C_{m_{\overline{\dot\delta_e}}}\right)$	(B-18)
19	M_{δ_T}	$-\dfrac{1}{I_y}z_F T_{\delta_T}$	(B-19)
20	L_β	$\dfrac{1}{I_x}\left(\dfrac{1}{2}\rho V_0^2 C_{l_\beta} S_w b\right)$	(B-20)
21	L_p	$\dfrac{1}{I_x}\dfrac{b}{2V_0}\left(\dfrac{1}{2}\rho V_0^2 C_{l_{\overline{p}}} S_w b\right)$	(B-21)

续表

序号	名称	表达式	编号
22	L_r	$\dfrac{1}{I_x}\dfrac{b}{2V_0}\left(\dfrac{1}{2}\rho V_0^2 C_{l_{\overline{r}}}S_w b\right)$	(B-22)
23	L_{δ_a}	$\dfrac{1}{I_x}\left(\dfrac{1}{2}\rho V_0^2 C_{l_{\delta_a}}S_w b\right)$	(B-23)
24	L_{δ_r}	$\dfrac{1}{I_x}\left(\dfrac{1}{2}\rho V_0^2 C_{l_{\delta_r}}S_w b\right)$	(B-24)
25	N_β	$\dfrac{1}{I_z}\left(\dfrac{1}{2}\rho V_0^2 C_{n_\beta}S_w b\right)$	(B-25)
26	N_p	$\dfrac{1}{I_z}\dfrac{b}{2V_0}\left(\dfrac{1}{2}\rho V_0^2 C_{n_{\overline{p}}}S_w b\right)$	(B-26)
27	N_r	$\dfrac{1}{I_z}\dfrac{b}{2V_0}\left(\dfrac{1}{2}\rho V_0^2 C_{n_{\overline{r}}}S_w b\right)$	(B-27)
28	N_{δ_a}	$\dfrac{1}{I_z}\left(\dfrac{1}{2}\rho V_0^2 C_{n_{\delta_a}}S_w b\right)$	(B-28)
29	N_{δ_r}	$\dfrac{1}{I_z}\left(\dfrac{1}{2}\rho V_0^2 C_{n_{\delta_r}}S_w b\right)$	(B-29)
30	Y_β	$\dfrac{1}{mV_0}\left(\dfrac{1}{2}\rho V_0^2 C_{Y_\beta}S_w b\right)$	(B-30)
31	Y_p	$\dfrac{1}{mV_0}\dfrac{b}{2V_0}\left(\dfrac{1}{2}\rho V_0^2 C_{Y_{\overline{p}}}S_w b\right)$	(B-31)
32	Y_r	$\dfrac{1}{mV_0}\dfrac{b}{2V_0}\left(\dfrac{1}{2}\rho V_0^2 C_{Y_{\overline{r}}}S_w b\right)$	(B-32)
33	Y_{δ_a}	$\dfrac{1}{mV_0}\left(\dfrac{1}{2}\rho V_0^2 C_{Y_{\delta_a}}S_w b\right)$	(B-33)
34	Y_{δ_r}	$\dfrac{1}{mV_0}\left(\dfrac{1}{2}\rho V_0^2 C_{Y_{\delta_r}}S_w b\right)$	(B-34)